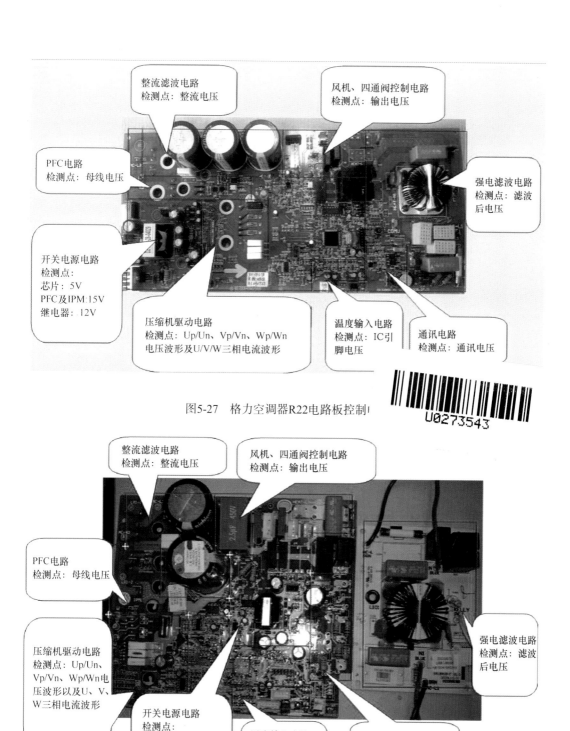

整流滤波电路
检测点：整流电压

风机、四通阀控制电路
检测点：输出电压

PFC电路
检测点：母线电压

强电滤波电路
检测点：滤波
后电压

开关电源电路
检测点：
芯片：5V
PFC及IPM:15V
继电器：12V

压缩机驱动电路
检测点：Up/Un、Vp/Vn、Wp/Wn
电压波形及U/V/W三相电流波形

温度输入电路
检测点：IC引
脚电压

通讯电路
检测点：通讯电压

图5-27　格力空调器R22电路板控制电路

整流滤波电路
检测点：整流电压

风机、四通阀控制电路
检测点：输出电压

PFC电路
检测点：母线电压

强电滤波电路
检测点：滤波
后电压

压缩机驱动电路
检测点：Up/Un、
Vp/Vn、Wp/Wn电
压波形以及U、V、
W三相电流波形

开关电源电路
检测点：
芯片：5V
PFC及IPM:15V
继电器：12V

温度输入电路
检测点：IC引
脚电压

通讯电路
检测点：通讯电压

图5-28　格力空调器R410a电路板控制电路

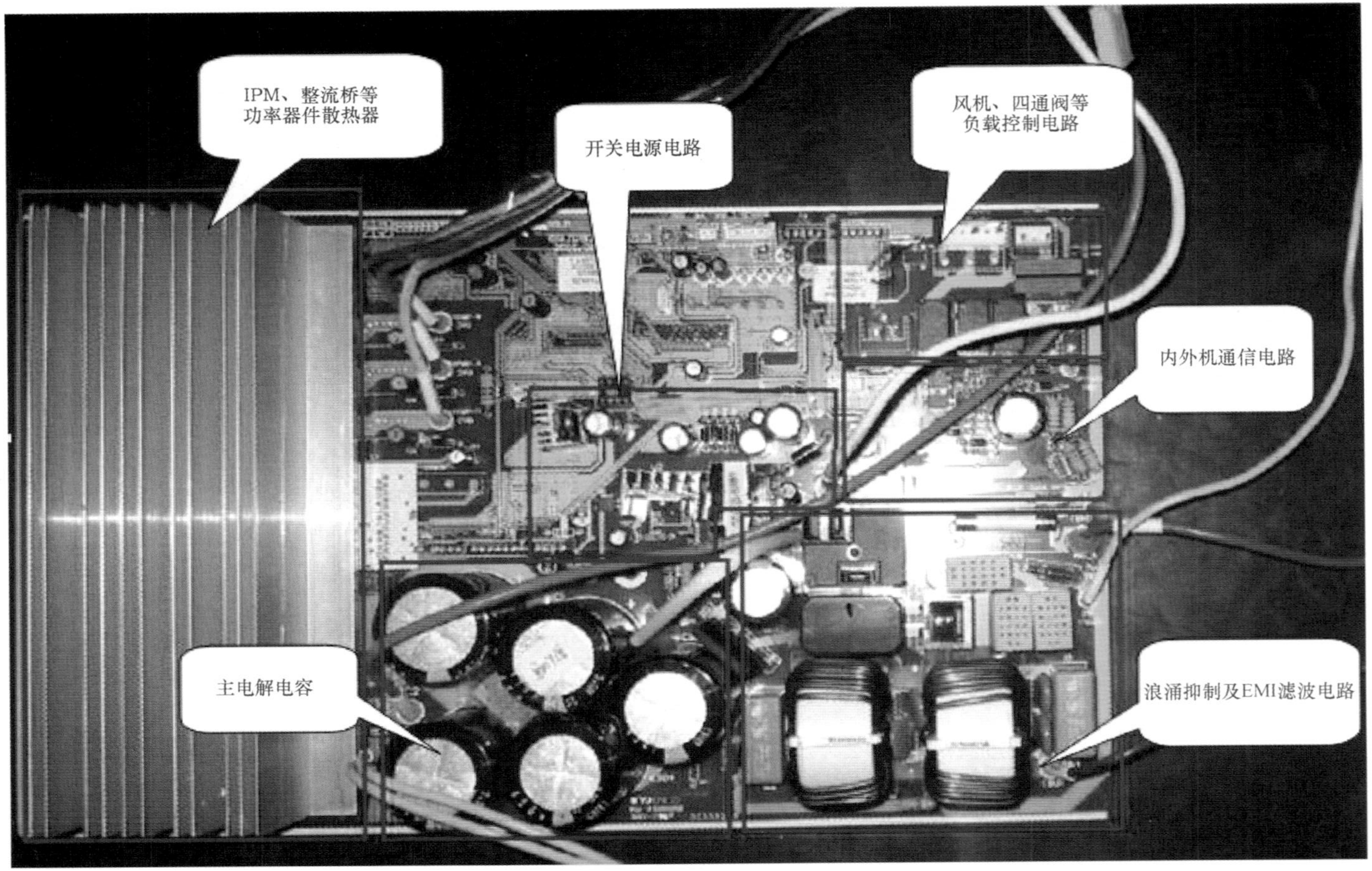

内外机通信电路

浪涌抑制及EMI滤波电路

风机、四通阀等
负载控制电路

开关电源电路

IPM、整流桥等
功率器件散热器

主电解电容

图5-29　格力KFR-50LW柜式空调器、KFR-70LW柜式空调器室内机电路板控制电路

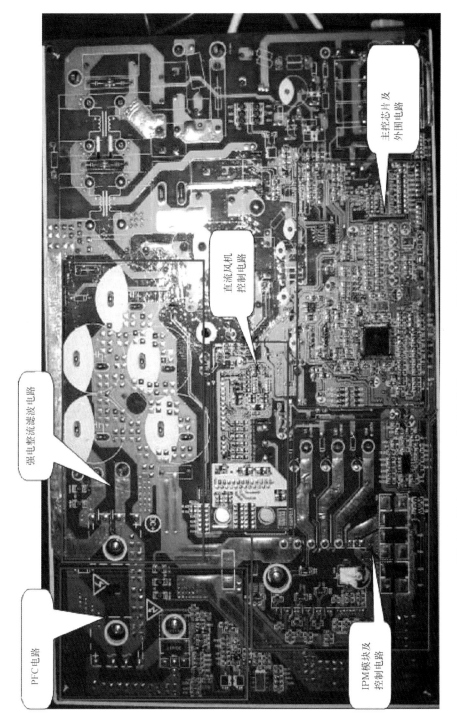

PFC电路

强电整流滤波电路

主控芯片及
外围电路

直流风机
控制电路

IPM模块及
控制电路

图5-30 格力KFR-50LW柜式空调器、KFR-70LW柜式空调器室外机电路板控制电路

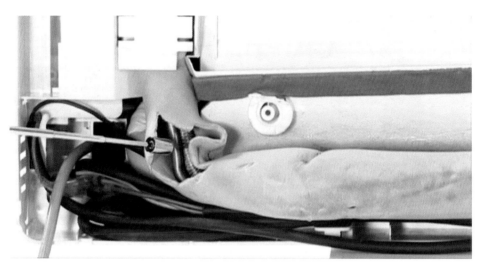

图5-35　室内机漏水故障点

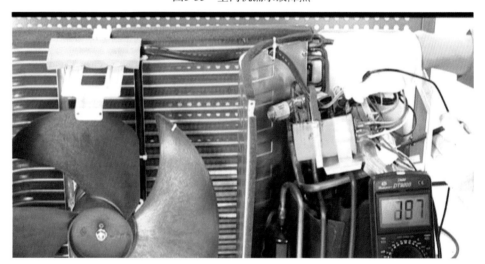

图5-36　有短路检测方法

图5-37　外机主板检测方法

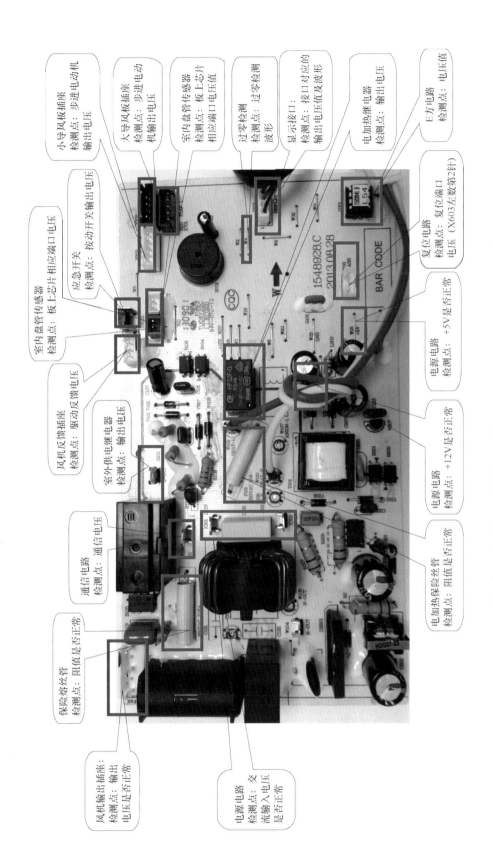

小导风板插座
检测点：步进电动机
输出电压

大导风板插座
检测点：步进电动
机输出电压

室内盘管传感器
检测点：板上芯片
相应端口电压值

过零检测
检测点：过零检测
波形

显示接口
检测点：接口对应的
输出电压值及波形

电加热继电器
检测点：输出电压

E方电路
检测点：电压值

室内盘管传感器
检测点：板上芯片相应端口电压

应急开关
检测点：按动开关输出电压

复位电路
检测点：复位端口
电压（X603左数第2针）

电源电路
检测点：+5V是否正常

风机反馈插座
检测点：驱动反馈电压

室外供电继电器
检测点：输出电压

电源电路
检测点：+12V是否正常

通信电路
检测点：通信电压

电加热保险丝管
检测点：阻值是否正常

保险熔丝管
检测点：阻值是否正常

风机输出插座
检测点：输出
电压是否正常

电源电路
检测点：交
流输入电压
是否正常

图13-38 海信KFR-26GW/A8V810N-A3室内机电控板元件外观实物检测点

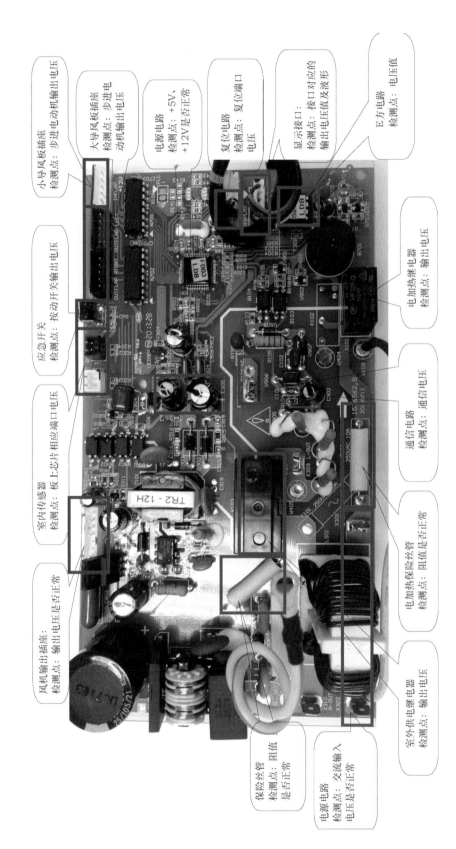

小导风板插座
检测点：步进电动机输出电压

大导风板插座
检测点：步进电动机输出电压

电源电路
检测点：+5V、+12V是否正常

复位电路
检测点：复位端口电压

显示接口：
检测点：接口对应的输出电压值及波形

巨方电路
检测点：电压值

应急开关
检测点：按动开关输出电压

室内传感器
检测点：板上芯片相应端口电压

电热继电器
检测点：输出电压

风机输出插座：
检测点：输出电压是否正常

通信电路
检测点：通信电压

保险丝管
检测点：阻值是否正常

电加热保险丝管
检测点：阻值是否正常

电源电路
检测点：交流输入电压是否正常

室外供电继电器
检测点：输出电压

图13-39　海信KFR-35GW/A8V810N-A3室内机电控板外观实物检测点

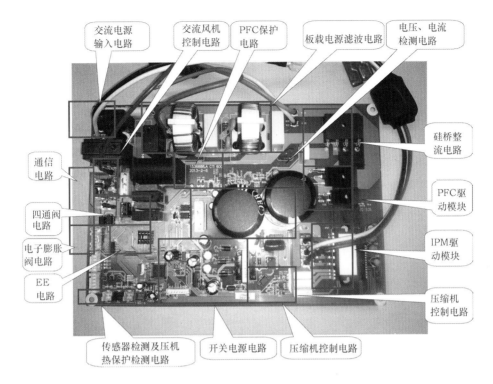

图13-40　海信KFR-26GW/A8V810N-A3、KFR-35GW/A8V810N-A3室外机主控板元件外观实物检测点

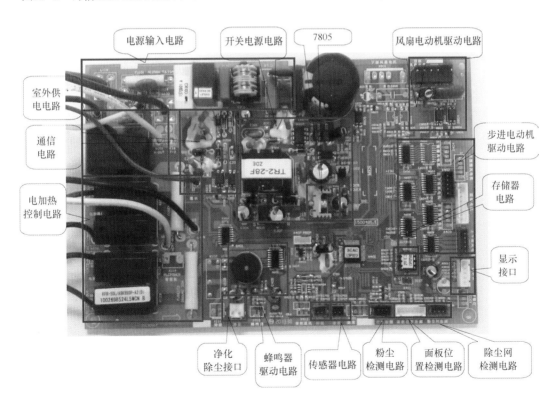

图13-42　海信KFR-72LW柜式变频空调器室内机电控板外观实物图

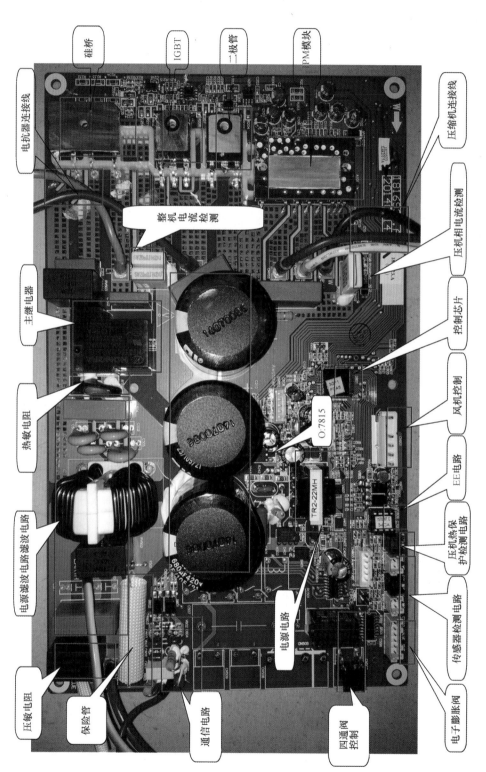

硅桥

IGBT

二极管

IPM模块

电抗器连接线

整机电流检测

压缩机连接线

压机相电流检测

主继电器

控制芯片

热敏电阻

风机控制

EE电路

电源滤波电路滤波电路

O:7815

TR2-22MH

压机热保护检测电路

压敏电阻

保险管

通信电路

电源电路

传感器检测电路

电子膨胀阀

四通阀控制

图13-45 海信KFR-72LW柜式变频空调器室外机电控板外观实物

高新变频空调器电控板解析与零件级维修直观图解

肖凤明　等编著

机械工业出版社

本书融理论与实践为一体，融启迪和实用为一炉，结合作者多年实际工作经验，用通俗易懂、深入浅出的语言，融会贯通地以图解等方式全面地介绍了变频空调器电子电路原理、变频空调器的零部件原理以及检测方法、变频空调器的控制电路解析，真正做到理论联系实际、做到了"授人以渔"。本书详细地介绍了海尔、海信、科龙、美的、春兰、格兰仕、志高、格力、松下、夏普和长虹 11 个主流空调器品牌不同型号变频空调器的控制电路、故障代码、故障维修技巧，附录中还介绍了制冷空调中级职称论文、高级职称论文以及《制冷设备维修工》《制冷工》技师论文。

本书既适合于具有初中以上文化程度的空调器维修人员使用，又可作为技校、中职、高职相关专业或各级技工、技师、高级技师制冷设备维修培训班的辅助教材来使用。

图书在版编目（CIP）数据

高新变频空调器电控板解析与零件级维修直观图解／肖凤明等编著．—2 版．—北京：机械工业出版社，2016.4
ISBN 978-7-111-53463-1

Ⅰ．①高…　Ⅱ．①肖…　Ⅲ．①变频空调器－维修－图解
Ⅳ．①TM925.107-64

中国版本图书馆 CIP 数据核字（2016）第 070272 号

机械工业出版社（北京市百万庄大街 22 号　邮政编码 100037）
策划编辑：张俊红　　责任编辑：张俊红
责任校对：刘怡丹　　封面设计：路恩中
责任印制：李　洋
北京振兴源印务有限公司印刷
2016 年 5 月第 2 版·第 1 次印刷
184mm×260mm·25.5 印张·6 插页·633 千字
标准书号：ISBN 978-7-111-53463-1
定价：79.00 元

凡购本书，如有缺页、倒页、脱页，由本社发行部调换
电话服务　　　　　　　　　　网络服务
服务咨询热线：010-88361066　机工官网：www.cmpbook.com
读者购书热线：010-68326294　机工官博：weibo.com/cmp1952
　　　　　　　010-88379203　金 书 网：www.golden-book.com
封面无防伪标均为盗版　　　　教育服务网：www.cmpedu.com

前言

Preface

  新世纪伊始,家用变频空调器普遍走进了百姓的家庭。工作在维修一线的广大制冷维修人员,急需了解和掌握变频空调器的变频原理、主要部件的结构特点和维修的注意事项,这也是我们编写本书的目的。

  矢量变频空调器是变频空调器的新生代产品,它比定速空调器的控制电路复杂,还增设了许多保护电路。这些电路采用了不同的技术,例如变频模块、霍尔元件、光耦合器、看门狗电路、开关电源电路等。这些就需要我们不断学习,跟上电子技术的发展,并通过自己的辛勤劳动,服务于更多用户,为社会做贡献。

  本书在编写过程中得到了海尔、海信、美的、科龙、春兰、格兰仕、志高、格力、松下、夏普和长虹等空调器生产企业,以及文天培训学校、北京市东城区职工大学、北京科技大学、北京工业大学、清华大学、北京建筑大学、北京市东方友谊食品配送公司、北京制冷学会、侨办宾馆的大力支持和帮助,有些品牌和型号变频空调器的维修资料是厂家首次提供的,在此表示诚挚的感谢。为便于实际检修时使用,本书电路图中的图形及文字符号未按国家标准完全统一,敬请广大读者谅解。

  本书由肖凤明高级工程师负责全书的统编整理工作,参加编写的还有朱长庚、刘秀茹、肖剑、王自力、肖凤民、肖凤莲、马玉华、张顺兴、孙福生、刘静娣、李武奎、陈会远、赵庆良、于丹、于广智、韩淑琴、海星、肖武、李福荣、胡志春、王宜丁、王清兰、杨柳、肖凤艳、杨杰、李影、韩春雷、锁敬芹、王伟中、苑鸣、史传有、熊小楠、郭东旸、吴志国、汤莉、张文辉、孙宇、马玉梅、周冬生、孙陈章、秦冬、郭银辉等。

  由于编写时间仓促,作者水平有限,书中难免有不足之处,欢迎广大读者指正。

编著者

目录 Contents

第一章

变频空调器的技术特点

第一节　变频空调器简介

由家用空调器的分类可知，变频空调器与定速空调器相比，最主要的不同点是增加了变频器。目前，变频空调器中的变频电路已从原来的交流变频和直流变频两种形式发展到矢量控制变频技术。

早在 20 世纪 80 年代初，日立、松下、三菱、三洋、夏普及东芝等空调器厂商已相继将变频技术应用在家用空调器上。1988 年在分体式空调器的销售额中，已有 25% 是变频空调器，到了 20 世纪 90 年代，变频空调器的占有量已达 80% 以上。另外，变频技术已从交流变频转向直流变频，控制技术由 PWM（脉冲宽度调制）发展为 PAM（脉冲振幅调制）。根据空调发展趋势，由于采用 PWM 控制方式的压缩机转速会受到上限转速的限制，一般不超过7000r/min，而采用 PAM 控制方式的压缩机转速提高了 1.5 倍左右，这样便大大提高了制冷和低温下的制热能力，所以采用 PAM 控制方式的变频空调器，是当今空调器发展的主流。上海日立公司已经将直流技术应用在家用空调器上，称为完全直流变转速空调器（专利）。

1. 交流变频器

交流变频器的工作原理是把工频市电转换为直流电源，并把它送到功率模块（晶体开关管组合）。同时功率模块受微电脑送来的控制信号控制，输出频率可变的电源（合成波形近似正弦波），使压缩机电动机的转速随电源频率的变化而相应改变，从而控制压缩机的排气量，调节制冷量和制热量。

2. 直流变频器

直流变频器也同样是把工频市电转换为直流电源，并送至功率模块。同样，功率模块受微电脑送来的控制信号控制，所不同的是模块输出的是受控的直流电源（这里没有逆变过程）。此直流电源送至压缩机的直流电动机，控制压缩机的排气量。由于压缩机使用了直流电动机，使空调器更节电、噪声更小。严格地讲，这种空调器应该称作"完全直流变转速空调器"。

第二节　变频空调器的技术特点和优点

★ 一、变频空调器的技术特点

（1）变频空调器能使压缩机电动机的转速变化达到连续的容量控制，而压缩机电动机的转速是根据室内空调负载成比例变化的。

当室内需要急速降温（或急速升温），即室内空调负载加大时，压缩机转速就加快，制冷量（或制热量）就会按比例增加；当达到设定温度时，随即处于低速运转维持室温基本不变。

（2）变频空调器的节流运用电子膨胀阀以控制流量，这能使变频压缩机的优异性得到充分的发挥。室外机微电脑可以根据设在膨胀阀进出口、压缩机吸气管等多处的温度传感器收集的信息来控制阀门的开启度，随时改变制冷剂的流量。压缩机的转速与膨胀阀的开启度相对应，供压缩机的输送量与通过阀的供液量相适应，使其过热度不至于太大，蒸发器的能力得到最大限度的发挥，从而实现制冷系统的最佳控制。

（3）采用电子膨胀阀节流元件后，化霜时不停机。它利用压缩机排气时的热量先向室内供热（余下的热量输送到室外机），将换热器翅片上的霜融化掉。

★ 二、变频空调器的优点

（1）优异的变频特性。变频空调器运用变频技术与模糊控制技术，具有先进的记忆判断功能。变频空调器中的微电脑随时收集室内环境温度的有关参数并与芯片内部的设定值相比较，经运算处理输出控制信号。变频压缩机能在频率为 30 ~ 150Hz 的范围内连续变化，调制范围大，反应快，制冷迅速。要使室内温度改变 10℃，仅需定速空调器的 1/3 时间，为 3 ~ 5min。

（2）高效节能。变频空调器采用先进的控制技术，功率可在较大范围内调整。开机时，能很快从低速转入高速运行，从而迅速地使室内达到所需要的设定温度，到达设定的温度后，可在较长时间内处于低速节能运转状态，维持室温基本不变，节省了定速空调器中压缩机频繁起动时的电流消耗，比定速空调器节约 20% ~ 30% 的用电量。

（3）温度波动小、舒适度高。变频空调器从起动至达到设定温度的时间，约为定速空调器的一半。在室温接近设定温度时，便逐渐降低频率进行控制，这样室温变化小且较为平稳。定速空调器的温度波动大于 2.5℃，而变频空调器为 1℃，人体没有忽冷忽热的感觉，如图 1-1 所示。

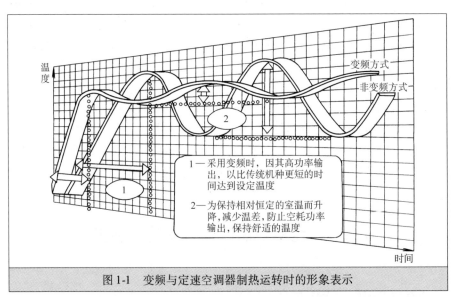

图 1-1　变频与定速空调器制热运转时的形象表示

（4）运行电压适应范围宽。在电压 160 ~ 250V 的范围内，能可靠地工作。

（5）传感器控制精确。变频空调器的室内机和遥控器均设有传感器，结合自动风向调节，控制精确，可实现人体周围环境的最佳调节。

（6）超低温运行时适应性强。定速空调器在环境温度低于0℃时，制热效果较差。但变频空调器在室外温度为－15～－10℃时，仍能正常工作，适应性强。

（7）有较好的独立除湿功能。变频空调器能利用合理的循环风量进行除湿，达到耗电少，而又不会改变室温的除湿效果。

第三节　变频器电路组成

由变频电源驱动压缩机电动机的空调器，称为变频空调器。变频技术并不是直接改变工频50Hz的交流电源，而是先将交流电整流、滤波后再通过半导体功率器件，将直流电逆变为可调控的交变电源，供给压缩机电动机。

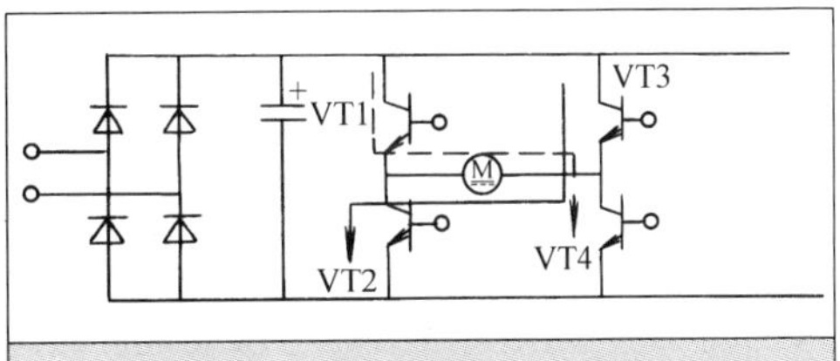

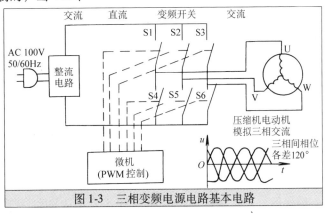

图1-2　三相变频器的基本电路

变频电路的基本原理如图1-2所示。图中VT1～VT4的导通与截止是由单片机控制的，当VT1、VT4和VT3、VT2轮流导通时，电动机M就获得了驱动电流（完成逆变）；当分别改变VT1、VT4和VT3、VT2导通的时间，电动机M就获得了频率不同的电源（完成逆变）。将半导体功率器件再增加一路时，且这些器件按照三相电的时序控制，它们的导通和截止就可产生三相变频电源，如图1-3所示。

图1-3　三相变频电源电路基本电路

功率驱动元件不能像音频功放的推挽电路那样输出正弦波，它们只有处于开关状态时自身所消耗的电能才最小，使变频器的效率最高。然而，开关状态只能产生矩形波的电源，而电动机需要的是正弦波的电源。为了解决这一矛盾，变频电路又通过产生一串相互对称、脉冲宽度不同的矩形波来等效正弦波，如图1-4所示。这种方式称为脉冲宽度调制，即PWM。

随着变频技术在空调器中的应用越来越普及，变频模块也趋于成熟和完善，图1-5是上海日立家用电器有限公司生产的"凉霸"牌空调器中使用的变频模块外形图及引脚定义，图1-6是变频模块内部电路原理图。变频原理与图1-1所示的变频过程原理相同。

在变频空调器中，功率模块

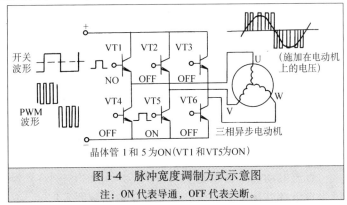

图1-4　脉冲宽度调制方式示意图

注：ON代表导通，OFF代表关断。

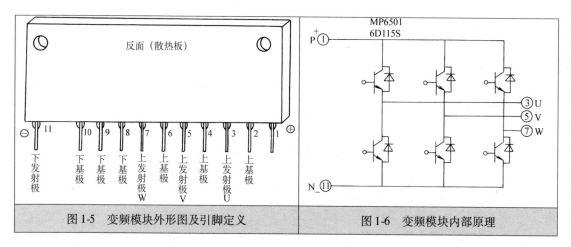

图 1-5 变频模块外形图及引脚定义	图 1-6 变频模块内部原理

是一个主要的部件。变频压缩机运转的频率高低，完全由功率模块所输出的工作电压的高低来控制。功率模块输出的电压越高，压缩机运转频率及输出功率也就越大，反之，功率模块输出的电压越低，压缩机运转频率及输出功率也就越低。

由图 1-6 可知，功率模块内部是由三组（每组两只）大功率的开关晶体管组成，其作用是将输入模块的直流电压通过晶体管的开关作用，转变为驱动压缩机工作的三相交流电源。

功率模块输入的直流电压（P、N 两相间）一般为 310V 左右，而输出的交流电压（U、V、W 三相间）一般不应高于 200V。如果功率模块的输入端无直流 310V 电压，则表明该机的整流、滤波电路有问题，而与功率模块无关；如果有直流 310V 电压输入，而 U、V、W 三相间无低于 200V 的均等的交流电压输出或 U、V、W 三相输出的电压不均等，则基本上可判断功率模块有故障。

有时也会因控制板所输出的控制信号有故障，导致功率模块无输出电压，维修时应注意仔细判断。

在未连接其他电路的情况下，可以用测量 U、V、W 端与 P、N 端之间的阻值来判断功率模块的好坏。测量方法是用指针式万用表的红表笔对 P 端，用黑表笔分别对 U、V、W 端，其正向阻值应为相同。如其中任一阻值与其他不同，则可判断该功率模块损坏；用黑表笔对 N 端，红表笔分别对 U、V、W 端，其阻值也应相等。如不相等，也可判断功率模块损坏。损坏的功率模块应进行更换。

第四节　变频压缩机

变频空调器的核心是变频压缩机，变频压缩机的核心是变频电动机，在变频电源下运行的电动机简称变频电动机。变频电动机为三相电动机，它克服了单相异步电动机的一些不足。单相异步电动机的旋转磁场是椭圆形的，对称性不如三相电动机，且起动性能差、电磁噪声大，体积也比三相电动机大。实际上，变频电源已很难驱动单相电动机运行，因为当频率发生变化时，单相电动机的电容（称为移相电容）值不可能发生相应的变化，使电动机有效运行。

直流电动机具有起动性能好（转矩大和电流小），转速调节范围宽，特别适用于速度范围宽且负载变化大的场合，是今后变频空调器发展的主流。

★ 一、直流变频压缩机

1. 直流电刷电动机的基本构造与工作原理

（1）直流电刷电动机的基本构造如图 1-7 所示。

由图 1-7 可知，直流电刷电动机的基本构造是由永久磁铁、线圈、电刷、电极组成。电流经电刷从电极通到线圈，电流在垂直磁场的方向上流动，会产生作用力，带动线圈转动。

（2）直流电刷电动机的工作原理如图 1-8 所示。

图 1-8 显示了线圈和电极转动时的状态。在图 1-8a 中，线圈中电流运动方向相对于纸面来说靠磁铁 N 极一侧是自内向外，靠 S 极一侧是自外向内。此时，磁力按图上箭头方向产生作用，线圈转动。图 1-8b 显示线圈接近垂直前电流方向不变。图 1-8c 中，线圈越过垂直位置后因电刷接触的电极改变，电流方向发生变化，但线圈中的电流维持着靠 N 极一侧自内向外，靠 S 极一侧自外向内的关系，线圈继续同方向旋转。从这种运转可知，电极和电刷发挥着以下作用。

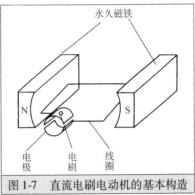

图 1-7 直流电刷电动机的基本构造

电极——用机械方式测出线圈位置。

电刷——通过和电极之间进行转换改变电流流动方向。

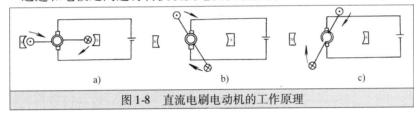

图 1-8 直流电刷电动机的工作原理

这种作用以接触方式进行，有磨损及产生火花等问题。因此，如把"测出位置"及"转换"的过程用电子方式进行，就能产生没有电刷这一接触部分（无刷）的电动机。

2. 变频直流无刷电动机的基本构成和工作原理

（1）直流无刷电动机的基本结构

在普通电刷电动机中，永久磁铁是定子，线圈是转子，因此要使用电刷换向。在直流无刷电动机中，线圈是定子，永久磁铁是转子，可以通过功率开关管改变线圈中电流的方向，实现无刷换向。

转子（永久磁铁）的位置检测利用感应电压。所谓感应电压和发电机原理相同，就是如果磁铁在线圈中转动，线圈里产生电压。由于此电压的相位和磁铁的位置有一定关系，测出它就知道了转子的位置。

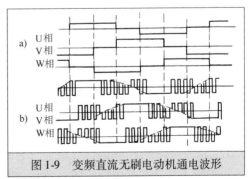

图 1-9 变频直流无刷电动机通电波形

（2）直流无刷电动机的工作原理

1）通电波形。如上述工作原理所说，在直流无刷电动机中，由于迅速切换线圈中的电流方向，线圈端所加的电压波形不像通常的交流电动机是正弦波，而是矩形波。另外，为测出感应电压，线圈中还设计了不产生电压的通电区间，如图 1-9 所示。

2）测出位置。要测出位置，就要测出感应电压的零交叉点，图1-9b中所示虚线波形即感应电压。这是利用端子电压中出现的部分，测出基准电位交叉的时刻。从图1-9a和图1-9b的关系可知，这个差值是由进行控制的微电脑的定时器完成调节的。用这种方式，可高精度地测出位置，实现高效率驱动电动机。

3）起动。直流无刷电动机利用感应电压测出位置，由于感应电压只在电动机运转时产生，在起动时从停止状态开始转动，就不能检测到转子位置，这时需要强制性输出驱动波形，从电动机开始运转到某种程度，可以靠感应电压测出转子位置，再切换为边测出位置边输出波形的驱动方式。

4）电压频率控制。下面与交流变频异步电动机比较来说明交、直流变频控制的不同。在交流变频控制中，输出频率和电动机负载、电压过高或过低都会降低效率。并且电压高时可能产生过电流过大，太低时会有电动机停止运转的情况。为防止其发生，有时用控制功率来调整电压/频率。另外交流变频控制中，电动机转速与控制频率不同步，电动机实际转速要稍低。

直流无刷电动机靠位置检测电路测出电动机的转子位置并相应输出波形，为闭环控制方式。电动机的转速是靠PWM来改变输出电压而实现控制的。图1-10是电动机的转矩特性。

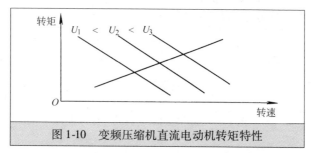

图1-10　变频压缩机直流电动机转矩特性

由图1-10可知，施加给电动机的电压一定时，电动机的输出转矩与转速成反比，电动机以能产生和负载转矩相平衡的转矩的转速运转。如升高电压，则具有同样的转速会产生更大的转矩，和负载转矩相平衡的转速也增加，相反，如果降低电压，转速就会下降，微电脑控制系统随时测出转速，调整控制电压以达到希望的转速，因为没有像交流电动机那样的转差，电动机的转速与变频器输出频率相同。这是在2极的情况下，由于压缩机所用的无刷电动机是4极的，所以变频器频率应是同转速2极电动机的2倍。

★ 二、交流变频压缩机

压缩机驱动电动机采用交流异步电动机的转速与旋转磁场同步转速存在一个转差，同步转速变化时，转差也有变化，这不利于精确控制压缩机的转速。然而异步电动机结构简单且价格低廉，是目前市场上大部分变频空调器所采用的，这种空调器称为交流变频空调器。

★ 三、交、直流变频压缩机效率对比

交流变频异步电动机和直流无刷电动机均是靠电动机内部形成的磁力线和线圈中的电流间作用产生的磁力运转的，线圈中的电流在两者中都是从外部流入，但内部磁通的形成方式不同。交流变频异步电动机的内部磁通也是由外部进入的电流形成的，这就必须有进入线圈与形成磁通的两部分电流，而电流流动必定会因电阻等产生损耗，这就是效率低的原因。直流无刷电动机是由永久磁铁生成内部磁通的，因此不需要外部能量供给，不会产生这一部分损耗，因此效率高。

★ 四、压缩机的性能

变频空调器压缩机的转速反映了调节性能，变频系统对压缩机的力学性能提出了更高的要求。目前，单转子旋转式变频压缩机价格低廉、性能稳定、市场上最多见。能消除轴向离心力的双转子和无间隙容积的涡旋式变频压缩机，也已开始应用于家用空调器中。

★ 五、变频压缩机对电源的要求

在脉冲宽度调制（PWM）技术中，制约压缩机转速的另一个因素是电源电压，采用PWM 技术的最大幅值受到电源电压制约，目前将脉冲幅度进行调整的技术也开始应用于变频空调器中。

★ 六、变频压缩机吸排气过程（见图 1-11）

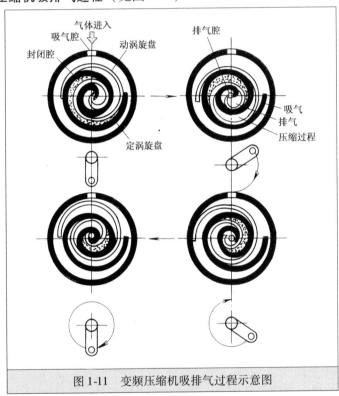

图 1-11　变频压缩机吸排气过程示意图

第二章

变频空调器电控板零件级维修技巧

长期以来，由于空调器电脑控制基板（简称电控板）电路相对复杂、故障不易检测以及维修条件等因素制约了电控板故障的维修，目前这类故障（即使是电控板上很小的一个电阻或电容损坏）都是以更换新板来解决，这似乎成了空调器维修行业的惯例。保修期内空调器用户当然可以享受免费更换电控板的服务，但保修期外的空调器用户，却既难以接收动辄数百元甚至上千元的材料及维修费用，又难以满意电控板的物流周转时间。所以，电控板维修成为厂家、用户、服务商为之头痛的问题。

本章以变频空调器的工作原理及电控板维修方法进行介绍，以帮助维修人员掌握变频空调器电控板零件级维修的技巧和方法，实现变频空调器电控板维修中"零"的突破。

第一节　变频空调器电控板零件级维修应具备的基础知识

★ 一、要了解变频空调器的工作原理

1. 了解变频空调器工作原理包含三层意思

一是要求了解变频空调器的整机结构，脑海中要有一幅变频空调器的整机结构框图。

二是要了解各组成部分的作用以及基本电路形式。

三是要了解各组成部分简要工作过程及一些关键元器件的作用。

以上三个方面是一个合格维修人员最起码掌握的内容，只有掌握了上述三个方面的内容，才谈得上对电路进行正确解析，对故障做出正确判断。实践证明，一个维修高手，往往具有很强的电路解析能力。电路解析能力的高低取决于对变频空调器工作原理的掌握程度，在检修疑难故障时，电路解析能力尤其重要。

2. 要正确识读电路图

变频空调器电控板故障现象是内部电路异常的外在反映，要能透过现象找到内部电路的故障所在，就需要对变频空调器的内部电路有一定的了解。每一台变频空调器在出厂时都在室外机外壳贴有一张电路图，它为检修者了解该机的电路提供了最重要的依据。正确识读电路图是维修变频空调器的重要一环。所谓识读电路图，就是要根据电路图来正确认识变频空调器的内部电路，了解电路的基本结构及对信号的处理过程，理清各电路的供电情况及关键元器件的功能等。

电路图向维修人员所提供的信息是很多的，但是，并不是每个人都能从电路图上得到自己所需要的信息，尤其是对初学者来说，往往会对电路图感到陌生，图中的符号和电路如同一团乱麻，不能理解。这不要紧，随着专业知识的增加和理论水平的提高，对电路图的理解会逐步加深。一般来说，理论基础越扎实，专业知识越丰富，对电路图的理解就会越深，在维修过程中对各种故障的判断也就越准确。因此，正确识读电路图是每个维修人员都必须练

好的基本功。

★ 二、要能正确使用各种维修设备

检修变频空调器电控板时，常需要用到万用表，对于万用表，购买时厂家都附有说明书，初学者必须认真阅读，充分掌握其使用方法。

★ 三、要能正确识别元器件的好坏

识别元器件的好坏就是查找坏元器件的过程，而坏元器件常常隐藏在电路中，所以元器件好坏的判别非常重要，初学者一定要加强这方面能力的训练。

要想准确无误地识别元器件的好坏，必须做到如下两点：

一是熟悉各种元器件的特性及检测方法。要想做到这一点，就得认真学习元器件基本知识。

二是要掌握正常元器件在测量时所呈现的现象。只有掌握了这一点，才能准确识别元器件的好坏。例如，一个正常的二极管在测量时应体现为正向测量导通、反向测量不导通的现象。

识别元器件好坏的手段有两种：一是观察；二是测量。

所谓观察是指通过肉眼观看元器件的表面，凡是出现烧焦、鼓包、穿洞及断脚等现象时，说明元器件已损坏。所谓测量是指利用万用表或其他仪表直接对元器件进行检测来识别元器件的好坏。

第二节　变频空调器电控板电路图在检修过程中所起的作用

变频空调器电控板电路图又称电路原理图，它是以各种电路符号连接而成的一种电路图形。电路图反映的是变频空调器电控板内部各元器件之间的连接规律，任何厂家的变频空调器电控板都有自己的电路图，变频空调器的电路图一般不作为机器附件而进入销售领域，进而到用户手中。变频空调器电控板的电路图一般只发到厂家的特约维修站，而不作为变频空调器的附件进行销售。在维修过程中，电路图非常重要，维修人员应注意搜集，并合理运用。

★ 一、如何识读电控板电路图

1. 识图的基本原则

识读电控板电路图就是要求对电路图进行正确的解析，变频空调器电控板电路结构复杂，电路图中的元器件也密密麻麻，若不掌握一定的识图方法是难以对电路图做出正确解析的。

识图的基本原则是：从整体到局部，从局部到各级，从交流到直流。

从整体到局部是指先根据电路图来了解整机的结构框图。这样就能将整机电路划分成若干局部电路，才能基本弄清各局部电路的起止位置及所包含的元器件。

从局部到各级是指在解析各局部电路时，应先弄清该电路究竟包含了哪几级电路，各级电路的作用及信号处理过程是怎样的，在此基础上再弄清各个元器件所起的作用。

从交流到直流是指在解析各级电路时，应先解析供电电路，再解析直流信号流程。

2. 识图的基本顺序及方法

识图的基本顺序是：根据信号流程从前往后进行，当信号出现分支时，应一条支路、一条支路地解析。

识图的基本方法是：将电路图平铺在桌面上，先找出各部分电路所在的位置（如电源部分在哪里、复位电路部分又在哪里等），这样就实现了从整体到局部的分割；再依次对各部分电路进行解析，解析时，应根据信号流程找到起点和终点，再从起点开始，一级一级地走向终点，每级电路都要解析清信号流程情况；等信号流程解析完毕后，再来解析这些其他电路的工作情况。

识图过程中，应注意如下两点：

（1）在解析信号流程的过程中，要重点把握信号频率的变化及信号形式的变化。

（2）若所识读的电路图是由分立元器件构成的，则只需要根据信号流程从前至后解析即可。若所识读的电路图是由集成块构成的，则应首先弄清集成块的功能及内部框图，再弄清集成块的各引脚功能，然后结合外部元器件来理解信号流程。

3. 将电控板电路图与实物相结合

打开变频空调器机壳，就会露出电路板（即电路实物），电路板的正面是元器件，每个元器件都有自己的序号；反面是铜箔条和焊点，同时也有元器件的序号。正面的元器件就是靠反面的焊点及铜箔条连接成一体的。

无论是变频空调器，还是定频空调器，其电路板上各元器件的连接情况均与电路图一致，但粗看起来，电路板上元器件的连接似乎杂乱无章，难以直接通过电路板来解析电路。此时，就得将电路图与电路板结合起来，方能理清电路。

解析元器件的作用应在电路图中进行，查找元器件的故障位置应在电路板中进行。电路板上的元器件与电路图中的元器件虽有一一对应的关系，但从电路板上解析某个元器件的作用往往比较难，如果在电路图中解析此元器件的作用，则容易得多。

★ 二、使用变频空调器电控板电路图时应注意的一些问题

在检修变频空调器故障时，电路图十分重要，维修人员一般都离不开它，但使用电路图时，应注意如下三个问题。

1. 电路图可能会与实际电路存在很小的差异

电路图是厂家在设计变频空调器某种机型的电路时确定下来的，厂家生产的首批变频空调器完全按电路图进行，其电路板与电路图完全对应。由于电路设计难以达到十全十美，变频空调器在使用过程中可能暴露出一些不足，此时，厂家会对实际电路进行稍许改动，如改变某元器件的参数，在某元器件上再串联或并联一个同类型元器件等。由于这些改动仅在实际电路中进行，故电路图中并未体现出来，这样，电路图就与实际电路出现了很小的差异，所以厂家所提供的电路图上一般标有"此图仅供参考，如有更改，恕不预先奉告"的字样。在维修过程中，若碰到电路图与实际电路存在稍许差别，请不要大惊小怪，要立即明白这是厂家对电路进行改进后的结果。

2. 电路图中所标的电压及波形仅供参考

电路图中所标的电压一般是在调试时测得的，而维修过程中测得的电压一般是在静态时测得的，它与电路图中所标的电压可能存在很小的差异。因此，切莫认为测得的结果与图中所标的不一样，就误认为不正常。当然，如果测得的结果与图中所标的电压相差甚远，那就值得考虑了。

3. 电路图中某些元器件的型号可能与实际电路中的元器件型号不一样

这种情况多出现在电容、集成块及晶体管等元器件上，产生这种情况的原因有如下三种：

一是某些电容的参数可以在一定范围内进行挑选。例如，电路中某些电容的容量可以在0.47~10μF之间选择，这样可能会出现图中所标的容量为2.2μF，而实际电路中所用的容量为3.3μF的现象。

二是电路中的某些晶体管可以选择不同型号。

三是某些集成块虽然型号不同，但实际功能完全一样，它们之间可以相互代换。它们实际上是同一种集成块，只是生产厂家不同而已。

第三节 变频空调器电控板的关键元器件

★ 一、熔丝管

1. 作用

熔丝管（俗称保险管）两端为金属壳，中间为玻璃管，熔丝安装在玻璃管内，并连接两端的金属壳，在电路中起短路保护作用，其额定电流标于金属壳上面。空调器通常使用额定电流为3.15A的熔丝管。

熔丝管安装在强电电路，通常设有专用管座，由于连接交流220V电源且两端为金属壳，为防止维修时触电，或由于电流过大引起玻璃破碎四处乱散，通常在管座外面加装有塑料套或塑料护罩。

2. 变频空调器使用的熔丝管

变频空调器使用的熔丝管通常不使用管座，而是直接焊在室内机主板上面，额定电流也为3.15A；如果为辅助电加热的机型，则设有两个熔丝管，额定电流为10A的熔丝管为辅助电加热供电，如电热丝短路、熔丝管熔丝断开。

3. 根据熔丝管熔断方式判断故障

（1）正常的熔丝管：内部的熔丝没有断。

（2）熔丝断但管壁干净：由于负载电流超过熔丝管额定值引起，说明负载有轻微的短路故障。

（3）管壁乌黑：由于负载严重短路引起，常见为压敏电阻击穿、室内风机或室外风机线电压短路、室内外机连接线绝缘层破损而引起的短路等。

4. 熔丝管电气符号

熔丝管实物及电气符号如图2-1所示。

5. 熔丝管检测方法

断开空调器电源，使用万用表电阻挡，测量熔丝管两端的阻值，正常阻值为0Ω；如果实测阻值为无穷大，则为熔丝管开路损坏，常见为熔丝管内部熔丝熔断。

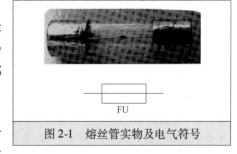

图2-1 熔丝管实物及电气符号

★ 二、压敏电阻

压敏电阻在电路中文字符号为R、RV，但有时实际电路中也有以不规范符号Z、ZNR标注的，其作用是防止输入电压过高时损坏主板其他元器件。压敏电阻外观通常为蓝色或黄色的圆形扁状元件，设计使用在强电电路中，与变压器一次绕组并联，击穿值通常为交流247V。

压敏电阻并联在零线和地之间或相线和地之间，起电压保护的作用。

1. 作用

压敏电阻是电氧化亚铝及碳化硅烧结体，在空调器的控制电路中，主要起过电压保护作用。

压敏电阻并联在熔丝管的后侧两端，用来保护印制电路板上的元器件，防止来自电源线上的反常高压以及雷电感应的电流破坏元器件。

2. 特性

压敏电阻的导电性能是非线性的，当压敏电阻两端所加电压低于其标称电压值时，其内部阻抗非常大，接近于开路状态，只有极微小的漏电电流通过，功耗甚微，对空调器外电路无影响。当外加电压高于标称电压值时，电阻变小迅速放电，响应时间在纳秒级。它承受电流的能力非常惊人，而且不会产生续流和放电延迟现象。

3. 原理

压敏电阻是一种在某一电压范围内导电性能随电压的增加而急剧增大的一种敏感元件。

4. 压敏电阻符号命名

压敏电阻通常称为浪涌吸收器，压敏电阻的实物外形及图形符号如图 2-2 所示。

压敏电阻常见故障为电网电压过高时将其击穿，测量时使用万用表电阻挡。

压敏电阻是一次性元件，击穿（即烧坏）后应及时更换，若取下压敏电阻而只换熔丝管就开始使用变频空调器，那么电压再次过高时会烧坏主板上的其他元器件。

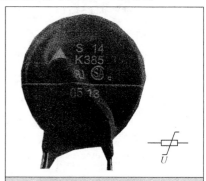

5. 压敏电阻直观判断

（1）压敏电阻如果损坏，从外观上可以看出，通常会开裂或发黑。

（2）压敏电阻损坏，熔丝管熔丝必断。

图 2-2　压敏电阻实物外形及图形符号

6. 压敏电阻检测方法

用万用表 R×1 或 R×1k 挡测量压敏电阻两引脚电阻值，如果阻值为无穷大，则压敏电阻良好；如果阻值为零，则可判定损坏。如果压敏电阻漏电，可通过排除外围元器件来确定。

注意：压敏电阻是一个不可修复的元件，如果损坏要及时更换。有的维修人员发现压敏电阻击穿，就把压敏电阻去掉，这样做不可取，万一电压瞬间过高，容易烧坏电控板。

★ 三、变压器

1. 工作原理

变压器由绕组、铁心组成。变压器是利用互感现象原理工作的：当一次绕组通过交流电时，一次绕组产生磁场，二次绕组的线圈切割磁力线产生感应电动势，这样由交变电场生成磁场，磁场通过闭合的铁心耦合到二次绕组，从而在二次绕组中产生感应电动势。

2. 变压器电路符号

变压器电路符号如图 2-3 所示。

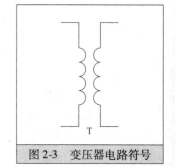

图 2-3　变压器电路符号

3. 变压器的作用

变压器在空调器中主要用于将交流 380V/50Hz 或 220V/50Hz 电源电压变为工作需要的交流电压。

4. 变压器故障测量方法

变压器出现故障后的测量方法有两种：

（1）电压测量法。通电测量变压器输入端是否有交流 220V 电压输入，输出端是否有 14V 左右交流电压输出。无输出可判定变压器损坏。

（2）电阻测量法。断电，用钳子拔下变压器的输入、输出接插件，测量变压器的电阻值，输入端一般应在几百欧姆，输出端一般应在十几欧姆。变压器出现故障后，空调器整机无电源显示，用遥控器不能开机运行。应注意的是有些变压器内置了 PTC 保护功能，出现这类情况，有时 20min 后空调器可恢复使用。

注意：在实际维修时，有很多不负责的维修工，发现变压器熔丝管熔丝熔断，就将变压器熔丝管去掉，用铜丝直接短接。这样做虽暂时可使变压器工作，但此方法不可取，往往把故障变成了隐患。

★ 四、整流二极管

二极管按材料分为硅二极管与锗二极管两种，它具有单向导电性。

二极管由 P 型半导体与 N 型半导体构成，在 P 型、N 型半导体之间接触面形成一个 PN 结，通过 PN 结对不同方向电压的不同导电性来达到导通与截止。当通过正向电压时，电流流过；当通过反向电压时，二极管截止，电流不能通过。整流二极管在桥式整流电路中的应用如图 2-4 所示。

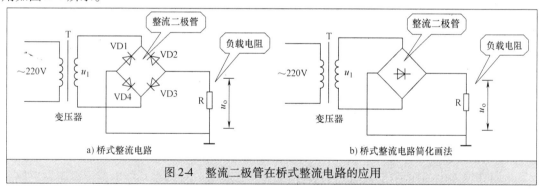

图 2-4　整流二极管在桥式整流电路的应用

★ 五、整流桥

空调器的供电是交流 380V/50Hz 或 220V/50Hz 市电，但空调器的电子控制电路却需要 +18V、+12V、+5V 直流电压，这个问题必须靠整流来解决。

1. 构成

单向桥式整流电路由四个二极管接成电桥形式，故称为桥式整流，如图 2-5 所示。

由图 2-5 可知，VD1、VD2、VD3、VD4 构成电桥的四个桥臂，电桥一个对角线接电源变压器的二次绕组，另一对角线接负载 R。

2. 工作原理

当变压器 T 的二次绕组 a 端为正、b 端为负时，整流二极管 VD1 和 VD3 因加正向电压而导通，VD2 和 VD4 因加反向电压而截止，这时电流从变压器二次绕组的 b 端按流向 a→VD3→R→VD1→a 回到变压器二次绕组的 a 端，得到一个半波整流电压。

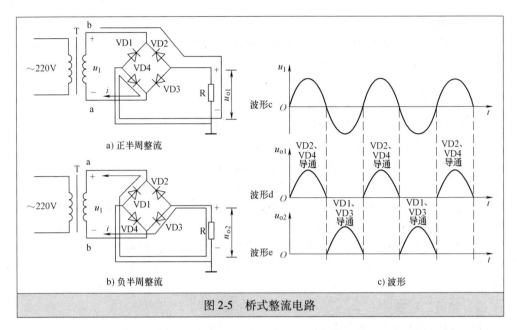

图 2-5　桥式整流电路

当变压器二次电压 a 端为负、b 端为正时，二极管 VD2、VD4 导通，VD1、VD3 截止，电流流向改变为 b→VD2→R→VD4→a，回到变压器的 a 端，又得到一个半波整流电压。这样，在一个周期内，负载 R 上就得到了一个全波整流电压。

3. 检测方法

整流桥的输入端与变压器的二次侧相连。如果检测到变压器二次侧有交流电压（约 13V）输出，则整流桥交流输入端也应有交流电压（约 13V）输入，同时整流桥的输出端应有直流电压（约 16V）。如果整流桥出现故障，无直流电压输出，会引起整机无电源显示，空调器无法工作。

★ 六、电阻

电阻就是为电路提供电流阻碍作用的元件，电阻通过消耗电量，分配电路中的电流，达到特定的目的。

1. 电阻在电路中的作用

电阻在电路中的作用相当广泛，它在电路中可以构成许许多多功能电路。电阻在电路中不仅可以单独使用，更多的是与其他元器件一起构成具有各种各样功能的电路。

在电路中，电阻常用于降低电压、限制电流、组成分压器和分流器等。

对导体而言，电阻的存在使电流流动遇到了阻力，具体表现是电阻消耗了电能，显然从这个意义上讲电阻所起的作用是消极的。

2. 结构

电阻由电阻体、基体（骨架）、引线等构成。按电阻体材料可分为碳膜电阻、金属膜电阻、线绕电阻、氧化膜电阻等。

3. 电路中电阻的图形符号（见图 2-6）

4. 检测方法

（1）测量前把万用表转换开关调到电阻挡，选择的挡位在测量时应尽量使指针在刻度线中间范围，此时测出的电阻值较准确。

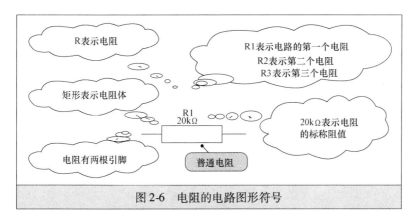

图 2-6　电阻的电路图形符号

（2）测量中，每换一个挡位，都应该重新调零。

（3）测量时，应断开其他关联连线，双手不要同时触及被测电阻的两个引出线，以免造成测量误差。

★ 七、电容

1. 作用

电容是由被绝缘介质隔开的两个极板组成的，它的作用一般为移相、选频和滤波。电容的主要指标有电容量、耐压值、介质损耗和稳定性。电容量和耐压值一般都标注在电容的外壳上，而损耗和稳定性通常需要仪器来测定。

在电路中，电容常用于调谐、耦合、滤波、隔直流和单相电动机分相等。

2. 电容的标识

一个电容上除了标有型号外，还常标有耐压（额定电压）、容量、允许误差和工作温度范围等内容，这些统称电容的标识。电容的标识通常有直标法、文字符号法及色标法等。

电容是储存电荷的元件，按频率特性可分为低频电容器和高频电容器，按介质可分为云母电容、陶瓷电容和电解电容等。空调器电路使用的主要是陶瓷电容。

3. 基本特性

电容具有充放电能力和隔直通交特性，是一种能够储存电场能量的元件。电容储存电荷的参数是电容量，电容的容量一般直接标注在其表面上。电容的容量会随温度变化而变化。对于耦合电容及旁路电容，如果维修时没有相同容量和耐压的配件在安装位置允许的情况下，代换时容量可适当加大、耐压值选高。有极性的电解电容具有单方向性质，将电解电容接入电路中时，正极应接电路高电位，极性接反，会使电解电容击穿损坏。

4. 符号和单位

电容量常用的单位是微法（μF）和皮法（pF），它们与基本单位法拉（F）的换算关系是 $1F = 10^6 \mu F = 10^{12} pF$。电容器标称方法如图 2-7 所示。

5. 检测

（1）有极性电解电容的漏电测量。根据所测电容容量（如测 $1000\mu F$、$100\mu F$、$10\mu F$ 电容时将万用表分别置于 $R \times 100$、$R \times 1k$、$R \times 10k$ 挡），将黑、红表笔分别接触被测电容的正负极引线。从接通时刻起万用表的指针会快速摆动到一定数值（该数值由电容的容量决定，一般容量大，摆幅大），然后指针渐渐退回到 $R = \infty$ 的位置（退回原位与否取决于电容的漏电情况）。如果指针退不到∞处，而是停止在某一位置，则指针所指示的阻值是漏电相

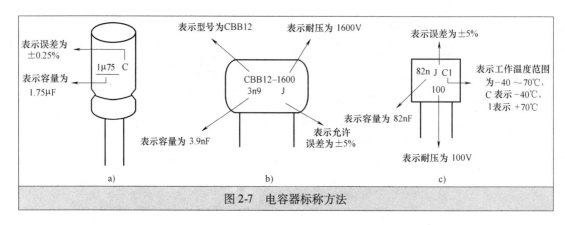

图2-7　电容器标称方法

应的电阻值。

（2）无极性电容漏电的测量。对于容量较小的无极性电容，利用万用表可以判断其断路、短路、有无漏电并估算容量。将万用表置于 R×1k 挡，用表笔接触电容的引脚（测量一次后表笔互换再测量一次），观察指针有无充电摆动，若有则说明电容内部无断路。充电摆动后，若指针不能回到∞处，说明该电容漏电，若指针的指示电阻值为 0，则说明该电容内部已短路。

空调器使用的滤波电容一般有正负极之分。所以当维修人员在更换滤波电容时，应特别注意不要将正、负极接反，否则会将电容击穿，甚至烧坏控制板。

6. 电容故障检测方法

检测空调器压缩机、风机上使用的起动、运转电容时，首先用钳子拔下电容插件，用螺钉旋具的金属部分将电容的两极短路放电后，再用万用表的 R×100 挡或 R×1k 挡检测。如果表笔刚与电容两接线端子连通时指针迅速摆动，而后慢慢退回原处，说明电容的容量正常，充、放电过程良好。这是因为万用表电阻挡接入瞬间充电电流最大，以后随着充电电流的减小，指针逐渐退回原处。电容测量方法如图 2-8 所示。

（1）测量时，如果指针不动，可判定电容短路或容量很小。

（2）测量时，如果指针摆动大，又退到原来位置，说明电容良好。

（3）测量时，如果指针摆动到某一位置后不退回，可判定电容已经击穿。

这里应特别注意的是：电容检测前首先应断电，然后对电容进行放电，确定无电荷后再测量。

★ 八、PTC 热敏电阻

1. 作用

PTC 热敏电阻为正温度系数热敏电阻，串联在变压器一次绕组供电回路中，相当于一个可自动保护及恢复的保护元件。

其阻值随温度变化而变化，常温下阻值较低，对电路没有影响；当由于某种原因（变压器绕组短路、二次侧整流二极管短路等）引起变压器一次绕组电流变大，PTC 热敏电阻温度迅速增加，阻值也迅速上升，则变压器一次绕组供电电压逐渐降低。若二次侧严重短路，变压器一次绕组供电电压可下降至交流 0V，从而可保护变压器和室内机主控板其他元器件，断开空调器电源从而保护负载。此时 PTC 热敏电阻温度逐渐下降，其阻值也迅速下降至正常值，不会影响主板再次供电使用。

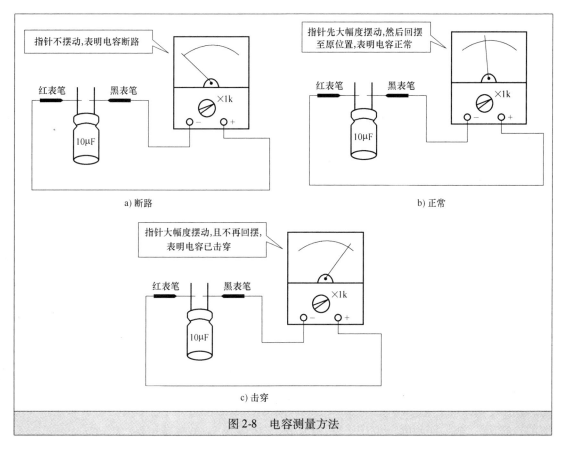

a) 断路

b) 正常

c) 击穿

图 2-8 电容测量方法

2. 常温测量 PTC 热敏电阻阻值方法

断开空调器电源，使用万用表电阻挡，在室温约 16℃ 时测量 PTC 热敏电阻阻值，实测阻值约 90Ω。如果实测为无穷大，用手摸 PTC 热敏电阻表面，若温度较高，应等其温度下降后再测量。

★ 九、三端稳压器 7812 和 7805

目前，国内生产的三端集成稳压器，基本上分为普通稳压器和精密稳压器两类；每一类又可分为固定式和可调式两种形式。

普通三端稳压器将稳压电源的恒压源、放大环节和调整管集成在一块芯片上，使用中只要输入电压比输出电压差大 3V 以上，就可获得稳定的输出电压。普通三端稳压器外部有三个端子，即输入端、输出端和公共地端。三端稳压器外形如图 2-9 所示。

1. 作用

7812 用于输出稳定的 12V 直流电，7805 用于输出稳定的 5V 直流电，即使市电电压有少量变动，其输出也恒定。

7812 和 7805 在直流电压的稳压电路中，作用是在电网电压变化时保持主板直流 12V 和 5V 电压的稳定，设计在主滤波电容附近。

目前变频空调器使用的三端稳压器 7812、7805 有输入、输出和公共端三个端子，输出电压稳定不变。这种稳压器内部

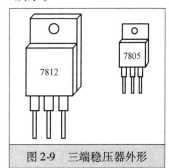

图 2-9 三端稳压器外形

集成有取样电路、保护电路、调整电路、基准电路、起动电路、恒流源电路。

7812 和 7805 均设有 3 个引脚，中间的引脚为"地"，左边的引脚为输入，右边的引脚为输出。

78 后面的数字代表输出正电压的数值，以"V"为单位。12V 三端稳压器表面印有 7812 字样，其输出端为稳定的 12V；5V 三端稳压器表面印有 7805 字样，其输出端为稳定的 5V。前面的英文字母为生产厂家或公司代号，后面为系列号。

2. 7812 输入端和输出端电压测量方法

使用万用表直流电压挡，测量 7812 的输入端和输出端电压。

（1）测量 7812 输入端电压。黑表笔接②脚地（实测时接铁壳也可以）、红表笔接①脚输入端，实测电压约为 15V，此电压由变压器二次绕组经整流滤波电路直接提供，因此随电网电压变化而变化。如果实测电压为 0V，常见为变压器一次绕组开路或整流滤波电路出现故障。

（2）测量 7812 输出端电压。黑表笔接②脚地、红表笔接③脚输出端，正常时电压应为稳定的直流 12V；如果实测电压为 0V，常见为 7812 损坏或 12V 负载有短路故障。

3. 7805 输入端和输出端电压测量方法

（1）测量 7805 输入端电压。黑表笔接②脚地、红表笔接①脚输入端，实测电压约为 5V，此电压由变压器二次绕组经整流滤波电路直接提供，因此随电网电压变化而变化。如果实测电压为 0V，常见为变压器一次绕组开路或整流滤波电路出现故障。

（2）测量 7805 输出端电压。黑表笔接②脚地、红表笔接③脚输出端，正常时电压为稳定的直流 5V；如果实测电压为 0V，常见为 7805 损坏或 5V 负载有短路故障。

★ 十、2003 芯片反相器

2003 芯片的输入、输出特性相当于是一个反向器。当 2003 芯片输入端为高电平（+5V）时，对应的输出端低电平（0V），继电器线圈两端通电，继电器触头吸合；当 2003 芯片输入端为低电平时（0V），对应的输出端高电平（+12V），继电器线圈两端断电，继电器触头断开。

常用的反相器型号有 ULN2003 或 MC1412，这两种反相器可互换，内部均为 7 个独立的反相器，可同时控制 7 路负载。

反相器的特点是，当有高电平输入时，其输出端为低电平；当有低电平输入时，其输出端为高电平。以控制压缩机运行为例，当 CPU 发出压缩机运行指令时，CPU 输出高电平送到反向器，其输出端为低电平，控制压缩运行的继电器吸合，使压缩机通电运行。

★ 十一、石英晶体振荡器

石英晶体振荡器简称晶振，它具有体积小、稳定性好的特点，目前广泛应用于空调器微电脑芯片的时钟电路中。

1. 工作原理

石英晶体具有电压效应，当把晶体薄片两侧的电极加上电压时，石英晶体就会产生变形；反之，如果外力使石英晶片变形，在两极金属片上又会产生电压。这种特性会使晶体在加上适当的交变电压时产生谐振，而且所加的交变电压频率恰为晶体自然谐振频率时，其振幅最大。

2. 检测方法

（1）用万用表电阻挡测量晶体振荡器输入、输出两引脚电阻值，正常时电阻值应为无穷大，否则判定晶体振荡器损坏。

（2）在空调器正常运转情况下，用万用表测量输入引脚，应有 2.8V 左右的直流电压，如无此电压，可判定为晶体振荡器损坏。根据笔者经验，晶体振荡器短路熔丝管熔丝必断。

★ 十二、电控板的关键元件：接收器

1. 接收器安装位置

显示板组件通常安装在前面板或室内机的右下角，目前变频空调器多为显示板组件使用指示灯＋数码管的方式，安装在前面板，前面板留有透明窗口，称为接收窗，接收器安装在接收窗后面。

2. 接收器工作原理

接收器内部含有光敏元件，通过接收窗口接收某一频率范围的红外线。接收到相应频率的红外线，光敏元件产生电流，经内部电路转换为电压，再经过滤波、比较器输出脉冲电压、内部晶体管电平转换，接收器的输出引脚输出脉冲信号送至 CPU 处理。

接收器对光信号的敏感区由于开窗位置不同有所不同，且不同角度和距离其接收效果也有所不同；通常光源与接收器的接收面角度越接近直角，接收效果越好，接收距离一般不大于 8m。

接收器实现光电转换，将确定波长的光信号转换为可检测的电信号，因此又叫光电转换器。由于接收器接收的是红外光波，因此其周围的光源、热源、节能灯、荧光灯及发射相近频率的电视机遥控器等都有可能干扰空调器的正常工作。

接收器控制电路框图如图 2-10 所示。

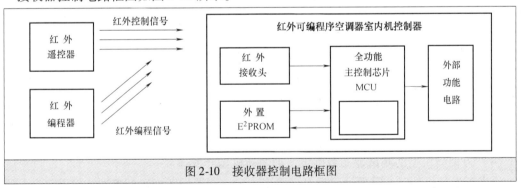

图 2-10　接收器控制电路框图

★ 十三、红外可编程序全兼容控制系统遥控器

1. 定速空调器红外遥控器

工作过程：用户根据自己的需要操作红外遥控器，红外遥控器发出调制后的红外控制信号，红外控制信号解调还原为红外控制数字信号送入主控制芯片，主控制芯片根据红外控制数字信号的内容控制外部功能电路来达到用户的目的。红外控制信号通常包含以下信息：开关机、风向摆动开关、风速选择（高、中、低、自动）、运行模式选择（制冷、制热、除湿、送风、强力除湿、电辅助加热、空气清新）、定时时间设定、换新风开关。

2. 变频空调器红外遥控器

变频空调器红外遥控器有独特的编程过程：现将空调器室内机控制器设置为编程状态，

操作红外编程器将其中的编程数据调出并可根据需要加以编辑检查，确定数据后，按红外编程器的发射键发出调制后的红外编程信号，红外接收头将调制后的红外编程信号解调还原为红外编程数字信号，送入主控制芯片，主控制芯片对接收到的红外编程数字数据进行校验，校验正确后，将红外编程数据写入外接的 E^2PROM。红外编程信号包含了机型功能设置（柜机/分体机、单冷/冷暖、变频/定频、单机/多联等）、控制参数设置（不同状态下各挡风扇转速设定、不同状态下风向板角度、温度传感器特性、不同运行状态下电磁膨胀阀开度、除霜起止参数）、保护参数设置（防冷风、防过热、防过电流）。

3. 变频空调器采用红外可编程序全兼容控制系统可带来的好处

（1）便于大规模的生产组织，提高对市场需求的反应速度。

由于有红外可编程的功能，使控制器具有相当大的柔性。具有相同外部特征的控制器通过编入不同的控制参数可用于同一系列多个型号的空调器上，因此大大方便了控制器的生产组织和库存控制；当市场需求发生变化，要求调整各种机型的生产计划时，由于所有各种不同类型的控制器均可采用同一块主控芯片，因此可在避免因主控芯片短缺而导致减产的同时，还可缩短主控芯片的订货周期，更可避免为保证生产而导致的主控芯片的积压，减少了资金占用量。

（2）加强了空调器各机型对不同地区的适应能力。

我国地域广阔，气候条件差异大，而空调器在不同的气候条件下最佳的运行参数也有较大变化，如冬天北方寒冷但干燥，南方气温高且潮湿，空调器容易结冰，因此空调器制热时的除霜温度应设计北方低南方高。由于大规模的生产组织、仓储、运输及管理等各方面条件的制约，空调器生产企业很难针对销售地区生产，只能采用一个折中的运行参数生产，销往全国各地，不能将空调器的最好性能发挥出来。采用红外可编程序控制器后此问题迎刃而解，可在安装空调器时再根据当地的气候条件编入最佳的运行参数，加强了空调器各机型对不同地区的适应能力，将空调器的最好性能发挥出来。

（3）可满足用户个性化的要求，引入个人空调器的概念。

空调器用户数以百万，个人喜好不尽相同，批量生产难以满足不同用户的要求。如有的用户关心噪声的高低，有的用户更注重耗电多少，采用红外可编程序控制器后，则可通过售后服务人员根据用户的需要进行参数调整，进行二次设计，使批量生产的空调器变成满足个别用户要求的个人空调器。

（4）方便新机型的测试及参数确定，加快新机型开发速度。

原来开发新机型时，需要通过反复试验来确定空调器的匹配运行参数，但无完全合用的控制器，只能用一些辅助手段来只是试验地进行，待参数确定后才能定制主控制芯片，2~3个月后主控制芯片才能生产出来，新机型才能投入生产。现在只需编入不同数据，就可满足试验的需要，参数确定后新机型马上就能投入生产，大大加快新机型开发速度，为占领市场赢得了宝贵的时间。

（5）降低成本，提高产品的竞争力。

4．遥控器故障判断方法

用遥控器开机，如果听不到接收红外信号时的蜂鸣器声，室内外机不运转，室内机无电源显示，应首先测量电源插座是否有交流220V电压。若电压正常，可直接操作强起按钮开机，若室内、外机能运转且制冷正常，说明故障点在遥控器上，可把遥控器后盖打开，用万用表的直流电压挡测量电池电压是否在 2.3V 以上。若低于 2.3V 电压，应更换新电池。

★ 十四、四通阀

1. 四通阀的工作原理

四通阀的工作原理是通过控制电磁线圈电流的通断，启闭左或右阀塞，使左或右毛细管控制阀体两侧的压力形成压力差。阀体中的滑块在压力差的作用下向左侧或右侧移动，从而改变制冷剂的流向，达到系统制冷或制热转换的目的。四通阀的内部结构及原理如图 2-11 所示。

2. 检测方法

（1）用万用表的电阻挡测量四通阀线圈，电阻值应约为 680Ω，若测量线圈电阻值为零，则判定线圈短路，若测量线圈电阻值为无穷大，则说明线圈断路。

（2）开机状态下，用万用表电阻挡测量四通阀线圈两端电压。如果有交流 220V 电压，而四通阀不换向，则判定四通阀阀体中的滑块卡住或左右毛细管堵塞，如果测量四通阀线圈两端无交流 220V 电压，则判定四通阀线圈控制电路有故障。

（3）造成电磁四通换向阀不换向的原因及维修技巧：

1）换向阀电磁线圈烧毁。切断电源，用万用表 R×1 挡测量电磁线圈的直流电阻值和通断情况。当测量的直流电阻远小于规定值时，说明电磁线圈内部有局部短路。应更换同型号的电磁线圈。在更换时，应注意在没有将线圈套入中心磁心前，不能做通电检查，否则易烧毁线圈，这一点必须牢记。

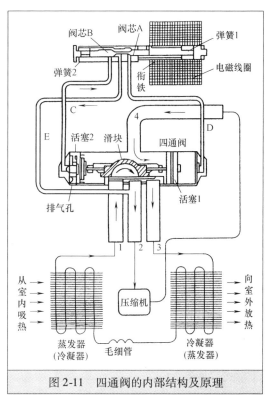

图 2-11 四通阀的内部结构及原理

2）换向阀的活塞上泄孔被堵。换向阀活塞上泄孔直径只有 0.3mm，孔前虽有滤网，如果制冷系统不清洁，很容易被堵，造成不能换向。对于这种故障可先进行如下维修：反复多次接通、切断电磁线圈的电路，使换向阀连续换向，以便冲除污物。若仍堵塞，可卸下换向阀进行冲洗或更换电磁四通换向阀。

★ 十五、压缩机

压缩机是空调器制冷系统的动力核心，通过其内部电动机的转动将制冷剂由低温低压气体压缩成高温高压气体，实现制冷剂在系统内的流动。压缩机按结构可分为往复式、旋转式和涡旋式压缩机，按提供的电源可分为单相（220V/50Hz）、三相（380V/50Hz）及变频压缩机。

1. 单相压缩机

单相压缩机内的电动机有两个绕组——起动绕组和运转绕组，起动绕组比运转绕组电阻值大。两个绕组接出三个接线端子：C 代表公用端；R 代表运转端；S 代表起动端。三个接线端子的关系如图 2-12 所示。

由图 2-12 可知，$R_{SR} = R_{CS} + R_{CR}$，又知 $R_{CS} > R_{CR}$，所以，从外部判定三个端子时，可把万用表的选择开关调整到 R×1 电阻挡，先找出三个接线端子之间阻值最大的两个端子，它们一定是 R 和 S，而另一个是公用端 C。再用公用端 C 分别测量其与另外两个端子之间的电阻，阻值大的为起动端子 S，阻值小的为运转端子 R。这是维修人员必须掌握的最基本的测量判定三个接线端子的方法。

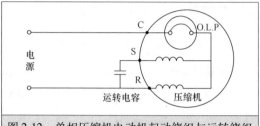

图 2-12　单相压缩机电动机起动绕组与运转绕组

压缩机电动机故障率较高，一般有如下三个故障：

（1）短路。绕组短路是由于绕组的绝缘层损坏而产生的。出现这种故障后，有时电动机还可以继续运转，但速度较慢而电流较大。用万用表测出绕组的阻值如果小于已知的正常阻值，即可判断有短路故障。

（2）断路。内部接线端焊接头焊接不牢或松脱断线或绝缘层损坏、绕组烧断都会造成断路。断路故障会使电动机完全不能起动。用万用表检测时，如果两接线端之间不导通，即电阻为无穷大时，此绕组断路无疑。不过有一点必须提醒维修人员，就是在现场修理中，怀疑压缩机电动机绕组断路但同时发现压缩机外壳温度较高时，有可能是绕组内部的可恢复性热保护器起跳。这时应等其冷却后再测量，若恢复正常，应找出发热原因，排除故障，保护好压缩机。

（3）绕组与外壳击穿。由于绕组受潮或绝缘老化所致。这种故障会使外壳带电，极不安全。测量可用绝缘电阻表，绕组与外壳（去漆皮，露出金属本色）之间的电阻应大于 5MΩ。

2. 三相压缩机

三相压缩机有 380V/50Hz 和交流变频压缩机之分。其中三相 380V/50Hz 压缩机主要用于柜式空调器。

三相压缩机电动机一般有三个同样的绕组，三个绕组的电阻值也是相同的，即 $R_{RS} = R_{ST} = R_{RT}$，如图 2-13 所示。

三相压缩机电动机的任一绕组对地的电阻值，用绝缘电阻表摇测应大于 2MΩ，否则应重新盘绕线圈或更换新压缩机。三相压缩机电动机常见故障如下：

（1）电源接触器两相吸合，一相触头烧蚀；

（2）电源电压偏低，使压缩机频繁起停；

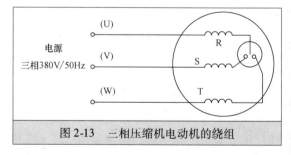

图 2-13　三相压缩机电动机的绕组

（3）三相供电不平衡，使压缩机断相运行。

在实际维修中，还应特别注意三相涡旋式压缩机的正、反转。虽然柜机设有相序保护，但空调器过了保修期，用户多以省钱为原则修空调器。

第四节　变频空调器电控板的关键电路

★ 一、线性电源电路

变频空调器需要有一个稳定的直流电源提供能量，而且对于我们现在所面临的控制器而言，都是利用电网提供的交流电源，经过整流、滤波、稳压后，滤去其不稳定的脉动、干扰成分，来使电子电路与电子设备保持正常工作。

目前空调器的电控板，除了变频机的模块上用开关电源外，其余的室内或室外电控板使用的均为线性电源，即通过降压、整流、滤波、稳压后提供给电子电路及芯片工作。下面我们就线性电源电路原理及关键部件做详细介绍。

1. 线性电源电路的框图与典型原理图

线性电源电路基本上由四部分组成：变压器降压、二极管或整流桥、电容或电感滤波、三端稳压器稳压，它们之间的组合则可构成一个最基本的，也是最可靠的线性电源电路，如图 2-14 所示。

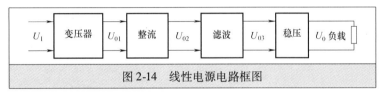

图 2-14　线性电源电路框图

线性电源电路如图 2-15 所示。

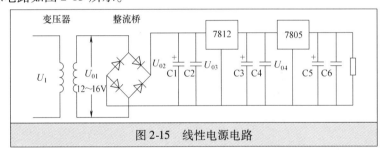

图 2-15　线性电源电路

2. 主要参数和部件介绍

（1）U_1：220V 交流电（变压器输入）。

（2）U_{01}：12 ~ 16V 的交流电（变压器输出，因变压器型号不同输出电压有所不同，一般为 16V），波形如图 2-16 所示。

（3）U_{02}：经四个二极管全波整流后输出 16V 左右的脉动直流电，波形如图 2-17 所示。

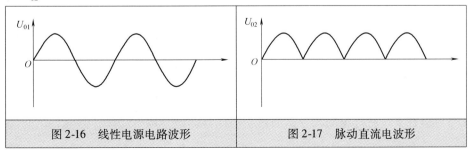

| 图 2-16　线性电源电路波形 | 图 2-17　脉动直流电波形 |

（4）U_{03}：经电容 C_1、C_2 滤波后输出 16V 接近平滑的直流电，波形如图 2-18 所示。

（5）U_{04}：经过 7812 稳压后输出稳定的 12V 直流电，此 12V 直流电一部分供给电控板上的 2003 芯片和继电器等，另一部分经 7805 输出稳定的 5V 直流电（典型电路中），供给电控板上的主控芯片（单片机）及其外围电路使用。

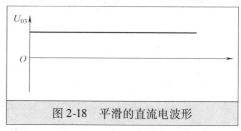

图 2-18　平滑的直流电波形

★ 二、温度信号采集电路

温度信号采集电路通过将热敏电阻不同温度下对应的不同阻值转化成不同的电压信号传至芯片对应引脚，以实时检测室外工作的各种温度状态，为芯片模糊控制提供参考数据，如图 2-19 所示。

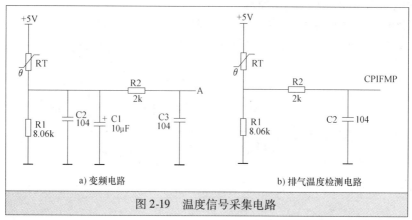

图 2-19　温度信号采集电路

工作原理及电子元器件在电路中的作用如下所述。

所有温度检测电路原理大致相同，现以空调器中常用的电路图（见图 2-19a）为例进行解析：电路中，温度传感器 RT（相当于可变电阻）与电阻 R1 形成分压，则 A 端电压为 $R_1/(R_T+R_1)$，随着外界温度的变化，温度传感器 RT 的电阻值跟着变化，则 A 端的电压相应变化。

因为 RT 在不同的温度有相应的阻值，则不同的外界温度在 A 端有相应的电压值，外界温度与 A 端电压形成一一对应的关系，可以把此对应关系制成表格。因此单片机可根据不同的电压值检测外界温度。

电路中，RT 与 R1 组成分压电路，C2、C3 和 R2 形成 TL 型 RC 滤波，C1 对分压电路输出电压进行第一次滤波（平滑滤波），随后 C1 两端余下的交流杂波又被 R2 和 C2 分压。这余下的交流成分大都加在 R2 上，而 C2 两端余下的交流成分就极小，于是起到了第二次滤波（高频滤波）的作用。但是 R2 的阻值不能太大，它会使输出直流电压损失，通常取 1kΩ或 2kΩ，所以这种滤波器多用于负载电流较小的场合。

此温度检测电路，RT 与 R1 可互换，此时 A 端电压为 $R_T/(R_T+R_1)$，C1 亦可用 47μF 电容替代，在有些电路中，也把 C1 省去不用，考虑到性能可靠、规范性及编程方便，通常用图 2-19b 所示电路，取 R1 为 8.06kΩ、R2 为 2kΩ，C2 为贴片电容 103 或 104（即 0.01μF 或 0.1μF）。但在某些有静电的场合，如移动空调器，经常用手触摸，则最好用防静电温度检测电路。

检修方法如果温度信号采集电路出现了故障，现象多为压缩机不起动、起动后立即停止且室外风机风速不能转换。另外压缩机过热保护（THERMO）电路出现的故障多为晶体管损坏而引起室外机无反应。

★ 三、CPU 电路

1. CPU 的作用

CPU（中央处理器）的作用是接收使用者的操作指令，结合室内环温、管温传感器等输入部分电路的信号进行运算和比较，确定空调器的运行模式（如制冷、制热、抽湿、送风），通过输出部分电路控制压缩机，室内、外风机，四通阀线圈等部件，使空调器按使用者的意愿工作。

CPU 是主板上体积最大、引脚最多的器件。现在主板 CPU 的引脚功能都是空调器厂家结合软件来确定的，也就是说同一型号的 CPU 在不同空调器厂家主板上引脚的作用是不一样的。

2. CPU 特点

CPU 是整个变频空调器的"大脑"、控制中心，它的主要功能是把指令转换为相应的控制和操作信号，实现算术和逻辑运算，控制和协调电脑板上各部分电路及外部设备都按照指令进行工作。由于 CPU 在主板上的核心地位及其担负杂而多的工作，使它与其他器件相比，具备以下三个显著特点：

（1）内部功能电路最多、引脚数最多。

（2）集成度最高、功耗最大、温度最高。

（3）内部系统多，要求单独供电的电路数多（因为有很多个"V_{cc}"引脚），而且对电源电压及其系数的要求极为严格，这就使其需要具备一个相当稳定的电源系统。

以上特点决定了 CPU 及其附属电路成为主板上故障多发的部位。CPU 不工作或工作不正常主要表现在：变频空调器整机不工作，或者在工作中出现无规律的停机等现象。有故障时，数码管不亮或显示"F"、"p"故障代码等。

对 CPU 故障的检测，应围绕 CPU 正常工作所必需的电源、时钟、复位等信号进行检测，这就涉及了这些信号的流程及相关元器件。此外 CPU 引脚与插座的接触是否良好，关系到三个信号能否实现以及 CPU 的数据、控制等总线信息是否畅通等；还关系到 CPU 能否长时间正常工作。

3. CPU 三个必要条件

CPU 电源、复位、时钟构成"三驾马车"，是 CPU 正常工作的前提，缺一不可，否则会引起变频空调器上电无反应故障。

CPU 输入、输出电路框图如图 2-20 所示。

4. CPU 输入部分电路

（1）应急开关信号：为应急开关电路，在没有遥控器时可以使用空调器。

（2）遥控信号：为接收器电路，将遥控器发出的红外线信号处理后送至 CPU。

（3）环温、管温传感器（T1、T2）：为传感器电路，将代表温度变化的电压送至 CPU。

（4）过零信号：对应电路为过零检测电路，提供过零信号以便 CPU 控制光耦晶闸管的导通角，使 PG 电动机能正常运行。

（5）运行电流信号：为电流检测电路，作用是为 CPU 提供压缩机运行电流信号。

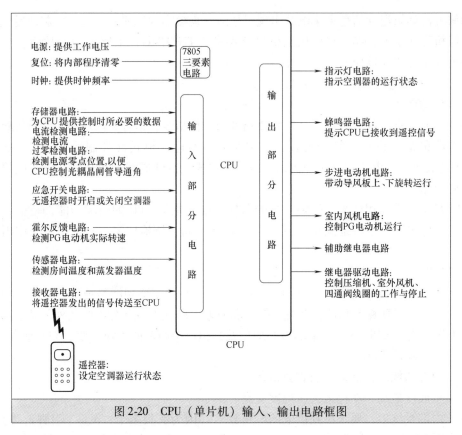

图 2-20　CPU（单片机）输入、输出电路框图

（6）霍尔反馈信号：为霍尔反馈电路，作用是为 CPU 提供室内风机（PG 电动机）的实际转速。

（7）数据信号：为存储器电路，为 CPU 提供运行时必要的数据信息。

5. 输出部分负载

（1）指示灯和数码管：为指示灯电路，用来显示空调器的当前工作状态。

（2）蜂鸣器：为蜂鸣器电路，用来提示 CPU 已处理遥控器发送的信号。

（3）步进电动机：为步进电动机电路，调整室内风机吹风的角度，能够均匀送到房间的各个角落。

（4）辅助电加热继电器：辅助电加热继电器驱动电路，用来控制辅助电加热的工作与停止，在制热模式下提高出风口温度。

（5）室内风机：为室内风机驱动电路，用来控制室内风机的工作与停止。制冷模式下开机后就一直工作（无论室外机是否运行）；制热模式下受蒸发器温度控制，只有蒸发器温度高于一定温度后才开始运行，即使在运行中如果蒸发器温度下降，室内风机也会停止工作。

（6）压缩机继电器电路：继电器驱动电路，用来控制压缩机的工作与停止。制冷模式下，压缩机受3min延时电路保护、蒸发器温度过低保护、电压检测电路、过电流检测电路等控制；制热模式下，受3min延时电路保护、蒸发器温度过高保护、电压检测电路、电流检测电路等控制。

（7）四通阀线圈继电器电路：继电器驱动电路，用来控制四通阀线圈的工作与停止。制冷模式下无供电停止工作，制热模式下有供电开始工作，只有除霜过程中断电，其他过程一直供电。

（8）室外风机继电器电路：继电器驱动电路，用来控制室外风机的工作与停止。受保护电路同压缩机。

★ 四、继电器驱动电路

继电器驱动电路的主要作用是通过芯片控制信号的小电流驱动室内、外风机，四通阀，压缩机的大电流工作，以调节室内、外风机的风速及制冷、制热的切换。

在介绍继电器的驱动电路之前，首先简单介绍一下继电器的基本知识。

继电器是一种当输入量变化到某一定值时，其触头（或电路）即接通或分断交直流小容量控制电路的自动电器。在空调器中，继电器输入 12V 直流电，继电器吸合后，强电的两个引脚接通，输出 220V 交流电。

1. 工作原理

由永久磁铁保持释放状态，加上工作电压后，电磁感应使衔铁与永久磁铁产生吸引和排斥转矩，产生向下的运动，最后达到吸合状态，如图 2-21 所示。

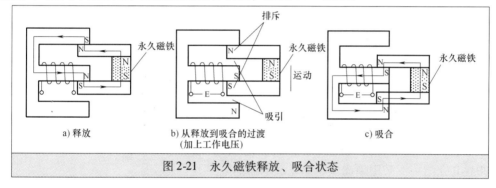

图 2-21　永久磁铁释放、吸合状态

在空调器电控板上，一般用两种电路驱动继电器：晶体管驱动和集成电路 2003 驱动。下面分别介绍这两种驱动电路。

2. 晶体管驱动

（1）电路原理图。当晶体管用来驱动继电器时，必须将晶体管的发射极接地，具体电路如图 2-22 所示。

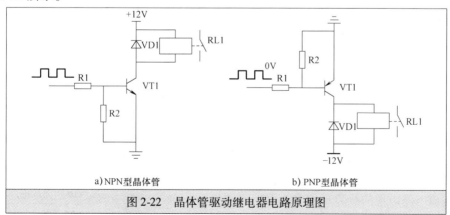

图 2-22　晶体管驱动继电器电路原理图

（2）工作原理简介

NPN 型晶体管驱动：

1）当输入高电平时，晶体管 VT1 饱和导通，继电器线圈通电，触头吸合。

2）当输入低电平时，晶体管 VT1 截止，继电器线圈断电，触头断开。

PNP 型晶体管驱动：

1）当输入高电平时，晶体管 VT1 截止，继电器线圈断电，触头断开。

2）当输入低电平时，晶体管 VT1 饱和导通，继电器线圈通电，触头吸合。

（3）电路中各元器件的作用

1）晶体管 VT1 为控制开关。

2）电阻 R1 主要起限流作用，降低晶体管 VT1 功耗。

3）电阻 R2 使晶体管 VT1 可靠截止。

二极管 VD1 反向续流，抑制浪涌。继电器的绕组是一个感性元件，总是阻碍电流的变化，断电时，电流瞬间降到 0，它会产生一个很大的反向电动势，如果没有 VD1，这个电动势很可能将主控板烧坏。接上 VD1 后，反向电动势直接被 VD1 短路，从而保护了主控板。

3. 检测方法

如果空调器的继电器不吸合，应首先测量线圈的电阻值（一般在 200Ω 左右），若阻值为无穷大，可判定继电器线圈开路。如果在没有通电的情况下测量继电器触头仍导通，则表示该继电器触头粘连，应进行修复或更换。如果确认主控板已接收到运转信号，但继电器未吸合，可检测继电器线圈两端是否有工作电压，如无，则应更换主控板。

4. 集成电路驱动

目前已使用多个驱动晶体管集成的集成电路，使用这种集成电路能简化驱动多个继电器印制电路板的设计过程。现在所用驱动继电器的集成电路主要为 TD62003AP。下面就 TD62003AP 介绍一下采用集成电路驱动继电器的电路。

（1）原理如图 2-23a 所示，内部电路如图 2-23b 所示。

（2）工作原理简介。TD62003AP 的输入、输出特性相当于一个反相器。当 TD62003AP 输入端为高电平（5V）时，对应的输出口输出低电平（0V），继电器线圈两端通电，继电器触头吸合；当 TD62003AP 输入端为低电平（0V）时，对应的输出口输出高电平（12V），继电器线圈两端断电，继电器触头断开。

（3）电路中各元器件的作用。TD62003AP 直接驱动继电器，在 TD62003AP 中已集成有起到反向续流作用的二极管。

（4）各元器件的选型。一般选用 TD62003AP 驱动继电器。现在常用的型号为 TD62003AP。

检修方法：本部分电路的关键性器件是反向驱动器。该电路出现的故障现象多为风速不切换。

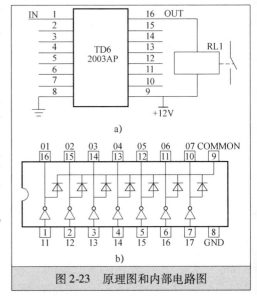

图 2-23　原理图和内部电路图

继电器驱动电路分为三个逻辑单元来检测解析：第一部分是单片机输出引脚的电平，如在设定的运行状态室外风机应该是哪一个风速，相对应单片机的输出引脚应是高电平还是低电平，进行比较解析；第二部分是驱动器电路，在提供了正确的输入之后看其输出是否正常；

最后看继电器是否能够正常吸合。

★ 五、遥控器接收电路

空调器所选用的遥控接收头型号比较多，现以 HS0038A2 为例，说明其工作原理和两个典型电路进行具体解析。

1. 工作原理

接收头内部有一个接收窗口，是一个光敏器件，接收范围局限为某一频率范围的红外线。当光敏器件接收到 $f1$ 频率的红外线，内部相应激发出一定大小的电流，经 $I\text{-}V$ 电路转换成某一电压滤波后，经一比较器输出脉冲电压，再经内部晶体管电平转换，输出间隔不一、幅度为 +5V 脉冲信号送主芯片处理。

2. 典型电路解析

现提供两组电路图（见图 2-24），并对电路中各个元器件参数设置进行说明。

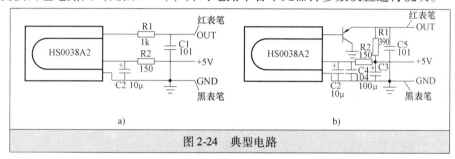

图 2-24　典型电路

图 2-24a 中各元器件的参数设置如下：

（1）为了减少外电路 +5V 电压的干扰影响，保证电气过应力足够，应在供应电压线上加电阻。但电阻不能太大，电阻大了压降也大，这样有些微处理器不一定能正确探测信号，一般选用 150Ω。

（2）在输出线增加限流电阻对预防电火花出现有好处，如果电阻太大，压降相应也高，为了保证电路正常工作，要依靠微处理器电功能复合的增加。为了使电路与所有的微处理器能兼容，输出信号线电阻选用 1kΩ 电阻。

（3）为了减少外界干扰电压对遥控接收头的干扰，在 +5V 进线端加一电解电容，起到平滑波形作用。

图 2-24b 中各元器件的参数设置如下：

不同的是此电路在输出端增加了一个 PNP 型晶体管，选用插件晶体管，一般选用 9012，贴片晶体管选用 DT143。遥控输出信号为高电平，经电平转换同样输出高电平，有利于降低阻抗输出信号，增加干扰能力。

3. 电路比较

两电路原理相同，如果接收头离芯片较近，外界干扰少，一般采用图 2-24a 所示电路，反之采用图 2-24b 所示电路。

4. 动态测量接收器输出引脚电压

使用万用表直流电压挡，黑表笔接接收器地引脚（GND）、红表笔接输出引脚（OUT）。

（1）接收器输出引脚静态电压：在无信号输入时电压应稳定约为 +5V。如果电压一直在 2~4V 跳动，为接收器漏电，说明接收器损坏，故障表现为有时能接收信号，有时不能接收信号。

（2）按压按键遥控器发射信号，接收器接收并处理，输出引脚电压瞬间下降（约1s）至约3V。

（3）松开遥控器按键，遥控器不再发射信号，接收器输出引脚上升至静态电压约5V。如果接收器接收信号时输出引脚电压值不下降，即保持不变，为接收器不接收遥控信号故障，应更换接收器。

5. 接收器常见故障维修方法

出现不能接收遥控信号故障，在维修中占到很大比例，为空调器通病，故障一般出现在使用五年左右变频空调器上，因为某些型号的接收器使用铁皮固定，并且引脚较长，在天气潮湿时，接收器受潮，三个引脚发生氧化锈蚀，使接收导电能力变差，导致不能接收遥控信号故障。

实际上门维修时，如果用螺钉旋具轻轻敲击接收器表面或用烙铁加热接收器引脚，均能使故障暂时排除，但不久还会再次出现故障。根本解决方法为更换接收器，并且在引脚上面涂上一层绝缘胶，使引脚不与空气接触，目前新出厂空调器的接收器引脚已涂上绝缘胶。

6. 接收器代换方法

接收器的作用都是将遥控器信号处理后送至CPU，在实际维修过程中，如果检查接收器损坏而无相同配件更换，可以使用另外的型号代换。

★ 六、应急开关电路

1. 作用

无遥控器时可以开启或关闭空调器。

2. 工作原理

强制制冷功能、强制自动功能共用一个按键，正常控制程序：按压一次按键，空调器将进入强制自动模式，按键之前若为关机状态，按键之后将转为开机状态；按压三次按键，将进入强制制冷状态；按压三次按键，空调器关机。按压按键使空调器运行时，在任何状态下都可用遥控器控制，转入遥控器设定的运行状态。按键状态与CPU引脚电压对应关系见表2-1。

表2-1　按键状态与CPU引脚电压对应关系

状态	CPU引脚电压/V
应急开关按键未按下时	5
应急开关按键按下时	0

3. 空调器应急开关控制程序

空调器应急开关控制程序大多是按一次为开机，工作于自动模式，再按一次则关机；待机状态下按下应急开关按键超过5s，蜂鸣器响三声，进入强制制冷，运行时不考虑室内环境温度；应急运行时，若接收到遥控信号，则按遥控信号控制运行。

4. 按键开关作用

按键开关使用在应急开关电路或按键电路中，挂式空调器通常只使用一个，而柜式空调器则使用多个（通常为六个左右）。

按键用在挂式空调器中，共有四个引脚，其中两个为支撑引脚，通常直接接地；另外两个为开关引脚，接CPU相关引脚。

按键用在柜式空调器中，也共有四个引脚，未设支撑引脚，其中左侧两个引脚在内部相通连在一起，右侧两个引脚在内部相通连在一起，其实四个引脚也相当于两个引脚。

5. 测量按键开关引脚阻值

使用万用表电阻挡，分未按压按键时和按压按键时两次测量。

（1）未按压按键时测量开关引脚阻值。未按压按键时，引脚连接的内部触头并不相通，因此正常阻值应为无穷大；如果实测约200kΩ或更小，为按键开关漏电损坏，引起空调器自动开机或关机。对于不定时自动开关机故障，判断故障原因时可以直接将应急开关取下试机。

（2）按压按键时测量开关引脚阻值。按压按键时，引脚连接的触头在内部相通，因此阻值应为0Ω；如果实测阻值为无穷大，为内部触头开路损坏，引起按压按键，空调器没有反应；如果按压按键时有约10kΩ的阻值，为内部触头接触不良，根据空调器电路的设计特点，出现按键不灵敏或功能键错乱，比如按下温度减键，而室内机主板在转换空调器的运行模式。

★ 七、过零检测电路

工作原理：过零检测电路工作原理是通过电源变压器或通过电压互感器采样，检测电源频率，获得一个与电源同频率的方波过零信号，该信号被送入CPU主芯片的中断引脚后进行过零控制。当电源过零时控制双向晶闸管触发角（导通角），双向晶闸管串联在风机回路里。当CPU检测不到过零信号时，将会使室内风机工作不正常，出现整机不工作现象。

另外，当电源过零时激励双向晶闸管可以减小电路噪声干扰，此信号作为CPU主芯片计数或时钟之用。

★ 八、复位电路

复位电路是为CPU的上电复位（复位：将CPU内程序初始化，重新开始执行CPU内程序）及监视电源而设的。主要作用如下：

（1）上电延时复位，防止因电源的波动而造成CPU频繁复位，具体延时的大小由电容C302决定；

（2）在CPU工作过程中实时监测其工作电源（+5V），一旦工作电源低于4.6V，复位电路的输出端①脚便触发一低电平，使CPU停止工作，待再次上电时重新复位。

工作原理：以海信变频空调器KFR-28GW为例：电源电压V_{cc}通过复位电路②脚与复位电路内部一电平值做比较，当电源电压小于4.6V时，①脚电位被强行拉低，芯片不能复位。当电源电压大于4.6V时电源给电容C302充电从而使①脚电位逐渐上升，在芯片对应引脚产生一上升，沿触发芯片复位、工作。

检修方法：本电路的关键器件为复位电路。在检修时一般不易检测复位电路的延时信号，可用万用表检测各引脚在上电稳定后能否达到规定的电压要求，正常情况下上电后复位电路①、②、③脚电压分别为5V、5V、0V。若复位电路损坏，现象为压缩机不起动，或者室外机不工作。

★ 九、E²PROM

E²PROM内记录着系统运行时的一些状态参数，如压缩机的V/F曲线。

检修方法：正常情况下E²PROM的引脚电压为5V。有时E²PROM内程序由于受外界干扰被损坏，引起故障。现象为压缩机二次起动，即初次开机室外风机转动但压缩机不起动，将压缩机过热保护插头（THERMO）拔起，然后再插入端口，此时压缩机起动。此即

E^2PROM故障，该故障在日常维修中较为常见。另外 E^2PROM 损坏有时也可导致压缩机起动复位或不起动。

★ 十、电源监视电路

1. 过、欠电压保护电路

以海信变频空调器 KFR-28GW 为例，本部分电路的主要作用是检测电源电压情况，若室外供电电压过低或过高，则 CPU 会发出命令使系统进行保护。

检修方法：该部分电路的关键部件是电压互感器。电路中通常电压互感器较易出现故障，正常情况下在路测量时电压互感器一次绕组阻值约为 230Ω，二次绕组阻值约为 310Ω。出现故障多为互感器一次绕组或二次绕组出现断路从而导致误保护，使室外基板不工作，现象为压缩机起动复位或室外机无反应。另外如果该电路中由于元器件损坏，可导致压缩机升频过大或过小。

2. 过电流检测电路

以海信变频空调器 KFR-28GW 为例：过电流检测电路的主要作用是，检测室外机的供电电流也即提供给压缩机的电流。在电流过大时进行保护，防止因电流过大而损坏压缩机甚至空调器。当 CPU 的过电流检测引脚电压大于 3.75V 时，过电流保护，压缩机 3min 后起动。应注意的是，当检测电路开路时，使电流为 0，不会进行故障判断。电流互感器的一次侧串联在通往整流桥的 AC 220V 上（注意与电压互感器的区别）。

检修方法：该部分电路的关键部件是电流互感器。电路中通常电流互感器较易出现故障，出现故障多为互感器一次绕组或二次绕组断路。其故障现象与电压互感器大致相同。

3. 瞬时掉电保护电路

以海信变频空调器 KFR-28GW 为例：瞬时掉电保护电路的主要作用是检测室外机提供的交流电源是否正常。针对由于各种原因造成的瞬时掉电立即采取保护措施，防止由此造成的来电后压缩机频繁起停，对压缩机造成损坏。

虽然过、欠电压保护电路也能检测到电源的掉电，但因 7805 后级有电解电容存在，在电源突然断掉时电解电容还存留一些电荷，导致芯片不能立即停止。瞬时掉电保护电路一旦检测到没有室外交流电源，芯片会立即停止工作。

检修方法：以海信空调器为例，本电路中的关键器件是光耦合器。正常状态下，$U_B = 2.75V$。若 B 端一直为高电平，表示无 AC 220V 输入电压。这种情况有三种可能：

（1）瞬间掉电。+5V 电源由于电容的存在，暂时保持为高电平。

（2）光耦合器 PC401 输入端有器件开路，如 R509。

（3）光耦合器 PC401 本身损坏。

其中第三种情况较为常见。正常情况下光耦合器①、②脚间阻值约为 182kΩ，③、④脚间阻值约为 14kΩ，在上述情况中，芯片都视为瞬时掉电处理，现象为室外机无反应。

★ 十一、通信电路

通信电路的主要作用是使室内、外基板互通信息以便使室内、外协同工作。

检修方法：应注意的是，室内、外通信电路为串行通信，载波信号由室外的相线滤波整流输出最后与室内零线构成回路。故在系统连线时应注意室内外相、零线应保持一致。

★ 十二、压缩机电流检测电路

该电路的主要作用是通过芯片发给 IPM 控制命令，采用 PWM（脉宽调制）改变各路控制脉冲占空比，调节三相互换，从而使压缩机实现变频。

1. 典型的压缩机电流检测电路

在分体机、柜机和商用空调器电控系统中使用最多。最为典型的压缩机电流检测电路如图 2-25 所示。

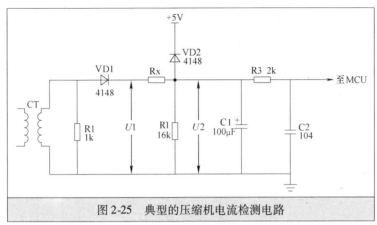

图 2-25　典型的压缩机电流检测电路

图 2-25 中包括下列元器件：

（1）电流互感器 CT——将被检测的交流电流转化成可取样的小电流（交流）；

（2）模拟负载电阻 R1——将转化后的小电流转化成电压（交流）；

（3）整流二极管 VD1——将转化后的交流电压（半波）整流成直流电压；

（4）电解电容 C1——平滑整流后直流电压波形，输入芯片。

在经过整流二极管 VD1 半波整流后，直流电压 U_2 必须经过电解电容 C1 平滑波形，成为较平衡的电压模拟量输入到芯片 A-D 转换接口。钳位二极管 VD2 的目的是确保输入到芯片口的模拟量不大于 5V，以保证芯片的工作可靠性；电阻 R3 和电容 C2 滤除输入量的高频成分，减小其对 MCU 的影响。

2. 电路中各元器件的取舍及参数说明

（1）电流互感器 CT 是整个电路中最关键的器件即电流传感器；目前分体机和柜机电控系统中对该器件的选取各不相同。

（2）R1 是模拟负载电阻，目前电路中大部分使用 1kΩ 电阻。

（3）整流二极管 VD1 是必需的。因为模拟负载电阻 R1 两端的电压是交流的不能直接输入到芯片，必须转化成直流电压。

（4）分压电阻 Rx 和 R2（16kΩ）用于调整 A-D 转换的参数，直接确定输入到芯片口的 A-D 转换参数。

（5）钳位二极管 VD2 确保输入到芯片口的模拟量不大于 5V，以免损坏芯片。

（6）电阻 R3 和电容 C2 组成了 RC 滤波电路。由于 MCU 的 A-D 转换接口所需输入电流极小，这里将其加在芯片与输出量之间，不会产生压降，因此不会影响采样的准确性。但对电流检测电路的输出信号进行了滤波，防止高频干扰。

3. 电路的工作原理及各元器件的主要功能

在了解电路工作原理之前，首先弄懂电流互感器 CT 的工作原理。电流互感器实际上是一个线性变压器。其输入电流（被检测电流）与输出电流跟它的内部线圈匝数成正比关系

（均为交流电流量）。下面我们开始叙述电路的工作原理：

（1）分压电阻 Rx 和 R2（16kΩ）的选取注意以下事项：

1）Rx + R2 的阻值要求远远大于模拟负载电阻 R1 的阻值，这样，电流互感器 T_1 的负载大致就是 R1，目前这里的电路中 R2 通常使用 16kΩ，Rx 根据不同的电流互感器和不同的运用电路常用 5.1kΩ（柜机）、1.4kΩ（分体机）等。

2）确定所需的压缩机电流检测范围，根据电流互感器的参数特性和负载电阻可计算出加在 Rx 和 R2 两端的电压值 U_1，该电压经 Rx 和 R2 分压得 $U2$，$U2$ 的值尽量接近于但不能超过 5V，这样不会超出芯片的检测范围又增加 A-D 转换的准确性。

3）对于 Rx 和 R2 电阻值准确度的选取，通常这样的 A-D 转换处理电路要求分压电阻 Rx 和 R2 的准确度比较高（可以选用 ±1% 的电阻），否则采样值漂移较大。

（2）钳位二极管 VD2 在电路中是必不可少的。因为该电路用于检测到压缩机的电流，而实际上压缩机在起动时其电流值高达额定电流的 3～5 倍。于是 $U2$ 的值远远超过了 5V，加上钳位二极管可确保输入到芯片口的模拟量不大于 5V，保证了芯片的工作可靠性。

（3）如果没有电解电容 C1，分压后的 $U2$ 实际只是半波整流后的电压波形，它是不断变化的模拟量。必须经过平滑波形后再输入到芯片。理论上该电解电容越大，波形平滑得越好，但其价格越贵，通常选用的是 100μF。由于此处电压不超过 5V，电解电容的耐压参数用 16V 便足够。

（4）电阻 R3 和滤波电容 C2 可确保输入量有高频干扰时减小对 MCU 的影响。省去后会对电路的抗干扰性能有一定影响。电阻 R3 通常使用的是 2kΩ 电阻。

检修方法电路中的常见故障是因一个或几个阻值发生变化进而导致压缩机三相供电电压不一致。若控制电路中出现断路还可导致压缩机不起动。

第五节　变频空调器主板故障判断方法

空调器在出现室外机不运行或室内风机不运行等电控故障时，测量主板没有输出相对应的控制电压，此时若对检修主板的方法或原理不是很熟悉，在实际检修中只要对外围部件（室内风机、环温和管温传感器、变压器、插座电源）判断准确，就可以直接更换主板。

★ 一、主板 CPU 接触不良的故障及检修

目前 CPU 的引脚多为 42 引脚、64 引脚，受温度、供电电路、电压等影响，因此在长期使用过程中总会存在氧化、脏污等引起引脚与插座接触不良的问题。其故障表现为：在搬动或振动移机后，不能开机或偶尔能开机，但在自检过程中或进入程序时出现停机。

在接修一块故障主板后，不要急于上电维修，应按以下步骤进行：

（1）仔细检查主板有无明显的烧蚀痕迹，是否有虚焊、开路、短路、缺件情况，若有立即维修。单面主板最容易出现虚焊和元器件脱落现象，这一点大家在维修时要注意。用万用表仔细检查一遍，确认无开路、短路等阻值异常情况。

（2）室内机主板的维修。通电后主要检测直流 12V、5V 电压是否正常。若有示波器可检测过零检测信号、风机反馈信号、风机驱动、晶振波形等，遥控接收、室内风机、主继电器、步进电动机工作是否正常。

（3）室外机主板的维修。若单独维修外板，可将交流 220V 电源接到外板，用万用表检查各关键点电压是否正常。若有异常，可针对该单元电路进行维修，确认正常可将功率模

块、外板、内板、假负载连接测试，观察升、降频是否正常，通信电路是否畅通，并连续检测运转 10min 以上。

★ 二、按故障代码判断

主板通过指示灯或显示屏报出故障代码，根据代码内容判断主板故障部位，本方法适用于大多数机型。

（1）环温或管温传感器故障：检查环温、管温传感器阻值是否正常、插座没有接触不良时可更换主板试机。

（2）瞬时停电：拔下电源插头等 3min 再重新通上电源试机，如果恢复正常则为电源供电插座接触不良；如果仍报故障代码，可更换主板试机。

（3）蒸发器防冻结（制冷防结冰）或蒸发器防过热（制热防过载）：若室内风机运行正常，检查管温传感器阻值正常且插座接触良好，可更换主板试机。

（4）E²PROM 故障：拔下电源插头等 3min 再重新通电试机，如果恢复正常，则为主板误报代码；如果仍报原故障代码，则直接更换 E²PROM 或主板。

（5）霍尔反馈故障：关机但不拔下电源插头，使用万用表直流电压挡测量 PG 电动机霍尔反馈端电压。如果正常且插座接触良好，可更换主板试机。

（6）缺制冷剂保护（系统能力不足保护）：如果制冷系统工作正常，检查管温传感器阻值正常且插座接触良好，可更换主板试机。

（7）压缩机过电流或无电流：拔下电源插头等 3min 再重新通电试机，如果恢复正常，则为主板误报代码；如果仍报原故障代码，检查压缩机电流在正常范围值以内，可直接更换主板。

★ 三、按故障现象判断

（1）上电无反应故障：检查插座交流 220V 供电电源、变压器、熔丝管等正常，且主板上，直流 12V 和 5V 电压也正常，可更换主板试机。

（2）不接收遥控信号故障：检查遥控器和接收器正常，且接收器输出的电压已送到 CPU 相关引脚，在排除外界干扰后（如荧光灯、红外线等），更换主板试机。

（3）制冷模式，室内风机不运行：用手拨动贯流风扇旋转正常，测量室内风机电动机绕组阻值正常，但室内风机插座无交流电源，可更换主板试机。

（4）制热模式，室内风机不运行：调到"制冷模式"试机，室内风机运行，测量管温传感器阻值正常且手摸蒸发器表面温度较高，可更换主板试机。

（5）制冷模式，室内风机运行，压缩机和室外风机不运行：检查遥控器设置正确，室内机接线端子处未向压缩机与室外风机供电，测量环温与管温传感器阻值正常，可更换主板试机。

（6）制冷模式，运行一段时间停止向室外机供电：检查遥控器设置正确，PG 电动机霍尔反馈正常，系统制冷正常，管温传感器阻值正常，可更换主板试机。

第六节　变频空调器电控板零件级维修判断方法

变频空调器电路的修理是一种技术性极强的工作，要求维修人员要具有丰富的电路知识而且还必须掌握正确的修理方法，才能迅速排除故障。动手维修前，首先掌握各电子电路和工作原理，从总体上理解电路中各大区域的作用及其工作原理，然后尽可能做到掌握电路每一个元器件的作用。只有这样，才能在看到故障现象后迅速地把问题集中到某一个区域中，再参照厂家提供的电路图或者实物细致解析，做到心中有数、有的放矢。只有对变频电路中各部分的工作状态，输入、输出信号形式等都能详尽地掌握，才能顺藤摸瓜、由表及里，迅速缩小故障范围，再结合显示的故障代码及电路实际状态的测量，最终判断出故障部位，进而排除故障。

★ 一、变频空调器不开机技能诊断规律

1. 故障技能诊断规律

遥控器手动开机，空调器无任何反应，是室内机电源电路故障（220V 无电源、变压器有输入无输出、三端稳压器故障）、室内机 CPU 故障或复位、时钟振荡电路故障。如果空调器有任何显示或有任何动作，即表示以上电路基本正常；室外机无任何反应，如室内机工作正常或开机立即（或隔一会儿）通信异常保护，说明室外机的主（副）电源电路无输出电压，可判定室外机 CPU 或复位、时钟振荡电路故障。

2. 维修技能诊断经验

（1）检测供给 CPU 的 +5V 电源必须是 4.6 ~ 5V，否则 CPU 会出现停机。

（2）复位端电压应为 4.95V，如果不正常，常是该引脚外接电容漏电。若复位电路无法修复，更换电路板。

（3）时钟振荡引脚电压（OSC1 正常电压为 0.8V；OSC2 正常电压为 2.4V）低或为零，常是外界晶振或两个振荡电容不良造成的。

（4）室外机电源继电器吸合的一瞬间引起市电跳闸，说明室外机主电源电路有短路。

（5）室外机开关电源故障率较高，若开关管击穿，特别要注意反馈电容、稳压管是否不良，最好同时更换，这是笔者多年的经验。

★ 二、变频空调器强制性保护技能诊断规律

1. 故障技能诊断规律

一次或连续几次停机保护后，不再开机，有保护内容显示。

2. 维修技能诊断经验

（1）若出现过电流保护，停机保护前，压缩机能运转 3min 以上，故障点可能是室外机空气循环不良、制冷剂过多、电源电压过低。若压缩机刚一起动就立即停机保护，则故障点可能是压缩机吸排气不良、DC 主电源电压过低。若室外机功率继电器吸合的瞬间，压缩机未运转就停机保护，故障点可能是压缩机电动机绕组短路、断路、开路，主电源电路出现短路等故障。

（2）保护内容是功率模块（电流、温度）异常，故障点可能是功率模块不良、CPU 输出的变频信号异常、压缩机电动机绕组不良等故障。

功率模块好坏的简易判断方法是：切断空调器电源，先把主电源滤波器电容放电，再拔下功率模块上的所有连线。用万用表测 U、V、W 任意两端间电阻应为无穷大，且 P 或 N 端对 U、V、W 端均符合二极管正、反向特性。

（3）保护内容是压缩机高温异常，故障点可能是制冷剂低于 0.3MPa、管路系统堵塞、室外机空气循环不良。

判断方法是：将空调器设置于试运转即定频状态下，若测运转电流、低压压力、排气压

力均偏低，故障原因是制冷剂过少；若测运转电流、低压压力、排气压力均偏高，平衡压力正常，是室外机冷凝器翅片堵塞，造成空气循环不良。

（4）保护内容是通信异常，故障点可能是室外机主电源电路无 DC 280V 输出、室外机开关电源无 DC 5V 输出。

★ 三、变频空调器约束性保护技能诊断规律

1. 故障技能诊断规律

压缩机运行频率缓慢上升，然后按比例降频运转直至停机，当工况条件（温度、电压、电流）恢复正常后，只能自动开起，一般不显示保护内容。

2. 故障技能诊断特征

空调器工作一段时间后，运转电流逐渐下降再停机，制冷效果差。

3. 故障技能诊断特点

从开机到保护停机时间一般超过 30min 以上。若在 30min 内连续出现几次约束性保护停机，则会转为强制性保护停机。

4. 故障技能诊断原因

制冷管路系统不良（多数是制冷剂轻微泄漏）、空气循环不良（热交换器表面翅片脏堵）、电源供给不正常（不在正常范围内，即 187～240V）。

★ 四、变频空调器 CPU 输出控制电路技能诊断规律

1. 故障技能诊断规律

电源、运转指示灯亮，有相应的状态显示，但相应的负载不工作或显示相应的与负载有关的保护内容。

2. 控制技能诊断规律

（1）控制执行器件为 NPN 型晶体管，当 CPU 控制端输出至晶体管 b 极为 0.6V 以上的高电平时，晶体管 c、e 极导通，负载与地构成回路，有电源通过；反之，CPU 控制端输出至晶体管 b 极为 0.2V 以下的低电平时，晶体管截止，负载不工作。

（2）控制执行器件为光耦合器或光耦晶闸管的电路中，当 CPU 控制端输出是低电平时，光耦合器或光耦晶闸管输入端发光二极管导通电压为 0.7～1V，输出端闭合，负载得电；反之不导通。

（3）控制执行器件为集成反相器的电路中，当 CPU 控制端输出 5V 高电平时，反相器对应支路的输出端便为低电平，对地之间处于导通状态负载与地构成闭合回路，负载得电工作；反之，CPU 输出为低电平，反相器输出为高电平，反相器与地之间处于截止状态。

（4）控制执行器件为继电器或交流接触器，当其线圈有额定电流通过时，其常开触头动作闭合；反之，不动作。

3. 维修技能诊断经验

故障率较高的是晶体管、光耦晶闸管击穿，继电器或接触器触头烧坏引起接触不良等故障。

★ 五、维修变频空调器微电脑板技能诊断规律

有些变频空调器微电脑板故障是由于电路中接触不良引起的，表现就是故障时有时无，有的故障则是在机器工作一段时间后元器件发热才出现的。检修时，我们要设法使故障出现。接触不良的故障检修办法是用镊子夹住有怀疑的元器件，然后轻轻晃动，观察故障的变

化情况。若晃动某个元器件时故障反应很强烈，就可以认为是该元器件或周围接触不良。对热稳定性不良故障则对怀疑元器件用电吹风或电烙铁加热，加快故障出现速度，然后用镊子夹住，用95%酒精棉球给元器件降温，看哪一个元器件温度变化时故障影响最大。

★ 六、检测变频空调器微电脑板的注意事项

（1）维修变频空调器微电脑板不能轻易动电路，尽量不用应急办法使变频空调器运行。

（2）检修过程中出现异常响声、冒烟、打火、异常发光时，要及时切断电源，避免连带损坏更多的元器件，否则损失的是厂家的利益。

（3）焊接电路板时，注意切断电源，以免焊接过程中造成短路。

（4）桌面保持清洁，绝对不允许金属掉到变频微电脑电路板上，以避免由于桌面金属物造成电路短路。

第七节　利用故障代码含义判断电控板故障方法

从20世纪90年代生产的空调器开始，无论是挂机还是柜机，无论是定频机还是变频机，其控制电路部分均融进了微型计算机技术，这不仅使空调器增加了许多智能化功能，而且使空调器的运行状态实现了自动监视，有了故障自动报警、自动显示、自动停机等功能。与此同时，也使维修发生了根本性的变革，这就是根据空调器显示的故障代码含义，会很快地找到发生故障的部位或产生的故障原因，为快速维修空调器故障提供了方便。

笔者从事空调器维修多年，总结出了利用故障代码含义检修空调器的七个绝招，介绍给同行，供大家参考。

★ 一、故障代码含义所代表的故障显示方法

空调器之所以能显示故障代码，是因为电控板上的微处理器动态地监测着设置在特定部位的传感器反馈的电压值是否超出了设定范围。笔者叙述三种情况下都会引起故障代码的显示：一是空调器的运行确实出现了异常或故障；二是传感器本身电阻值参数改变；三是传感器的连接线、接插件或与其直接相连的电阻、电容等元件出现故障。因此，根据故障代码检修空调器时，应首先检查并排除后两种情况的故障，然后再着手检查和维修空调器运行中的异常情况或故障。

★ 二、故障代码含义的四种表现显示方法

目前流行的空调器用来指示故障部位或原因的方式大致有如下四种：

（1）指示灯亮/灭/闪烁显示法，即利用设置在室内机控制面板上或室外机电控板上的多只指示灯（LED）的点亮、熄灭、闪烁情况及它们的组合代表空调器的故障部位或原因。这些指示灯往往兼作运行状态的指示，例如兼作电源灯、运行灯、定时灯、睡眠灯等。这种显示方法的最大优点是制作成本低，其缺点是代表的内容难以记忆。

（2）编号或称序号法，即用十进制或十六进制的数字依次代表空调器不同的故障部位或原因。这种方法有着其独特的优点以便于与生产厂家或维修中心沟通。例如，只要告之第某某号故障，不用更多地描述，对方就明白空调器的故障情况。

（3）利用液晶显示屏或数码管显示英文字母法，即用不同的英文字母或其字母的简单结合代表空调器不同的故障部位或原因。从这个意义上讲，它是"真正"的故障代码，如E1、E2、E3、P1、P2、P3、F1、F2等。

（4）时间显示和温度显示结合法，即不同的时间显示值和不同的温度显示值相结合，代表空调器不同的故障部位或原因。显然这种显示方法类似于指示灯显示法。

★ 三、故障代码含义的设置位置

上述故障代码的显示方式中，利用液晶显示屏显示的故障代码和故障编号多设置在室内机控制面板或无线、多线遥控器上，以便于随时观察；指示灯亮/灭/闪烁情况代表的故障代码多设置在室内机控制面板或电控板、室外机电控板上。这里需要注意的是，设置在室内机上的指示灯不全是用来指示室内机的故障部位或原因的。同样，设置在室外机电控板上的指示灯，也不全是用来显示室外机的故障部位或原因。也就是说，遇到故障时检修思路不要局限在一处，而要放宽一些。例如，室外机上的指示灯亮/灭/闪烁时，故障部位或原因也可能在室内机上。

★ 四、故障代码含义的作用

维修人员实际维修中，故障代码除了用来显示故障部位或原因外，还有以下三种作用：显示非故障停机保护的原因，例如交流电源电压过低或过高时的保护，因外界电磁干扰造成的室内、外机间通信异常的保护等，这时显然空调器并无故障；显示变频空调器限频运行的原因；显示空调器的某些正常运行状态，如化霜/防冷风运行、正常待机等。

这就是说，不要一见到故障代码，就仓促地判定空调器有故障，而应弄清楚此故障代码代表的真正含义，以免引起误判。

★ 五、故障代码含义的代表内容随空调器的生产厂家、型号的不同而不同

由于种种原因，目前空调器故障代码的显示方式、代表的具体内容随各生产厂家的产品各不相同。即使是同一厂家生产的产品，不同系列、不同型号，甚至不同批次的产品也不相同。因此，根据故障代码检修空调器，切不可简单地"套用"推理，应认真地查看一下有关资料，核实清楚，避免出错。

★ 六、故障代码的自动显示、重新显示与消除方法

为方便检修，空调器除自动显示故障代码功能外，有相当多的机型设计有故障代码重显功能及故障代码优先权显示功能。维修时应充分利用这些功能，按随机使用说明书中给出的操作步骤和方法，使故障代码依次显示，以便对空调器进行多方面和深入检查与修理。故障代码优先权显示，其实质就是故障重要性或严重程度的显示，检修时应分清轻、重、缓、急，先排除最主要的故障，然后依次排除其他故障。

有些机型故障排除后，故障代码会自行消失。有些机型即使故障已排除，但故障代码却被"永久性"保存，此时就需要人工消除，以免引起误判。还有些机型是若不消除故障代码，则无法开启空调器。消除故障代码的具体方法，多数机型是关掉总电源后，重新开启即可。

★ 七、保护代码的自动消除与空调器的自动运行

许多空调器的保护代码具有自动消除、自动复位和自动起动空调器运行的功能。这是因为，有些外界因素的瞬间变化导致的停机保护，因其不需要检修，故持续一段时间（多数为 3～5min）后理应自动消除、自动起动空调器运行。因此，不要误认为在这段时间里空调器出了故障，而应耐心地等待一下再做结论，特别是对保护时间较长的机型更应如此。

另外，有些机型的空调器设置有保护次数（如 3～5 次）。在保护次数内，空调器具有自动消除故障代码、自动复位和自动开启运行的功能，而超过设置的保护次数后不再具有上述功能。如有些机型的空调器，若在 3min 内出现四次过电压，则"永久"性停机。对这种情况更应慎重处理，以免引起误判，造成不应有的损失。

第八节　变频空调器疑难故障维修创新

★ 一、故障现象：遥控不开机

步骤	操作要领	故障诊断新法
1	打开室内机进风栅，按一下应急开关	使用应急功能，观察能否开机（空调器自动运行）：打开室内机进风栅，按一下应急开关，如果能够开机，说明电源及线路板有电，可能是遥控器或接收器不良，检查遥控器电池是否有电，接收头是否接触良好，接收窗是否有油污；否则更换接收器或遥控器再试机
2	用万用表测电源有无单相交流电；观察压敏电阻是否爆裂；观察线路板上的保险管是否烧毁	如果利用应急功能也不能开机，可检查电源及线路板是否有电：用万用表测端子板上 L、N 端有无单相交流电 220×（1±10%）V，如无电压，应检查外线路；即用户的电压；如有电压，检查线路板上保险丝（熔丝）是否断路，压敏电阻是否爆裂；如断裂，更换保险丝或压敏电阻
3	用万用表测变压器侧及次级侧的电阻值是否正常。或者通电后测量电源变压器有无电压输出	如没有断裂，则检查电源变压器是否正常：用万用表测变压器初级及次级侧的电压是否正常。即初级（一次）电压为 220×（1±10%）V，次级（二次）电压为 12V，测量电源变压器静态电阻：如不正常，应更换变压器
4	用万用表检测。检测 7812 三端稳压器，检测 7805 三端稳压器	如变压器正常，则检测 7812 是否有 12V 输出，如没有电压输出，则更换 7812。检测 7805 是否有 5V 输出，如没有电压输出，则更换 7805，如有电压输出，则更换线路板

★ 二、故障现象：遥控开机后，显示屏上的运行灯亮，瞬间熄灭

步骤	操作要领	故障诊断新法
1	用万用表测电源电压	检查电源电压是否大于 187V：用万用表测电源电压，低于 187V 时加用稳压器
2	检查电源线	如电压正常，检查电源线是否符合要求，接触是否良好：电源线是 250V/16A，如电源线不对，应更换
3	检查变压器初级、次级接插件	检查变压器初、次接插件接触是否不良或脱落：看是否接触良好，如否，应插紧
4	检查真空管嘴	如插座接触良好，查看显示屏 VFD01 真空嘴是否损坏；如真空嘴坏，应更换显示屏
5	检查 E²PROM	如显示屏好，应检测 E²PROM 是否插接良好和接反：如插座不好，应重新插接；如 E²PROM 插接良好，应更换 E²PROM
6	检查线路板	否则说明线路板有问题，应更换线路板

★ 三、故障现象：开机后，显示屏正常，室内机运转，但压缩机不运转

步骤	操作要领	故障诊断新法
1	用万用表检查内外机连线是否接错，外机接线排 1 号与 2 号间有无单相交流电	如有电，用万用表检查内外机连线是否接错，外机接线排 1 号与 2 号间有无单相交流电：如接错线应进行调整，如无电压，应检查联机线是否断线或接触不良
2	用万用表检查功率模块 PN 间是否有直流电压 280V	打开室外机壳，用万用表检查功率模块 PN 间是否有直流电压 280V；如无，可检测整流硅桥是否有输入及输出电压，如无则应更换整流硅桥
3	用万用表检查功率模块 UVW 间是否有 60~175V 的电压	如有电压，用万用表检查功率模块 U、V、W 间是否有 60~175V 的电压：如无，检测功率模块的静态绕组，测 P-U、P-V、P-W、N-U、N-V、N-W，正向绕组为几百欧，反向绕组为 ∞
4	用万用表检查压缩机绕组	最后，用万用表检查压缩机绕组：否则检测压缩机的三相绕组 R，如不对，更换压缩机

★ 四、故障现象：制冷和制热时室外风机都不转

步骤	操作要领	故障诊断新法
1	检查风机插子、电容插子接触是否良好	检查风机插子、电容插子接触是否良好，如松动，应插紧
2	用万用表检查主控板芯片1、2脚有无输出电压	用万用表检查主控板芯片控制室外机继电器的1、2脚有无输出电压：在高速挡，U1 = H，U2 = 0；中速挡，U1 = L，U2 = H；低速挡，U1 = H，U2 = H；如无，应更换主控板。如有，检测风扇继电器上是否导通 注：H为高电平，L为低电平
3	打开室外机，用万用表检查检测风机插子的棕白、棕紫、棕黄的电压、电阻 用万用表检查风机启动电容	以海信变频空调器为例：如以上良好，用万用表检查风机起动电容是否损坏，如损坏，请换电容 如风机电容良好，用万用表检查检测风机绕组，插子的棕白、棕紫、棕黄电阻，分别约为151.4Ω、206.7Ω、265.5Ω，如哪一项不正常，换风机
4	风机卡住	如以上正常，用手拨动风叶查看风扇是否运转：不运转，则为风机卡住，更换室外风机

★ 五、故障现象：制冷和制热时室内风机都不转

步骤	操作要领	故障诊断新法
1	用万用表检查内电动机是否有80～170V工作电压	用万用表检查室内电动机插子的1、3之间是否有80～170V工作电压（视风速的大小而定）：如无，应检查晶闸管是否正常，观察是否有裂纹
2	检查E²PROM	如晶闸管正常，应检查室内机E²PROM，否则更换室内机电控板
3	用万用表检查内电动机电容器是否正常	如有工作电压，可用万用表检查内电动机电容器是否正常：如电容器损坏，应更换
4	用万用表检查内电动机绕组是否正常	用万用表检查内电动机绕组是否正常：如绕组阻值异常，应更换室内机
5	风机卡住	如以上正常，用手拨动风叶查看风扇是否运转：不运转，则为风机卡住，更换室内风机

★ 六、故障现象：室内风机时转时停

步骤	操作要领	故障诊断新法
1	用万用表检查内风机转速反馈插座的1脚与3脚是否有5V电压	用万用表检查电控板插座的1脚与3脚是否有5V电压：如无，则为线路板不良，更换线路板
2	用手转动电动机，用万用表测电动机插座脚有无脉冲输出	以海信变频空调器为例：用手转动电动机，用万用表测电动机插座的1、2脚有无脉冲输出：如无，霍尔检测元件不良，应更换室内风机；如电动机有脉冲输出，应更换线路板
3	检查温度传感器	如更换线路板不行，则检查室内环境传感器、盘管温度传感器，其在25℃时，$R = 5k\Omega$

★ 七、故障现象：室外风机及压缩机工作正常但制冷或制热效果差，或无效果

步骤	操作要领	故障诊断新法
1	检查空气滤尘网是否干净 室内外机通风是否良好	室内外机通风是否良好：如有障碍物应及时清除；如无，打开室内机检查空气滤尘网是否干净：如滤尘网脏，应清洗
2	用压力表测管路中的压力	用压力表测管路中的压力是否正常（开机前的平衡压力），平衡时的压力参考值0℃时约为0.4MPa，10℃时为0.6MPa；30℃时为1.1MPa：如压力值比参考值小，说明制冷剂明显不足。应检漏充制冷剂
3	测开机运行时的压力值	开机运行时，测压力值。若气温高于16℃，可以开制冷，若气温低于16℃可以开制热（制冷时的压力约为0.4～0.6MPa，制热时约为1.6～1.8MPa，无论制冷和制热，随着气温的上升，压力也会上升）：制冷时压力低可能的故障，缺制冷剂、管路堵，如以上正常，则清洗室内蒸发器、冷凝器。否则，更换压缩机

★ 八、故障现象：只能制冷不能制热

步骤	操作要领	故障诊断新法
1	确认是否满足制热条件	确认是否满足制热条件：遥控器的设定温度应大于室内温度
2	四通阀是否得电	在开机时，用万用表测量一下室外芯片脚（即四通阀）的电位：是否是低电位，否则应换室外控制基板
3	用万用表检查四通阀线圈的阻值是否正常	用万用表检查四通阀线圈的阻值是否正常：正常时应为 1300Ω，如不正常，应更换；如以上都正常应更换四通阀阀体

★ 九、故障现象：室外机噪声大

步骤	操作要领	故障诊断新法
1	检查室外机状况	检查室外机支架是否安装牢固、是否平稳，外机固定螺钉是否松动：如不符合要求，应调整
2	管路状况	管路间有无碰撞声，管路是否碰壳体
3	检查外机与支架之间是否安装了减振胶垫	检查外机与支架之间是否安装了减振胶垫：如未安装，应加装胶垫
4	检查外机风叶及电动机噪声是否正常	让压缩机不转，检查外机，风叶及电动机噪声是否正常：如噪声大，更换室外机或风叶，并进一步检查
5	检查压缩机噪声是否正常	让风机不转，检查压缩机噪声是否正常：如噪声大，更换压缩机

★ 十、故障现象：开机运行时，报通信故障

步骤	操作要领	故障诊断新法
1	检查联机线	应检查一下，室内机、室外机联机线是否牢固，如不牢固，应旋紧
2	检查通信线	用万用表欧姆挡测试一下，通信线 SI 是否开路，如开路，则换信号线
3	通信信号	以海信变频空调器为例：用指针式万用表直流电压挡测试室外机端子板 2、4 之间的电压，在 0～40V 之间摆动，如有反应，则继续检查 如无，打开室内机，测试内机板 31 脚是否有通信信号，如无，更换电控板 如不工作，应检查室外机第 49 脚是否有通信信号，否则更换室外电控板

★ 十一、故障现象：室内机噪声大

步骤	操作要领	故障诊断新法
1	观察有无异物碰撞室内风机的声音	观察有无异物碰撞室内风机的声音：如有，则应检查并清除异物
2	用手稳住室内机，听一下噪声是否变小 室内机滤尘网是否干净	检查室内机挂墙板是否牢固、平整：用手稳住室内机，听一下噪声是否变小，如不牢，重新固定挂墙板 室内机滤尘网是否干净，如有灰尘，应清除
3	前罩壳是否松动	前罩壳是否松动：如松动，应调整
4	电脑板是否振动	电脑板是否振动：如振动，应予以固定
5	内风机电动机是否固定牢固	内风机电动机是否固定牢固：如不，应予以调整
6	检查轴流风机及风机轴	检查轴流风机及风机轴：更换或调整
7	如果有很响的气流声，应检查管路有无挤扁处	如果有很响的气流声，应检查管路有无挤扁处：如有，应更换管路

★ 十二、故障现象：室外机开停频繁

步骤	操作要领	故障诊断新法
1	检查过滤网是否积尘	检查过滤网是否积尘过多：如有，应及时清除灰尘
2	室内传感器是否移位碰在蒸发器上	室内传感器是否移位碰在蒸发器上：如移位，请复原
3	通风情况	室内机安装位置是否通风良好 房间面积是否过小

第三章

海尔变频空调器电控板控制电路分析与速修技巧

海尔公司生产的变频空调器在市场上主要有近 20 个型号，具体型号为 KFR-20GW/BP、KFR-28GW/BPA、KFR-35GW/BP、KFR-36GW/BPF、KFR-40GW/DBPJF、KFR-51LW/BPF、KFR-60LW/BPF、KFR-70LW/BPF、KFR25GW×2GW/BP 等。它们的变频控制原理基本相同，但各有特点。在本章中我们以 6 种机型为例，详细介绍和分析控制电路的组成和特点，在每节的最后还介绍具有代表性的维修实例。

第一节　海尔 KFR-28GW/BPA 变频空调器电控板控制电路分析与速修技巧

★ 一、技术参数（见表 3-1）

表 3-1　海尔 KFR-28GW/BPA 变频空调器技术参数

项　　目	单位	室内机 28G/BPA	室外机 28W/BPA
制冷量	W	2800（1500~3100）	
制热量	W	4000（1500~4700）	
电源	V	单相 220	
	Hz	50	
制冷输入功率	W	1090	
制冷运转电流	A	5.5	
EER		2.57	
制热输入功率	W	1320	
制热运转电流	A	6.7	
COP		3.03	
运转噪声	dB（A）	30~38	43
外形尺寸（长×宽×高）	mm	795×182×265	710×255×540
质量	kg	7.6	32
压缩机型号		KHV104FCR	
起动方式		三相直接起动	
制冷剂		R22	
制冷剂填充量	g	880	
送风装置形式		贯流风扇	轴流风扇
除湿量	m^3/h	$1.6×10^{-3}$	
室内机循环风量	m^3/h	420	

（续）

项　目	单位	室内机 28G/BPA	室外机 28W/BPA
配管规格			气管：$\phi 9.52mm \times 4m$ 液管：$\phi 6.35mm \times 4m$
压缩机 吸气压力（最大值） 排气压力（最大值） 排气温度（最大值）	 MPa MPa ℃		 0.69 2.65 179
冷媒配管最大允许长度	m		15
冷媒配管规格	mm		液管：$\phi 6.35$ 气管：$\phi 9.52$
冷媒最大填充量	g		880
电压波动范围	V		198～242
起动电压	V		＞160
压缩机停止与起动频率	次/h		＜10
压缩机停止后再起动所需时间	s		＞180

★ 二、控制电路组成

海尔 KFR-28GW/BPA 型冷暖变频空调器主要控制电路由室内机和室外机两部分组成。在室内机的控制电路中，采用海尔空调器专用大规模集成电路芯片（TMP S7PH46N），如图 3-1 所示。

室外机采用 N8098SSRP 集成电路芯片，该芯片具有温度采集、过电流、防冷冻等多种保护功能，如图 3-2 所示。

★ 三、综合故障检测技巧

故障 1 空调器忽转忽停，停止的时间不足

品牌型号	海尔 KFR-28GW/BPA	类型	冷暖型变频空调器
故障部位		功率继电器插件内部烧蚀	

分析与检修： 现场通电检查，室内机有时电源指示灯灭，定时指示灯闪。卸下室外机外壳，测量接线端子板输出电压正常，噪声过滤器良好，按顺序从易到难继续检查。当检查功率继电器线圈插件时，发现内部烧蚀。用什锦锉修好烧蚀处，并用浓度为 95% 的酒精擦光，3min 后接好插件，通电试机，室外机间断停机故障排除。

故障 2 空调器用遥控器开机，空调器无反应

品牌型号	海尔 KFR-28GW/BPA	类型	冷暖型变频空调器
故障部位		遥控器发射二极管损坏	

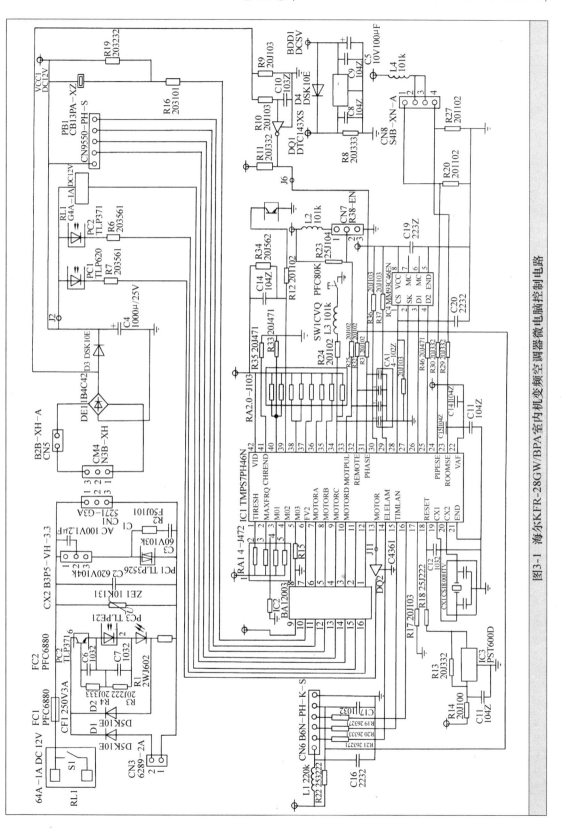

图3-1 海尔KFR-28GW/BPA室内机变频空调器微电脑控制电路

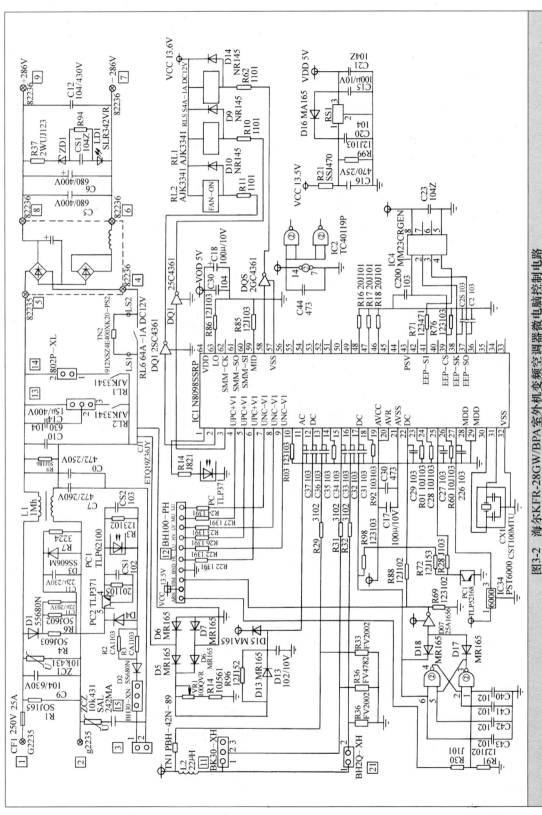

图3-2 海尔KFR-28GW/BPA室外机变频空调器微电脑控制电路

分析与检修： 由于仅仅是遥控开机后空调器无反应，说明故障出在遥控电路。现场试用遥控器对一台调幅收音机进行干扰试验，收音机无"嘟嘟"声，说明遥控器已不能发射遥控信号，打开遥控器外壳检测，发现遥控器的发光二极管断路。更换发光二极管，故障排除。

故障 3 压缩机运转 50min 后，室内外机都停止

品牌型号	海尔 KFR-28GW/BPA	类型	冷暖型变频空调器
故障部位	三通阀锁紧螺母裂纹		

分析与检修： 现场检测控制系统良好，用压力表测制冷系统为 0.1MPa，由此说明制冷系统有漏点，补加制冷剂后发现三通阀锁紧螺母有裂纹，并有油迹，修复后故障排除。

经验与体会： 此故障现象较常见，其检测技巧见表 3-2。

表 3-2 空调器常见故障检测技巧

检测步骤	检测工具	检测方法		维修方法
1. 检查排气管温度 2. 检查排气管温度热敏电阻	温度计 万用表	1. 用温度计测量排气温度是否超过120℃ 2. 断电后测量排气管温热敏电阻是否断开或接触不良好 排气管热敏电阻		1. 在冷媒泄漏状态，排气温度会上升，用试运转和应急运转固定压缩机频率数测定压力，根据运转压力表判断有泄漏则补漏充制冷剂。另外，检查二通阀和三通阀是否关闭，如关闭，则打开三通阀和二通阀，检查连机管，查看是否有断裂，有则维修 2. 用万用表检测排气管热敏电阻是否正常
		温度/℃	电阻/kΩ	
		10	1000	
		20	600	
		30	400	
		40	250	
		50	160	
		80	50	

故障 4 空调器运转 50s 后，运行灯闪烁，定时灯、电源灯灭

品牌型号	海尔 KFR-28GW/BPA	类型	冷暖型变频空调器
故障部位	空调器室外机 2m 处有无线电设备		

分析与检修： 现场检测通信电路的内外机连接线有无接错线；检查通信电路的内外机连接线接触良好；检查室外机周围有高频机器（无线电设备）。把室外机移开无线电设备 5m 处，试机，故障排除。

故障 5 室内指示灯电源（绿）灯闪、定时（黄）灯灭、运转（绿）灯灭，伴有报警

品牌型号	海尔 KFR-28GW/BPA	类型	冷暖型变频空调器
故障部位	室温热敏电阻值参数改变		

分析与检修： 现场检测室温热敏电阻改变，更换后故障排除，其正常值见表 3-3。

表3-3 室内热敏电阻

温度/℃	电阻/kΩ
10	47
15	37
20	29
25	23
30	18

故障6 用户设定错误造成空调器不制冷

品牌型号	海尔 KFR-28GW/BPA	类型	冷暖型变频空调器
故障部位	用户设定错误		

分析与检修：查看室内机指示灯电源（绿）灯灭，定时（黄）灯闪烁，运转（绿）灯亮。经检测发现用户设定错误，重新开机按操作要求设定，故障排除。

此机故障灯自诊断报警方式见表3-4。

表3-4 KFR-28GW/BPA 报警显示

报警内容	电源灯	定时灯	运转灯
室内环境温度传感器短（断）路	闪	灭	灭
室内热交换器温度传感器短（断）路	闪	亮	亮
除霜温度传感器短（断）路	亮	亮	闪
压缩机排气温度传感器短（断）路	闪	亮	灭
电路板上热敏电阻短路	亮	灭	灭
通信异常	灭	灭	灭
排气管温度过高	灭	闪	灭
AC 电流过高	闪	闪	灭
DC 电流过高	闪	闪	亮
压缩机过热	闪	灭	闪
电压过低	灭	闪	亮
室外电路板过热	灭	闪	灭
高负载限制	闪	闪	闪

故障7 空调器室内机电源指示灯闪、定时灯灭、运转灯灭报警

品牌型号	海尔 KFR-28GW/BPA	类型	冷暖型变频空调器
故障部位	电路板上传感器插座引脚开焊		

分析与检修：现场检测电源电压良好，检测室内机热敏电阻值参数正常。检测电路板上传感器插座时，发现引脚开焊，用快热烙铁焊好后试机，故障排除。

故障8 空调器室内风机工作，室外压缩机不工作

品牌型号	海尔 KFR-28GW/BPA	类型	冷暖型变频空调器
故障部位	功率模块输出电压不等		

分析与检修： 现场通电用遥控器开机，设定制冷状态，室内贯流风机运转，室外压缩机不运转，故障指示灯（黄灯）闪烁。卸下室外机外壳，测量室外机接线端子板有电压输入，检查电控板各插件牢固，按顺序从易到难继续检查。用尖嘴钳拔下变频器功率模块的 V-U-W 的连接导线。测量 U-V、V-W、W-U 之间的电压不等，由此判定变频功率模块损坏。由于该空调器在保修期内，与厂家维修中心联系。更换相同型号的功率模块，通电试机验证，室外机不运转故障排除。

故障 9 空调器室内机显示电源灯亮、定时灯亮、运转灯闪报警

品牌型号	海尔 KFR-28GW/BPA	类型	冷暖型变频空调器
故障部位	室外机除霜传感器电阻值改变		

分析与检修： 现场检测电源电压良好，检查室外机除霜传感器插件接触良好，检查传感器插座引脚无开焊、虚焊现象。测量除霜传感器电阻值参数改变。更换后试机，故障排除。

故障 10 空调器 60min 后不制冷，指示灯灭

品牌型号	海尔 KFR-28GW/BPA	类型	冷暖型变频空调器
故障部位	冷凝器翅片被灰尘糊住		

分析与检修： 现场通电用遥控器开机，设定制冷状态，室内贯流风机运转，室外压缩机运转，60min 后电源指示灯、运转指示灯均灭，定时指示灯闪。根据故障灯报警显示内容，确定为压缩机排气管温度过高。卸下室外机外壳，测量压缩机绝缘电阻良好，检测冷凝器已被灰尘糊死。用空气吹洗。在用空气吹洗时，建议压力设定在 0.2MPa，以免把翅片吹倒。利用故障灯的闪烁（例如本例故障）室内机电源指示灯、定时指示灯、运行指示灯，来判断故障非常方便，可使维修少走弯路。表 3-4 也是海尔 KFR-28GW/BPA 三个灯故障报警含义。

第二节　海尔 KFR-36GW/BPF 变频空调器电控板控制电路分析与速修技巧

★ 一、技术特点

海尔 KFR-36GW/BPF 变频空调器控制电路由室内机和室外机两部分组成。室内机采用专用芯片控制，风机采用带有霍尔元件速度反馈的高效塑封电动机，送风精度高。室外机采用芯片是进口芯片，压缩机采用进口变频压缩机，频率范围 30～120Hz，整机性能高于国内同类机型，该机还采用了先进的三洋压缩机电压补偿技术，空调器能在低电压下（160V）正常起动运行，功率模块采用三菱公司的智能功率模块（IPM），使控制电路更可靠。

★ 二、电路组成

室内机电路组成如图 3-3 所示。

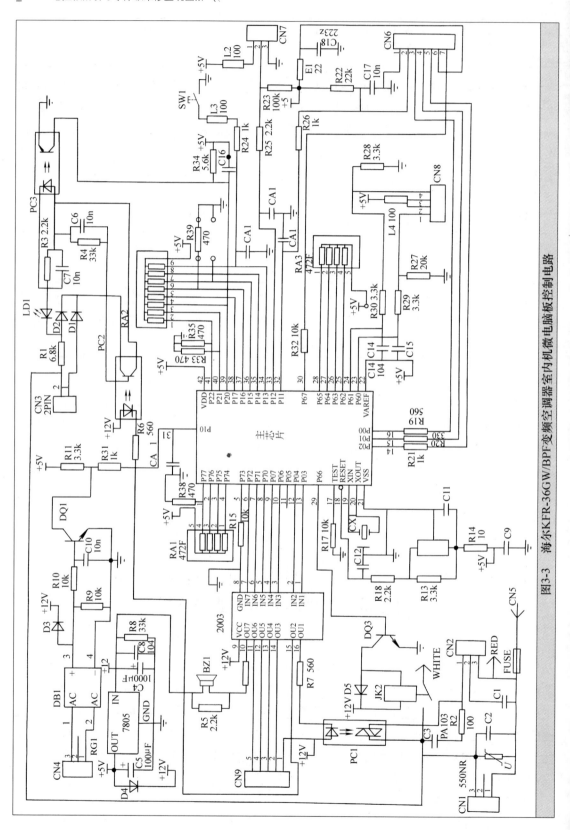

图3-3 海尔KFR-36GW/BPF变频空调器室内机微电脑板控制电路

★ 三、故障代码灯含义

故障代码灯含义见表3-5。

表 3-5 海尔 KFR-36GW/BPF 变频空调器故障代码灯含义

序号	故障现象	故障原因	检查范围	备注
1	定时灯闪烁 1 次	功率模块过热、过电流、短路	1. 功率模块 2. 压缩机 3. 室外机受高频干扰	
2	定时灯闪烁 2 次	电流传感器感应电流太小	1. 电流传感器断线 2. 传感器电路	
3	定时灯闪烁 4 次	制热时压缩机温度传感器温度超过 120℃ 保护	1. 制冷剂泄漏 2. 压缩机温度传感器 3. 连机管被压扁	
4	定时灯闪烁 5 次	过电流保护	1. 制冷剂充填过多 2. 电源电压低 3. 电流传感器电路	室外机
5	定时灯闪烁 6 次	室外环境温度传感器故障	1. 传感器 2. 传感器插座接触不良 3. 传感器电路	
6	定时灯闪烁 7 次	室外热交换器温度传感器故障	同上	
7	定时灯闪烁 10 次	电源过、欠电压	1. 电源 2. 电源电压检测电路	
8	定时灯闪烁 11 次	瞬时断电保护	停机 3min 后自动恢复	
9	定时灯闪烁 12 次	制冷时室外热交换器温度传感器温度超过 70℃ 保护	1. 室外风机 2. 室外热交换器太脏 3. 室外热交换器温度传感器 4. 传感器电路	
10	定时灯闪烁 14 次	微处理器读入 E^2PROM 数据有错误	1. E^2PROM 2. 微处理器	
11	定时灯闪烁 15 次	瞬时断电微处理器复位	停机 3min 后自动恢复	
12	电源灯闪烁 1 次	室内温度传感器故障	同 5	
13	电源灯闪烁 2 次	室内热交换器温度传感器故障	同上	室内机
14	电源灯闪烁 4 次	制热时室内热交换器温度传感器温度超过 72℃ 保护	1. 室内风机风量小 2. 过滤网堵塞 3. 室内热交换器温度传感器 4. 传感器电路	

（续）

序号	故障现象	故障原因	检查范围	备注
15	电源灯闪烁5次	制冷时室内热交传感器温度低于0℃保护	1. 室内外温度低 2. 室内风机风量小 3. 传感器电路	
16	电源灯闪烁6次	瞬时断电时微处理器复位	停机3min后自动恢复	
17	电源灯闪烁7次	通信电路故障	1. 通信电路接线 2. 电脑板故障 3. 外界电磁干扰	室内机
18	电源灯闪烁8次	室内风机故障	1. 电动机 2. 电动机接插件	
19	电源灯闪烁9次	瞬时断电保护	停机3min后自动恢复	

★ 四、综合故障检修技巧

故障1 室内机电源灯闪烁5次

品牌型号	海尔 KFR-36GW/BPF	类型	冷暖型变频空调器
故障部位	传感器插座引脚接触不良		

分析与检修：经全面检测发现传感器电路插座引脚接触不良，修复后故障排除。

经验与体会：遇到此故障现象，应按从易到难的原则检测。其检测技巧见表3-6。

表3-6 传感器故障检测技巧

	检测步骤	检测工具	检测方法	维修方法
1	检测室内管温传感器电阻值是否错、短路、断路、开路	万用表（电阻挡）	按照温度传感器电阻值参数表检测	如传感器坏，更换同参数传感器
2	检测室内管温传感器是否插接良好	万用表（电阻挡）		如传感器未插接好，重新插接好
3	检查电路板传感器插座引脚是否开焊、虚焊	万用表（电阻挡）	用万用表（电阻挡）检测传感器插座引脚与焊点电阻值	如插座引脚开焊，重新焊好
4	测电路板传感器电路元器件电阻，电容是否变质漏电或电路板坏	万用表（电阻挡）		如电路板坏，更换同型号电路板

故障2 室内机电源指示灯闪4次，且不制冷

品牌型号	海尔 KFR-36GW/BPF	类型	冷暖型变频空调器
故障部位	室内风机电容无电容量		

分析与检修：检测室内管温传感器电阻值参数良好，查测室内风机电动机的电容无电容量，更换后故障排除，其检测技巧见表3-7。

表 3-7 室内机电源灯闪 4 次检测技巧

	检测步骤	检测工具	检测方法	维修方法
1	检查室内机滤尘网是否堵塞	—	每两周清洗一次滤尘网	如滤尘网太脏,清洗
2	检测室内管温热交换传感器电阻值是否错,插接不良	万用表(电阻档)	按照温度传感器电阻值参数表检测	传感器电阻错或插接不良,重新更换或试插接好
3	室内外机工作环境温度恶劣	温度计		改善空调工作环境条件
4	室内风机风量小或风机不运转	万用表(电阻档)	设定温度过高,室内机风速过小,或风机不运转,电动机绕组及运转电容容量	如设定温度高,室内机风量小,改变运行参数,降低设定温度,提高内机风速大换热量,或电动机、电容不良更换
5	电路板传感器电路元件坏	万用表(电阻档)		如电路板坏,更换

故障 3 室内机定时灯闪 4 次

品牌型号	海尔 KFR-36GW/BPF	类型	冷暖型变频空调器
故障部位	移机安装后低压液体阀门未打开		

分析与检修:现场检测室外机无电磁干扰,检查控制线无误,测系统压力时发现低压液体阀门未打开,用内六角扳手打开阀门后故障排除。定时灯闪 4 次检测技巧见表 3-8。

表 3-8 室内机定时灯闪 4 次检测技巧

	检测步骤	检测工具	检测方法	维修方法
1	检查制冷系统制冷剂是否泄漏干净	专用压力表	采用应急定频制冷运行,检测制冷低压压力	如制冷系统漏,检漏,处理漏点,定量补制冷剂
2	检测压缩机温度传感器电阻值是否错,短路、断路、开路	万用表(电阻档)	按照温度传感器电阻值参数表检测	如传感器坏,更换同参数传感器
3	检测连机管是否被弯瘪	仔细检查	检查连机管弯管处是否弯管角度过小而弯瘪	如连机管弯瘪,重新整理管路
4	检查制冷系统是否脏堵	专用压力表	观察制冷系统(制冷,制热)压力是否异常,毛细管是否结霜不化	如制冷系统堵塞,清洗吹污,干燥处理,抽真空,定量加制冷剂 0.5MPa
5	检查二、三通截止阀是否未全部打开	专用扳手	观察截止阀阀芯是否未全部打开	如截止阀未全部打开,重新全部打开

故障 4 用遥控器开机,蜂鸣器不响

品牌型号	海尔 KFR-36GW/BPF	类型	分体式变频空调器
故障部位	红外接收头 PD 故障		

分析与检修:可能为:①遥控器故障或电池不足;②室内电脑板蜂鸣器坏;③U101 坏;④U102 坏;⑤显示板红外接收头 PD 坏。经检测红外接收头 PD 故障,更换后故障排除。

故障 5 严冬开空调器制热变制冷

品牌型号	海尔 KFR-36GW/BPF	类型	分体式变频空调器
故障部位	电路板上 R138 电阻损坏		

分析与检修：可能为：①室外熔丝管 FUS1 熔断；②SW4 继电器坏；③CN204 接触不良；④四通阀坏；⑤U1、R138 坏。经检测电路板 R138 电阻损坏，更换后故障排除。

故障 6　室内贯流风扇电动机忽转忽停

品牌型号	海尔 KFR-36GW/BPF	类型	分体式变频空调器
故障部位	接插件 CN205 接触不良		

分析与检修：可能为：①接插件 CN302 接触不良或脱落；②室内板 0301 坏；③接插件 CN205 接触不良或脱落；④R108 断路；⑤风扇电动机霍尔元件坏；⑥风扇电动机绕组坏，经检查发现接插件不良。修复后，故障排除。

经验与体会：该机组的开关电源和电压采样电路如图 3-4 所示。

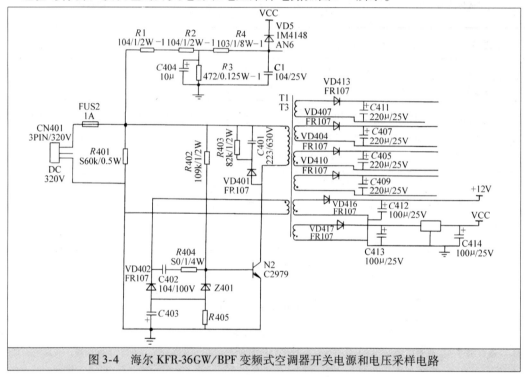

图 3-4　海尔 KFR-36GW/BPF 变频式空调器开关电源和电压采样电路

由图可知，CN401 为室外机主电源的插接件（即整流滤波后的直流电源输入端）。输入的直流电压经 R1、R2、R3 电阻分压，C1 滤波，作为电源电压的采样值送入微处理器处理，作为控制系统对电源电压的变化，而采取不同的处理方法的依据。

该电路的工作原理是，DC 310V 通过 R402 向开关管 N2 基极供电，使其导通，变压器一次侧有电。与此同时，反馈绕组也产生电压，这个电压是负向的，通过稳压管 Z401，使加在开关管 N2 基极上的电压接近于 0V，开关管迅速截止，这时开关变压器的一次绕组通过 VD401、R403 放电，从而使二次绕组失电，开关管如此反复、导通、截止。反复振荡，从而产生所需的电压。开关电源的振荡频率为 20kHz。

故障 7　空调器室内风机不工作，电源灯闪烁 8 次

品牌型号	海尔 KFR-36GW/BPF	类型	冷暖型变频空调器
故障部位		光电隔离晶闸管故障	

分析与检修：现场检测风机电容 C304 容量正常，测量电动机电阻值正常，测量 TLP36 损坏，更换后故障排除。

经验与体会：此机组室内风机控制电路如图 3-5 所示。

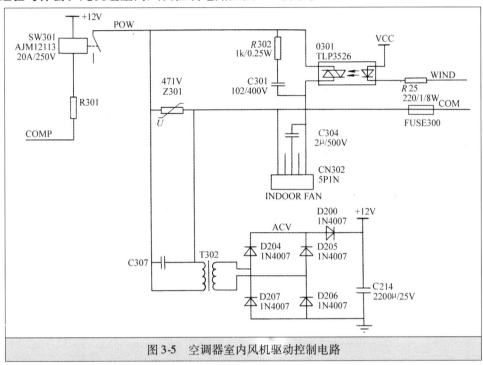

图 3-5 空调器室内风机驱动控制电路

室内风机采用的是晶闸管调速的 PG 电动机，为控制可靠、减少干扰，采用了带有光电隔离的晶闸管驱动芯片（图中 0301，TOSHIBA 的 TLP3526）。这种电动机带有一个霍尔传感器来感应电动机的转速，控制单片机根据采到的这一霍尔传感器反馈的脉冲信号的频率，折算出电动机此时的转速，同设计转速进行比较，重新调整电动机的转速，以达到稳定转速的目的。

图 3-5 中，SW301 为向室外机供电的继电器，它是由 +12V 驱动的继电器，它的驱动信号为 COMP。图 3-5 中，Z301 为压敏电阻，起保护电路的作用；从霍尔传感器感应的脉冲信号经 RC（R9，C3）滤波后送给微处理器，以减少因干扰而造成的采样不准确；C304 为电动机的起动电容。

第三节 海尔 KF-21GW×2 变频一拖二空调器 电控板控制电路分析与速修技巧

海尔一拖二（KF-21GW×2/BP）空调器的室外机组控制电路中，主要包括对压缩机和风机的开、停控制，其中对压缩机延时开机控制以及对两路电磁阀的控制，分别采用了数字电路控制技术。本节重点介绍室外机的控制电路特点。

★ 一、室外机控制电路组成

室外机控制电路原理图如图 3-6 所示，逻辑电路控制原理如图 3-7 所示。

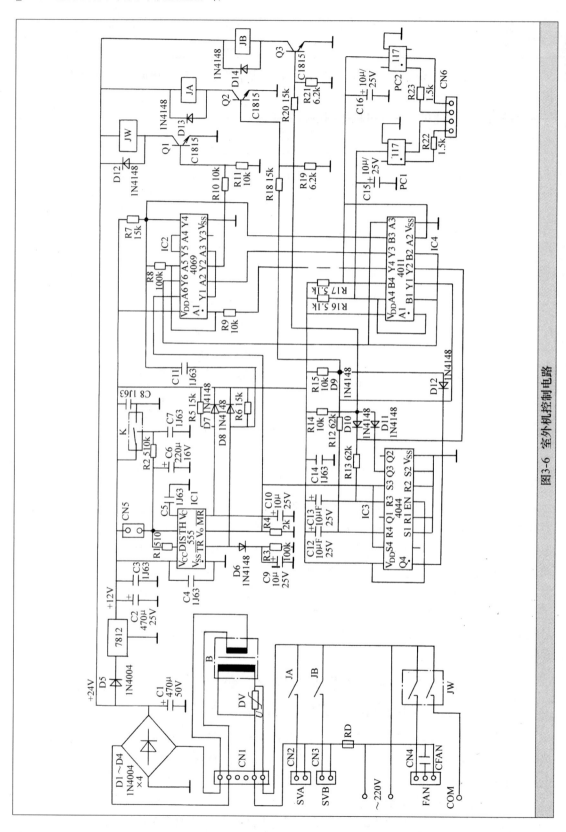

图3-6 室外机控制电路

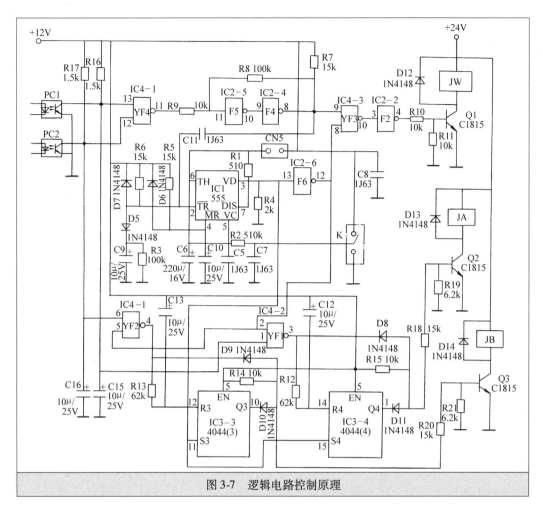

图 3-7　逻辑电路控制原理

由图 3-6、图 3-7 可知，在控制电路中，IC2（CD4069）、IC4（CD4011）中的 YF3、YF4 是与非门，F2、F4、F5 是非门，PC1、PC2 是光耦合器。室外机的控制电路主要由与非门 YF3、YF4，非门 F2、F4、F5 以及光耦合器 PC1、PC2，晶体管 Q1，功率继电器 JW 等组成。

★ 二、开机工作过程和延时开机控制

接通电源后，遥控器无输入开机信号时，与非门 YF4 的两个输入端均为高电平，YF4 输出低电平，经两次反相后，输出仍为低电平。与非门 YF3 因输入端⑨脚为低电平，所以输出端为高电平，经 F2 反相后为低电平，所以 Q1 不能导通，JW 不吸合，室外机不工作。

当遥控器输入开机信号时，PC1 或 PC2 接到室内机传送来的开机信号时，YF4 的⑬脚或⑫脚变为低电平，YF4 输出高电平，YF3 的⑨脚也变成高电平，如果此时 YF3 的⑧脚为高电平，则 YF3 输出低电平，F2 输出高电平，Q1 导通，JW 吸合，压缩机与室外风机同时起动运转。

延时控制电路由 IC1（555 时基电路）及其外围元件组成。电路首次通电时，由 R5、C10 组成的积分电路为 IC1 的④脚（复位端）提供一个复位信号，使输出低电平，同时打开 DIS 放电端，使 C6 处于放电状态。此低电平经 F6 反相后，变为高电平送到与非门 YF3 的⑧脚，此时 YF3 随时接收开、停机的控制信号。

此时，如果室内机送出开机信号，则不需要经过延时控制即可直接开机。当室外机由开机状态转为停机状态时，非门 F4 输出端⑧脚，由高电平转为低电平，由于 C11 的放电，使 IC1 的触发端得到一个低电平触发信号，将 IC1 状态翻转，输出跳变为高电平，同时 DIS 放电端断开，电源通过 R2 开始对 C6 进行充电，此充电过程就是电路的延时过程。

在延时过程中，V_0 一直保持高电平输出，经 F6 反相后，使 YF3 的⑧脚输入端为低电平，此时即使有开机信号，YF3 与非门也打不开。所以，在整个延时过程中，室外机是不会运转的。随着 C6 的充放电，当 C6 的上端即 555 的阈值端（TH）电压超过 2/3 电源电压时，输出端（V_0）跳变为低电平（因此时 IC1 的②脚早已被 R6、R3 组成的分压电路箝位在 10V 左右），同时 IC1 的放电端（DIS）被打开，C6 经 R1 通过 DIS 端放电。由于 R2 的存在，C6 上储存的电荷不会放净，TH 端电压仍能保持 IC1 的低电平输出状态。此低电平经非门（F6）反相后，变为高电平送至非门（YF3）的输入端⑧脚。此后，YF3 的输出状态便完全取决于另一个输入端⑨脚的状态了。

在控制电路中，R-S 触发器 IC3-3、IC3-4，与非门 YF1、YF2，晶体管 Q2、Q3 及继电器 JA、JB 等组成电磁阀控制电路。其中 D9 与 D10、D8 与 D11 分别组成与门电路，YF1、IC3-3 或 YF2、IC3-4 只要有一个输出低电平，与其相连的开关管 Q2 或 Q3 基极就为低电位，开关管截止，继电器 JA 或 JB 不能吸合。只有当 YF1 与 IC3-3 或 YF2 与 IC3-4 都输出高电平时，Q2 或 Q3 开关管导通，继电器才能吸合。R-S 触发器在这里的主要作用是使继电器 JA 和 JB 在延时过程中保持释放状态。

在延时过程中，IC1 输出端 V_0 为高电平，R-S 触发器 IC3-3、IC3-4 均被置位（S3、S4 均为高电平），输出端 Q3、Q4 均为低电平，这是因为在置位前 R 端总会处于低电平，而置位后即使 R 端变成高电平，也不会改变 R-S 触发器的输出状态。只有到延时结束后，S 端转为低电平，R-S 触发器的输出状态才会受到 R 端的控制。延时结束后，F6 输出端为高电平，此高电平加在与非门 YF1 输入端②脚和 YF2 输入端⑤脚上，使 YF1、YF2 分别可以接收开停机信号的控制。

当无开机信号时，两与非门的输入端①脚和⑥脚均为高电平，YF1、YF2 均输出低电平，继电器不能吸合。当光耦接到室内机的开机信号时，例如：A 室内机开机时，PC1 工作，YF1 的输入端①脚由高电平转为低电平，YF1 输出高电平，同时 R-S 触发器 IC3-4 因其 R3 端转为高电平，Q4 也输出高电平，这样开关管 Q2 基极由低电位转为高电位，开关管 Q2 导通，继电器 JA 吸合，A 室内机制冷管路中的电磁阀 SVA 打开，A 室内机开始制冷工作。

根据上述工作原理，当 B 室内机有开机信号时，YF2 与 IC3-3 均输出高电平，Q3 导通，JB 吸合，电磁阀 SVB 打开，B 室内机开始制冷工作。

★ 三、综合故障检修技巧

故障 1 空调器用遥控器开机，空调器无反应。

品牌型号	海尔 KF-21GW×2/BP	类型	分体式变频空调器
故障部位	7805 只有 +3V 输出		

分析与检测： 现场用遥控器开机，室内机无反应，测量电源电压正常，检测遥控器无故障。卸下室内机外壳，测量变压器二次侧有交流电压输出。测量整流电路有直流电压输出。

测量 7812 有 +12V 电压输出，测量 7805 只有 +3V 电压输出，说明三端稳压器损坏。更换后故障排除。

经验与体会：检测技巧见表 3-9。

表 3-9 空调器遥控器失灵检测技巧

检测步骤	检测方法	维修方法
使用应急开关，观察能否开机	打开内机进风栅，按一下应急开关	如果能够开机，说明电源及电路板有电，可能是遥控器或接收器接收不良。检查接收插头是否接触良好；更换接收器或遥控器试机
如应急能开机，而经上述操作仍遥控不开机，则应考虑外界环境光干扰因素	检查是否有强烈阳光直照或反射接头，是否有特殊日光灯或节能灯光干扰	由于强光干扰，造成不接收；由于接收板接收电路抗干扰能力差，造成不接收或接收距离太短。更换接收板看是否可行，或向用户解释
如应急也不能开机，则检查电源及电路板是否有电	测接线排 L-N 端有无单相交流电，查熔丝及压敏电阻是否完好	如无电源，查外线路；如熔丝熔断或压敏电阻阻值不正常，更换
检查电源变压器是否正常	测电源变压器一次、二次绕组阻值是否正常。或通电测量二次侧有无 13.5V 左右电压	如阻值不正常或无输出电压，更换变压器
检查 7805 的输出端，看是否为 5V		若有异常，说明 7805 坏，更换 7805
如以上检查都正常，说明内机电脑板不良		更换内机电脑板

故障 2 整机送电后，室外机能运转，而室内机却不开机

品牌型号	海尔一拖二机组	类型	冷暖型分体式空调器
故障部位	过电压保护压敏电阻击穿		

分析与检修：仔细检查发现，当送电并经过延时以后，遥控器未送入开机信号，室外机的压缩机和风机却自动运转起来，而两个电磁阀均未工作判断故障点应该在 YF4 到 F4 之间的范围内。但经测量 YF4、F5、F4 的输入输出电平，均为正常，说明这部分电路是好的。进一步测量，发现 F4 输出端（CD4069 的⑧脚）为低电平，而 YF3 输入端（CD4011 的⑨脚）却为高电平。

仔细查看电路板，发现自 IC2（CD4069）的⑧脚到 IC4（CD4011）的⑨脚及 R7、R8、C11 之间有一段跨线，此跨线的一端焊点有脱焊，造成电源经 $R7$ 直接送给 YF3 的⑨脚输入端，虽然 F4 的⑧脚输出低电平，但因与 YF3 输入端断开，无法将 YF3 输入端⑨脚的电平拉低，使 YF3 的⑨脚输入端始终为高电平。当电路延时结束并经反相后，Q1 基极得到高电位而导通，所以压缩机及室外风机便得以运转。将该焊点重新焊接后故障排除。

故障 3 制冷一会儿便停机，然后处于待机状态

品牌型号	海尔 KF-21GW×2/BP	类型	分体式空调器
故障部位	用户电源导线过细		

分析与检修： 通电观察该机制冷正常，开机后空调刚工作几分钟便处于待机状态，强行制冷，强制自动均能工作几分钟，由此可见故障原因有：①电路板坏；②电源电压出现故障。更换一块电路板后，再检查电源电压，工作电流都正常，制冷效果也好。但第二天用户的空调又出现与昨天相同的故障。仔细检查用户电源，确认系电源导线过细造成的。重新敷设空调专用线后，该机正常工作。

故障 4 室内机开机时，室外机工作正常，但室内机不制冷

品牌型号	海尔 KF-21GW×2/BP	类型	冷暖型分体式空调器
故障部位	过电压保护压敏电阻击穿		

分析与检修： 检查 B 室内机制冷正常，排除了制冷剂泄漏的可能。故障原因就是电磁阀 SVA 没有打开，A 组系统环路中制冷剂无法循环流动，造成不能制冷结果。

用万用表测得 Q2 基极为低电位，再测 IC3（CD4044）的①脚 Q4 输出为低电平（正常时应为高电平），此时测量 S4 端为低电平，R4 端为高电平，输入正常，由此判定是 R-S 触发器 IC3-4 内部电路故障，更换 R-S 触发器后故障排除。

故障 5 用户反映开双机正常，开单机不制冷且未开的一台室内结冰

品牌型号	海尔 KF-21GW×2/BP	类型	分体式变频空调器
故障部位	A、B 机信号线接错		

分析与检修： 该机组刚安装不久，用户反映开双机正常，开单机不制冷，且未开的一台室内机出现结冰。出现此故障一般为信号线接错，造成开 A 机时 B 机系统电磁阀开启，冷媒进入 B 机系统循环。由于 B 室内机未开，造成冷风无法散出导致蒸发器冻结。A 室内机因电磁阀未开，无冷媒循环不制冷。经对调 A、B 机信号线后试机正常。

经验与体会： 因安装时信号线接错导致故障，一拖二空调安装完毕应开单机试机，正常后再试另一台。若发现上述故障，对调 A、B 机信号线试一下。若对调后故障仍不能排除，则应查 A、B 电磁阀阀体是否装反，电磁阀线圈引线是否 A、B 接反。若接反，对调即可。

故障 6 未按操作规程办事导致制冷效果差

品牌型号	海尔 KF-21GW×2/BP	类型	分体式变频空调器
故障部位	低压阀门只打开了 1/3		

分析与检修： 该机组空调制冷效果差，询问用户空调在制冷时的出水情况，高低压管结霜情况。用户告知，排水管也出水，两铜管也结露，根据经验判断该机应该正常工作。通电检查该机室外机流水，低压管阀门里面结霜，拧开低压阀螺母一看，原来是安装人员将阀门只打开了 1/3，导致出现此故障。

故障 7 反复修理制冷效果仍然差

品牌型号	KF-21GW×2/BP	类型	分体式变频空调器
故障部位	连接管（低压管）安装时弯曲过瘪		

分析与检修： 该空调器维修多次，制冷效果始终不好，曾经更换室外机，但故障依旧。开机运行，蒸发器温度不凉。分析是压缩机效率低，制冷剂过少，测试低压压力，压缩机电流偏低。用手摸液管、气管（低压管），发现气管连接室外机有 1m 长的铜管，表面上有水珠且很凉，把保温套取下，发现连接管（低压管）安装时弯曲过瘪，造成制冷系统堵塞，导致制冷差。更换连接管试机，故障排除。

经验与体会： 这种故障是安装不正确操作造成的，但又往往会被维修人员所忽视。要排除故障应多看多摸，不能简单地加注制冷剂，更换室外机。主要原因该机连接管弯瘪，使制冷剂不能循环，从而使空调不能正常工作。

故障 8 室内机安装水平正常，却不断有漏水

品牌型号	海尔 KF-21GW×2/BP	类型	分体式变频空调器
故障部位	接水槽与后接水槽连接处有微量水渗出		

分析与检修： 用水平仪测量室内机水平正常，排水管无折扁处。拆室内机罩壳观察，接水槽无破损，无过量积水，排水也正常。开机制冷仔细观察，发现接水槽与后接水槽连接处有微量水沿海棉渗出，时间一长汇集成水滴滴下。用密封胶将前后水槽接触处封住，并在其间插一塑料片，引导后水槽的水准确流入前水槽。经试机再无漏水现象。

经验与体会： 双水槽机型已发现多例漏水故障。估计是因后水槽导水片长度不够和间隙密封不严造成。在安装室内机时一定保持水平，且不要正对下面的家电及贵重物品，以免因空调漏水造成不必要损失。

第四节　海尔 KFR-25GW/BP×2 变频空调器电控板控制电路分析与速修技巧

★ 一、电路组成

（1）海尔 KFR-25GW/BP×2 变频空调器室内机微电脑控制电路如图 3-8 所示。

（2）海尔 KFR-25GW/BP×2 变频空调器室外机微电脑控制电路如图 3-9 所示。

★ 二、海尔 KFR-25GW/BP×2 变频空调器故障代码灯含义（见表 3-10）

表 3-10　海尔 KFR-25GW/BP×2 变频空调器故障代码灯含义

故障部位	显示灯表示含义		
	电源灯	定时灯	运转灯
室内热敏电阻异常	闪	灭	灭
室内热交换热敏电阻异常	闪	亮	亮
室外热敏电阻异常	闪	灭	亮
通信异常	灭	灭	闪
排气管温度过高保护	灭	闪	灭
AC 过电流保护	闪	灭	灭
DC 过电流保护	闪	灭	亮
压缩机过热保护	闪	灭	闪
低电压保护	灭	闪	亮
高负载保护	闪	闪	闪

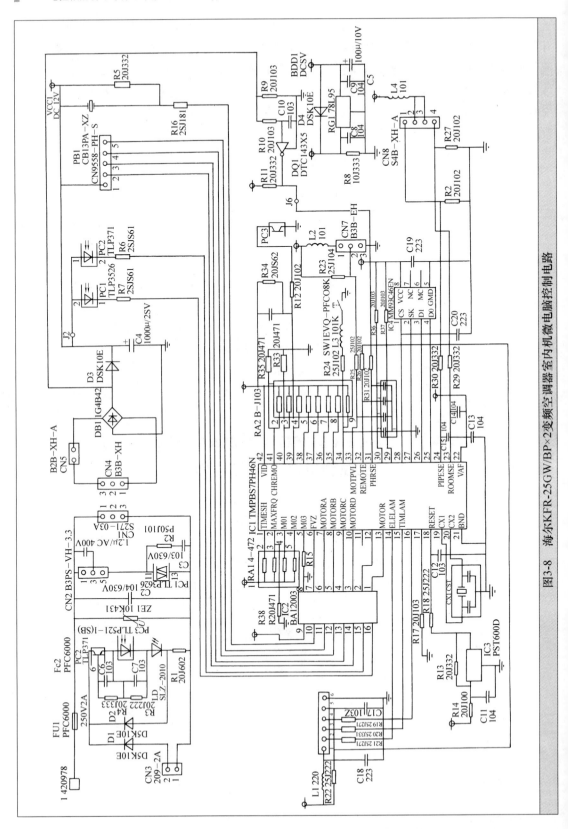

图3-8 海尔KFR-25GW/BP×2变频空调器室内机微电脑控制电路

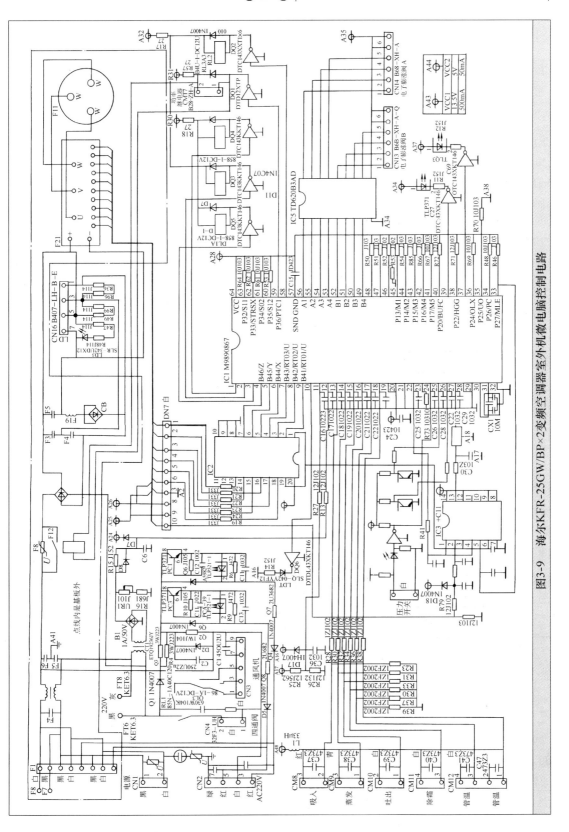

图3-9 海尔KFR-25GW/BP×2变频空调器室外机微电脑控制电路

★ 三、综合故障检修技巧

故障 1   遥控器不开机

品牌型号	海尔 KFR-25GW/BP×2	类型	冷暖型一拖二变频空调器
故障部位	7805 三端稳压器故障		

分析与检修：现场用遥控器开机，设定制冷状态，室内机无反应，检查遥控器良好，测量电源插座有交流 220V 电压输出，测室内机接线端子排 L-N 有交流 220V 电压输入，测变压器二次侧有 13.8V 输出，把万用表的旋钮转换到直流电压挡，测量整流电路有直流电压输出。测量 7805 三端稳压器只有 +3V 输出。由此说明三端稳压器损坏，更换后试机，故障排除。

故障 2   电源灯（灭）、运行灯（灭）、定时灯（闪）

品牌型号	海尔 KFR-25GW/BP×2	类型	冷暖变频一拖二空调器
故障部位	室外机控制板故障		

分析与检修：现场经全面检测发现室外机控制板程序错乱，更换后故障排除，其检测技巧见表 3-11。

表 3-11   室外机控制板故障检测技巧

	检测步骤	检测方法	维修方法
1	观察 A、B 机内机板上通信灯	看 A 机或 B 机的通信灯是否以一定的同一频率在快速轻微闪亮，约 1s 闪三下	如通信灯闪亮不对，则说明那一种通信回路上有故障
2	检查室内、外机连接 L、N、C 是否正确	查电源 L、N 及 A（C）B（C）通信线是否一一对应，且接触是否良好	如接线有误则调整
3	如 A、B 双机通信都异常	则查室外机板上 CN2 插座是否接触良好	若接触良好，则可判定室外机电脑板通信电路不良，更换室外机电脑板
4	如只有一机通信异常（比如 A 机异常），则可判定内机 A 板不良，还是室外机板不良	将室外机上 A（C）、B（C）通信线互换试机	如仍 A 机异常，则判断 A 机板坏；如变成 B 机故障，则可判断室外机板损坏；更换上述不良板

故障 3   空调器移机后制冷 3h，室内外机突然停机

品牌型号	海尔 KFR-25GW/BP×2	类型	变频一拖二空调器
故障部位	高压电形成的电磁场		

分析与检修：卸下室内机，检查电控板上各插件牢固，测量各元器件参数正常，与海尔技术维修中心联系，更换一个电控板运转 3h 后试机，重复上述故障。再卸下室外机外壳，测电控板各元器件正常，更换室外电控板后，运转 2h 仍然重复上述故障，仔细观察室内机的上方屋顶附近有一条高压线，怀疑受这条高压线的影响。因高压电形成的电磁场，可能使通信红色感应噪波电流。把多余的室内机、室外机两组的信号线放开，从线的中间对折后并绕成两个线圈，形状约 6 匝。可把通信线产生的噪波电流正负抵消。最后通电试机，故障排除。

故障 4 室内贯流风机 A、B 均运转，室外压缩机不运转，室内电源指示灯亮，定时指示灯闪，运转指示灯灭

品牌型号	海尔 KFR-25GW/BP×2	类型	变频一拖二空调器
故障部位	功率模块故障		

分析与检修：卸下室外机外壳，检查微电脑控制板各插件牢固，开机状态下，将万用表转换开关旋到直流电压挡。测量控制板与功率模块间的反馈信号线。具体方法是：表笔的一端插在功率模块插座对应控制板的零端，另一端测量 ARW，应有 13V 直流电压输出，实测只有 6V 直流电压，说明功率模块有故障。更换相同型号的功率模块，通电试机验证故障排除。

经验与体会：更换功率模块时，切不可将新模块接近有电磁波或用带静电的物体接触模块，特别是信号端的插口，否则极易引起功率模块内部击穿，导致无法使用，希望引起维修人员的注意。

故障 5 电源灯（灭）、运行灯（灭）、定时灯（闪）

品牌型号	海尔 KFR-25GW/BP×2	类型	变频一拖二空调器
故障部位	6 路温度传感器电路板上 C39 电容漏电		

分析与检修：经全面检测发现 6 路温度传感器电路板上的电容 C39 漏电。更换后，故障排除。6 路传感器电路如图 3-10 所示。

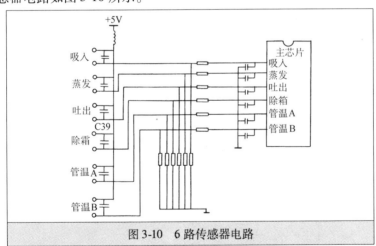

图 3-10　6 路传感器电路

经验与体会：遇到此故障现象，如开机后运行一段时间，产生停机，但不报警（大约 20~30min 后又起动运行，再过一段时间又停机，产生上述报警现象。）判定吐气温度过高（大于 110℃）产生报警，室内外机均停止。

故障 6 空调器开机运行电源灯（亮）、运行灯（亮）、定时灯（灭）

品牌型号	海尔 KFR-25GW/BP×2	类型	变频一拖二空调器
故障部位	电脑板主芯片 6 路变频无输出		

分析与检修：现场测量电源电压正常，卸下室外机外壳，经全面检测，中央处理器 6 路变频输出均为 +5V，由此判定电脑板异常，更换电脑板后试机，故障排除。

室外机中央处理器引脚功能如图 3-11 所示。

下面是空调器运行正常参数。

运行正常时，R19、R24 电阻都有一电压降（如2.0V），说明有 6 路变频信号输入到功率模块。正常工作时，报警 ARW 端应是高电平（如4.95V）。芯片 74HC541AP①脚低电压，则芯片允许工作，如是高电压，则表明有故障，该芯片被自锁，不允许工作。

此机 IC4011 芯片的控制功能如图 3-12 所示。

故障 7 室内机电源灯（闪）、运行灯（闪）、定时灯（灭）

品牌型号	海尔 KFR-25GW/BP ×2	类型	变频一拖二空调器
故障部位	管温传感器 A 电阻值参数改变		

分析与检修： 经全面检测发现管温传感器 A 电阻值参数改变，更换后，故障排除。

经验与体会： 遇到此故障现象，维修人员从外机板上 LD1 黄灯闪烁次数可知是哪一路不良，见表 3-12。

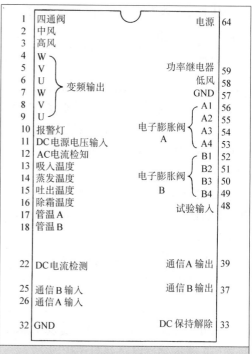

图 3-11　海尔 KFR-25GW/BP ×2
室外机中央处理器引脚功能

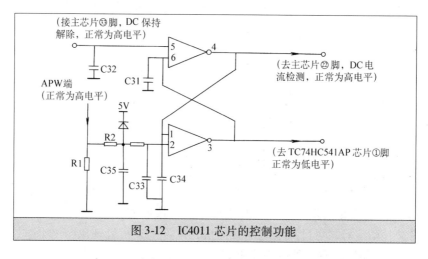

图 3-12　IC4011 芯片的控制功能

表 3-12　海尔 KFR-25GW/BP ×2 黄灯闪烁含义

黄灯闪烁次数	故障回路
1	管温 A 异常
2	管温 B 异常
3	除霜异常
4	吸入异常
5	蒸发异常
6	吐出异常

故障 8 空调器上电开机,室内风机运转,室外风机一开即停,压缩机不工作

品牌型号	海尔 KFR-25GW/BP ×2	类型	变频一拖二空调器
故障部位	主控继电器故障		

分析与检修: 现场检测电源电压正常。卸下室外机外壳,经全面检测发现主控继电器损坏。更换主继电器后试机,故障排除。

此故障检测技巧见表 3-13。

表 3-13 主控继电器故障检测技巧

检测步骤	检测方法	维修方法
1	上电开机,测电源电压	万用表 V⁻ 挡测电源 L-C 端电压是否正常	电源电压偏低(如 150V 以下)或是上电运转后电压下拉偏低,检查进电及电源线规格。或是长期在 175V 以下电压工作
2	上电监测模块 P-N 端电压值	监测模块 P-N 端电压(直流电压挡),看电压是否起始瞬间正常,但一直在下降	如电压只是瞬间正常(如 280V),而后一直在下降,直到无电,则可能性最大的是主继电器未吸合
3	在上电过程手触 PTC,并监测主继电器是否吸合	手感 PTC 是否发烫,用万用表交流电压挡监测继电器两触头是否有电压	PTC 发烫说明继电器未吸合,检测继电器线圈是否得电,若线圈得电但不吸合,则继电器损坏,更换继电器
4	若无 12V 电压,查继电器线圈 12V 电的插头、插座是否接触良好	用万用表检测	如接触良好,则说明室外机控制板不良,换室外机板

第五节 海尔 KFR-40GW /DBPJF、KFR-40GW /A (DBPJF) 变频空调器电控板控制电路分析与速修技巧

★ 一、电路组成

(1)海尔 KFR-40GW/DBPJF 室内机控制电路如图 3-13 所示。

(2)海尔 KFR-40GW/DBPJF 室外机 PAM 模块控制电路原理如图 3-14 所示。

★ 二、海尔 KFR-40GW/DBPJF、KFR-40GW/A(DBPJF)直流变频集尘负离子机

(1)室内机故障代码[KFR-40GW/DBPJF 型通过电源指示灯闪烁次数表示,KFR-40GW/A(DBPJF)通过显示窗显示]见表 3-14。

(2)室外机故障代码[KFR-40GW/DBPJF 型通过按遥控器除开关键外任意键,观察室内机黄灯或观察室外机蓝色 LED1 闪烁次数;KFR-40GW/A(DBPJF)通过显示窗口显示或观察室外机蓝色 LED1 闪烁次数]见表 3-15。

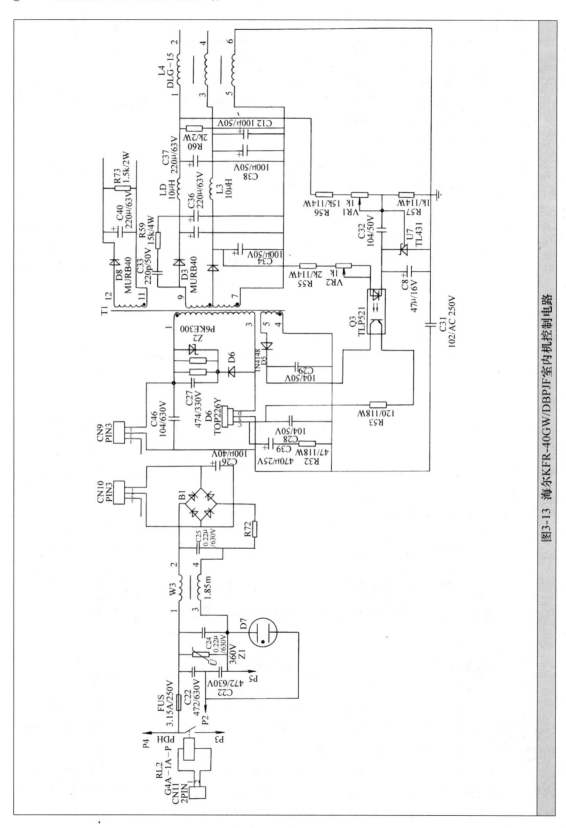

图3-13 海尔KFR-40GW/DBPJF室内机控制电路

表3-14　室内机故障代码

KFR-40GW/DBPJF	KFR-40GW/A（DBPJF）	显示内容
闪烁1次	显示 E1	室温传感器故障
闪烁2次	显示 E2	室内热交传感器故障
闪烁3次	显示 E3	（保留）
闪烁4次	显示 E13	制热过载
闪烁5次	显示 E5	制冷结冰
闪烁6次	显示 E6	复位
闪烁7次	显示 E7	室内外通信故障
闪烁8次	显示 E14	风机故障
闪烁9次	显示 E9	面板与室内机通信故障
闪烁10次	显示 E4	室内 E^2PROM 错
闪烁11次	显示 E16	高压集尘故障

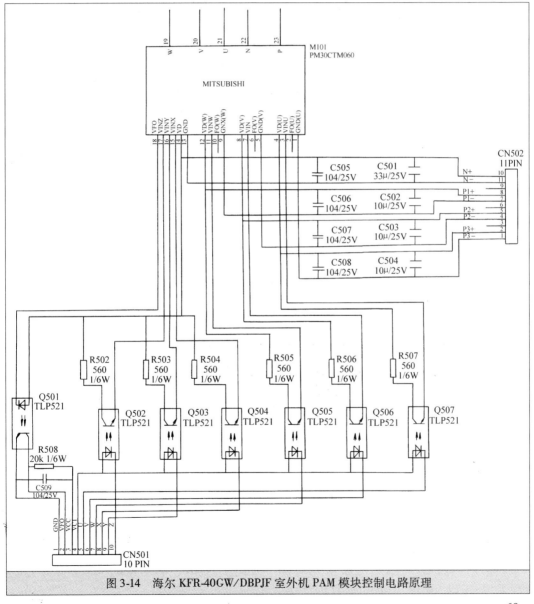

图3-14　海尔 KFR-40GW/DBPJF 室外机 PAM 模块控制电路原理

表 3-15　室外机故障代码

KFR-40GW/DBPJF	KFR-40GW/A（DBPJF）	显示内容
闪烁 1 次	显示 F1	模块过热、过电流短路
闪烁 2 次	显示 F2	无负载
闪烁 3 次	显示 F3	通信故障
闪烁 4 次	显示 F4	压缩机过热
闪烁 5 次	显示 F5	总电流过电流
闪烁 6 次	显示 F6	环境温度传感器故障
闪烁 7 次	显示 F7	热交温度传感器故障
闪烁 8 次		（保留）
闪烁 9 次	显示 F9	PFC 保护
闪烁 10 次	显示 F18/19	电源过、欠电压
闪烁 11 次		瞬时停电
闪烁 12 次	显示 F10	制冷过载
闪烁 13 次	显示 F11	压缩机转子电路故障
闪烁 14 次	显示 F12	E^2PROM 错
闪烁 15 次	显示 F13	压缩机起动失败
闪烁 16 次	显示 F14	风机霍尔元件故障
闪烁 17 次	显示 F15	风机模块 IPM 过热
闪烁 18 次	显示 F8	风机起动异常
闪烁 19 次	显示 F16	风机过电流

★ 三、综合故障检测技巧

故障 1　室内机电源指示灯闪烁 1#

品牌型号	海尔 KFR-40GW/DBPJF	类型	冷暖型变频空调器
故障部位	室内环境传感器电阻值参数改变		

分析与检修：现场检测传感器电阻值参数改变，更换同型号传感器，故障排除。

故障 2　室内机电源指示灯闪烁 8#

品牌型号	海尔 KFR-40GW/DBPJF	类型	冷暖型变频空调器
故障部位	控制板 R22 电阻损坏		

分析与检修：现场测量室内开关电源供给贯流风机电源正常，测量风机电动机绕组阻值正常，经全面检测室内机控制板上 R22 电阻损坏。用快热烙铁更换后，故障排除。

经验与体会：此故障先检测开关电源。供风机电源电压应为 37V ± 3V，测风机电路中 N1、U4A 是否正常，在 U4A 的①脚是否有 0～5V 的电压存在，若无则说明控制回路有问题，检查霍尔元件反馈信号是否正常，相关元器件 R22、C10 等。

故障 3　空调器移机后，室内机显示 E7 故障代码

品牌型号	海尔 KFR-40GW/A（DBPJF）	类型	冷暖型变频空调器
故障部位	通信电路电容 C20 漏电		

分析与检修：故障代码 E7 为通信故障。现场检查室内机、室外机电源线、信号线连接正确，电源线压线牢固且接触良好，检测室内机接插座插接牢固，检测压缩机 U、V、W 绕组阻值正常。经全面检测发现控制板通信回路电容 C20 漏电，更换电容后试机，故障排除。

经验与体会：查测通信电路中元器件，主要检测 D1、D2、R36、R37、R38、R39、R49、R50、C19、C20、TLP521、TLP371 等元器件。

故障 4 室内机显示故障代码 F1，室外机绿色 LED 指示灯闪烁 1# 次

品牌型号	海尔 KFR-40GW/A（DBPJF）	类型	冷暖型变频空调器
故障部位	功率模块与散热片螺钉紧固不良		

　　分析与检修： 现场检测，电源电压正常，测量制冷系统制冷剂压力为 0.5MPa，检查模块信号排线与室外机电路板模块插接件接触良好且牢固，检测功率模块与散热片发现螺钉松动。把模块与散热片螺钉紧固后，故障排除。

　　经验与体会： 模块与散热片螺钉松动，用温度计测模块表面温度上升，用电流表分别测 U、V、W 输出电流比原电流大一倍以上。

故障 5 用户采用马路旁维修工移机，运行 30min 后，室内机出墙处漏水

品牌型号	海尔 KFR-40GW/A（DBPJF）	类型	冷暖型变频空调器
故障部位	出水管压瘪		

　　分析与检修： 经全面检测发现出水管在过墙处压瘪。修复后，故障排除。

　　经验与体会： 室内机管路出墙处漏水，说明出墙孔直径过小，同时铜管、排水管、控制线在一起绑扎过松，管子在穿墙时，把排水管拉坏或被挤压。可把出水管从出墙处截断，重新接一个出水管。也可在出墙处压瘪的水管内部衬一个粗细相当的铜管，撑起压瘪处；然后把室内机外壳卸下，用嘴反吹排气管，看蒸发器水槽是否有气泡产生，如有气泡产生，说明压瘪处已被铜管撑起。

故障 6 空调器制冷系统脏堵

品牌型号	海尔 KFR-40GW/A（DBPJF）	类型	冷暖型变频空调器
故障部位	过滤器脏堵		

　　分析与检修： 现场通电用遥控器开机，设定制冷状态，室内外机均运转正常，但无冷气吹。经检查发现过滤器脏堵，更换过滤器后故障排除，恢复制冷。

　　经验与体会： 制冷系统脏堵，有较多原因造成。在生产制造过程中有异物进入系统内安装时，连接管内有异物；因安装连接管封闭处理不严，穿墙时管内进入沙土灰尘；在制造或维修焊接管路系统部件时有焊滴、焊渣进入系统内；还有因安装维修等原因造成系统漏制冷剂，空气进入系统使冷冻油氧化变质，堵塞系统。这些故障会造成系统运行不正常或无法运行，堵塞部位不同所表现的现象也不同。维修人员需在实践中品味。

故障 7 室内机显示故障代码 F4

品牌型号	海尔 KFR-40GW/A（DBPJF）	类型	冷暖型变频空调器
故障部位	室外机电路板 1μF/50V 电解电容漏电		

　　分析与检修： 查海尔维修手册 F4 为室外压缩机过热故障。现场检测室外机冷凝器翅片通风散热良好，用压力表测量制冷系统压力正常，测量排气传感器电阻值正常，经全面检测发现室外机电控板上的 1μF/50V 电解电容漏电，更换后故障排除。

故障 8 室内机显示屏显示故障代码 F3，室外机绿色 LED1 闪烁 3 次

品牌型号	海尔 KFR-40GW/A（DBPJF）	类型	冷暖型变频空调器
故障部位	压缩机咬煞		

分析与检修： F3 为通信故障。现场检测室外机电源电路控制线接触良好，测量功率模块电压输出正常，经全面检测，压缩机机件咬煞，更换压缩机后故障排除。

经验与体会： 此故障是用户使用环境造成。其检测技巧见表 3-16。

表 3-16　压缩机咬煞故障检测技巧

	检测步骤	检测方法	维修方法
1	检测室外机电路板通信电路主要元器件，或电路板是否异常	测 R702、R703、C704、D702、R705、R710、PQ3、R706、C702、C703、R707、R23、R24、D703、PQ2、R711、R712、C705 等器件 测单片机的 27 端（脚）是发送端，19 端是接收端，PQ2、PQ3 是两个光耦隔离器，起到隔离室内和室外干扰作用	如器件或室外机电路板坏，更换同型号电路板
2	检查室外机强电源电路连接线，电源线信号线接触是否良好，强电器件是否损坏	查电源交、直流电路连接线（止锁件）的接触情况和整流桥、电抗器、电解电容等部件是否不良	如连接线或元器件不良，处理更换
3	检测压缩机工作频率是否太低，模块 U、V、W 输出电压是否低于工作电压	查压缩机绕组，试换室内外电路板，功率模块，DC310V 电压是否低，电源电压是否低	如压缩机、室内外电路板、功率模块等部件坏，更换同型号部件
4	检测压缩机是否绕组短路、断路、抱轴、咬煞	用万用表测阻值，起动压缩机时观察	压缩机咬煞更换同功率压缩机

第六节　海尔豪华金元帅 KFR-51LW/M（BPF）柜式变频空调器电控板控制电路分析与速修技巧

海尔 KFR-51LW/M（BPF）柜式变频空调器控制电路由室内机和室外机两部分组成，室内机采用进口专用芯片，室外机采用的是 MB89857 芯片，下面阐述变频空调器的电路控制原理。

★ 一、室内机控制电路分析

室内机控制电路主要分为电源电路、上电复位电路、晶体振荡电路、过零检测电路、室内风机控制电路、温度传感器电路、E²PROM 电路、显示驱动电路、亮度检测电路、应急控制电路及通信电路等。微电脑主芯片是控制电路的核心。室内机控制电路如图 3-15 所示。

1. 电源电路

电源电路是为室内机空调器电气控制系统提供所需的工作电源。在本电路中，主要为微处理器驱动芯片、继电器、蜂鸣器、晶闸管等器件提供电源。工作电源在电路中扮演着重要的角色，一旦出现问题，空调控制电路就无法正常工作。因此，掌握这一部分电路，对于迅速判断空调故障有着很大的意义。

电源电路是交流电源 220V，经 F3 熔丝管、整流器、7812 三端稳压器输出 +12V 直流电压。再经 7805 稳压及电解电容 C106 滤波后，便得到稳定的 +5V 直流电压。此电压为微处理器及控制检测电路提供工作电源。

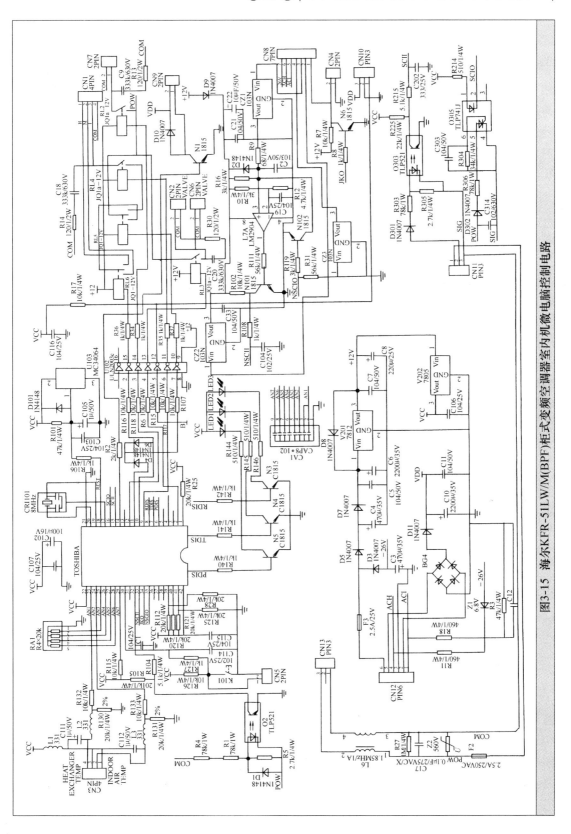

图3-15 海尔KFR-51LW/M(BPF)柜式变频空调器室内机微电脑控制电路

2. 上电复位电路

室内机主芯片的⑱脚接收上电复位电信号。上电复位电路是在电源上电时延时输出以及在正常工作时，电压异常或干扰时给芯片输出一复位信号。上电复位电路主要是上电延时输出，正常工作时监视电源电压，这些都是消除因电源的一些不稳定因素，从而避免给芯片带来不利的影响。

+5V 电源是通过 U103（MC34064）的②脚输入，D101 二极管 1N4148 作为箝位。在平时让主芯片的⑱脚电压为高电平，在上电时或空调器在受到干扰的情况下，MC34064①脚便可输出一个上升沿，触发主芯片的复位脚。电解电容 C13 是调节复位延时时间的。

3. 晶体振荡电路

晶体振荡电路在单片机系统中，为系统提供一个基准的时钟序列，以保证系统正常准确地工作。

晶体振荡 CR1101 的①脚和③脚接入微处理器的⑲脚和⑳脚，②脚接地，这样，便可提供一个 8MHz 的时钟频率，否则，整个空调器就不能正常工作或者出现紊乱。此时可以用示波器进行测量，以判定晶体振荡器的好坏。

4. 温度传感器电路

室内机有两个温度传感器，它是用来检测室内温度和盘管温度，并给微处理器提供一个模拟信号，可让其根据提供的温度数据进行温度调节，以便给用户一个舒服的感觉。在此电路中，经 R130 和 R131（4.7kΩ）分压取样，提供一随温度变化的电平值，供芯片检测用。电感 L2、L3 是为了防止电压瞬间跳变而引起芯片的误判断。

5. 室内风机控制电路

室内风机控制电路是控制室内风机的风速。室内风速通过晶闸管进行平滑调速，有高、中、低三速，并依据室内温度与设定温度的温差而自动地进行调节。

通过交流电零点的检测，风机驱动（即芯片的⑥脚）延时输出一低电平，晶闸管导通，通过控制导通角改变施加风机电动机上的电源电压，就可以对室内风机进行调速。通过风机转速的反馈（即芯片⑦脚）检测风机运转的状态，以便准确地控制室内风机的风速。

6. 过零检测电路

过零检测电路在控制系统中的作用有两点：一是用于控制室内风机的风速；二是检测供电电压的异常。

7. 显示屏控制电路

显示屏是用来显示空调器的运行状态的，如：模式显示、故障代码显示、频率显示、空气清新显示及风速并能进行节电、睡眠等显示。

★ 二、室外机控制电路

KFR-51LW/M（BPF）室外机采用进口芯片为控制核心。该芯片具有温度采集、防过电流与过热、防冷冻等保护功能，还可以输出 30～125Hz 的 PWM 脉冲信号驱动压缩机，使此柜式空调器可从一匹到三匹制冷（制热），当应急运转时，输出固定 60Hz 的运转频率，这时可以进行测量压力、电流等检修工作。室外机主芯片收到室内机传送来的制冷、制热、抽湿、压缩机运转频率等控制信号，控制室外风机和四通阀，并通过变频器控制施加在压缩机电动机上的电压和频率改变压缩机的运转速度，同时也将室外机运行的有关信息反馈给室内机。室外机控制电路如图 3-16 所示。

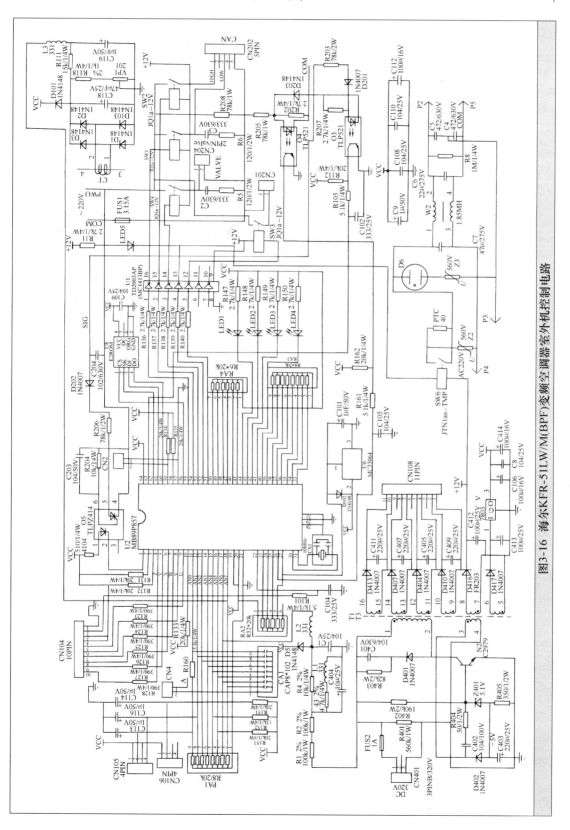

图3-16 海尔KFR-51LW/M(BPF)变频空调器室外机控制电路

★ 三、空调器故障代码显示方式

故障代码显示方式见表3-17。

表3-17　故障代码显示方式

序号	故障代码	故障原因	备注
1	电源灯闪烁1#	室温传感器故障	室内机故障
2	电源灯闪烁2#	室内盘管传感器故障	
3	电源灯闪烁3#	室内热交换器出口传感器故障	
4	电源灯闪烁4#	制热时室内热交换器传感器温度超过72℃保护	
5	电源灯闪烁5#	制冷时室内热交换器传感器温度低于0℃以下保护	
6	电源灯闪烁6#	瞬时停电时微处理器复位（停机3min后自动恢复）	
7	电源灯闪烁7#	通信电路故障	
8	电源灯闪烁8#	风机故障	
9	电源灯闪烁9#	瞬时停电	
10	电源灯闪烁10#	过电流保护	
11	定时灯闪烁1#	功率模块故障	室外机故障
12	定时灯闪烁2#	压缩机异常	
13	定时灯闪烁3#	GTR模块过热	
14	定时灯闪烁4#	压缩机过热保护	
15	定时灯闪烁5#	总电流过电流	
16	定时灯闪烁6#	室外环境湿度传感器故障	
17	定时灯闪烁7#	室外热交换器传感器故障	
18	定时灯闪烁8#	正常停机	
19	定时灯闪烁9#	吸、排气压力（超、低）	
20	定时灯闪烁10#	电源超、欠电压	
21	定时灯闪烁11#	瞬时停电	
22	定时灯闪烁12#	制冷过载	
23	定时灯闪烁13#	除霜异常	
24	定时灯闪烁14#	E^2PROM错	
25	定时灯闪烁15#	微处理器复位	

注：电源灯闪烁显示室内机故障，定时灯闪烁显示室外机故障。

★ 四、故障代码含义详解

1. 室内机故障代码含义详解

室内机共有10个故障代码，它们代表不同的故障原因。变频柜机显示故障代码如下：

（1）1#　室温传感器故障。可能的故障：室温传感器插头接触不良，传感器有断路或短路故障。

（2）2#　热交换器温度传感器故障。可能的故障：热交换器温度传感器插头接触不良，传感器有断路或短路故障。

（3）4#　制热过载。可能的故障：若是正常保护功能则机器会自动通过降频或停机进行排除；三相压机接线有误；室内蒸发器堵塞；室内风机故障。

（4）5# 制冷结冰。可能的故障：若是正常保护功能则机器会自动通过降频或停机进行排除；室内蒸发器堵塞；室内风机故障。

（5）6# 复位。可能的故障：在瞬时停电等的干扰下是正常保护功能停机 3min 后自动恢复；复位电路 U103 及其外围元器件参数变化。

（6）9# 瞬时停电。可能的故障：电源瞬时断电，正常保护功能，自动恢复；电源插头接触不良。

2. 室外机故障代码显示方式

室外机共有 11 个故障代码，它们代表不同的故障原因。

（1）变频柜机显示故障代码 1#，模块过热、过电流、短路故障。

1）查压缩机负载是否过大。

2）查风机是否有故障。

3）查模块输出端是否短路、断路。

4）查模块报警电路故障造成误报。

（2）变频柜机显示故障代码 2#，无负载故障。

1）查电流传感器电路中阻容元件损坏。

2）查电流传感器线圈是否有故障。

3）查维修后交流电源线是否穿过电流传感器。

电流线没穿过互感器线圈，微电脑不能检测到压缩机运转电流。

（3）液晶显示屏显示故障代码 4#，压缩机过热故障。

1）查冷凝器是否过脏。

2）查冷凝器出风口是否有障碍物造成周围环境温度过高。

3）查制冷系统毛细管是否堵塞，毛细管堵塞，管外结霜。

4）查制冷系统制冷剂是否过多，低压气体压力超过 0.6MPa。

5）查压缩机电动机绕组阻值是否平衡。

（4）显示屏出现故障代码 5#。

1）查压缩机过载。

2）查电源电压是否过低，而又高频运行。

3）查电源传感器电路元器件参数变化。

（5）显示屏出现故障代码 6#，环境温度传感器故障。

1）查环境温度传感器接插件接触是否良好。

2）查环境温度传感器是否有断路或短路故障。

（6）显示屏出现故障代码 7#，热交换传感器故障。

1）查接插件是否松脱或接触不良。

2）查热交换传感器是否有断路或短路故障。

（7）显示屏出现故障码 10#，电源过电压故障。

1）查电源电压是否过高。

2）查电源电路元器件变质，使元件参数改变，导致检测错误。

（8）显示屏出现故障代码 11#，瞬时停电故障。

1）查电源电压，若正常是否出现瞬时停电。

2）查电源插座或室内机与室外机的连线接触不良，一般情况下下过雨后，电路接头会出现短路故障。

（9）显示屏出现故障代码12#，制冷时过载故障。

1）查三相电动机接线是否正确。

2）查室外冷凝器灰尘是否过多，把叶片堵住。

3）查室外风机电容是否断路，开路。

4）查室外风机电动机绕组是否良好。

5）查室外控制电路中元件参数是否有变化。

6）查室外管温传感器参数是否异变。

若上述均良好，是正常保护功能，可通过降频或停机自动排除。

（10）显示屏出现代码14#，E^2PROM 有错。

1）查 E^2PROM 是否损坏。

2）查主芯片内部参数。

3）查主芯片周围元件参数是否异变。

（11）显示屏出现代码15#，主芯片复位。

1）查 7805 三端稳压器输出是否达到直流 +5V 电压。

2）查外界对空调器的干扰，如计算机房、大型变压器、电磁干扰、高频干扰，红外线干扰等。

★ 五、综合故障速修技巧

故障 1　室内机电源指示灯闪 7 次

品牌型号	海尔 KFR-51LW/M（BPF）	类型	变频柜式空调器
故障部位	室外机电路板光耦合器故障		

分析与检修：室内机电源指示灯闪 7 次为通信电路故障。现场检查室内机电源接线正确，检查室内外机电源线、信号线接线牢固。经全面检测发现室外机光耦合器损坏。更换后，故障排除。

经验与体会：遇到此故障应从易到难的原则检测，其检测技巧见表3-18。

表3-18　室外机电路板光耦合器故障检测技巧

	检测步骤	检测方法	维修方法
1	检测空调电源供电是否接线正确	电源相线应对应接空调电源端 L 电源零线应对应接空调电源端 N 电源接地线是否已接并接触良好	如电源线接线不良，调整
2	检查室外机附近有强电磁场干扰源		改善空调周围的使用环境
3	室外有较大噪声或振动干扰		改善空调周围的使用环境
4	检查检测室内外机电源线、信号线是否接触不良，接错断路		调整、处理、电源、信号线

（续）

	检测步骤	检测方法	维修方法
5	检查室外机强电源电路器件及连接线是否良好	熔丝管压敏电阻，整流桥，电抗器，滤波电容，器件连接线，功率模块是否正常	如器件，连接线坏或接触不良更换器件或处理连接线
6	检测压缩机是否卡缸，绕组短路、断路		压缩机卡缸绕组不良，更换
7	室内外机电路板（光耦合器）坏	测 TLP521 或 TLP371（TLP741）及相关电阻是否坏	室内外机电路板坏，更换

故障2 液晶显示屏显示故障代码 1#

品牌型号	海尔 KFR-51LW/M（BPF）	类型	变频柜式空调器
故障部位	室温传感器阻值漂移		

分析与检修：现场通电试机，液晶显示屏显示 1#。查维修手册，原因为①室温传感器接插头接触不良，②传感器断路或短路故障。卸下室内机面板，检查传感器接插件良好，测量其阻值漂移过大，采用激活法空调器故障排除，代码 1# 消失。

经验与体会：对于传感器阻值漂移不大，可采用激活法，用 80℃ 的热毛巾包住传感器头 5min 即可。这也是一种在没带配件情况下的维修良策。

故障3 空调器运转 3h 后，突然停机

品牌型号	海尔 KFR-51LW/M（BPF）	类型	变频柜式空调器
故障部位	开关变压器故障		

分析与检修：卸下室外机外壳，测量室外机接线端子板有电压信号，测量滤波电容良好，测量压缩机电动机绕组三相阻值平衡说明压缩机电动机绕组阻值正常，测量控制板上开关电源电路的 R1、电阻 R2、R4 阻值正常，测量电阻 R403 阻值正常，测量二极管 D401 良好，但此时开关电源仍然不工作。测量变压器 T1 损坏，由于该空调器在保修期内，与厂家维修中心联系，更换了一个同型号的室外微电脑控制板，试机，故障排除。

经验与体会：变压器是开关电源的核心，提供给开关电源正反馈激励，同时经过 T1 输出的脉冲电压，再分别经整流和滤波，产生相应的直流电压。为保证主芯片的可靠工作及 I/O 采样的准确性，+5V 的直流电源由 7805 三端稳压器提供。变压器 T1 的工作频率为 20kHz。其控制电路如图 3-17 所示。

故障4 炎热夏季吹热风

品牌型号	海尔 KFR-51LW/M（BPF）	类型	变频柜式空调器
故障部位	电源线、信号线在同一塑料护套内		

分析与检修：卸下室外机外壳，测量控制板上各信号电压正常，测量四通阀有电信号。怀疑微电脑板程序错乱，更换后故障依旧。卸下室内机外盖，测控制板各信号正常。凭经验综合分析，原因可能是电源线信号线在同一塑料护套内，在信号导线上感应了电源线的干

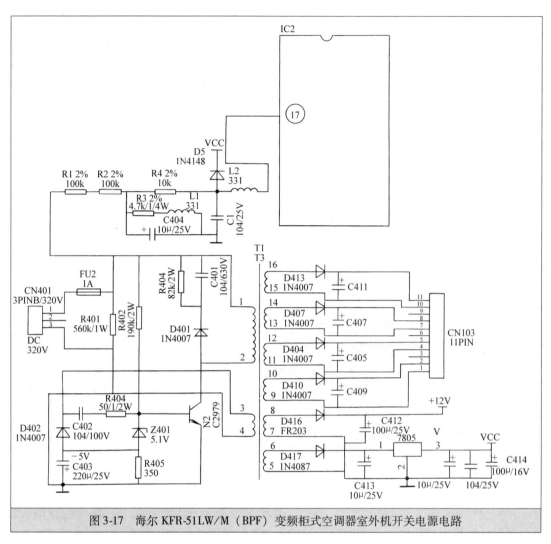

图3-17 海尔 KFR-51LW/M（BPF）变频柜式空调器室外机开关电源电路

扰，从而使控制板产生错误信号，使四通阀误动作。把电源线和信号线单独布线后，通电试机，空调器恢复制冷。

故障5 空调器移机后不制冷，显示屏出现故障代码4#

品牌型号	海尔 KFR-51LW/M（BPF）	类型	变频柜式空调器
故障部位	过滤器脏堵		

分析与检修：经分析判断此机在移机时，把脏物混入系统内，堵在过滤器滤网处。处理的方法是，把制冷剂放出，更换同型号过滤器，空调器不制冷故障排除。

经验与体会：维修人员在卸下室内机与室外机组的连接铜管时，应将铜管口用干净的布堵住并包扎好，以防止脏物进入造成脏堵。

故障6 更换压缩机后仍不制冷

品牌型号	海尔 KFR-51LW/M（BPF）	类型	变频柜式空调器
故障部位	四通阀窜气		

分析与检修：上门听用户讲，此空调器请了几个维修工，换了一个压缩机仍不制冷。现场通电，用手触摸液晶显示屏开关开机，室内风机无冷风吹出。卸下室外机外壳，手摸压缩机排气管烫手，低压管较热。由此判定四通阀窜气，更换四通阀后，柜机不制冷故障排除，恢复制冷。

经验与体会：四通阀窜气与压缩机窜气有相同之处，也有不同之处。有的维修人员经常误判，先换压缩机，后换四通阀，多次加制冷剂，放制冷剂，像这种头痛医脚，脚痛医头的维修方法最终吃亏的是自己。四通阀与压缩机窜气故障现象对比见表3-19。

表3-19 压缩机与四通阀窜气故障现象对比

	压缩机窜气	四通阀窜气
相同点	1. 高压侧压力偏低，低压侧压力偏高 2. 电流异常 3. 制冷（制热）效果明显下降	
不同点	1. 压缩机工作时，排气管不烫手吸气管无吸力 2. 内外制冷剂气流声特弱 3. 压缩机温度比正常运转高15℃ 4. 压缩机回气管无吸力	1. 四通阀串气，排气管吸气，排气管和吸气管都很烫 2. 四通阀阀体内有较大制冷剂流动声 3. 贮液器温度较高 4. 压缩机回气管吸力较大，手摸吸气管烫手

上述故障现象对比说明，压缩机与四通阀窜气有明显的区别，望维修人员在维修中认真仔细区分故障现象，充分利用压力表、万用表判断故障部位，准确排除故障。

故障7 柜机移机后不制冷

品牌型号	海尔 KFR-51LW/M（BPF）	类型	变频柜式空调器
故障部位	检测导线未穿过互感器绕组		

分析与检修：卸下室外机外壳，测量端子板有电压信号，测量控制板上的熔丝管良好，测主芯片的⑱脚有电信号输出，测量滤波电容容量正常，仔细检查发现室外压缩机导线应穿过控制板上互感器绕组竟然未穿过，从而导致微电脑控制板无法检测到工作电流，所以压缩机不工作。检测压缩机电流的电路如图3-18所示。

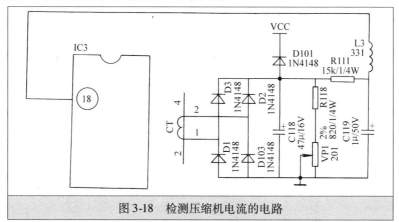

图3-18 检测压缩机电流的电路

图3-18中IC3的⑱脚为监视压缩机的工作电流端，若连续两次出现检测不到电流信号则判断为异常，立即关闭室外风机和压缩机，并发出室外故障信号到室内机，室内机关闭并

显示故障代码。

故障8 同步电动机不能调节风向

品牌型号	海尔 KFR-51LW/M（BPF）	类型	变频柜式空调器
故障部位	同步电动机绕组开路		

分析与检修： 卸下室内机外壳，测控制板上通往同步电动机的熔丝管良好，测量压敏电阻无短路现象，用手转动同步电动机轴较灵活。按从易到难顺序继续检查，拔下同步电动机接插件，测量同步电动机绕组开路，更换后不导风故障排除。

经验与体会： 同步电动机主要用于柜式空调器导风板的摆动，其工作电压为交流220V。当控制面板送出导风信号，空调器微电脑控制板上的继电器吸合，直接提供同步电动机电源，使其进入导风工作状态。当同步电动机不运转时，可用万用表的交流250V电压挡，检测接插件处是否有交流220V电压，若无电压，表明控制板有故障，应更换控制板，若有电压，则表明同步电动机损坏，应更换电动机。

故障9 制冷时却吹热风，工作一段时间变为吹冷风

品牌型号	海尔 KFR-51LW/M（BPF）	类型	变频柜式空调器
故障部位	管温传感器阻值接近无穷大		

分析与检修： 询问用户得知，前几天使用一直正常，近几天下雨后就出现此故障。根据用户所反映分析，下雨前机器正常，故障可能与下雨有关，应重点查找线路是否有短路、漏电处。当查至离室外机一米处发现电源线有一接头，只用一层黑胶布包裹，未作防水处理，且未按工艺要求进行交叉处理，现已遭雨水浸湿，经重新交叉接线并用防水胶布处理后，试机正常。

此类机型具备室外机自检功能。当短路室内外机接线端子①、③时，室外机进入制热自检状态。由于电线接头遭雨水浸湿，等效于短路①号、③号端子，使室外机进入了制热自检状态，故空调在制冷时吹出了热风。当制热一段时间后，电线接头处绝缘性能好转，制热自检消除，进入制冷运转。

经验与体会： 在此提醒空调安装人员，空调器连接线需加长时，接头应尽量留在室内，若条件限制也一定要交叉接线并作防水处理，以免日后发生故障。

第四章

格兰仕变频空调器电控板控制电路分析与速修技巧

第一节 格兰仕 KFR-28GW/B2 变频空调器电控板控制电路分析与速修技巧

★ 一、技术参数

格兰仕 KFR-28GW/B2 变频空调器技术参数见表 4-1。

表 4-1 格兰仕 KFR-28GW/B2 变频空调器技术参数

产品型号		单位	KFR-28GW/B2
功能			冷暖,遥控,变频
电源			AC220V/50Hz
性能	制冷量(30~103Hz)	W	2800(1400~3200)
	制冷输入功率	W	1100(480~1200)
	制热量(30~103Hz)	W	3600(1300~4000)
	制热输入功率	W	1200(400~1400)
	循环风量	m³/h	480
	除湿量	L/h	1.2
运行电流(制冷/制热)		A	5.7(2.4~6.7)/6.4(3.0~7.0)
压缩机			日立 SGZ20DH-Y
尺寸 (宽×高×深)	室内机	mm	815×275×183
	室外机	mm	780×540×255
重量	室内机	kg	8
	室外机	kg	35
噪声	室内机	dB	39
	室外机	dB	49
制冷剂加注量		g	900
热敏电阻(室温、管温)		kΩ	R(25℃)=10(1±2%),B(25℃/50℃)=3950(1±2%)
热敏电阻(除霜)		kΩ	R(25℃)=10(1±2%),B(25℃/85℃)=3977(1±0.75%)
压缩机热敏电阻		kΩ	R(25℃)=30(1±5%),B(100℃/110℃)=4400(1±2%)
供电线容量		A	10

注:1. 测试条件:制冷 室内 干球27℃ 湿球19℃;
　　　　　　　　　室外 干球35℃ 湿球24℃。
　　　　　制暖 室内 干球20℃ 湿球15.5℃;
　　　　　　　　　室外 干球7℃ 湿球6℃。

　　2. 性能数据若与铭牌不同,以铭牌为准。

★ 二、控制电路特点

(1) 高效节能。采用数字变频压缩机，根据室温变化调整其工作频率，制冷、制热不停机，通过变频使压缩机时刻处于最佳的节能状态。

(2) 运行系统安全可靠。空调器正常工作电压可在 160～250V 范围内波动，防止电压不稳，对空调器元器件造成烧损。开机时，压缩机以最低的频率开始工作，起动电流小，多种自我检测和保护功能，时刻监视着空调器的运行。

(3) 快速制冷、制热，压缩机的频率控制范围为 20～103Hz，空调器制冷（制热量），可随空调器负载的改变而改变，随着室温逐渐逼近设定温度，压缩机的频率也降到最小。

(4) 首创的"仿智逻辑"控制技术通过"IFEEL"体感控制，可调出与心境完全吻合的舒适温度。

(5) 0.1℃感温方式。在室温达到设定温度后，内置微机感温装置，感知 0.1℃ 的温度差别，通过调整压缩机的运行状态，保持恒定的室内温度。

★ 三、压缩机工作频率控制方式

格兰仕 KFR-28GW/B2 变频空调器压缩机工作频率可在 20～103Hz 范围内调节，制冷量和制热量随空调负载改变而变化。

1. 频率变化速度

30～75Hz，上升时，1Hz/s；

75～103Hz，上升时，0.5Hz/s；

30～103Hz，下降时，1Hz/s。

注：电流限制时，下降速度为 4Hz/s。

2. 频率限制

(1) 由 20Hz 开始，以 1Hz/s 起动，第一次上升到 55Hz 时保持 1min，然后再逼近目标频率，在以后的频率调整中，压缩机停机，则经过 55Hz 时不再保持 1min。

(2) 超过 75Hz，再次在 75Hz 固定 2min（除霜除外）。

(3) 制暖 86Hz 以上持续 1h 以上时，最大 86Hz。

(4) 温差对频率的控制。

1) 室温与设定温差 3.3～3.7℃或更大，频率为最大值；

2) 室温与设定温差 3.3～3.7℃以下，根据温差及其变化时间由模糊控制来确定。

3. 排气温度对频率控制

频率在排气温度保护前 1min 里受控，并每隔 1min 或当温度移入另一个范围时进行一次。在受控 1min 后，排气温度仍在 116℃以上时，压缩机停机，且 3min 后若排气温度降为 100℃以下时，保护解除，压缩机重新起动，见表 4-2。

表 4-2 排气温度与频率控制的关系

排气温度	频率控制
116℃	频率下降 12Hz
111～116℃	频率下降 6Hz
103～111℃	禁止上升
103 以下	正常控制

4. 室内管温对频率控制

频率受室内管温控制，并每隔 1min 或当温度移入新的范围时进行一次。

(1) 制暖时（见表 4-3）

(2) 制冷时（见表 4-4）

表 4-3 制暖时室内管温与频率控制的关系	
室内管温	控制
52℃以上	频率下降 30Hz
48～52℃	频率下降 3Hz
44～48℃	禁止上升
42～44℃	频率上升 3Hz
40～42℃	频率上升 15Hz
40℃以下	正常控制

表 4-4 制冷时室内管温与频率控制的关系	
室内管温	控制
8℃以上	正常控制
6～8℃	禁止上升
4～6℃	下降 3Hz
4℃以下	下降 6Hz

注：在高压保护下，室外风扇不停止运转。

5. 印制板温度（由室外板上的 RT1 检测）对频率的控制

频率在 PCB 过热保护前 1min 里受控，并每隔 1min 或当温度移入新的范围时进行一次。当室外电路板温度达到 65℃以上时，频率最大 51Hz；60℃以下时频率正常控制。70℃以上时，压缩机停机，3min 后若温度降到 60℃以下，压缩机正常工作。

6. 测试开关对压缩机频率的限制

在室外电路板上设有检测用开关，当上电前开关处于检测位，则压缩机以固定频率（制冷 73Hz，制暖 86Hz）运行，不受温差控制，但保护起作用。

★ **四、室外机保护功能**

1. 过电流保护

当电流在 8.5A 以上时，室外压缩机立刻关机，3min 后重新起动。若连续 30min 内出现 4 次过电流保护，则永久关机，室内机显示室外机异常信号。

2. 过功率保护

在制冷（暖）模式下，若压缩机频率大于 50Hz 时，且压缩机功率超 1300W（1400W），压缩机当前工作频率下降 6Hz，若下降 6Hz 后，经过 4s，功率继续超 1300W（1400W），则再降 6Hz，若压缩机功率在 1280W（1370W）以下，则压缩机频率恢复正常控制。

3. 排气温度保护（排气温度热敏电阻装在压缩机顶部的端盖内）

当压缩机的排气温度达到 116℃或更高，室外机组停，而且 3min 延时保护动作，当降到 110℃或以下时，保护解除。

4. IGBT 保护

当晶体管模块（IGBT）超温/过电流/短路时，室外机停，而且 3min 延时保护动作，30min 内连续发生两次模块故障，则永久关机。

5. 电压越限保护

当交流电压大于 250V 或小于 160V 时，判为电压越限，压缩机停机，室内机显示室外控制系统故障，当交流电压恢复 170～246V 之间时，取消电压越限保护。

★ **五、解读室内机控制电路**

室内机控制电路采用变频空调器专用芯片 M38123M6—276SP，该芯片内部除了写入空调器专用程序外，还包含有微处理器（CPU）、程序存储器、数据存储器、输入输出接口和定时计数器电路，可对输入的信号进行比较运算，根据比较运算的结果，对室外压缩机、风机、定时、制冷、制热、抽湿等工作状态进行控制。室内机控制电路如图 4-1 所示。

1. IC101（M38123M6—276SP）主要引脚功能

芯片的①②③脚接地，④脚接 5V 电源，⑤脚接 SW1 开关，⑥脚对地端，⑦⑧脚接室

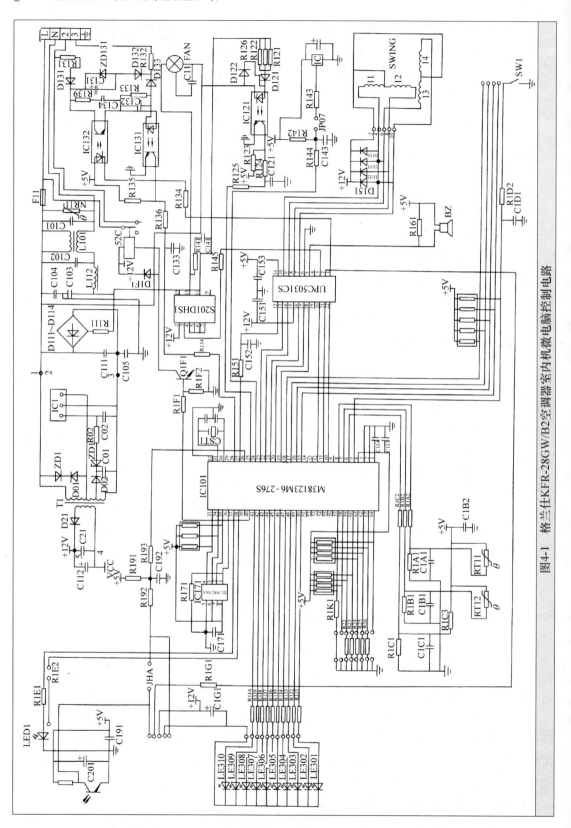

图4-1 格兰仕KFR-28GW/B2空调器室内机微电脑控制电路

温、管温传感器，⑲脚接蜂鸣器。CPU 每接到一个指令，⑲脚便输出一个高电平，蜂鸣器响一次，告知用户 CPU 已接到该项指令，若整机处于关闭状态，遥控器再输出关机指令，蜂鸣器也不响。⑳～㉓脚是步进电动机外接端口，㉚㉛脚及 CPU 内部共同构成振荡电路，㊶～㊿脚显示灯外接端口。

2. 控制电路分析

(1) 过电压保护电路。由熔丝管 F11 和压敏电阻 NR11 组成保护电路。F11 串联在电源变压器的一次侧，压敏电阻并接在变压器的两端，在电源电压正常时，压敏电阻呈开路状态，对电路没有任何影响，空调器正常工作，当输入电压高于 270V，压敏电阻被击穿，使得熔丝管因过电流而熔断，切断了变压器的供电，使空调器不工作，从而保护空调器元器件。

(2) 遥控信号输入电路。IC101 的㊲脚为遥控信号输入端，正常情况下，用万用表测量遥控接收器的输出端有 +4V 左右的电压，当有遥控信号输入时，表针在 4V 左右摆动。

(3) 振荡电路。振荡电路由 CST1 和两个电容等组成并联谐振电路，与微处理器内部振荡电路相连；其内部电路以一定频率自激振荡为微处理器工作提供时钟脉冲。

(4) 温度传感器电路。IC101 芯片的⑦⑧脚是室温、管温传感器输入端口。它通过对房间内的温度、湿度等参数的检测，通过 IC101 芯片进行程序计算后输出控制指令，驱动压缩机、四通换向阀、风扇电动机等执行机构，以达到用户所设定的预定值。

(5) 蜂鸣器电路。IC101 的⑲脚接有蜂鸣器，当接收器电路接收遥控器发出的信号时，⑲脚便产生一个高电平脉冲信号，使蜂鸣器发出声音，以告知红外线接收有效。

(6) 室内风机控制电路。电路上的电容 C11 及 D122、R126、R122、R123、R124 和芯片 IC101⑫㉕脚等组成风机控制电路，该电路是通过控制晶闸管导通角，改变加在风机电动机绕组的交流电压的有效值来改变风机转速。

(7) 步进电动机控制电路。电路上的 D151～D154，SW/NG 反相器 UPC5031CS 组成步进电动机控制电路。该电动机由脉冲信号控制，并在绕组⑪、⑫、⑬、⑭上加 +12V 驱动电压，使步进电动机正、反两个方向自由转动。

★ 六、解读室外机控制电路

格兰仕空调器室外机采用 MB89855 大规模集成电路，该芯片具有温度采集、过电流、过热、防冷冻等保护功能，输出 20～103Hz 的 PWM 脉冲信号，驱动压缩机，使空调器从一匹变到三匹，应急转动时输出 60Hz 的运转频率，这时可以开展测量压力电流等检修工作。工作时，室外机 CPU 收到室内机传送来的（制冷、抽湿、制热、压缩机运转频率等）控制信号，控制室外风机和四通阀，并通过变频器控制施加在压缩机电动机上的频率和电压，从而改变压缩机的运转速度。同时，也将室外机运行的有关信息反馈给室内机。

室外机控制电路如图 4-2 所示。

1. 过、欠电压保护电路

由熔丝管 F61 和压敏电阻 NR1 组成。熔丝管 F61，串联 L1 的初级。压敏电阻 NR1 并联在 L1 的两端。在电源电压正常时，压敏电阻呈开路状态，对电路没有任何影响，空调器正常工作，当输入电压高于设定值时，压敏电阻被击穿，使得熔丝因过电流而熔断，切断了 L1 的供电电源，使空调器停机，从而保护了空调器。

2. 功率因数校正电路

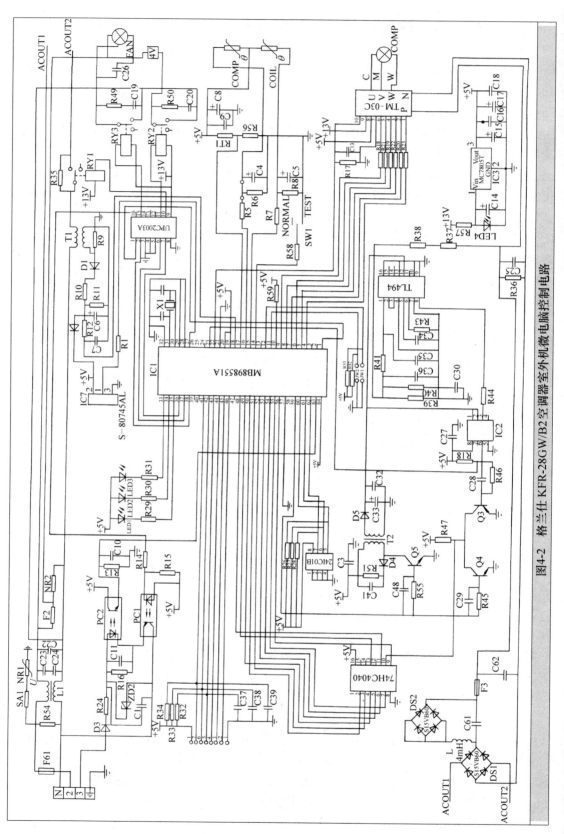

图4-2 格兰仕 KFR-28GW/B2空调器室外机微电脑控制电路

功率因数校正电路由 C61、C62、L（4ML）组成。L（4M）为电抗器，属磁感元件，结构似变压器由铁心及绝缘变压器组成。其作用是，当交流 220V 电压整流滤波后，还存有交流成分，当通过具有电感的电路时，电感有阻碍交流滤波的作用，将多余的能量存储在电感中，可提高电源功率因数。

3. 晶体振荡电路

由晶体振荡 X1 与 IC1 的㉚㉛脚构成振荡源，为 IC1 提供稳定的工作频率，电路上的两个电容用于微调晶体振荡频率，用示波器可观察晶体振荡的两点波形。维修人员也可用万用表直流电压挡测量两点电压，如晶体振荡损坏，故障现象为上电后室外控制板不工作，整个控制系统无法正常起动和工作。

4. 复位电路

复位电路是为 IC1 的上电复位，将 IC1 内程序初始化，重新开始执行 CPU 内程序及监视电源而设的。在实时监测时，一旦工作电源低于 4.6V 复位电路的㉗脚经电阻 R1，输出到 IC7 的①脚，使触发一低电平，使 IC1 停止工作，待再次上电时重新复位。

5. 通信电路

通信电路是室内机与室外机的通信通道，电路的工作方式是半双工串行通信。在实际检修中发现，很多故障都是出现在通信不良上，因此搞清楚这部分电路对维修空调器非常有帮助。

此电路控制系统的串行通信较为特殊，从室外机通信电源来看，PC1 光耦合器的输入端与 PC2 光耦合器的输出端顺向串接而成，其隔离电源由室内机利用 220V 交流，经整流滤波稳压形成 +5V 直流电源。室内外机光耦合器则交叉连接在 +5V 上。当室内端信号接通时，室外端则执行接收等待，同时室外发射端将接收的信息反馈到室内机，室内机端接收信号，完成一次通信。

6. 温度信号采集电路

温度信号采集电路通过将热敏电阻不同温度下对应的不同阻值转化成不同的电压信号，传至芯片对应引脚，以实时检测室外机工作的各种状态，为芯片模糊控制提供参考数据。格兰仕 KFR-28GW/B2 室外机温度信号采集电路有盘管温度（COIL），压缩机排气温度（COMP）采集电路。

7. 室外机运转状态显示电路

电路上的 LED1 指示灯，正常时亮，故障时根据故障现象，显示不同状态。LED2 四通阀工作状态指示灯，工作时常亮。LED3 室、内外机通信显示灯，当通信正常时闪烁亮。LED4 室外机电源显示，灯亮表示室外控制板有电。

8. 功率模块驱动电路

变频空调器的一个最重要的特点就是通过改变电源的频率来对压缩机调速，格兰仕 KFR-28GW/B2，变频空调器采用日本 TM—03CIPM 功率模块。功率模块的作用是将滤波后的直流电变成频率可变的三相交流电，该模块实物采用 6 个功率晶体管，根据微电脑芯片的指令，分别控制 6 个大功率晶体管的通断，输出三路相位差 120°、可变频率的正弦波，带动变频压缩机的运转。

9. 压缩机驱动电路

该电路从芯片④～⑨脚引出至模块的控制电路，其主要作用是通过芯片发给 IPM 控制命令，采用 PWM（脉宽调制）改变各路控制脉冲占空比。调节三相互换从而使压缩机实现变频，其中芯片㉒脚为变频器过热过电流保护反馈电路。

★ 七、室内外机故障灯判断故障自检方法

1. 室内机故障自检测方法（见表4-5）

当机组出现故障时，室内机的运行指示灯会以闪烁显示表示不同的故障原因。

表4-5　室内机故障自检测方法

序号	故障源	运行灯显示	症状	验证方法	维修方法
1	接错线	重复亮1s、灭1s ★○★○★○	室外机组不运转	接通电源，继电器52C首次接通后，连续信号停止4~5s	检查连接导线（视检和通电检）
	连续信号	★　○○○○○　★ ○○○○○★ 重复亮1s、灭2.5s		来自室外机的连续信号停止4~5s	检查室内电路板 检查电器部件
2	管温、室温热敏电阻	重复闪2次、灭2.5s ★○★○　○○○　★○ ★○	室外机组不运转	管温热敏电阻或室温热敏电阻短路和开路各2s	检查热敏电阻是否失效 插座重接 检查室内板
3	室内风扇电动机	重复闪3次、灭2.5s ★○★○★○○○○○ ★○★○★	室内风扇重复出现转12s停3min。电动机损坏，风扇不运转	在室内风扇电动机运转12s期间，不能发射转速反馈信号	拔下插座CN211②~③之间，确认信号≥1.5V 检查室内电控板 检查室内电动机 插座重接
4	室外电源系统异常（过电流）、IPM损坏	重复闪5次、灭2.5s	永久关机	—	检查IPM 检查室外电路板
5	室外除霜热敏电阻	重复闪6次、灭2.5s	室外机组不运转	压缩机起动后，除霜热敏电阻接通或断开	制冷剂不足 检查除霜电路板
6	室外机电源电压过高或过低保护、室外电路板	重复闪7次、灭2.5s	室外机不能正常工作	每隔3min室内给室外上电一次	检查室外机工作电压是否在255~150V之间 检查室外电路板

2. 室外机故障自检测方法（见表4-6）

当室外机检测到机组运行出现故障时，会通过 LED1 闪烁来表示机组产生的故障原因。

表4-6　室外机故障自检测方法

序号	故障点	LED1 显示状态	故障现象	检测方法
1	过功率保护 过电流保护	1次闪烁 * ······ * ······ 亮0.5s，灭2.5s	室外机停	当制冷（热）时，功率大于1280W(1470W)，压缩机停机，当室外机电流超过8.5A，压缩机立刻停机，3min后重新起动
2	高压保护	2次闪烁	室外机停，3min后起动	室内管温超过大约50℃时，压缩机频率下降
3	排气温度过热保护	3次闪烁	室外机停，3min后起动	当排气温度超116℃时，压缩机停，3min后重新起动，低至100℃以下时保护解除

（续）

序号	故障点	LED1 显示状态	故障现象	检测方法
4	室外电路板过热保护	4 次闪烁	室外机停，3min 后起动	当板温超 65℃，压缩机停机，3min 后重新起动
5	除霜/板温热敏电阻	5 次闪烁	室外机停，3min 后起动	若热敏电阻短路/开路时，压缩机停止运转
6	过电压保护	6 次闪烁	室外机停，3min 后起动	超 250V，低于 160V 时，压缩机停
7	室外控制系统	7 次闪烁	室外机停机	直流电压不能检测
8	室外电源系统	8 次闪烁	室外机不运转	压缩机停时，压缩机电流在 1.5A 以上，压缩机运行电流 1A 以下，则压缩机停机
9	IPM 保护	9 次闪烁	室外机不运转	当 IPM 保护时压缩机停，3min 后重新起动
10	IPM 损坏保护	10 次闪烁	室外机不运转	当 IPM 确认损坏
11	管道冰堵预防	11 次闪烁	室外机不运转	当室内管温低于 4℃时，压缩机频率降低

第二节　格兰仕 KFR-28GW/B2 变频空调器电控板综合故障速修技巧

故障 1　冬季空调器不制热

品牌型号	格兰仕 KFR-28GW/B2	类型	分体变频式空调器
故障部位	四通阀的接线端子虚接		

分析与检修： 上门用户反映该机组在炎夏制冷良好，但冬季制热时总处于待机状态。现场分析，空调器能制冷，说明制冷系统正常。通电用遥控器开机，设定制热状态，用耳听不到四通阀吸合声，初步判断四通阀控制系统有故障。测量电控板㊲脚有高电平信号输出。测量 UPC2003A 反相器⑪脚有低电平输出。测量控制四通换向阀继电器 RY2 阻值正常，检查四通阀线圈接线端，发现虚接，把接线端接好后，通电试机，空调器不制热故障排除。

经验与体会： 使用一年的空调器四通阀损坏，概率很小，大多故障出现在控制系统线路上。

故障 2　用遥控器开机，漏电保护器跳闸

品牌型号	格兰仕 KFR-28GW/B2	类型	分体变频式空调器
故障部位	通往室外机控制线接头未作防水处理		

分析与检修： 上门询问用户得知，空调器自购买之月起使用一直正常，昨天下午大雨后出现此故障。根据用户反映分析，下雨前空调器正常，故障可能与下雨有关，应重点检查室内机与室外机之间线路是否有短路、漏电处，当检查至室外机 0.5m 处发现电源有一个接头，只用一层黑胶布包裹，未作防水处理，且未按工艺要求进行交叉处理。剥开黑胶布发现线路烧结在一起。用手钳剪断烧结处，重新接线并做防水，胶布处理后，通电试机验证，空调器开机，漏电保护器跳闸故障排除，恢复制冷。

经验与体会： 在此提醒空调器安装人员，空调器控制线需加长时，接头应尽量留在室内，若条件限制也一定要交叉接线，并用绝缘塑料胶布并作防水处理，以免日后发生故障。

故障 3　空调器冷热均不制

品牌型号	格兰仕 KFR-28GW/B2	类型	分体变频式空调器
故障部位	温度信号采集电路电容 C8 漏电		

分析与检修：现场通电用遥控器开机，设定制冷状态，室外机不工作。卸下室外机外壳，用手钳拔下 C、M、W 插件。测量压缩机绕组阻值三相平衡，说明压缩机绕组良好。检查电控板接插件牢固，检查电控板元器件，发现温度采集信号电路上的电容 C8 变色。用万用表测量发现漏电，更换电容 C8 后，通电试机验证，空调器不制冷、热故障排除。

经验与体会：空调器温度信号采集电路出现故障，多为压缩机不起动，有时起动后立即停止且室外风机风速不能转换。

故障 4 新安装空调器制冷效果差

品牌型号	格兰仕 KFR-28GW/B2	类型	分体变频式空调器
故障部位	室外机低压气体锁母有两道裂缝		

分析与检修：现场通电用遥控器开机，设定制冷状态，室内外机均运转，但几乎无冷气吹出。用压力表（定频）测系统压力 0.18MPa，怀疑系统有泄漏点。查室内机连接处无油迹，查检室外机连接处时发现低压气体锁母有油迹，仔细检查发现低压气体锁母有两道裂缝，导致冷媒泄漏。用割刀切断锁母管道，更换锁母。重新抽空，加制冷剂，恢复制冷。

经验与体会：在此提醒安装人员，在用扳手拧两个低压气体锁母时，应按转矩要求去拧，不要自己有多大力气使用多大力气，否则锁母会开裂，最后查安装单造成经济损失的是自己。

故障 5 遥控器红外信号发射后听不到接收声

品牌型号	格兰仕 KFR-28GW/B2	类型	分体变频式空调器
故障部位	遥控器芯片脚松香过多		

分析与检修：现场通电用遥控器开机，红外信号发射不出去，采用强启开关开机，室内外机运转良好，由此判断故障点在遥控器上。卸下遥控器外盖，测量遥控器内的电池电压良好。检查电池的" + 、 - "极片触头良好，按顺序从易到难继续检查故障点。卸下遥控器固定芯片外壳固定螺钉。检测芯片良好。测量芯片脚与脚之间漏电，采取的方法是，把芯片的松香用 95% 酒精清洗干净，用台灯烘烤 3min，再用家用电扇吹 5min，反复 2～3 次。然后按卸下的反顺序组装好，通电试机，遥控器信号发射良好，恢复制冷。

经验与体会：在此提醒遥控器组装技工人员在焊接芯片时，松香切忌用得过多，芯片引脚松香过多，遥控器放在潮湿的空气中会吸收水分，形成脚与脚之间漏电。

故障 6 室外机起停频繁

品牌型号	格兰仕 KFR-28GW/B2	类型	分体变频式空调器
故障部位	室外微电脑板上电阻 R18 参数改变		

分析与检修：现场通电用遥控器开机，设定制热状态，室外压缩机起、停频繁，测量电源电压正常，卸下室外机外壳，检查各接插件牢固，测量温度采集信号上的电路各元器件正常。用手钳拔下 C、M、W 接插件，测量压缩机三个接线端子阻值相等，说明压缩机绕组良好。当测量电阻 R18 时，发现电阻变色，电阻值参数改变，更换后，空调器不制热故障排除。

经验与体会：在维修格兰仕变频空调器时，虽然室外机断电，但由于电容的作用，使 LED4 仍带有较高电压，对外机的操作要等到 LED4 灭了以后再进行维修，否则有触电的危险。

故障 7 室内机运转灯连续闪烁，室外机 LED1 灯闪 9 次

品牌型号	格兰仕 KFR-28GW/B2	类型	分体变频式空调器
故障部位	变频模块参数改变		

分析与检修： 现场通电用遥控器开机，设定制冷状态，室内外机均不工作，室内机运转灯连续闪烁。测量电源电压正常，卸下室外机外壳，室外机 LED1 灯闪 9 次。用万用表的交流电压挡测量功率模块 U、V、W 任意两相间无电压输出（正常时输出约 50～200V 左右相等的电压）。由此初步判断功率模块有故障。断电待 LED4 灯熄灭后，用手钳拔下功率模块（TM-03C）10 个接插件及 P、N 接插件，把万用表的转换旋钮转到电阻挡。测量模块 P 对 W、V、U 端，N 对 W、V、U 端之间，电阻不符合二极管特性（即反相电阻小，正向电阻大），由此断定变频模块损坏（正常是正向电阻小，反相电阻大）。更换同型号模块，故障排除。

检测流程如图 4-3 所示。

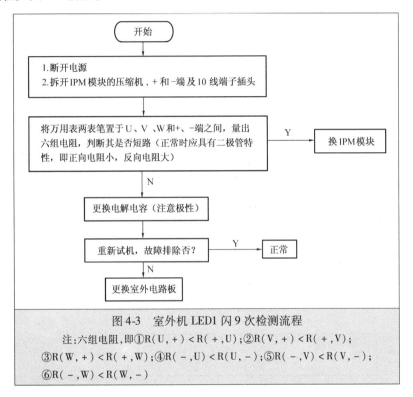

图 4-3 室外机 LED1 闪 9 次检测流程

注：六组电阻，即①R(U,+)<R(+,U)；②R(V,+)<R(+,V)；
③R(W,+)<R(+,W)；④R(-,U)<R(U,-)；⑤R(-,V)<R(V,-)；
⑥R(-,W)<R(W,-)

经验与体会： 在更换变频模块时，切不可使有磁体或带静电的物体接触模块，特别是信号端子的插口，否则极易引起模块内部击穿，导致无法使用。

故障 8 空调器开机后无冷气吹出，且室外机 LED1 灯闪烁 5 次

品牌型号	格兰仕 KFR-28GW/B2	类型	分体变频式空调器
故障部位	室外微电脑板上的热敏电阻（COMP）电阻		

分析与检修： 现场通电用遥控器开机，设定制冷状态，室外压缩机不工作。卸下室外机外壳，室外机 LED1 灯闪烁 5 次，查格兰仕技术手册，为室外机热敏电阻（COMP）开路或短路。用手拔下 COMP 热敏电阻插件，不慎把插件线拔断。测量电阻值改变（正常阻值 25℃时 30kΩ），更换热敏电阻后并修好插件线，不制冷故障排除。

经验与体会： 在更换元器件前一定要断电（把电源插头拔下）。在拔下连接插件时，手要握住导线插头，不能强行拉线，否则会拉断线路，造成不必要的工作量。

故障9 空调器在接收遥控信号时，容易产生误动作

品牌型号	格兰仕 KFR-28GW/B2	类型	分体变频式空调器
故障部位	电子镇流器		

分析与检修： 上门用户反映，自搬家移机后，空调器容易产生误动作，现场用强制开关开机正常，把遥控器到同型号机器上试机也能按设定控制，从而排除遥控器和空调器本身故障。经观察，发现是由于房间荧光灯上的电子镇流器对遥控器信号的干扰而造成的误动作。解决的方法是：给电子镇流器加上屏蔽盒，通电用遥控器开机，空调器产生误动作故障排除。

经验与体会： 高频电子流对遥控信号的干扰较大，根据笔者经验，遥控信号通过荧光灯上方信号干扰较小，而通过下方时干扰较大，因光波对遥控信号也有干扰，维修人员在维修空调器时应注意这一点。

故障10 空调器开机3min后压缩机不工作 LED1闪烁8次

品牌型号	格兰仕 KFR-28GW/BP	类型	变频式空调器
故障部位	室外电路板程序错乱		

分析与检修： 现场检测电压正常，显示通信正常，检测IPM模块良好，经全面检测发现室外机控制板程序错乱。更换后试机，故障排除。

经验与体会： 此故障现象，维修人员应从易到难原则检测，检测流程如图4-4所示。

故障11 空调器室内机运转灯连续闪烁

品牌型号	格兰仕 KFR-28GW/BP	类型	变频式空调器
故障部位	电解电容漏电		

分析与检测： 现场检测电源电压正常，检测室内机各接插件固定良好，检测室外机电路板LED4灯正常点亮，检测电路板ACOUT1、ACOUT2有220V电源，再经全面检测发现电路板上电解电容漏电。更换后试机，故障排除。

经验与体会： 此机故障现象较复杂，检测流程如图4-5所示。

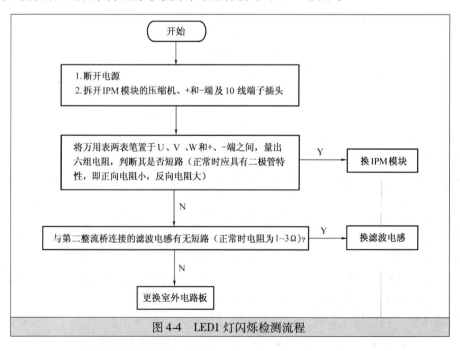

图4-4　LED1灯闪烁检测流程

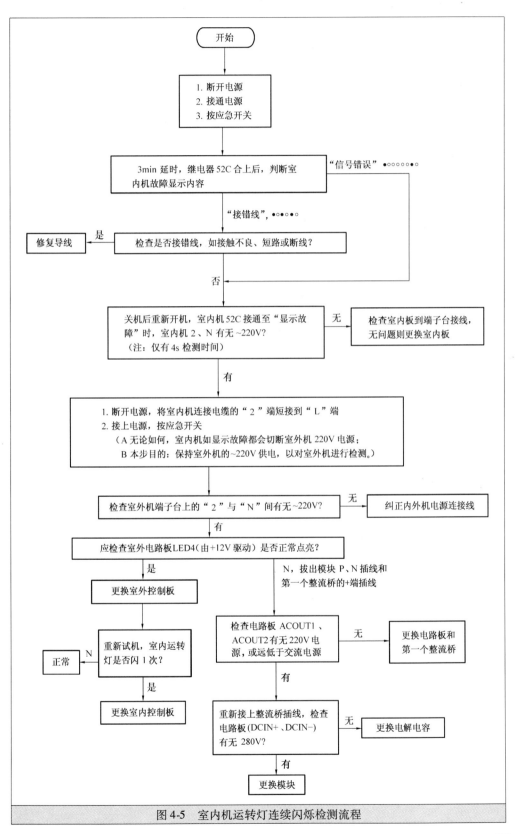

图 4-5　室内机运转灯连续闪烁检测流程

下面是维修变频空调器故障注意事项：

（1）在故障维修前，检查供电电压是否正常，室内室外连线是否接错。

（2）故障维修时注意如下事项：

1）在卸下前板、机壳、顶板和控制板前，必须拔下电源插头。

2）卸下或装上连接导线时，要握住导线插头，不能强行拉出。

（3）故障处理应注意如下事项：

1）检查室内机运转监视灯是否闪烁，并确定闪烁所暗示的不正常 2～3 次。

2）控制板被认为故障时，检查元器件是否烧毁和变色，导线端子是否连接。

3）出现故障时，参照故障检修流程图和故障自检表检修。

更换遥控器电池：电池用旧后，将妨碍正常的遥控操作，必须更换电池。然后再按一下遥控器背面的重调按钮。

第五章

格力变频空调器电控板控制电路分析与速修技巧

第一节　格力 U 系列变频空调器电控板控制电路分析与速修技巧

★ 一、格力 U 系列变频空调器技术参数

格力 U 系列变频空调器技术参数见表 5-1。

表 5-1　格力 U 系列变频空调器技术参数

型号	单位	KFR-26GW/（26561）FNAa-2 KFR-26GW/（26561）FNBa-2 KFR-26GW/（26561）FNCa-2	KFR-32GW/（32561）FNAa-2 KFR-32GW/（32561）FNBa-2 KFR-32GW/（32561）FNCa-2	KFR-35GW/（35561）FNAa-2 KFR-35GW/（35561）FNBa-2 KFR-35GW/（35561）FNCa-2
电源　额定电压	V	220	220	220
电源　额定频率	Hz	50	50	50
电源　相		1	1	1
供电方式		内机供电	内机供电	内机供电
制冷量	W	2600（300~3450）	3200（550~3900）	3500（600~4100）
制热量	W	3600（660~4350）	4200（880~4800）	4300（900~4950）
制冷功率	W	720（100~1300）	875（110~1400）	980（120~1450）
制热功率	W	1240（165~1500）	1280（175~1610）	1430（180~1680）
制冷运行电流	A	3.30（0.63~5.90）	4.10（0.80~8.00）	6.70（0.80~8.50）
制热运行电流	A	5.70（0.80~6.90）	6.20（0.80~8.00）	6.70（0.80~8.50）
最大输入功率	W	1500（2400）	1610（2610）	1680（2680）
最大电流	A	10.9	11.8	12.2
风量	m³/h	480	550	550
除湿量	L/h	1.0	1.2	1.4
额定制冷能效比		3.61	3.66	3.57
额定制热能效比		2.90	3.28	2.91
SEER 制冷季节能效比		4.81	4.85	4.8
HSPF 制冷季节能效比		3.22	3.5	3.3
适用面积	m²	12~18	15~22	16~24

（续）

型号	单位	KFR-26GW/（26561）FNAa-2 KFR-26GW/（26561）FNBa-2 KFR-26GW/（26561）FNCa-2	KFR-32GW/（32561）FNAa-2 KFR-32GW/（32561）FNBa-2 KFR-32GW/（32561）FNCa-2	KFR-35GW/（35561）FNAa-2 KFR-35GW/（35561）FNBa-2 KFR-35GW/（35561）FNCa-2
室内机型号		KFR-25G（25451）FNAa-2	KFR-32G（32561）FNAa-2	KFR-35G（35561）FNAa-2
风机型号		FN10F-PG	FN20J-PG	FN20J-PG
风叶种类		贯流风叶	贯流风叶	贯流风叶
直径/长度	mm	81/643	85/687	85/687
制冷风机转速（超强/风速5/风速4/风速3/风速2/风速1/静音）	r/min	1400/1200/1100/1000/900/800/700	1400/1250/1150/1050/950/850/700	1400/1250/1150/1050/950/850/700
制热风机转速（超强/风速5/风速4/风速3/风速2/风速1/静音）	r/min	1380/1250/1170/1090/1020/950/900	1400/1270/1180/1100/1040/980/900	1400/1270/1870/1100/1040/980/900
风机功率	W	10	20	20
风机额定运行电流	A	0.05	0.09	0.09
风机电容	μF	1.0	1	1
辅助电加热功率	W	900	1000	1000
蒸发器形式		铝箔铜管	铝箔铜管	铝箔铜管
蒸发器铜管管径	mm	φ7	φ7	φ7
蒸发器排数/片距	mm	2/1.4	2/1.4	2/1.4
换热器展开尺寸（长×厚×宽）	mm	635×25.4×248	668×25.4×257	668×25.4×257
运行温度范围	℃	-15~48	-15~48	15~48
扫风电动机型号		MP24AC/MP24AD	MP24AC/MP24AD	MP24AC/MP24AD
热风电动机功率	W	1.5	1.5	1.5
熔断器电流大小	A	3.15	3.15	3.15
噪声（声压级）	dB(A)	36	37	37
噪声（声功率级）	dB(A)	46	47	47
外形尺寸（宽×高×深）	mm	860×299×153	896×320×159	896×320×159
包装箱尺寸（长×宽×高）	mm	941×383×232	848×540×320	848×540×320
包装尺寸	mm	941×383×232	970×400×240	970×400×240
净重	kg	10.5	11.5	11.5
毛重	kg	13.5	14.5	14.5

注：左侧竖排标注"室内机"。

★ 二、格力 U 系列变频空调器外形结构

格力 U 系列变频空调器外形结构如图 5-1 所示。

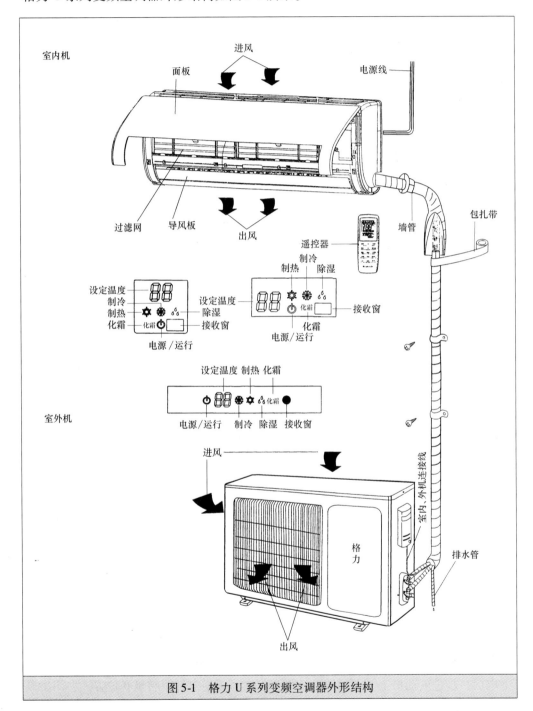

图 5-1　格力 U 系列变频空调器外形结构

★ 三、格力 U 系列变频空调器控制电路接线方法

（1）格力 U 系列变频空调器 KFR-26GW／（26561）FNAa-2、KFR-26GW／（26561）FN-Ba-2、KFR-26GW／（26561）FNCa-2 控制电路接线方法如图 5-2 所示。

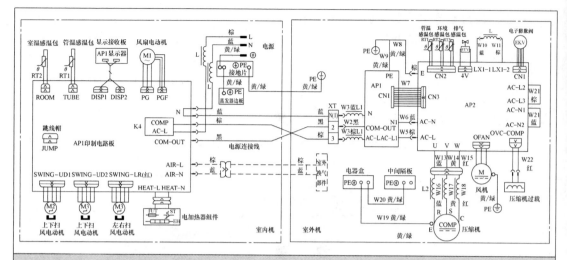

图 5-2　格力 U 系列变频空调器 KFR-26GW/（26561）FNAa-2、KFR-26GW/（26561）FNBa-2、
KFR-26GW/（26561）FNCa-2 控制电路接线方法

（2）格力 U 系列变频空调器 KFR-26GW/（26561）FNAa-3 控制电路接线方法如图 5-3 所示。

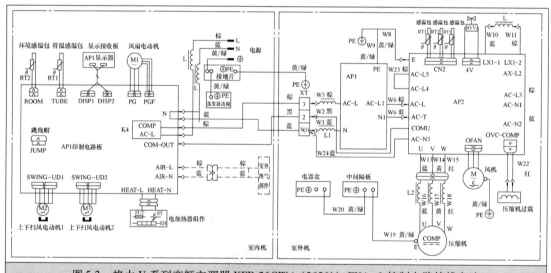

图 5-3　格力 U 系列变频空调器 KFR-26GW/（26561）FNAa-3 控制电路接线方法

★ 四、格力 U 系列变频空调器控制功能

1. 上、下扫风功能

开机后，按以下动作：2s 之内遥控连续动作，按前面遥控信号无效，执行后面遥控信号。上电后，步进电动机上、下扫风电动机先将导风板逆时针旋转至 0 位置，关闭出风口。

2. 自动按键

当按一下该键时，按自动模式运行，室内风机按自动风挡运行，室内风机工作时扫风电动机工作。再按一下则关机。在按住按键的同时，整机上电，整机即进入快测；上电后，如果连续 20s（此时间不可快测）检测到自动按键被顶住，即被按下，若当前整机为快测状态，则退出快测状态。

3. 睡眠功能

（1）除湿模式下：设定睡眠曲线模式，1h 后，设定温度升高 1℃；2h 后，设定温度升高 2℃，之后设定温度不再变化。

（2）制冷和制热模式下：空调器按已设置好的睡眠曲线运行。

4. 定时功能

（1）定时开：设定定时开，系统处于关机定时状态，到达定时开时间后，控制器按原设定模式运行，定时间隔为 0.5h，设定范围为 0.5～24h。

（2）定时关：在开机状态下设定定时关功能，定时时间到时系统关机，定时间隔为 0.5h，设定范围为 0.5～24h。

5. 超强功能

在制冷和制热模式（自动、除湿、送风模式无强劲），按一下超强键，遥控器上风速显示为超高挡，室内风机也转为超高挡。

★ **五、格力 U 系列变频空调器电控板控制方法**

（1）格力 U 系列变频空调器室内机电控板控制方法如图 5-4 所示。

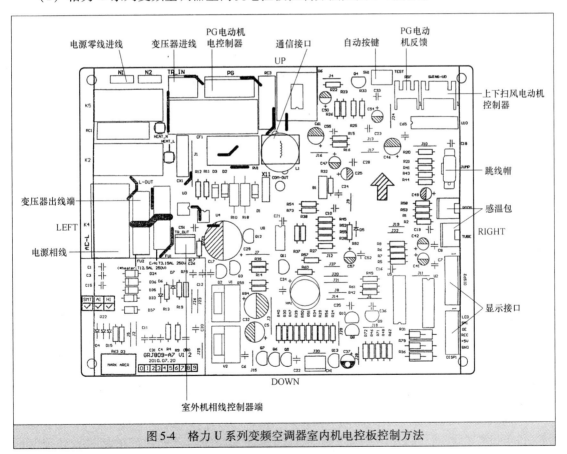

图 5-4　格力 U 系列变频空调器室内机电控板控制方法

（2）格力 U 系列变频空调器室外机电控板控制方法如图 5-5 所示。

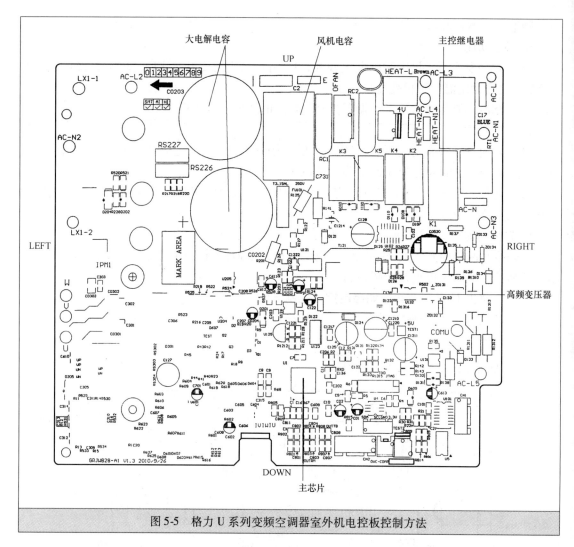

图 5-5　格力 U 系列变频空调器室外机电控板控制方法

★ 六、格力 U 系列变频空调器电控板控制电路解读

1. 蜂鸣器

控制器在上电、接收到遥控器信号、自动按键时，蜂鸣器发出提示音。

2. 自动按键

当按一下该键时，按自动模式运行，室内风机按自动风挡运行，室内风机工作时扫风电动机工作，再按一下则关机。在按住按键的同时，整机上电，整机即进入快测；上电后，如果连续20s（此时间不可快测）检测到自动按键被顶住，即被按下，如当前整机牌快测状态，则退出快测状态。

3. 室内风机风速的控制

室内风机可用遥控器设置为超高、高、中、低，此时，风机分别按超高、高、中、低运转。也可设置为自动。高速与中速、中速与低速以及高速与低速之间的切换，必须保证3min30s的最少运行时间。

4. 室内机电控板自测控制解析

每次上电，空调器立即进入自测状态。进入自测状态后，立即开始检测以下故障：

（1）跳线帽故障。当上电检测到跳线帽口为空时，即为跳线帽故障，故障不可恢复。

跳线帽故障保护时，若当前为开机，则数码管常显示故障代码"C5"，运行指示灯闪烁。若当前为关机，则故障代码不显示。

注意：无此功能的控制器不检测此故障。

（2）感温包故障。当连续1s检测到感温包（T内环、T内管、其他室内机感温包）AD值大于等于250或者小于等于5，即感温包故障，故障不可恢复。连续30s内检测到感温包开路、短路则报感温包故障（快测为2s）。化霜过程不检测室内机管温感温包故障，其他任何状态下都检测室内各种感温包故障。

（3）PG电动机过零检测电路故障。当连续1s未检测到过零信号或连续1s过零信号间隔大于15ms，即为PG电动机过零检测电路故障，故障不可恢复。

注意：此故障只在自测期间检测，退出自测后不检测该故障。无此功能的控制器不检测此故障。

（4）过电流保护检测。当连续1s检测到过电流保护时，即为过电流保护故障，故障不可恢复。

注意：无此功能的控制器不检测此故障。

（5）高压保护检测。当连续1s检测到高压保护时，即为高压保护故障，故障不可恢复。

注意：无此功能的控制器不检测此故障。

（6）低压保护检测。当连续1s检测到低压保护时，即为低压保护故障，故障不可恢复。

注意：无此功能的控制器不检测此故障。

（7）通信故障。当连续3min没有接收到正确信号则为通信故障，室外机停机，自动制热或制热模式下吹余热停，其他模式内风机按设定风速运行。

（8）PG电动机堵转。

1）开风机时，电动机转速不大于300r/min且连续1min以上视为电动机堵转。

2）电动机堵转保护时，所有负载均停（室内风机、室外风机、压缩机、电加热管等，四通阀需延迟2min停，导风板停在当前位置）。

3）一旦出现电动机堵转保护，则需断电方可恢复。

4）电动机堵转保护时，遥控接收、按键均有效，可开、关机，但不做具体目标控制处理（室内风机、室外风机、压缩机、电加热管等，四通阀需延迟2min停，导风板停在当前位置）。

5）电动机堵转保护时，若当前为开机，则双8数码管显示堵转故障代码H6；若当前为关机，则不显示堵转故障信息。

★ 七、COOL、HEAT、DRY、AUTO模式通用的保护方法及其故障显示

1. 过负荷保护功能

制冷时测室外热交换器温度，制热时测室内热交换器温度。

当$T_管 \leq T_1$时，恢复原运行状态；当$T_管 \geq T_2$时，禁止频率上升；当$T_管 \geq T_3$时，压缩机降低频率运行；当$T_管 \geq T_4$时，压缩机停止运行。

自动制热或制热模式下室内风机吹余热停，其他模式室内风机按设定风速运行。

2. 压缩机延时保护

压缩机停机后再起动需延时3min，压缩机一旦起动，在6min内不随设定温度和室内温度的变化而停机。压缩机排气温度保护；当$T_排 \geqslant 98℃$时，禁止频率上升；当$T_排 \geqslant 103℃$时，降频运行；当$T_排 \geqslant 110℃$时，压缩机停止；当$T_排 \leqslant 90℃$，保护解除。

3. 通信故障

当连续3min没有接收到正确信号时为通信故障。

4. 室外机停模块保护

模块保护时停压缩机，压缩机停机已达3min，压缩机恢复运行。当压缩机连续累积6次起动时都出现模块保护，压缩机不再起动。

5. 总保电流

当直流总线电压低于150V或大于420V时压缩机停，室外风机延时30s停。当直流总线电压大于200V小于400V时保护恢复，且压缩机停机已达3min压缩机恢复运行。低压保护时主继电器断开，低压保护恢复时，主继电器吸合。

6. 过载故障

过载故障压缩机停，室外风机延时30s停。故障清除且压缩机已停机3min后恢复运行。

7. 模块温度保护

当$T_{ipm} \geqslant 90℃$时，禁止频率上升；当$T_{ipm} \geqslant 95℃$时，降频运行；当$T_{ipm} \geqslant 100℃$时，压缩机停止；当$T_{ipm} \leqslant 85℃$时，解除保护。

8. 压缩功率保护

当$P_c \geqslant 1500W$时，禁止频率上升；$P_c \geqslant 1600W$时，降频运行；当$P_c \geqslant 1700W$时，压缩机停止；当$P_c \leqslant 1400W$时，保护解除。

★ 八、格力U系列变频空调器电控板干燥防酶控制方法

（1）在开机状态的制冷、除湿模式下（自动、制热、送风模式无干燥），可设置干燥键的开和关。当干燥设置为开时，按开关键关机后，室内风机以低风挡运行10min（10min内扫风按原状态运行，其余负载关闭），然后关整机；当干燥键设置为关时，按开关键关机后直接全关。

（2）在干燥运行时，操作干燥键，立即停室内风机并关闭导风板。

（3）开干燥键时，遥控器上有"干燥"字样显示；关干燥键时，遥控器上无"干燥"字样显示。

（4）操作开关键和转换模式至制冷、除湿模式下，干燥的开关保持原状态（转换到制热、送风时，无干燥显示，但记忆干燥设置；若再转回制冷、除湿模式，干燥键的开关保持原状态）。有记忆功能的控制器断电后不记忆干燥状态，即断电再来电后干燥为关闭。

分体机控制器上电默认干燥关闭，除非接收到遥控器打开干燥键的信号。

★ 九、室内机指示灯显示状态及故障代码灯含义

1. 室内机指示灯显示状态

（1）上电时，显示图案全显，然后仅电源灯亮。受控机开时，运行灯亮，同时显示当前设定的运行模式。

（2）化霜时，"双8"显示"H1"。自动模式下，制冷和送风"双8"显示25，制热"双8"显示20，模式灯不亮。

（3）"双8"显示设定温度。

（4）出现故障或保护时，设定定时关，定时灯不亮，但执行定时关功能。

（5）显示的图案分别如图 5-6 所示。

| 制热 | 制冷 | 设定温度 | 电源运行灯 | 除湿 | 接收 |

图 5-6　显示的图案

2. 格力 U 系列变频空调器室内机故障代码含义

格力 U 系列变频空调器室内机故障代码含义见表 5-2。

表 5-2　格力 U 系列变频空调器室内机故障代码含义

故障名称	"双8"显示	制冷灯	制热灯	运行灯
跳线帽故障	C5			闪烁 15 次
通信故障	E6			闪烁 16 次
室外记忆芯片读写故障	EE		闪烁 15 次	
室内环境感温包开、短路	F1	闪烁 1 次		
室内蒸发器感温包开、短路	F2	闪烁 2 次		
室外环境感温包开、短路	F3	闪烁 3 次		
室外冷凝器感温包开、短路	F4	闪烁 4 次		
室外排气感温包开、短路	F5	闪烁 5 次		
化霜	H1		闪烁 1 次	
压缩机过载保护	H3		闪烁 3 次	
模块保护	H5		闪烁 5 次	
风机堵转	H6			闪烁 11 次
内外机型不匹配	LP			闪烁 19 次
以下故障需用遥控器调用，在 3s 内连续按灯光键 6 次才显示，5min 自动退出检测状态或在 3s 内连续按灯光键 6 次退出				
过零检测故障	U8			闪烁 17 次
防冻结保护停机	E2			闪烁 2 次
排气停机保护	E4			闪烁 4 次
过电流保护	E5			闪烁 5 次
防高温停机保护	H4		闪烁 4 次	
PFC 过电流故障	HC		闪烁 6 次	
功率过高保护	L9			闪烁 20 次
高压保护	PH	闪烁 11 次		
低压保护	PL		闪烁 21 次	

3. 格力 U 系列变频空调器室外机故障代码灯含义

格力 U 系列变频空调器室外机故障代码灯含义见表 5-3。

表 5-3　格力 U 系列变频空调器室外机故障代码灯含义

感温包名称	故障条件
室内环境	连续 30s 检测到感温包开路或短路
室内管温	连续 30s 检测到感温包开路或短路
室外环境	连续 30s 检测到感温包开路或短路
室外管温	连续 30s 检测到感温包开路或短路，化霜后 10min 内检测
排气	压缩机运行 3min 后连续 30s 检测到感温包开路或短路
室外风机连续 6 次起动失败后，报风机故障，压缩机、室外风机同时停；3min 后重新起动，连续 6 次风机故障后，压缩机、室外风机不再起动	

（续）

序号	运行状态名称	黄灯	红灯	绿灯
1	压缩机开	闪烁1次		
2	化霜	闪烁2次		
3	防冻结保护	闪烁3次		
4	IPM 保护	闪烁4次		
5	过电流保护	闪烁5次		
6	过负荷保护	闪烁6次		
7	排气保护	闪烁7次		
8	过载保护	闪烁8次		
9	功率保护	闪烁9次		
10	模块温度过高	闪烁10次		
11	E²PROM 读写故障	闪烁11次		
12	低电压保护	闪烁12次		
13	高电压保护	闪烁13次		
14	PFC 过电流保护	闪烁14次		
15	室内、外机开不匹配	闪烁16次		
16	限频（电流）		闪烁1次	
17	限频（排气）		闪烁2次	
18	限频（过负荷）		闪烁3次	
19	限频（防冻结）		闪烁4次	
20	室外环境感温包故障		闪烁5次	
21	室外管温感温包故障		闪烁6次	
22	室外排气感温包故障		闪烁7次	
23	达到开机温度		闪烁8次	
24	限频（模块温度）		闪烁11次	
25	限频（功率）		闪烁13次	
26	通信正常			连续闪烁
27	通信故障			灭
28	室内环境感温包故障			
29	室内管温感温包故障			

★ 十、格力 U 系列变频空调器综合故障速修技巧

故障 1 制冷时，室内机噪声异常

品牌型号	格力 KFR-26GW／（26561）FNAa-2	类型	变频空调器
故障部位	两个低压管的 3/4 处变扁		

分析与检修： 在现场观察，试机前 3min 和送风模式下没有异常声音，当压缩机起动后室内蒸发器出现异常的制冷剂气流声。检查室内蒸发器输出管，两个低压管的 3/4 处变扁。更换连接管，制冷剂流动畅通即异常噪声消除。

经验与体会： 出现制冷剂流动声，可确定制冷剂流通不畅，连接管严重弯扁。管道一定要采用原公司提供的装配管，在弯曲时也要注意均匀用力，逐段弯曲，避免出现硬弯。

故障 2 通电后频繁开机

品牌型号	格力 KFR-26GW／（26561）FNAa-2	类型	变频空调器
故障部位	管温传感器故障		

分析与检修： 在现场仔细判断压缩机电流，回气压力和电压都符合要求，而且同楼内有相同型号的空调器，也能正常运行，所以排除电源供电故障。

检查室内机蒸发器管温传感器上的封胶，发现有裂口，感温传感器阻值改变，导致压缩机在工作一段时间后停机，无任何故障代码显示，这种软故障不易判断故障点。更换管温传感器，试机故障排除。

经验与体会：空调器在模式运行前必须对室温、蒸发器管温和冷凝器管温有关参数进行比较，然后反馈给微处理器。若符合开机条件，则起动压缩机工作；若蒸发器感温传感器有开路或短路等现象，那么整机将无法正常工作。

感温传感器故障检测流程如图 5-7 所示。

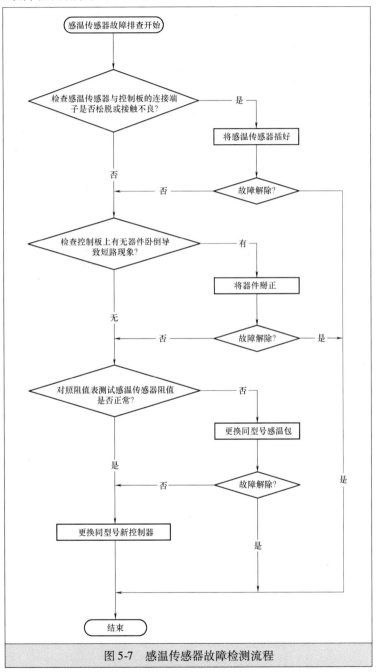

图 5-7 感温传感器故障检测流程

故障 3 制冷 2h 后室内、外机均停机，显示 E6 故障代码

品牌型号	格力 KFR-26GW/（26561）FNAa-2	类型	变频空调器
故障部位	电控板通信故障		

分析与检修：卸下室内机外壳，检查电控板上各插件牢固，测量各元器件通信电路参数不正常。

更换一个电控板，试机故障排除。

经验与体会：显示 E6 故障代码检测流程如图 5-8 所示。

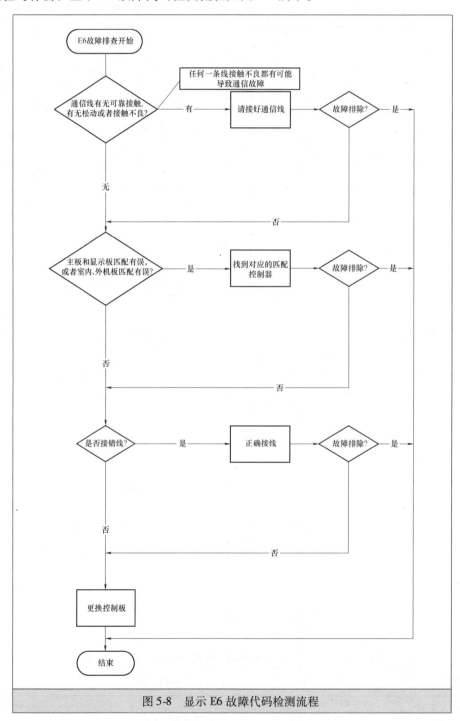

图 5-8　显示 E6 故障代码检测流程

故障4 开机30min后显示E1故障代码

品牌型号	格力 KFR-26GW/（26561）FNAa-3	类型	变频空调器
故障部位	电控板通信故障		

分析与检修： 根据故障灯报警显示内容，确定为压缩机排气管温度过高。卸下室外机外壳，测量压缩机绝缘电阻良好，判断冷凝器已被灰尘糊住，用空气吹洗。

经验与体会： 用空气吹洗时，建议压力设定在0.2MPa，以免把翅片吹倒。显示E1故障代码检测流程如图5-9所示。

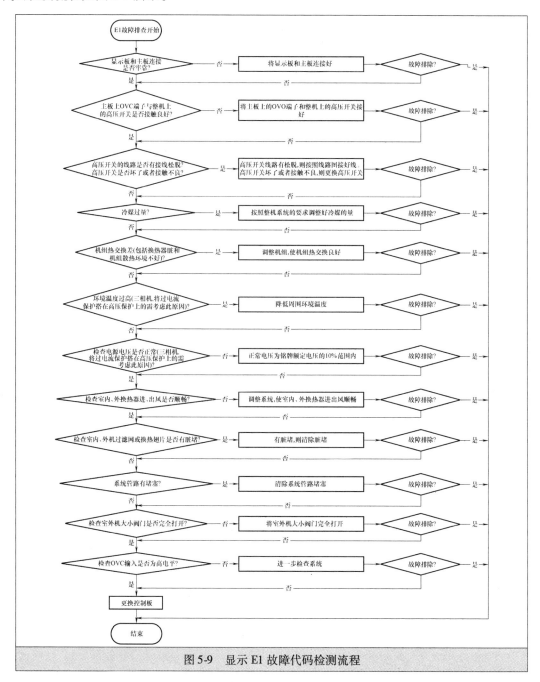

图5-9 显示E1故障代码检测流程

故障 5　室内机不运转、显示 H6 故障代码

品牌型号	格力 KFR-26GW／（26561）FNAa-3	类型	变频空调器
故障部位	室内风机无驱动信号		

　　分析与检修：上门现场检测电源电压良好，测量制冷系统压力正常，卸下室内机外板，测量变压器一次侧、二次侧输入、输出正常。把万用表的旋钮转到直流电压挡，测整流有直流电压输出，测量空调器电容器电容量良好，经全面检测发现室内风机无驱动信号，电控板电阻参数改变。更换电阻后试机，室内机不运转，故障排除。

　　室内机不运转、显示 H6 故障代码检测流程如图 5-10 所示。

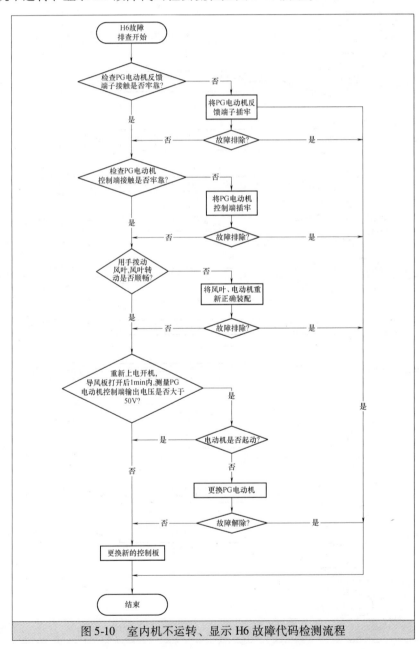

图 5-10　室内机不运转、显示 H6 故障代码检测流程

第二节　格力 I 系列变频空调器电控板控制电路分析与速修技巧

★ 一、格力 I 系列变频空调器技术参数

格力 I 系列变频空调器技术参数见表 5-4。

表 5-4　格力 I 系列变频空调器技术参数

型号		单位	KFR-50LW（50561）FNAa-3（深银色） KFR-50LW/（5056）FNAa-3（银色）	KFR-721LW/（72561）FNAa-3（深银色） KFR-721LW/（72561）FNAa-3（银色）
电源	额定电压	V	220	220
	额定频率	Hz	50	50
	相		1	1
供电方式			室内机供电	室内机供电
制冷量（最小~最大）		W	5300（1020~6200）	7250（1350~8100）
制热量（最小~最大）		W	6800（825~7500）	8900（1400~10000）
制冷功率（最小~最大）		W	1700（290~2500）	2480（320~3300）
制热功率（最小~最大）		W	2350（235~2500）	2900（380~3600）
制冷运行电流		A	7.72	11.27
制热运行电流		A	10.68	13.18
最大输入功率		W	2500（4600）	3600（5700）
最大电流		A	20.9	16.36
风量		m³/h	1000	1200
除湿量		L/h	1.8	2.5
额定制冷能效比		W/W	3.11	2.92
额定制热能效比		W/W	2.89	3.07
SEER 制冷季节能效比		W/W	4.09	3.69
HSPF 制热季节能效比		W/W	3.28	3.20
适用面积		m²	23~34	32~50
室内机	室内机型号		KFR-50L（50561）FNAa-3	KFR-72L（72561）FNAa-3
	风叶种类		贯流风机（10354004）	贯流风机（10354004）
	直径/长度	mm	φ106/960	φ106/960
	制冷风机转速（超低/低/中/高/超高）	r/min	1000/920/850/770/640	1240/1120/1000/900/760
	制热风机转速（超低/低/中/高/超高）	r/min	1000/920/850/770/640	1000/920/850/770/640
	风机功率	W	24	28
	风机电容	μF	1.5	2.0
	辅助电加热功率	W	2100	2100
	蒸发器形式		铝箔铜管	铝箔铜管
	蒸发器铜管管径	mm	φ7	φ7
	蒸发器排数—片距	mm	2-1.3	2-1.3
	换热器展开尺寸（长×厚×宽）	mm	952.5×441×29.7	952.5×441×29.7
	扫风电动机型号		步进电动机 MP50AC 步进电动机 MP35GD 步进电动机 MP35GE	步进电动机 MP50AC 步进电动机 MP50GD 步进电动机 MP50GE
	噪声（声压级）（超低/低/中/高/超高）	dB（A）	33/36/39/41/45	35/38/40/43/48
	噪声（声功率级）（超低/低/中/高/超高）	dB（A）	43/46/49/51/55	45/48/50/53/58
	外形尺寸（宽×高×深）	mm	480×1687×394	480×1687×394
	包装箱尺寸（宽×高×深）	mm	580×1825×515	580×1825×515
	包装尺寸（宽×高×深）	mm	583×1828×518	583×1840×518
	净重	kg	47	48
	毛重	kg	65	66

★ 二、格力 I 系列变频空调器室内、外机外形结构

（1）格力 I 系列变频空调器室内、外机外形结构（见图5-11）

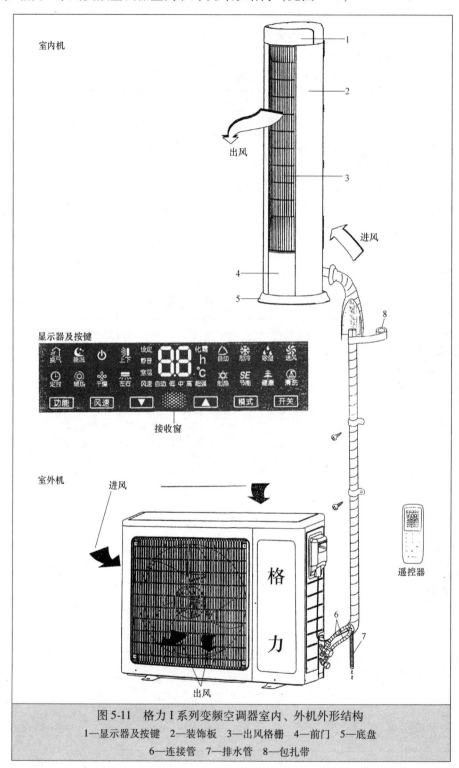

图5-11　格力 I 系列变频空调器室内、外机外形结构
1—显示器及按键　2—装饰板　3—出风格栅　4—前门　5—底盘
6—连接管　7—排水管　8—包扎带

（2）格力 I 系列变频空调器室内机部件名称（见图 5-12）

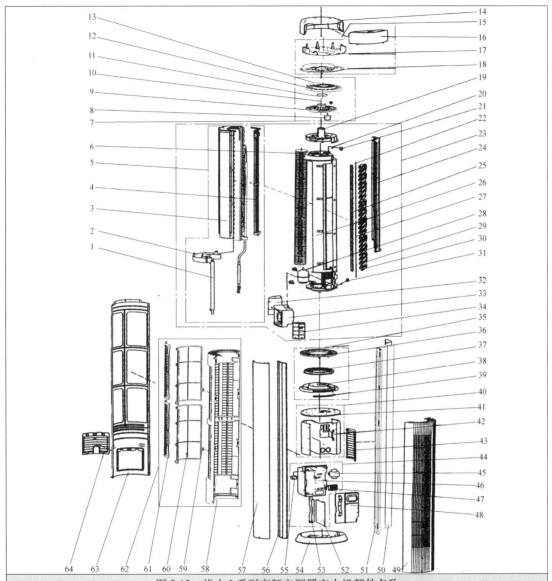

图 5-12 格力 I 系列变频空调器室内机部件名称

1—排水管 2—接水盘组件 3—蒸发器部件 4—电加热器 5—蒸发器组合部件 6—贯流风叶 7—运动部件 8—步进电动机 MP50AC 9—电动机安装板 10—小齿轮 11—塑料轴承 12—内齿盘 13—齿轮盖 14—顶盖 15—安装座部件 16—显示器组件 17—安装座（顶盖） 18—连接板（顶盖） 19—固定板（顶盖） 20—导风曲轴 21—步进电动机 22—导风连杆 1 23—风道部件 24—连接板 2 组件 25—蜗舌 26—风道 27—导风连杆 2 28—电动机 29—导风叶片 1 30—导风叶片 2 31—步进电动机 32—支撑架 1（风道） 33—支撑架 2（风道） 34—支撑架 3（风道） 35—转动部件 36—旋转支撑架 37—塑料轴承部件 38—轴承支撑板组件 39—装饰条（底座） 40—底座部件 41—底座盖 42—底座组件 43—前门 44—电器盒部件 45—电源变压器 46—电器盒 47—接线板（5 位） 48—电器盒盖部件 49—出风面板部件 50—右装饰板 51—右侧板 52—主板 53—支撑板（主板） 54—底盘组件 55—电容 56—左侧板 57—左装饰板 58—进风面板 59—连接片组成 60—过滤网组件 61—进风面板 62—进风面板部件 63—后板 64—后壳

★ 三、格力 I 系列变频空调器室内机功能及遥控器设定方法

空调器可用遥控器或按键设定定时开和定时关，设定范围为 0.5 ~ 24h。显示器上 10h 以下显示间隔为 0.5h，10h 以上为 1h。

1. 睡眠

（1）控制器处于制冷或除湿模式时，开始睡眠运行，预先设定的 $T_设$ 被升高，最高不超过3℃，然后按升高后的温度运行。

（2）控制器处于制热模式时，开始睡眠运行，预先设定的 $T_设$ 被升高，最高不超过3℃，然后按降低后的温度运行。

2. 蜂鸣器

控制器刚上电时、接收到有效按键信号时，蜂鸣器会响。

3. 清洗

开机下无此功能。关机下按功能键到"清洗"图标闪烁，再按"设置＋"或"设置－"确认后，"清洗"图案亮，此时壳体开始旋转，直到过滤网转到空调器的前面，壳体停止旋转，然后切断空调器电源拆洗过滤网。如果执行了清洗功能又不想拆洗过滤网，可以按功能键到"清洗"图标闪烁，再按"设置＋"或"设置－"到"清洗"图标熄灭，退出清洗功能，壳体转回关机位置。

4. 室内机强制运行功能

进入强制运行控制：上电5min内，3s内连续按遥控器灯开关键关3次即进入收制冷剂模式，显示Fo，连续发生制冷剂模式25min，各负载按照开机制冷运行处理（设定风速为高风挡，设定温度为16℃）。

退出强制运行控制：收到任意遥控信号，或是按键信号则退出收制冷剂模式，按照当前设定指令运行；或运行25min后退出收制冷剂模式，并自动关机处理。

5. 显示

（1）功能部分：选择上、下扫风，左、右扫风，干燥，辅热，定时，换气，睡眠，健康，设定，室温，清洗，静音，超强功能时，显示模块上相对应的图标会闪烁，功能一旦开启或关闭后，图标即不再闪烁，显示开启的功能（低档机无换气、健康功能）。

（2）中间数字部分：

1）有故障保护时，只显示故障代码，其余不显。

2）正常运行时，如果有按键或遥控信号设定温度或定时，则显示相应设定5s后显示设定的温度显示（设定或室温）。

（3）模式部分：自动、制冷、降湿、送风、制热模式，选中哪个模式就哪个亮，没选中的不亮。亮的文字和图标同时显示，自动模式下同时显示自动和实际运行的模式。

（4）指示灯控制：开机时运行指示灯亮。

（5）按键显示：上电待机状态下开关按键亮，其他按键不亮；此时触摸开关按键直接开机，触摸到其他任意按键时所有按键亮。开机后，除开关按键外的按键和其他显示图案一样受遥控器灯光键控制。关闭灯光时，触摸到开关按键外的任意一个按键，所有按键显示。按键隐藏后，轻触按键区域，所有按键显示。按键显示时可以进行相应的操作，如果没有任何按键操作，按键显示10s后隐藏。

6. 按键

面板上按键有：开/关键、模式建、设置＋键、设置－键、功能键、风速键。

（1）开/关键：该键控制控制器开和关，每按一次，开关状态转换一次。

注意：在干燥运行时，按开/关键则直接开机。

（2）模式键:按模式键则按以下方式选择并显示:自动—制冷—除湿—送风—制热(单冷无)。

（3）设置－键和设置＋键:

1）不在进行功能设置的情况下，每按一次设置＋键或设置－键，设定温度上升或下降1℃，调节范围为16～30℃，自动模式下此键无效。

2）在进行功能设置的情况下，可进行该项功能的来回选择。

3）同时按设置＋键和设置－两键后，显示板上所有按键功能被屏蔽，之后按任何按键，则蜂鸣器响一声同时"双8"处显示"LC"，闪烁三次后恢复正常显示，以提示用户按键已被锁定。当再次同时按下此两键后，解除屏蔽功能，显示恢复正常状态。

（4）功能键：在开机状态下，可在上下、左右、干燥、辅热、定时、换气、睡眠、健康（低档机型无健康、换气）、设定、室温、静音、超强功能设置中顺序转换。当某个文字闪烁时，表示可以进行该功能的设置，用"设置＋"、"设置－"按键进行设置。

干燥运行状态按功能键则直接关机。关机且无干燥状态按功能键则直接进行定时开的设定。关机且无干燥状态下，每按一次功能键，可在定时、清洗中顺序切换。当某个文字闪烁时，表示可以进行该功能的设置，用"设置＋"、"设置－"按键进行设置，设置完5s内如果没有操作改变即确认。

★ 四、格力 I 系列变频空调器室内机电控板元器件名称及接线方法

（1）格力 I 系列变频空调器室内机电控板元器件名称（见图 5-13）

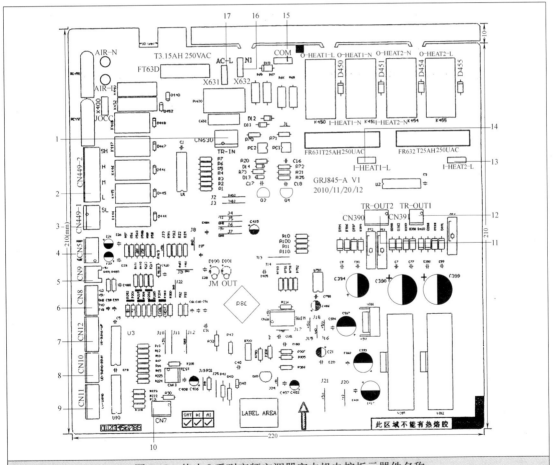

图 5-13　格力 I 系列变频空调器室内机电控板元器件名称

1—变压器输入端　2—内风机接口（低风挡至超强挡）　3—内风机接口（零线端、静音挡）　4—感温包接口（室温、管温）　5—微动开关接口　6—显示板接口（与显示板通信）　7—上、下扫风电动机接口（上）　8—上、下扫风电动机接口（下）　9—左、右扫风电动机接口　10—光电开关板接口　11—变压器输出端2　12—变压器输出端1　13—电加热电源接口（相线）2　14—电加热电源接口（相线）1　15—通信接口（与室外机通信）　16—零线接口　17—相线接口

(2) 格力I系列变频空调器KFR-50LW（50561）FNAa-3（深银色）接线方法（见图5-14）

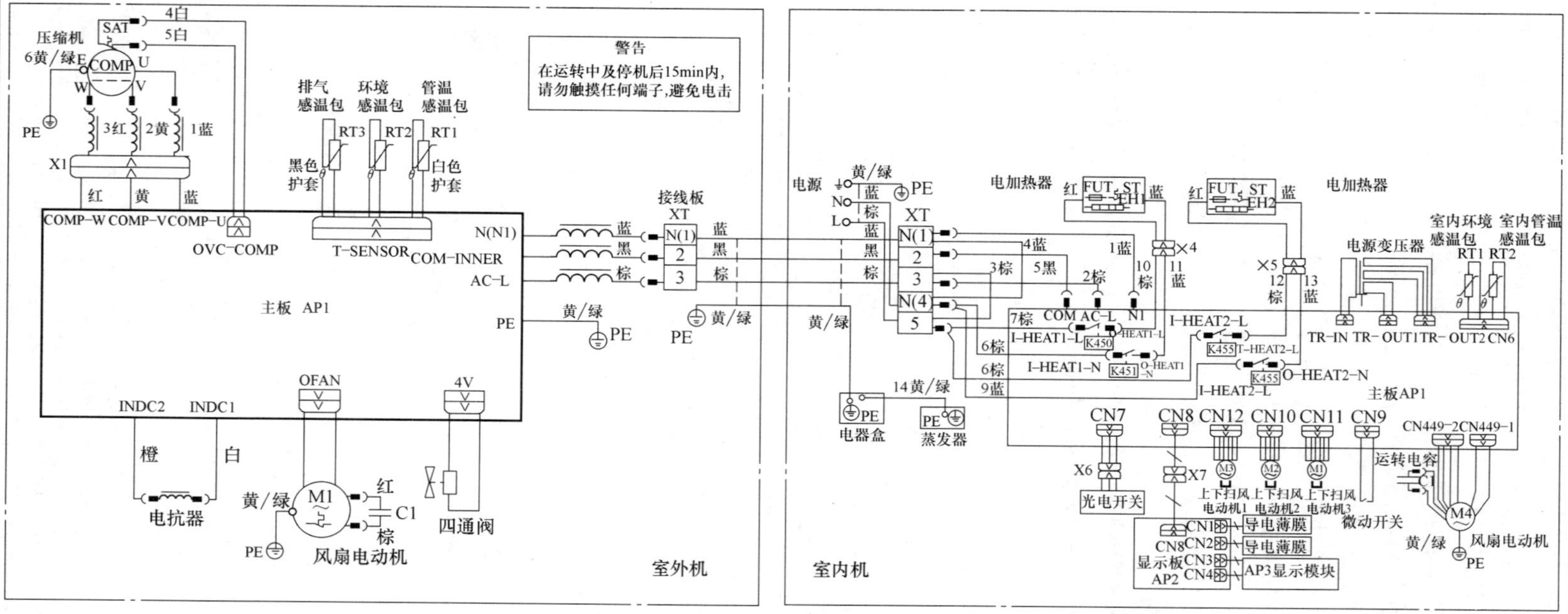

图5-14 格力I系列变频空调器KFR-50LW(50561)FNAa-3（深银色）接线方法

（3）格力I系列变频空调器KFR-721LW/（72561）FNAa-3（深银色）接线方法（见图5-15）

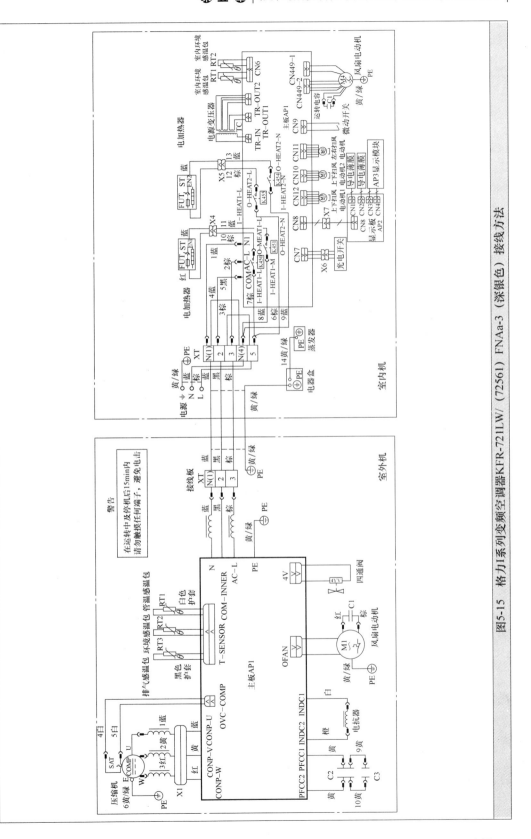

图5-15 格力I系列变频空调器KFR-721LW/（72561）FNAa-3（深银色）接线方法

★ 五、格力 I 系列变频空调器室外机化霜控制（制热模式）方法

（1）满足判断进入化霜的时间条件后，若连续 3min 检测满足进入化霜的温度条件，则进入化霜；

（2）化霜开始，压缩机停机，延时 55s 再起动；

（3）化霜结束，压缩机停止，延时 55s 压缩机开启；

（4）除霜结束条件满足以下任意条件即可退出除霜运行：

1）$T_{外管} \geqslant 12℃$，

2）$T_{外环} < -5℃$，且 $T_{外管} \geqslant 6℃$ 持续时间超过 80s，

3）化霜持续运行时间达到 8min。

★ 六、格力 I 系列变频空调器室外机外风机控制方法

（1）遥控关机、保护性停机、达到温度点停机时，压缩机停止后延时 1min 外风机停止；

（2）送风模式下，外风机停止；

（3）化霜开始，进入压缩机停止 50s 后外风机停止；

（4）化霜结束，退出化霜压缩机重新制热，外风机提前 5s 开启运行。

★ 七、格力 I 系列变频空调器室外机四通阀控制方法

（1）制冷、除湿、送风模式四通阀状态为关闭；

（2）开机制热运行，四通阀随即得电；

（3）制热关机、制热转其他模式时压缩机停 2min 后四通阀断电；

（4）各种保护停机后四通阀延时 4min 断电；

（5）化霜开始，进入化霜压缩机停机 50s 后，四通阀掉电；

（6）化霜结束，退出化霜压缩机停止 50s 后，四通阀得电。

★ 八、格力 I 系列变频空调器室外机防冻结保护方法

（1）在制冷、抽湿模式下，若连续 3min 检测到 $T_{内管} < 0℃$ 时，执行防冻结保护停机。若 $T_{内管} > 6℃$，且压缩机停机已达 3min，整机才允许恢复运行。

（2）在制冷、抽湿模式下，若 $T_{内管} < 6℃$ 时，可能出现压缩机运行频率下降或压缩机运行频率停止上升的现象。

（3）若连续出现 6 次防冻结保护停机，则不可自动恢复运行，故障持续显示，需要按开/关键才可以恢复。运行过程中，若压缩机运行时间超过 10min，则防冻结保护停机次数清零重计。关机或转送风/制热模式立即清除故障和故障次数。

★ 九、格力 I 系列变频空调器室外机过负荷保护功能

（1）制冷、抽湿模式下过负荷保护功能：若 $T_{外管} \geqslant 6.5℃$，则制冷过负荷保护停机；若 $T_{外管} < 55℃$，且压缩机停机已达 3min，整机才允许恢复运行。

（2）制冷、抽湿模式下若 $T_{外管} > 55℃$，将出现压缩机运行频率下降或压缩机运行频率停止上升的现象。

（3）制热模式下过负荷保护功能：若 $T_{内管} \geqslant 64℃$，则制热过负荷保护停机；若 $T_{内管} < 54℃$，且压缩机停机已达 3min，整机才允许恢复运行。

（4）制热模式下若 $T_{内管} \geqslant 54℃$，将出现压缩机运行频率下降或压缩机运行频率停止上升的现象。

（5）若连续出现6次过负荷保护停机，则不可自动恢复运行，故障持续显示，需要按开/关键才可以恢复。运行过程中，若压缩机运行时间超过10min，则过负荷保护停机次数清零重计。关机、送风或转制模式立即清除故障和故障次数。

★ 十、格力 I 系列变频空调器室外机压缩机排气温度保护功能

（1）若 $T_{排气} \geq 115℃$，则排气保护停机；若 $T_{排气} < 97℃$，且压缩机停机已达3min，整机才允许恢复运行。

（2）若 $T_{排气} \geq 97℃$，将出现压缩机运行频率下降或压缩机运行频率停止上升的现象。

（3）若连续出现6次压缩机排气温度保护停机，则不可自动恢复运行，需要按开/关键才可以恢复。运行过程中，若压缩机运行时间超过10min，则排气保护停机次数清零重计。

★ 十一、格力 I 系列变频空调器室外机电流保护功能

（1）若 $I_{交流电流} \geq 12A$，将出现压缩机运行频率下降或压缩机运行频率上升的现象。

（2）若 $I_{交流电流} \geq 17A$，系统执行过电流保护停机；压缩机停机达3min后，整机才允许恢复运行。

（3）若连续出现6次过电流保护停机，则不可自动恢复运行，需要按开/关键才可以恢复。运行过程中，若压缩机运行时间超过10min，则过电流保护停机次数清零重计。

★ 十二、格力 I 系列变频空调器室外机电压跌落保护

压缩机运行过程中，若电压出现了快速向下波动，则可能导致系统停机，并报电压跌落故障，3min 恢复后自动重新起动。

★ 十三、格力 I 系列变频空调器通信故障

连续3min 没有接收到室内机正确信号，则通信故障保护停机；若通信故障恢复且压缩机停够3min，整机才允许恢复运行。格力 I 系列变频空调器通信接口如图5-16所示。

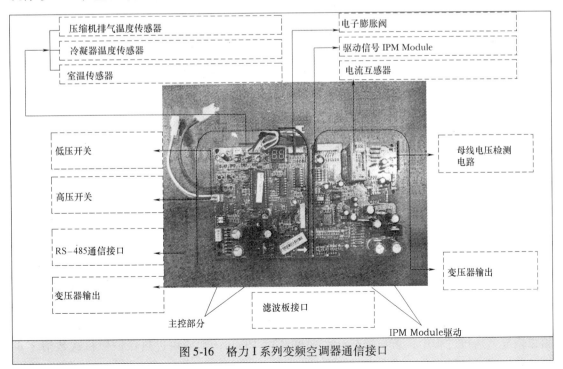

图5-16 格力 I 系列变频空调器通信接口

★ 十四、格力 I 系列变频空调器室外机 IPM 模块保护

压缩机开机后，若由于一些异常原因导致 IPM 模块出现过电流或控制电压过低，则 IPM 会产生模块保护信号。主芯片在开机后立即检测模块保护信号，一旦检测到模块保护信号，立即保护停机；若模块保护恢复，且压缩机已达 3min，整机才允许恢复运行。

若连续出现三次模块保护停机，则不可自动恢复运行，需要按开/关键才可以恢复；若压缩机连续运行时间超过 10min，则模块保护停机次数清零重计。格力 I 系列变频空调器室外机 IPM 模块保护及部件名称如图 5-17 所示。

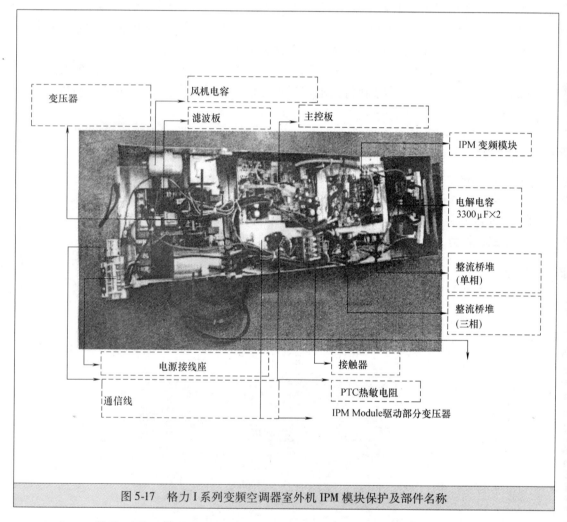

图 5-17　格力 I 系列变频空调器室外机 IPM 模块保护及部件名称

★ 十五、模块过热保护

（1）若 $T_{模块} \geqslant 80\,℃$，则将出现压缩机运行频率下降或停止上升的现象。

（2）若 $T_{模块} \geqslant 95\,℃$，则系统将保护停机；若 $T_{模块} < 87\,℃$，且压缩机停机已达 3min，整机才允许恢复运行。

（3）若连续出现六次压缩机模块过热保护停机，则不可自动恢复运行，需要按开/关才可以恢复。运行过程中，若压缩机运行时间超过 10min，则模块过热保护停机次数清零重计。关机或送风模式立即清除故障次数。

★ 十六、格力 I 系列变频空调器压缩机控制方法

（1）压缩机频率根据环境温度与设定温度的关系和环境温度的改变速度对压缩机频率进行模糊控制。

（2）制冷、制热、除湿开机，外风机开启 5s 后压缩机再开起。

（3）关机、保护停机、转送风模式时，压缩机立即停止。

（4）在各模式下：压缩机一旦起动，运行 7min 后才允许停止（包括达到温度点停机的情况；不包括故障保护、遥控关机、模式转换等需要停压缩机的情况）。

（5）在各模式下：压缩机一旦停止，需延迟 3min 后才允许再次开起（室内机带断电记忆功能机型遥控关机后，重新上电后可以两次开机起动，不必延时）。

★ 十七、格力 I 系列变频空调器压缩机过载保护方法

（1）若连续 3s 检测到压缩机过载开关断开时，系统将保护停机。

（2）若检测到过载保护恢复，且压缩机停机已达 3min，整机才允许恢复运行。

（3）若连续出现三次压缩机过载保护停机，则不可自动恢复运行，需要按开/关键才可以恢复；压缩机运行 30min 后清除压缩机过载保护次数。

故障诊断请按照表 5-5 进行。

表 5-5　故障诊断流程

步骤	故障诊断过程
1	确认故障
2	读取内/外机故障指示代码并对应查出故障名称
3	根据提供的确认步骤进行故障排除和检修

注意：在室外机的主控板上有大容量的电解电容，因此即使将电源切断，电容里面仍然有相当高的电压（在直流 280 ~ 380V，跟输入电源的电压有关），该电压需要 20min 以上才能降到安全值。如果电源切断后 20min 内触摸到电解电容，将会产生电击现象。因此断电后如果需要进行维修，必须按照以下方式对电解电容进行放电：

（1）揭开室外机电气盒盖。

（2）将放电电阻（大约 100Ω，20W）或电烙铁的插头分别接触到放电位置的两个点（刚接触时会有火花产生），保持 30s，以对电解电容进行放电。放电完成后进行维修前，请用万用表直流电压挡测试放电位置两个点间的电压，以确认放电完成，防止由于放电速度慢或者接触不良导致未完全放电，产生意外的电击。若该两点间的电压小于 20V，则可以安全进行维修操作。

严禁不加电阻直接用导电的物体对电解电容进行放电！

★ 十八、格力 I 系列变频空调器室外机电控板元器件名称

（1）格力 I 系列变频空调器室外机电控板元器件 A 板名称（见图 5-18）。

（2）格力 I 系列变频空调器室外机电控板元器件 B 板名称（见图 5-19）。

★ 十九、维修变频空调器电控板故障注意事项

变频空调器中的电控板一般都是低压供电，检修电控板控制系统的故障时，首先检测变压器的输出电压是否正常，而后开机观察其控制是否按规定程序进行。检测的原则一般是先

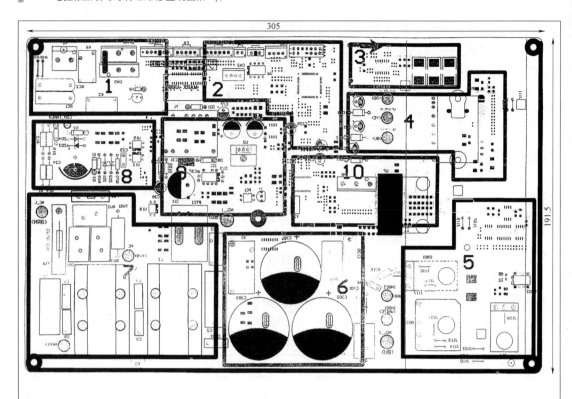

序号	电路模块
1	四通阀和风机控制电路
2	主控芯片
3	压缩机电流检测电路
4	IPM 模块电路
5	功率因数校正电路
6	电触电容（3 个）
7	滤波电路
8	与室内机通信电路
9	开关电源电路
10	直流风机电路

图 5-18　格力 I 系列变频空调器室外机电控板元器件 A 板名称

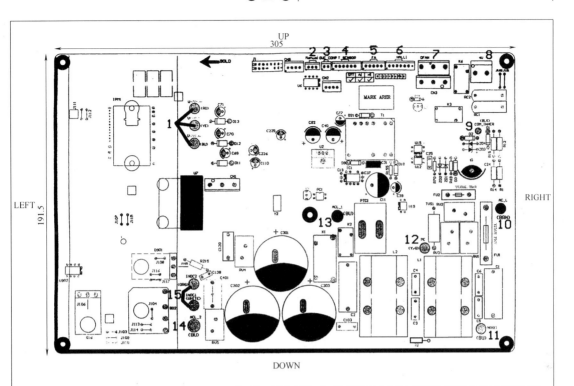

序号	接口名称	说明
1	压缩机接口	对应接的三根线分别为黄—COMP—U、蓝—COMP—V、红—COMP—W
2	中间感温包	用于室外风机低温调速
3	压缩机过载保护器	对应为两芯白色线，连接过载保护器 SAT
4	感温包	分别为管温（20kΩ、25℃）、外环温（15kΩ，25℃）、排气温度（50kΩ，25℃）
5	电子膨胀阀	用于连接 5 芯的电子膨胀阀 EKV
6	风机霍尔接口	用于连接直流风机霍尔传感器（交流电动机机型无此接口）
7	室外风机	用于连接室外风机
8	四通阀	用于连接四通阀（4V）
9	与室内机通信接口	室内、外机通信线，与室内机连接
10	相线	电源相线
11	零线	电源零线
12	地线	接电源的地线
13～14	板间连线	EMI 电路 PFC 电路的相线连接
15	电抗器接口	连接电抗器的两端（白色线和橙色线），电抗器无极性

图 5-19　格力 I 系列变频空调器室外机电控板元器件 B 板名称

室内，后室外；先两头，后中央；先风机，后压缩机。检测前应认真听取和询问用户故障产生原因，并结合随机电路图、控制原理图，做出准确的解析，切忌盲目拆卸电控部分，以免把故障扩大。

在检测室内机的电控板时，为了防止在不能确定故障部位的情况下损坏压缩机，最好先将室外机连接线切断，用万用表检测控制板上低压电源值是否正常。如果正常，可利用遥控器使空调器工作在通风状态并切换风速，看风机运转是否正常，听继电器是否有切换时的"嘀嗒"声。

若能听到切换声，则说明控制电路工作正常；若风机不转，应检测风扇电动机的有关连线是否正确、起动电容器是否漏电等。若听不到继电器动作声音，应检查控制部分。风机运转正常后，将空调器转为制冷运行，并不断改变设定温度，观察压缩机继电器是否正常。若正常，可接上室外机看压缩机是否起动运行。

1. 线路连接引起故障

可能发生连接线松脱、不牢或接插件接触不良，电路控制板上元器件脱焊、虚焊等，造成空调器工作不正常或部件不正常。

2. 元器件质量差引起故障

电路控制板上个别元器件性能可能不好，参数达不到性能要求，造成空调器不能正常工作。

3. 干扰故障

使用环境不当，如果安装位置不正确，电网电压波动较大，电压偏低、偏高，以及有外界电磁干扰等，均可造成空调器工作不正常。应按顺序检测并分别排除。

★ 二十、格力 I 系列变频空调器故障代码含义

格力 I 系列变频空调器故障代码含义见表5-6。

表5-6　格力 I 系列变频空调器故障代码含义

（一）确认故障

1. 首先确认电源是否正常，确认电源开关在闭合供电状态

2. 确认电源电压

确认电源电压范围在交流220~250V。如果电源电压不在此范围，机组可能不能正常工作。

（二）根据室内、外机的故障指示情况查阅故障代码确定故障

编号	故障名称	室外机显示方式（指示灯三种显示状态，周期为5s循环显示）□灭 ■亮 ☆闪				空调状态	故障可能原因
		D5	D6	D16	D30		
1	系统高压保护	□	☆	☆	☆	制冷、抽湿：除室内风机运转外所有停止。制热：所有负载停止	系统压力过高，可能原因：（1）冷媒过量（2）机组热交换器（包括换热器脏和机组散热环境不好）（3）环境温度过高（4）高压开关损坏

（续）

编号	故障名称	室外机显示方式（指示灯三种显示状态，周期为5s循环显示）□灭 ■亮 ☆闪				空调状态	故障可能原因
		D5	D6	D16	D30		
2	防冻结保护	■	□	■	□	制冷、抽湿：压缩机、室外风机停，室内风机工作	（1）室内机回风不良 （2）室风机转速异常 （3）室蒸发器脏 （4）室内机管温感温包异常
3	压缩机排气高温保护	■	□	■	☆	制冷、抽湿：压缩机、室外风机停，室内风机工作。制热：所有负载停止	（1）电子膨胀阀是否连接好，电子膨胀阀是否损坏 （2）冷媒是否泄漏 （3）过载保护器有无损坏 （4）排气感温包是否损坏
4	交流过电流保护	□	■	☆	□	制冷、抽湿：压缩机、室外风机停，室内风机工作。制热：所有负载停止	（1）电源电压不稳定，波动过大 （2）电源电压过低，负荷过大 （3）系统负荷过大，导致电流过高
5	整机电流检测故障	□	■	☆	■	制冷、抽湿：压缩机停，室内风机工作。制热：负载全停	室外机控制电路出现故障，更换室外机控制板
6	室内、外机通信故障	□	□	□	☆	制冷：压缩机停，室内风机工作。制热：所有负载停止	（1）检测室外风机连接线以及室内、外机的机内配线是否正常连接或有无破损 （2）室内机主板通信电路是否损坏，室外机主板（API）通信电路是否损坏
7	防高温保护	■	□	■	■	制冷：压缩机停，室内风机工作。制热：所有负载停止	（1）电子膨胀阀是否连接好，电子膨胀阀是否损坏 （2）冷媒是否泄漏 （3）过载保护器有无损坏 （4）排气感温包是否损坏
8	室外环境感温包开、短路	□	□	☆	■	制冷、抽湿：压缩机停，室内风机工作。制热：负载全停	（1）室外环境感温包接触不良（请参考室内机接线图） （2）室外环境感温包损坏（请参考感温包阻值表）
9	室外冷凝器感温包开、短路	□	□	☆	□	制冷、抽湿：压缩机停，室内风机工作。制热：负载全停	（1）室外管温感温包接触不良（请参考室内机接线图） （2）室外管温感温包损坏（请参考感温包阻值表）
10	室外排气感温包开、短路	□	□	☆	☆	制冷、抽湿：运行约3min后压缩机停，室内风机工作。制热：运行约3min后全停	（1）室外排气感温包接触不良 （2）室外排气感温包损坏

（续）

编号	故障名称	室外机显示方式（指示灯三种显示状态，周期为5s循环显示）				空调状态	故障可能原因
		□灭 ■亮 ☆闪					
		D5	D6	D16	D30		
11	室外排气感温包未插到铜管中	□	■	□	□	制冷、抽湿：压缩机停，室内风机工作 制热：负载全停	室外排气感温包未插到铜管中
12	过负荷限/降频	■	□	☆	☆	负载正常工作，压缩机运行频率降低	（1）电子膨胀阀是否连接好，电子膨胀阀是否损坏 （2）冷媒是否泄漏 （3）过载保护器有无损坏 （4）排气感温包是否损坏
13	电流过大降频	■	■	□	■	负载正常工作，压缩机运行频率降低	（1）输入电源电压过低 （2）系统压力过高，负载过重
14	排气过高降频	■	■	□	□	负载正常工作，压缩机运行频率降低	（1）负载过重、环境温度过高 （2）冷媒不足 （3）电子膨胀阀（EKV）有故障（对电子膨胀阀机型） （4）室外机热交换不良
15	防冻结限/降频	■	■	■	□	负载正常工作，压缩机运行频率降低	（1）室内机回风不良或风机转速过低 （2）室内机管浊感温包异常（请参照20K感温包阻值表进行检查）
16	制热防高温降频	■	□	☆	☆	负载正常工作，压缩机运行频率降低	（1）电子膨胀阀是否连接好，电子膨胀阀是否损坏 （2）冷媒是否泄漏 （3）过载保护器有无损坏 （4）排气感温包是否损坏
17	化霜					制热模式下发生，压缩机运行，室内风机停止	属于正常功能
18	压缩机过载保护	□	☆	☆	□	制冷、抽湿：压缩机停，室内风机工作 制热：负载全停	（1）室外机控制板接线端子0VC-COMP松脱 （2）过载保护器损坏，正常情况用电阻表测量该端子两端时阻值应该小于1Ω （3）电子膨胀阀是否连接好，电子膨胀阀是否损坏 （4）冷媒是否泄漏 （5）过载保护器有无损坏 （6）排气感温包是否损坏

（续）

编号	故障名称	室外机显示方式（指示灯三种显示状态，周期为5s循环显示） □灭 ■亮 ☆闪				空调状态	故障可能原因
		D5	D6	D16	D30		
19	系统异常	■	□	■	■	制冷、抽湿：压缩机停，室内风机工作 制热：负载全停	（1）电子膨胀阀是否连接好，电子膨胀阀是否损坏 （2）冷媒是否泄漏 （3）过载保护器有无损坏 （4）排气感温包是否损坏
20	IPM保护	□	☆	☆	■	制冷、抽湿：压缩机停，室内风机工作 制热：负载全停	（1）控制板API与压缩机COMP是否可靠连接，是否有松脱，连接顺序是否正确 （2）机组电压输入是否在正常范围内（用交流电压表测量接线板XT的L、N之间的电压） （3）压缩机绕组电阻是否正常，压缩机绕组对铜管的绝缘是否完好 （4）机组工作负荷是否过重，机组散热是否良好 （5）冷媒灌注量是否合适
21	模块温度过高保护	■	□	☆	■	制冷：压缩机停，室内风机工作 制热：负载全停	（1）检查散热器通风是否正常，若不正常请改善 （2）整机断电20min后，检查室外机控制板上的IPM模块散热膏是否干涸，散热器是否打紧 （3）若以上确认没有问题，请更换室外机控制板
22	模块感温包电路故障	□	□	■	☆	制冷：压缩机停，室内风机工作 制热：负载全停	更换室外机控制板
23	压缩机失步	□	☆	■	☆	制冷：压缩机停，室内风机工作 制热：负载全停	（1）控制板API与压缩机COMP是否可靠连接，是否有松脱，连接顺序是否正确 （2）机组电压输入是否在正常范围内（用交流电压表测量接线板XT的L、N之间的电压） （3）压缩机绕组电阻是否正常，压缩机绕组对铜管的绝缘是否完好 （4）机组工作负荷是否过重，机组散热是否良好 （5）冷媒灌注量是否合适

（续）

编号	故障名称	室外机显示方式（指示灯三种显示状态，周期为5s循环显示）□灭 ■亮 ☆闪				空调状态	故障可能原因
		D5	D6	D16	D30		
24	压缩机相电流过电流保护	□	☆	□	□	制冷：压缩机停，室内风机工作 制热：负载全停	（1）控制板 API 与压缩机 COMP 是否可靠连接，是否有松脱，连接顺序是否正确 （2）机组电压输入是否在正常范围内（用交流电压表测量接线板 XT 的 L、N 之间的电压） （3）压缩机绕组电阻是否正常，压缩机绕组对铜管的绝缘是否完好 （4）机组工作负荷是否过重，机组散热是否良好 （5）冷媒灌注量是否合适
25	压缩机相电流检测电路故障	□	☆	■	□	制冷：压缩机停，室内风机工作 制热：负载全停	更换室外控制板
26	起动失败	□	☆	□	☆	制冷：压缩机停，室内风机工作 制热：负载全停	（1）系统压力是否过高？ （2）工作电压是否过低？
27	PFC 保护	□	■	☆	☆	制冷：压缩机停，室内风机工作 制热：负载全停	根据故障现象解析
28	读 E² PROM 故障	□	□	□	■	制冷：压缩机停，室内风机工作 制热：负载全停	更换室外控制板
29	电容充电故障	□	■	□	■	制冷：压缩机停，室内风机工作 制热：负载全停	（1）用交流电压表检测接线板 XT 的 L 和 N 端之间的电压是否在 AC210～240V 范围 （2）电抗器（L）是否连接好，连接线是否有松动或脱落的现象，电抗器（L）是否损坏
30	直流母线电压跌落故障	□	■	■	■	制冷：压缩机停，室内风机工作 制热：负载全停	电源电压不稳定，波动较大
31	直流母线电压过低	□	■	■	□	制冷：压缩机停，室内风机工作 制热：负载全停	（1）测量接线板（XT）L 和 N 位置的电压，若小于 VAC150，等待电源电压升到正常范围内再开机 （2）若交流输入正常，上电开机后测量室外控制板上电解电容两端的电压，若该直流电压大于 180V，则直流电压测量部分的电路有故障，请更换室外控制板；若电压小于 180V，请检查机组的接线

（续）

编号	故障名称	室外机显示方式（指示灯三种显示状态，周期为5s循环显示）□灭 ■亮 ☆闪				空调状态	故障可能原因
		D5	D6	D16	D30		
32	直流母线电压过高	□	■	□	☆	制冷：压缩机停，室内风机工作 制热：负载全停	（1）测量接线板输入L和N位置的电压，若大于AC265V，切断电源，等待电源电压升到正常范围内再开机 （2）若交流输入正常，上电开机后用万用表直流挡测量控制板上电解电容C两端的电压，若小于400V，则直流电压测量部分的电路有故障，请更换控制板
33	直流电源短路故障	□	■	□	■	制冷：压缩机停，室内风机工作 制热：负载全停	根据故障现象解析
34	模块温度过高限/降频	■	■	■	☆	负载正常工作，压缩机运行频率降低	（1）检查散热器通风是否正常，若不正常请改善 （2）整机断电20min后，检查室外机控制板上的IPM模块散热膏是否干涸，散热器是否打紧 （3）若以上确认没有问题请更换控制板
35	四通阀换向异常	■	□	☆	□	制热情况下出现该故障：全停	（1）电源电压低于AC175V （2）接线端子4V松脱或线断 （3）4V损坏，更换4V
36	过零故障	■	■	☆	□	制冷、抽湿：除室内风机运转外所有停止 制热：所有负载停止	更换室外机控制板
37	室外风机直流风机故障	■	□	□	□	制冷、抽湿：除室内风机运转外所有停止 制热：所有负载停止	贯流风机和室外机连接线松脱，若确认无故障，请更换控制板
38	选择口电平异常	■	■	☆	■	制冷、抽湿：除室内风机运转外所有停止 制热：所有负载停止	选择口电阻损坏或短路，若以上确认没有问题，请更换控制板
39	PFC电流偏置电压错误	■	☆	□	□	制冷、抽湿：除室内风机运转外所有停止 制热：所有负载停止	更换室外机控制板
40	室外机中间感温包故障	■	■	☆	☆	制冷、抽湿：除室内风机运转外所有停止 制热：所有负载停止	中间感温包接触不良或损坏

★ 二十一、格力 I 系列变频空调器故障点检修技巧

首先根据室内/故障指示灯，结合故障表（该故障表一般贴在电气盒盖上，或贴在机组顶盖上），进行故障类型确定。

只要有故障存在，室外控制板的指示灯均会直接显示相应的故障。

有的故障在室内机显示器上可以直接显示，有的则需要通过遥控器才能调出来查看（3s内连续按灯光键 4 次）。以下故障诊断流程中，"Y"表示"是"；"N"表示"否"；控制板 API 表示外机控制板。

进行故障检修前请务必按照前面的方法对电解电容进行放电并确认电压已经降到 20V 以下，否则将造成电动机或控制板损坏。

1. 电容充电故障（室外机故障）故障指示灯状态（见表5-7）

表 5-7　电容充电故障（室外机故障）故障指示灯状态

D5	D6	D16	D30
□	■	□	■

注：□—灯灭；■—灯亮。

主要检测点如下：

（1）用交流电压表检测接线板 XT 的 L 和 N 端之间的电压是否在 AC210～240V 范围。

（2）电抗器（L）是否连接好，连接线是否有松动或脱落的现象，电抗器（L）是否损坏？

故障诊断流程如图 5-20 所示。

2. IPM 保护、失步故障、压缩机相电流过电流（室外机故障，见表5-8）

表 5-8　IPM 保护、失步故障、压缩机相电流过电流（室外机故障）

故障	D5	D6	D16	D30
IPM 保护	□	☆	□	■
失步故障	□	☆	■	☆
压缩机过电流	□	☆	□	□

注：□—灯灭；■—灯亮；☆—灯闪。

主要检测点如下：

（1）控制板 API 与压缩机 COMP 是否可靠连接，是否有松脱，连接顺序是否正确？

（2）机组电压输入是否在正常范围内（用交流电压表测量接线板 XT 的 L、N 之间的电压）？

（3）压缩机绕组电阻是否正常，压缩机绕组对铜管的绝缘是否完好？

（4）机组工作负荷是否过重，机组散热是否良好？

（5）冷媒灌注量是否合适？

IPM 保护、失步故障、压缩机相电流过电流（室外机故障）故障诊断流程如图 5-21 所示。

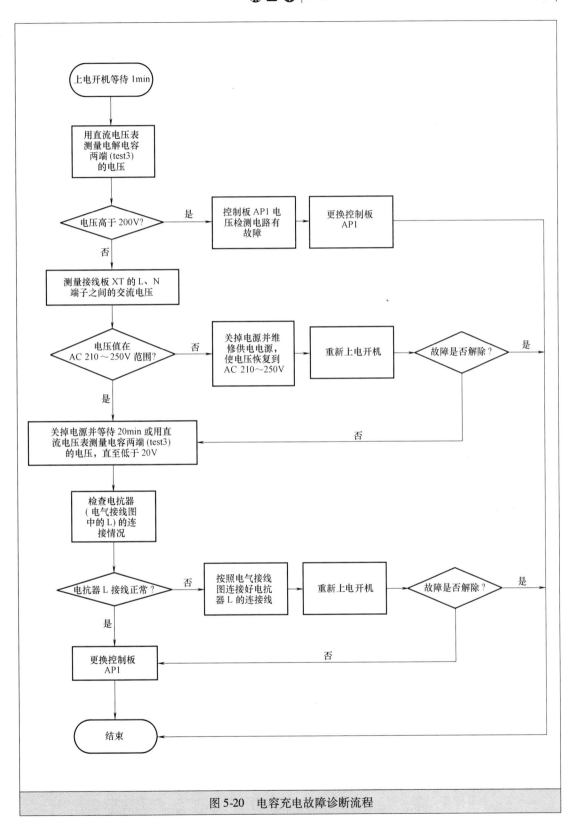

图 5-20 电容充电故障诊断流程

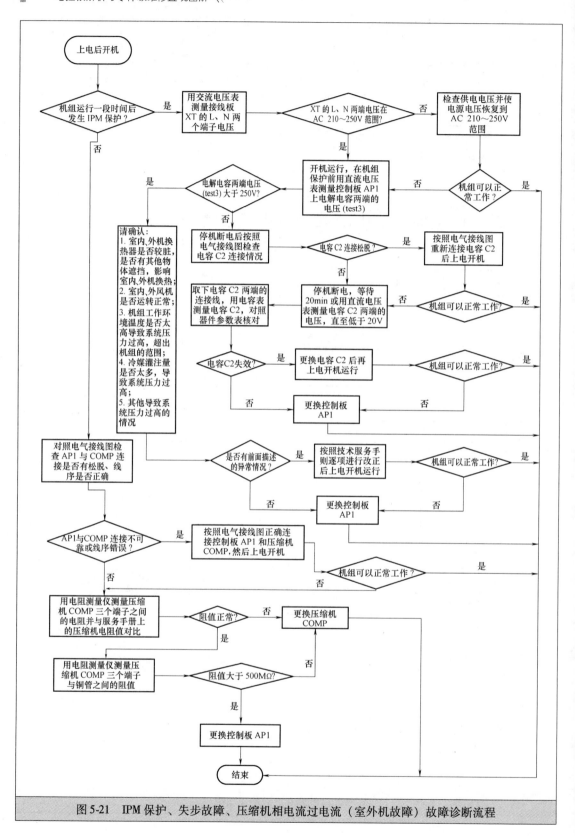

图 5-21 IPM 保护、失步故障、压缩机相电流过电流（室外机故障）故障诊断流程

3. 防高温、过负荷保护诊断（制冷时检查室外机，制热时检查内机）

外机故障指示灯见表5-9。

表5-9　外机故障指示灯

D5	D6	D16	D30
■	□	■	■

注：■—灯亮；□—灯灭。

主要检测点如下：

（1）室内、外机环境温度是否过高？

（2）室内、外风机是否运转正常？

（3）室机组内、外的散热环境是否良好（包括风速是否过低）？

（4）室内、外机管感温包是否正常？

防高温、过负荷保护诊断，制冷时检查室外机，制热时检查室内机。室外机故障指示灯故障诊断流程如图5-22所示。

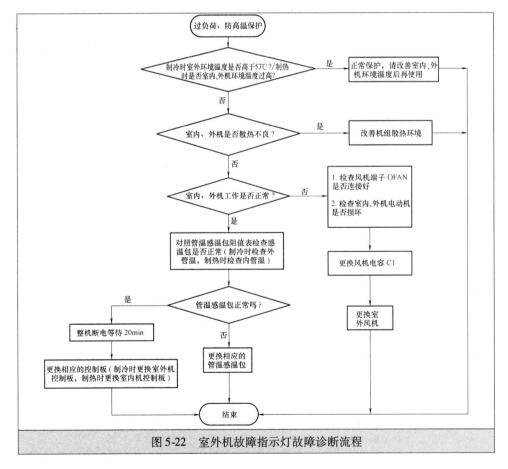

图5-22　室外机故障指示灯故障诊断流程

4. 起动失败故障诊断（室外机故障，见表5-10）

表5-10　起动失败故障诊断（室外机故障）

D5	D6	D16	D30
□	☆	□	☆

主要检测点如下：

（1）压缩机连接线是否正确？

（2）压缩机停机时间是否足够？

（3）压缩机是否损坏？

（4）冷媒灌注量是否过多？

起动失败（室外机故障）故障诊断流程如图 5-23 所示。

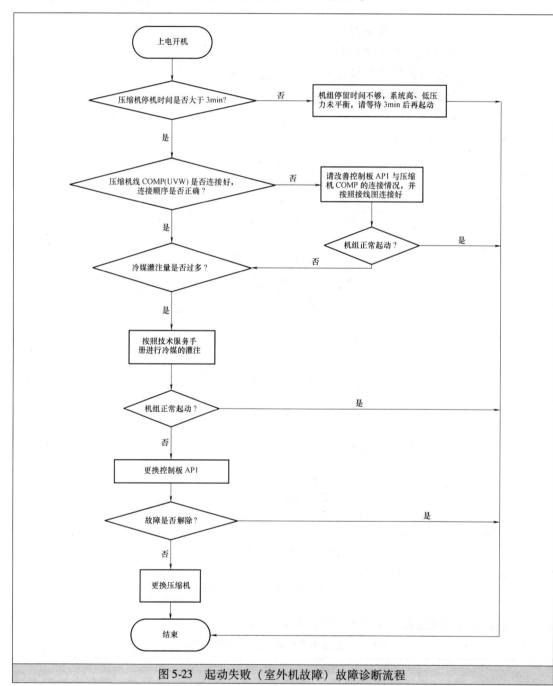

图 5-23　起动失败（室外机故障）故障诊断流程

5. 压缩机失步诊断（室外机故障，见表5-11）

表 5-11　压缩机失步诊断（室外机故障）

D5	D6	D16	D30
□	☆	■	☆

注：□—灯灭；■—灯亮；☆—灯闪。

主要检测点如下：

（1）系统压力是否过高？

（2）工作电压是否过低？

压缩机失步诊断（室外机故障）故障诊断流程如图5-24所示。

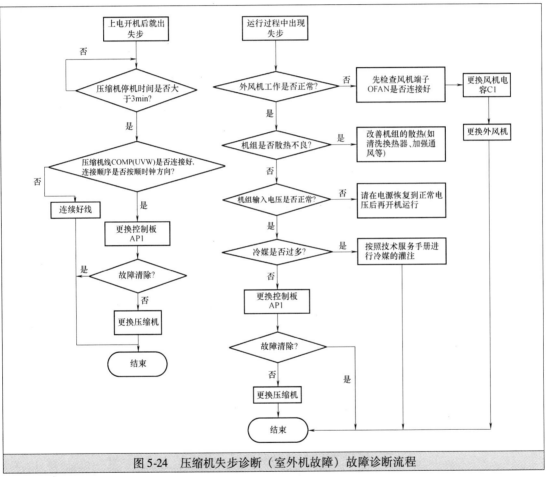

图 5-24　压缩机失步诊断（室外机故障）故障诊断流程

6. 过载和排气故障诊断（室外机故障，见表5-12）

表 5-12　过载和排气故障诊断（室外机故障）

故障	D5	D6	D16	D30
过载	□	☆	☆	□
排气	■	□	■	☆

注：□—灯灭；■—灯亮；☆—灯闪。

主要检测点如下：

（1）电子膨胀阀是否连接好，电子膨胀阀是否损坏？

（2）冷媒是否泄漏？

（3）过载保护器有无损坏？

（4）排气感温包是否损坏？

过载和排气（室外机故障）故障诊断流程如图 5-25 所示。

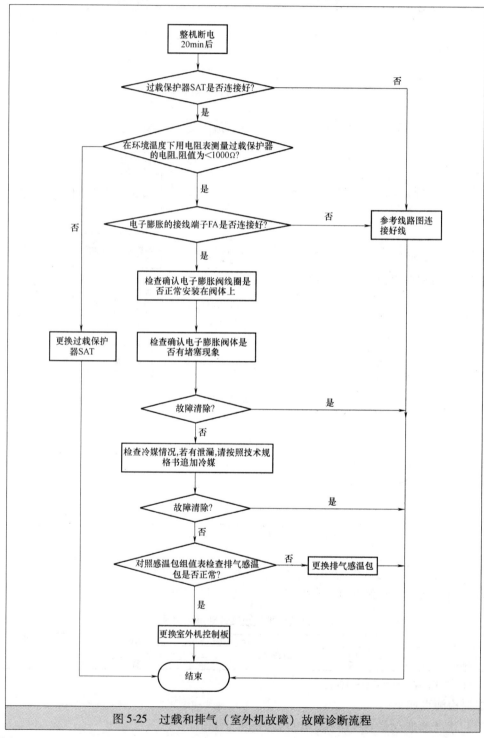

图 5-25　过载和排气（室外机故障）故障诊断流程

7. 通信故障（见表5-13）

表5-13 通信故障

D5	D6	D16	D30
□	□	□	☆

注：□—灯灭；☆—灯闪。

主要检测点如下：

（1）检测风外机连接线以及室内、外机的机内配线是否正常连接或有无破损？

（2）内机主板通信电路是否损坏，室外机主板（API）通信电路是否损坏？

通信故障诊断流程如图5-26所示。

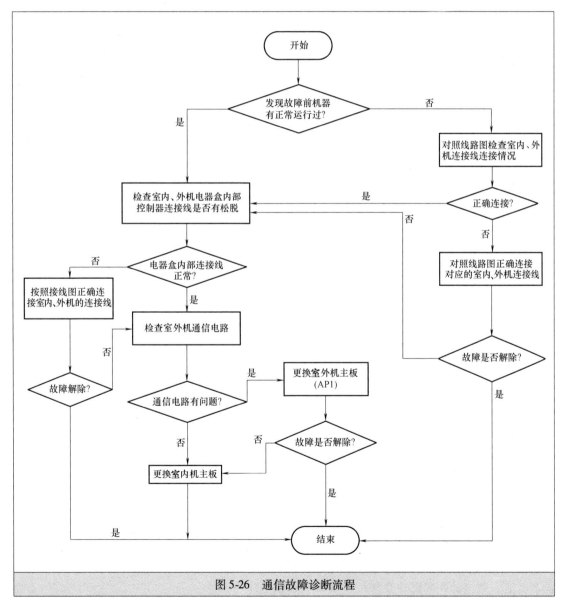

图 5-26 通信故障诊断流程

★ 二十二、格力 I 系列变频空调器综合故障速修技巧

故障 1 室外机开停频繁

品牌型号	格力 KFR-50LW/（5056）FNAa-3（银色）	类型	变频空调器
故障部位	室内传感器移位		

分析与检修： 室内传感器移位掉在蒸发器上。复原后，故障排除。

经验与体会： 格力 KFR-50LW/（5056）FNAa-3（银色）变频空调器室外机开停频繁检查方法如下

步骤	检查要领	故障诊断方法
1	检查过滤网是否积尘	检查过滤网是否积尘过多：若有，应及时清除灰尘
2	室内传感器是否移位碰在蒸发器上	室内传感器是否移位碰在蒸发器上：若移位，请复原
3	通风情况	室内机安装位置是否通风良好、房间面积是否过小

故障 2 空调器移机压缩机起动即停

品牌型号	KFR-50LW（50561）FNAa-3（深银色）	类型	变频空调器
故障部位	空调用电线过细		

分析与检修： 空调电线过细。更换电线后，故障排除。

经验与体会： 电源线和插座必须是专线专插专用，不得和其他的家用电器共同电线和插座，防止电线或插座因负荷太高而走火引发火灾事故，因此在装修时从总电源处每一个房间单独拉电线设置专用的插座。

（1）空调器的使用电源在国内是市电，即单相 220V—50Hz，国际规定空调器使用范围为 220（1±10%）V 即（198～242V）。当使用的电压超过这个范围时，应设置电源稳压器，以防止空调器不能正常起动和运行，甚至将空调损坏。

（2）电线的购买要选择正规厂家的产品，电线芯要求是铜的纯度越高越好，不要购买铝芯的电线。千万记住要设置地线，它是维修人员的生命保证线。

故障 3 空调器压缩机起动即停

品牌型号	KFR-50LW（50561）FNAa-3（深银色）	类型	变频空调器
故障部位	冷凝器 U 形弯出现漏点		

分析与检修： 空调器冷凝器 U 形弯出现漏点。补焊后，故障排除。

经验与体会： 对于蒸发器、冷凝器出现漏点，从表面检查漏点迹象多为蒸发器或冷凝器有油污出现，翅片间产生漏点多为盘管有裂纹或砂眼，翅片间还应主要检查蒸发器或冷凝器 U 形弯焊接口处是否有漏点，处理该漏点故障可补焊或更新部件。

故障 4 空调器同步电动机导风板不摆动

品牌型号	KFR-721LW/（72561）FNAa-3（深银色）	类型	变频空调器
故障部位	电动机传动部分打齿		

分析与检修： 经检测电动机传动部分打齿。

维修方法： 更换电动机后故障排除。

经验与体会： 同步电动机导风板不摆动、运转不畅常见故障如下：

（1）导风板变形、卡住。在拆卸空调器外壳前，先用手拨动导风板，看转动是否灵活，若不灵活，则该叶片变形或某部位被灰尘、杂物卡住。

（2）电气连接不导通。电动机插头与控制基板插座未连接好，插座、焊点有松动、虚

焊、氧化，致使电动机无法正常工作。

（3）控制电路损坏。将电动机插头插到控制板上，分别测量电动机工作电压及电源线与各相之间的电压（5V 的电动机相电压约为 1.6V，12V 的电动机相电压约为 4.2V）。

（4）绕组损坏。用万用表测每相绕组的电阻值（12V 电动机每相电阻为 200～400Ω、5V 电动机为 70～100Ω），若阻值出现太大或太小，则绕组已损坏。

（5）电动机传动部分卡住或打齿。用手旋转电动机看齿轮是否灵活运转，若有死点，则传动部分有杂物；若有跳齿或空转现象，则说明该电动机严重打。

故障 5 空调器制冷正常但同步电动机不工作

品牌型号	KFR-721LW/（72561）FNAa-3（深银色）	类型	变频空调器
故障部位	反相驱动器（2003）故障		

分析与检修： 经检测电路板反相驱动器坏。更换反相驱动器后故障排除。

经验与体会： 由于同步电动机有四个绕组，所以其导通状态分别由微电脑 CPU 根据电动机的正、反转要求输出控制信号，其驱动原理同普通电路完全相同，分别由 CPU 输出控制信号经反相驱动器（2003）控制继电器来驱动，当主芯片 CPU 输出高电平时，经 2003 反相驱动器输出低电平，使继电器通电触头吸合，以控制同步电动机动作。当输出低电平时，则正好相反。

该电路是空调器各运转部件和功率部件标准的驱动电路，常见故障多为晶体管坏或反相驱动器坏。检测 2003 输入、输出引脚电位是否相同，若相同则证明 2003 有故障。

故障 6 四通阀动作不良

品牌型号	KFR-721LW/（72561）FNAa-3（银色）	类型	变频空调器
故障部位	四通阀切换异常		

分析与检修： 维修人员用压力表测量高、低侧压力，在常温下，高压侧 1.0MPa，低压侧 0.2MPa，维修人员多次加制冷剂、放制冷剂，经检查四通阀切换异常。更换四通阀后故障排除。

经验与体会： 综合以上解析，在维修过程中，只要认真仔细区分现象，充分利用各种工具，就能准确判断故障部位所在，不至于出现开始所提案例中发生的情况。

故障 7 空调器用户设定温度过低，有时在制冷运行开始时出现"喀啦"声

品牌型号	KFR-721LW/（72561）FNAa-3（银色）	类型	变频空调器
故障部位	塑料部件热胀冷缩		

分析与检修： 现场开机空调器无故障。给用户讲解塑料部件热胀冷缩而发出"喀啦"声，用户满意。

经验与体会： 在制热或制冷运行，温度的突然变化可能会导致塑料部件热胀冷缩而发出"喀啦"声，这是正常现象，经过较短时间后，声音将会自动消失。

故障 8 空调器用户使用不当，造成空调器吹出的风有异味

品牌型号	KFR-721LW/（72561）FNAa-3（银色）	类型	变频空调器
故障部位	用户使用不当		

分析与检修： 现场检查空调器无故障，全面判断造成空调器异味的原因是用户新装修的

房子造成的。

维修方法: 让房间通风若还有异味,可用清新型口味的牙膏涂抹清洗过滤网。

经验与体会: 常引起用户误认为是空调器故障的正常现象有以下七种:

(1) 有的空调器通电并打开运行开关时,压缩机不能起动,而室内风机已运行,等3min 压缩机才能开始起动运行。这不是空调器的故障,是因为有的空调器装有延时起动保护装置,要等空调起风机运转3min 后压缩机才能起动。

(2) 当空调器运行或停止时,有时会听到"啪啪"声。这是由于塑料件在温度发生变化时热胀冷缩而引起的碰擦声,属正常现象。

(3) 空调器起动或停止时,有时偶尔会听到"咝咝"声。这是制冷剂在蒸发器内的流动声。

(4) 有时使用空调器时,室内有异味。这是因为空气过滤网已很脏、已变味,致使吹出的空气难闻,只要清洗一下空气过滤网就行。若还有异味,可用清新型口味的牙膏涂抹清洗过滤网。

(5) 热泵型空调器在正常制热运行中,突然间室内、外机停止工作,同时"除霜"指示灯亮。这是正常现象,待除霜结束后,空调器即恢复制热运行。

(6) 热泵型空调器在除霜时,室外机组中会冒出蒸汽。这是霜在室外换热器上融化蒸发所产生的,不是空调器的故障。

(7) 在大热天或黄梅天,空调器中有水外溢。这也不是故障,待天气好转,这种现象自然会消失。

第三节 格力变频空调器电控板控制电路分析与速修技巧

★ 一、格力变频空调器电控板维修新思路

1. 维修电控板的意义

(1) 维修电控板可以降低公司的备件资金占用。

(2) 降低维修成本。

(3) 提高竞争力。

(4) 提高维修效率

2. 格力变频空调器电路故障维修新思路

(1) 先电源后负载,先强电后弱电。

(2) 先室内后室外,先两端后中间。

(3) 先易后难,检修时如能将室内与室外电路、主电路与控制电路故障区分开,就会使电路故障检修简单和具体化。

★ 二、格力变频空调器室内与室外电路故障判断新法

1) 对于有输入与输出信号线的变频空调器,可采用短接方法来进行判断。如采用上述方法后变频空调器能恢复正常,说明故障在室外机;如故障没有消除,说明故障在室内机。

2) 测量室外机接线端上有无交流或直流电压判断故障部位,如测量室外接线端子上有交流或直流电压,说明故障在室外机;如测量无交流或直流电压,说明故障在室内电路。

3) 对功率较大的柜式空调器可通过观察室外接触器是否吸合,来判断故障部位。如接触器吸合,说明故障在室外机;如没有吸合,说明故障在室内机。

4) 对于有故障代码显示的变频空调器可通过观察室内与室外故障代码来区分故障部位。

5) 对于采用串行通信的空调器电路,可用示波器测量信号线的波形来判断故障部位。

6) 对于热泵型变频空调器不除霜或除霜频繁,则多为室外主控电路板故障。

7）有条件也可通过更换电路板来区分室外机故障。

★ 三、格力变频空调器控制与主电路故障判断新法

1）对于压缩机频繁开停故障，可通过测量变频空调器负载电压与压缩机运行电流来判断故障部位。如压缩机运转电流过大，说明故障在主电路；如压缩机运转电流正常，说明故障在控制电路。

2）对于风机运转压缩机不起动故障，可通过观察室外交流接触器是否吸合来判定故障部位。如接触器吸合而压缩机不工作，说明故障在主电路；如接触器不吸合，说明故障在控制电路。对于变频空调，压机不起动，可通过检测功率模块来排除故障。

3）测量室内与室外保护元件是否正常，来判断故障区域。如测量保护元件正常，说明故障在控制电路；如测量保护元件损坏，说明故障在主电路。

4）对于压缩机不运转故障，还可通过强行按动接触器，观察压缩机是否能正常制冷。如按下接触器后压缩机能运转且制冷，说明故障在控制电路；如按下接触器压缩机过电流或不起动，说明故障在主电路。**注意：变频压缩机不能采用此法。**

5）对于格力变频空调器压缩机频繁起动故障，如手摸压缩机外壳温度过高，多为主电路或压缩机本身故障。

6）对于变频空调来说，可以通过空调器的故障指示灯来进行判断，如 E^2PROM、功率模块、通信故障等。

★ 四、格力变频空调器保护与主控电路故障判断新法

1）可通过检测室内外热敏电阻、压力继电器、热保护器、相序保护器是否正常来判断故障部位。如保护元件正常，说明故障在主控电路；如不正常，说明故障在保护电路。

2）采用替换法来区分故障点，如用新主控板换下旧主板后，故障现象消除，说明故障在主控电路；如替换后故障还存在，说明故障在保护电路。

3）利用空调器"应急开关"或"强制开关"来区分故障点，如按动"应急开关"后空调器能制冷或制热，说明主控电路正常，故障在遥控发射与保护电路；如按动"强制开关"后，空调器不运转，说明故障在主控电路。

4）观察空调器保护指示灯亮与否来区分故障点，如保护灯亮，说明故障在保护电路；如保护灯不亮，说明故障在主控电路。

5）对于无电源不显示故障，首先检查电源变压器、压敏电阻、保险管是否正常，如上述元件正常，说明故障在主控电路板。

6）测量主控板直流 12V 与 5V 电压正常，而空调器无电源显示也不接收遥控信号，多为主控电路故障（遥控器与遥控接收器故障除外）。

★ 五、格力变频空调器主控板电路故障判断新法

（1）无电源显示整机不工作故障。此故障指电源变压器、保险熔丝管、压敏电阻和电源电压是否正常。空调器不接收遥控信号、无电源显示同时整机不工作，有以下几种情况：

1）主控电路板直流稳压电源故障。

2）主控电路板复位电路故障。

3）主控电路板 3min 延时电路故障。

4）主控电路板过零检测电路故障。

5）主控电路板晶振电路故障。

6）遥控器开关电路故障。

7）室内或室外单片机自身故障。

（2）电源显示正常但整机不工作故障。此故障指空调器电源显示正常且能接收遥控信号，但风扇电动机与压缩机不能正常工作。引起此故障的原因如下：

1）空调器主控板驱动电路故障。

2）电源过欠压保护电路故障。

3）三相电源相序保护电路故障。

4）直流 12V 不正常。

5）主控电路板复位电路故障。

6）功率模块不正常。

7）室内外控制板通信电路故障。

8）室内或室外单片机自身故障。

（3）电源正常但压缩机开停频繁。此故障是指室内没有达到设定温度，压缩机运转一段时间自动停机，又自动开机的现象。故障原因如下：

1）室内主控板环境温度检测电路故障。

2）室内、室外单片机自身故障。

3）室内或室外压缩机驱动电路故障。

4）室外主控板的温度检测电路故障。

（4）压缩机运转一段时间后自动停机。此故障是指压缩机运转一段时间后能停机，如不能开机，则有故障，即室内没有达到设定温度。

1）室内或室外主控板驱动电路故障。

2）室内或室外单片机自身故障。

3）室内或室外 E^2PROM 自身故障。

4）室内或室外主控板过电流检测电路故障。

5）室内或室外主控板高低压保护电路故障。

6）室内或室外主控板温度检测电路故障。

（5）压缩机运转但室内风机不转。此故障指室外机运转正常但室内风机不转，或初次开机时，风机运转但过一段时间后自动停机。

1）室内或室外主控板管温检测电路故障。

2）室内或室外主控板风机驱动电路故障。

3）室内或室外主控板通信电路故障。

4）室内或室外主控板风速检测电路故障。

5）室内或室外单片机自身故障。

（6）制热正常但不除霜或除霜频繁。此故障是指空调器制热正常，但室外散热器除霜效果不好或不除霜，及空调器室外机散热器没有结霜但却出现周期性除霜现象。

1）室外除霜电路板电路故障。

2）室外主控板管温检测电路故障。

3）室内管温检测保护电路故障。

4）室内外主控板通信电路故障。

5）室外管温热敏电阻开路故障。

6）室外风扇电动机驱动电路故障。

（7）空调器能制冷但不制热故障。此故障指制冷时能正常工作，但制热时室外机不工作或外机换向阀线圈不通电故障。造成此故障的主要原因是：

1）室内主控板环境温度检测电路故障。

2）室内或室外主控板通信电路故障。

3）室外主控板换向阀线圈驱动电路故障。

4）化霜温度检测电路故障。

5）室内或室外单片机自身故障。

（8）空调器除湿运转正常，在制冷状态压缩机不转，有以下原因：

1）室内控制板环境温度检测电路故障。

2）单片机自身故障。

3）室内外主控板保护电路故障。

（9）空调器突然停机故障。出现此故障时，空调器不受自身开关或遥控器控制，而只能采用拔下电源插头关机的现象，且下次开机后空调器运转正常。常见故障原因如下：

1）用万用表测量电控板的各元器件的静态电阻。

2）室外主控板信号驱动电路故障。

3）室内或室外复位电路设计不合理。

4）抗干扰电路故障。

★ 六、格力变频空调器电控板维修新法

（1）找准原因

分清现象→找准原因→正确解决→排除故障。

（2）两个概念

1）系统：制冷循环系统、电气控制系统、通风系统。

2）控制：开环控制、闭环或反馈控制。

（3）三种方法

1）顺推法。

2）逆推法。

3）排除法。

其中，检测控制器的好坏一般在通电情况下测试各路电源电压，断电情况下测试关键器件是否短路。

★ 七、格力空调器控制板电路分析方法

1. 格力空调器 R22 电路板控制电路

格力空调器 R22 电路板控制电路见图 5-27（见本书彩插）。

2. 格力空调器 R410a 电路板控制电路

格力空调器 R410a 电路板控制电路见图 5-28（见本书彩插）。

3. 格力 KFR-50LW 柜式空调器、KFR-70LW 柜式空调器室内机电路板控制电路

格力 KFR-50LW 柜式空调器、KFR-70LW 柜式空调器室内机电路板控制电路见图 5-29（见本书彩插）。

4. 格力 KFR-50LW 柜式空调器、KFR-70LW 柜式空调器室外机电路板控制电路

格力 KFR-50LW 柜式空调器、KFR-70LW 柜式空调器室外机电路板控制电路见图 5-30（见本书彩插）。

★ 八、格力空调器 50LW、70LW 室外机电路板控制电路维修现场通

1. 强电滤波电路

位于室外机控制板前端，由保险管、压敏电阻、放电管、安规电容、共模差模电感、氧

化膜电阻等组成，用于工频交流电源滤波，有 PTC 电阻限流保护，并有浪涌吸收电路滤除高电压的干扰。

整流滤波电路：由大功率整流桥高电压大容量电解电容组成，将工频交流电源整流滤波成直流电源，用于后续电路供电。

2. PFC 电路

由大电感、大功率 IGBT 及其控制保护电路组成，用于提高整机的功率因数，减少对电网的谐波干扰并具有升压作用。

3. IPM 逆变电路

由 IPM 模块及其控制、保护、检测电路构成，在 DSP 的控制下，通过 IPM 模块，将整流升压后的直流电压转化为可控的三相交流电源输送至压缩机的永磁同步电动机，从而达到调节压缩机转速的目的。

4. 开关电源电路

利用开关电源芯片周期性控制内部开关器件的通断来调整输出所需的稳定的低压电压源以提供后端各种芯片及继电器、感温包等的工作电压。

5. 温度检测电路

利用各类感温包采集相应温度以便 DSP 根据具体环境做出相应的运算控制，以及在检测到出现异常情况时及时输出保护信号。

6. 通信电路

由室外内通信发送、接收电路及室内外连接线构成，用于内机和外机之间的通信，将内机检测温度与设置温度等信号传递至外机处理，并将外机处理结果及保护状况传递至内机显示。

（1）外机通信电路，具体见图 5-31。

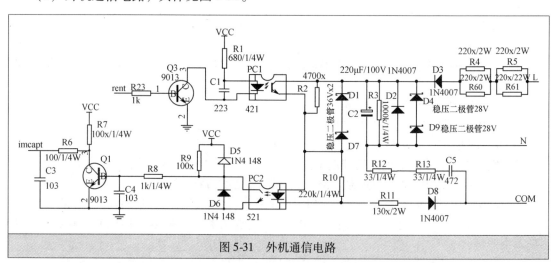

图 5-31　外机通信电路

（2）室内机、室外机通信电路，具体见图 5-32。

（3）通信故障解析。通信故障首先需要检查室内机、室外机机型是否配套（具体内机搭配什么外机，在室内机的包装箱上有明确说明）。然后检查是否存在室内外连接线接错、松脱、加长连接线不牢靠或氧化的情况。如两者均正常，可通过外机板指示灯显示情况来判断。

非倒扣电器盒的变频外机：三灯均不亮；三灯长亮（直接更换外机板）；只有绿灯闪

烁；室外机有电，但压缩机不运行没有通信故障，而压缩机一旦运行就有通信故障。通信故障解析见图5-33。

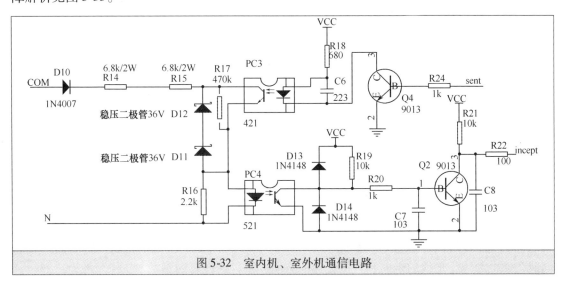

图5-32 室内机、室外机通信电路

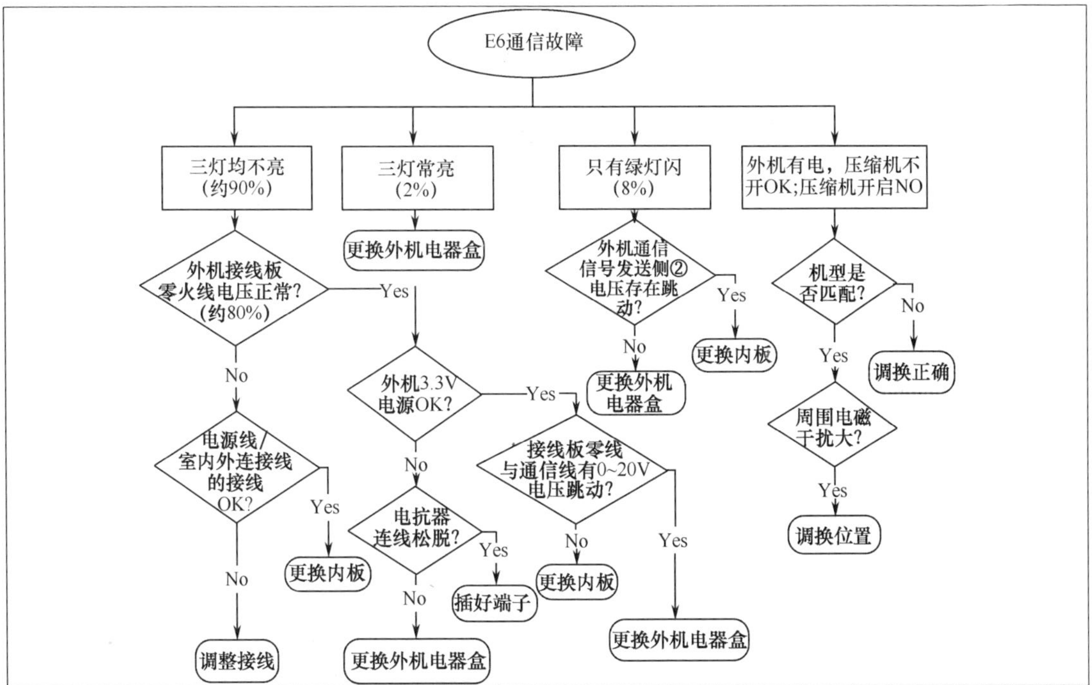

图5-33 通信故障解析

注意：

①测试外机主芯片是否接收到室内机发送信号。如果电压值在0～3.3V之间，说明内机已经发送了信号只是外机没有接收到，可以直接更换外机板；如果电压恒为高电平（3.3V左右）或者恒为低电平（0V左右），则可以测量外机接线板上中间的通信线。

对零线（N1）之间的电压，电压在0～20V左右跳动说明内机有信号发送，外机没有接收到，属于外机故障，更换外机板。如果没有变动，则说明内机根本没有发送信号，更换内机控制器。

②测试外机主芯片是否向室内机返回通信信号。如果电压恒为高电平（3.3V 左右）或者恒为低电平（0V 左右），则说明外机芯片或通信电路的故障，直接更换外机控制器。

★ 九、电子电路干扰的抑制方法

1. 干扰源

电子电路工作时，往往在有用信号之外还存在一些令人头痛的干扰源，有的产生于电子电路内部，有的产生于外部。外部的干扰主要有高频电器产生的高频干扰、电源产生的工频干扰、无线电波的干扰；内部的干扰主要有交流声、不同信号之间的互相感应、调制，寄生振荡、热噪声、因阻抗不匹配产生的波形畸变或振荡。

2. 降低内部干扰的措施

（1）元器件布局：元件在印制线路板上排列的位置要充分考虑抗电磁干扰故障，原则之一是各部件之间的引线要尽量短。在布局上，要把模拟信号部分、高速数字电路部分、噪声源部分（如继电器、大电流开关等）这三部分合理地分开，使相互间的信号耦合为最小。

（2）电源线设计：根据印制线路板电流的大小，尽量加粗电源线宽度，减少环路电阻。同时，使电源线、地线的走向和数据传递的方向一致，这样有助于增强抗噪声能力。

（3）地线设计：在电子设备中，接地是控制干扰的重要方法。如能将接地和屏蔽正确结合起来使用，可解决大部分干扰故障（详细方法见下一部分接地知识）。

（4）退耦电容配置线路板设计的常规做法之一是在线路板的各个关键部位配置适当的退耦电容。退耦电容的一般配置原则是：电源输入端跨接 10 ~ 100μF 的电解电容器。如有可能接 100μF 以上的更好。

原则上每个集成电路芯片都应布置一个 0.01pF 的瓷片电容，如遇印制板空隙不够，可每 4 ~ 8 个芯片布置一个 1 ~ 10pF 的钽电容。对于抗噪能力弱、关断时电源变化大的器件，如 RAM、ROM 存储器件，应在芯片的电源线和地线之间直接接入退耦电容。电容引线不能太长，尤其是高频旁路电容不能有引线。

此外，还应注意以下两点：

（1）在印制板中有接触器、继电器、按钮等元件时，操作它们时均会产生较大火花放电，必须采用 RC 电路来吸收放电电流。一般 R 取 1 ~ 2kΩ，C 取 2.2 ~ 47μF。

（2）CMOS 的输入阻抗很高，且易受感应，因此在使用时对不用端要接地或接正电源。

3. 降低外部干扰的措施

（1）远离干扰源或进行屏蔽处理。

（2）运用滤波器降低外界干扰。

★ 十、接地知识

接地分安全接地、工作接地，这里所谈的是工作接地，设计接地点就是要尽可能减少各支路电流之间的相互耦合干扰，主要方法有单点接地、串联接地、平面接地。在电子设备中，接地是控制干扰的重要方法。如能将接地和屏蔽正确结合起来使用，可解决大部分干扰故障。电子设备中地线结构大致有系统地、机壳地（屏蔽地）、数字地（逻辑地）和模拟地等。在地线设计中应注意以下几点。

1. 正确选择单点接地与多点接地

在低频电路中，信号的工作频率小于1MHz，它的布线和器件间的电感影响较小，而接地电路形成的环流对干扰影响较大，因而应采用一点接地。当信号工作频率大于10MHz时，地线阻抗变得很大，此时应尽量降低地线阻抗，应采用就近多点接地。高频电路宜采用多点串联接地，地线应短而粗，高频元件周围尽量用栅格状大面积的箔。当工作频率在1～10MHz时，如果采用一点接地，其地线长度不应超过波长的1/20，否则应采用多点接地法。

2. 将数字电路与模拟电路分开

电路板上既有高速逻辑电路，又有线性电路，应使它们尽量分开，而两者的地线不要相混，分别与电源端地线相连。要尽量加大线性电路的接地面积。

3. 尽量加粗接地线

若接地线很细，接地电位则随电流的变化而变化，致使电子设备的定时信号电平不稳，抗噪声性能变坏。因此应将接地线尽量加粗。

4. 将接地线构成闭环路

设计只由数字电路组成的印制电路板的地线系统时，将接地线做成闭环路可以明显地提高抗噪声能力。其原因在于：印制电路板上有很多集成电路元件，尤其遇有耗电多的元件时，因受接地线粗细的限制，会在地线上产生较大的电位差，引起抗噪声能力下降，若将接地线构成环路，则会缩小电位差值，提高电子设备的抗噪声能力。

★ 十一、疑难故障维修方法

1. KFR-50LW 柜式空调器王者风尚故障1

经检查，外机主板指示灯三灯均不亮；测试室外侧接线板，零线、相线间电压220V左右；进一步检查各室外机连接线，无松脱情况。基本确定是室外机主板故障。进一步用万用表测试外机主板，发现保险管断开，IGBT短路，故障得到确认。记录该主板编码型号，找到相同主板的配件，测试合格，装配上去并固定好螺钉接好连接线后，测试绝缘电阻合格，开机试运行一段时间，故障得到解决。

2. KFR-50LW 柜式空调器王者风尚故障2

经检查，外机采用了倒扣变频主板，主板故障指示灯只有D30闪烁，其余的3个指示灯均不亮，说明整机供电电源没有故障。进一步检查室外机连接线，无松脱情况，由于用户使用过一段时间，可以确定是控制器故障。进一步用万用表的直流电压挡测试外机接线板零线和通信线之间的电压，没有0～20V电压跳动的现象，万用表显示0V，说明室内控制器没有发数据或通信电路损坏。更换外机控制器，上电测试通信正常，说明是外机控制器损坏。售后退回的控制器经分析：外机通信电路回路中的13k/2W氧化膜电阻烧断，造成通信回路断开引起通信故障。

第四节 格力 KFR-26GW／(26576) FNAa-A2、 KFR-35GW／(35576) FNAa-A2 变频空调器 电控板控制电路分析与速修技巧

★ 一、该控制器设计有以下功能

(1) 自动；(2) 制冷；(3) 除湿；(4) 送风；(5) 制热；(6) E享模式。

★ 二、控制器的目标

(1) 内风机：制冷模式：共7挡风速（包括静音、风速1、风速2、风速3、风速4、风

速5、超强）；

制热模式：共7挡风速（包括静音、风速1、风速2、风速3、风速4、风速5、超强）；

送风模式：此模式具体风速同制冷；

除湿模式：此模式可设定低风挡和静音风挡，具体风速同制冷低风速；

自动模式：此模式无超强风，风速同各运行模式（制冷模式、送风模式、制热模式）；

E享模式：此模式无超强风，风速同各运行模式（制冷模式、送风模式、制热模式）。

（2）上下扫风步进电动机；（3）扫风机构步进电动机；（4）左右扫风步进电动机；（5）一组辅助电加热；（6）健康功能（冷等离子预留）；（7）普通蜂鸣器。

★ 三、系统的基本功能

1. 制冷模式

（1）制冷运行条件及过程（变频机型见外机说明）；

（2）保护功能（变频机型见外机说明）。

2. 除湿模式

（1）除湿运行条件及过程（变频机型见外机说明）；

（2）保护功能（变频机型见外机说明）。

3. 制热模式（单冷机无）

（1）制热运行条件及过程（变频机型见外机说明）；

（2）化霜条件及过程（内机控制，变频机型具体条件见外机说明）普通智能化霜，自动根据结霜情况进行化霜，化霜模式灯亮。不停机化霜，根据化霜情况开启内风机，化霜模式灯亮。

4. 送风模式

在此模式下，室内风机按设定风速运转，压缩机、室外风机、四通阀、电加热管均停止运转。此模式下，温度设定范围为16～30℃。显示器显示设定温度。

5. 自动模式

在此模式下，系统根据环境温度的变化自动选择其运行模式（制冷、制热、送风）。显示器显示设定温度。模式转换有30s延时保护。保护功能同各个模式下的保护功能。

★ 四、室内机故障代码指示灯显示方法（见表5-14）

表5-14 室内机故障代码指示灯显示方法

故障名称	故障定义	双八代码显示
收制冷剂模式	运行状态立即显示	Fo
室内风机故障	硬件故障	H6
室内蒸发器中间感温包故障	硬件故障	F2
室内环境感温包故障	硬件故障	F1
内、外机通信故障	硬件故障	E6
跳线帽故障	硬件故障	C5
模块电流保护限/降频	遥控调用显示	En
模块温度保护限/降频	遥控调用显示	EU
过载保护限/降频	遥控调用显示	F6
防冻结、保护限/降频	遥控调用显示	FH

（续）

故障名称	故障定义	双八代码显示
排气保护限/降频	遥控调用显示	F9
外机 AC 电流保护限/降频	遥控调用显示	F8
过载感温包故障	硬件故障	FE
室外排气感温包故障	硬件故障	F5
室外环境感温包故障	硬件故障	F3
室外冷凝器感温包故障	硬件故障	F4
模块感温包电路故障	硬件故障	P7
压缩机过载保护	其他故障	H3
排气保护	其他故障	E4
过载保护	其他故障	E8
外机 AC 电流保护	其他故障	E5
模块电流保护	其他故障	H5
模块温度保护	其他故障	P8
防冻结保护	其他故障	E2
功率过高保护	其他故障	L9
压缩机断/逆相保护	其他故障	U2
PFC 过电流故障	其他故障	HC
直流母线电压过高保护	其他故障	PH
直流母线电压过低保护	其他故障	PL
缺氟保护	其他故障	F0
模式冲突	硬件故障	E7
室内外机型不匹配	硬件故障	LP
记忆芯片读写故障	硬件故障	EE
过零信号异常	硬件故障	U8
四通阀换向异常	硬件故障	U7
室外风机 2 故障	硬件故障	LA
室外风机 1 故障	硬件故障	L3
系统低压保护	其他故障	E3
系统高压保护	其他故障	E1
直流母线电压跌落故障	其他故障	U3
整机电流检测故障	硬件故障	U5
电容充电故障	硬件故障	PU
压缩机相电流检测故障	硬件故障	U1
压缩机失步	其他故障	H7
压缩机退磁保护	其他故障	HE
压缩机起动失败	其他故障	Lc
压缩机过电流峰值电流过高	其他故障	P5
室外机冷媒加热器继电器粘连故障	硬件故障	A2
室外机冷媒加热器失效故障	遥控调用显示	A3
冷媒加热器温度感温包故障	硬件故障	A4
冷凝器入管感温包故障（原商用非通用故障代码 F5）	硬件故障	A5

★ 五、特殊功能

（1）射频控制功能

目前有换气、加湿、清新机等三种可选的伴侣，通过配对后可通过空调遥控器控制相关伴侣工作。

（2）随身感功能

当控制器接收到随身感指令时，则控制器按照遥控器发送的环境温度值工作（化霜和防冷风除外，仍采用空调自身环境感温包的采样值），遥控器每隔一段时间发送一次环境温度值给控制器。若长时间控制器没有接收到遥控器发来的环境温度值，则按空调自身的环境温度执行。若没有设定功能，则环境温度都采用空调自身感温包的采样值。掉电不记忆此功能。

（3）感温包故障检测

当检测到室内环境感温包故障时，显示F1；当检测到室内管温感温包故障时，显示F2。

（4）低功耗待机功能

当空调关机处于待机状态，6min后进入低功耗待机状态，电源灯会灭掉。

★ 六、疑难故障分析方法

（1）故障一：上电空调无反应，蜂鸣器不鸣叫。解决办法：请检查空调的电源或更换控制器。

（2）故障二：显示板双八数码管显示"C5"。解决办法：空调跳线帽未可靠连接在控制器上，请重新插装或者更换相同规格的跳线帽。

（3）故障三：显示板双八数码管显示"F1"。解决办法：空调环境感温包未可靠连接在控制器上，请重新插装或者更换一根环境感温包。

（4）故障四：显示板双八数码管显示"F2"。解决办法：空调管温感温包未可靠连接在控制器上，请重新插装或者更换一根管温感温包。

（5）故障五：显示板双八数码管显示"H6"。解决办法：空调内风机反馈线未可靠连接在控制器上或者内风机电动机坏，请重新插装内风机反馈线或者更换控制器主板或者更换电动机。

（6）故障六：显示板双八数码管显示"FC"。解决办法：属于扫风机构故障状态，接线松脱或扫风机构损坏或主板损坏导致。请重新插装连接线或更换扫风机构或更换控制器。

（7）故障七：显示板双八数码管显示"JF"或"rF"。解决办法：检测板异常时，主板与检测板通信线松脱或检测板本身异常或主板异常，请重新插装连接线或更换检测板或更换控制器。

（8）故障八：显示板双八数码管显示"HF"。解决办法：WiFi 模块异常，检测板上 WiFi 模块本身异常或检测板 WiFi 模块与检测板通信异常，请检测 WiFi 模块焊接是否有短路或更换检测板。

★ 七、电动机堵转

（1）开风机时，电动机转速不大于300r/min且连续1min，以上视为电动机堵转。

（2）电动机堵转保护时，所有负载均停（内风机、外风机、压缩机、电加热管等，四通阀需延迟2min停，导风板停在当前位置）。

（3）一旦出现电动机堵转保护，则需断电方可恢复。

（4）电动机堵转保护时，遥控接收、按键均有效，可开关机，但不做具体目标控制处理（内风机、外风机、压缩机、电加热管等，四通阀需延迟2min停，导风板停在当前位置）。

（5）电动机堵转保护时，如当前为开机，则双 8 数码管的显示堵转故障代码 H6；如当前为关机，则不显示堵转故障信息。

★ 八、通信故障

当连续 3min 没有接收到正确信号，为通信故障，室外停机，自动制热或制热模式下吹余热停，其他模式内风机按设定风速运行。24V 通信测量方法如图 5-34 所示。

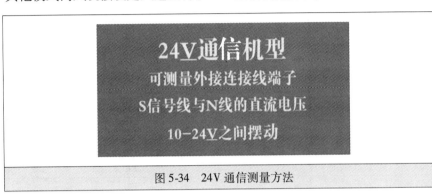

图 5-34　24V 通信测量方法

★ 九、室内机漏水

室内机漏水故障多为安装工人不注意，没把室内机管路弄好造成，见图 5-35 所示（见本书彩插）。

★ 十、故障代码及排除方法

如表 5-15 所示，显示故障灯显示方式：闪 0.5s，灭 0.5s，两次故障显示间隔 2s。绿色灯显示方式：通信正常时，闪 1s，灭 1s。通信故障时不闪烁。

表 5-15　故障代码

序号	运行状态或故障名称	黄灯	红灯	绿灯	内机显示
1	压缩机开	闪烁 1 次			
2	化霜	闪烁 2 次			H1
3	防冻结保护	闪烁 3 次			E2
4	IPM 保护	闪烁 4 次			H5（连 6 次后显示）
5	过电流保护	闪烁 5 次			E5
6	过载保护	闪烁 6 次			H4
7	排气保护	闪烁 7 次			E4
8	过载保护	闪烁 8 次			H3
9	功率保护	闪烁 9 次			L9
10	模块温度过高	闪烁 10 次			H5（连续 6 次后显示）
11	E^2PROM 读写故障	闪烁 11 次			
12	低电压保护	闪烁 12 次			PL
13	高电压保护	闪烁 13 次			PH
14	PFC 过电流保护	闪烁 14 次			HC
15	内外机型不匹配	闪烁 16 次			LP

（续）

序号	运行状态或故障名称	黄灯	红灯	绿灯	内机显示
16	限频（电流）		闪烁 1 次		
17	限频（排气）		闪烁 2 次		
18	限频（过载）		闪烁 3 次		
19	降频（防冻结）		闪烁 4 次		
20	室外环境感温包故障	闪烁 6 次			F3
21	室外管温感温包故障	闪烁 5 次			F4
22	室外排气感温包故障	闪烁 7 次			F5
23	达到开机温度		闪烁 8 次		
24	限频（功率）		闪烁 13 次		
25	外风机故障		闪烁 14 次		
26	通信正常		连续闪烁		
27	通信故障	灭			E6
28	室内环境感温包故障		F1		
29	室内管温感温包故障		F2		
30	跳线帽故障		C5		
31	存储芯片故障/记忆芯片故障		EE		
32	散热片或 IPM、PFC 模块温度传感器异常		P7		
33	四通阀换向异常		U7		
34	过零检测故障		U8		
35	无室外电动机反馈		UH		
36	内风机堵转		H6		

以下故障需用遥控器调用，在 3s 内连续按灯光键 6 次才显示，5min 自动退出检测状态或当在 3s 内连续按灯光键 6 次退出。

1	系统高压保护/压缩机高压保护	E1
2	防冻结保护停机	E2
3	排气停机保护	E4
4	过电流保护	E5
5	缺制冷剂保护	F0
6	防高温停机保护	H4
7	PFC 过电流保护	HC
8	功率过高保护	L9
9	压缩机堵转	LE
10	散热片温度过高	P8
11	高电压保护	PH
12	室外电器盒温度过高	UP
13	直流过电流	UU
14	低电压保护	PL

★ 十一、常见故障维修方法

1. 重点注意

（1）注意安全。更换主板或插拔主板上接线（如压缩机线、四通阀线、感温包等），必须是在断电并等待主板放完电不再有残留电压后才能进行，一般断电后等待 3min 可以放完电。

（2）更换内机主板时，需要把原来内机主板上的跳线帽装到新主板上，否则会显示 C5 故障。

（3）空调运行前请先检查供电电源是否在空调额定电源范围内。

2. 空调不起动

观察空调上电时的现象：蜂鸣器是否响一声，内机显示灯是否亮。

3. 空调上电电源跳闸

了解情况：给空调供电的电源是否在空调额定电源范围内；空调电源线和内外机连接线是否有短路。检测方法如图 5-36（见本书彩插）所示。

4. 空调运行一段时间后电源跳闸

了解情况：检查给空调供电的电源功率和电流是否满足空调要求；空调关机 1min 后重新上电开机看能否运行。

5. 制热不良

了解情况：空调是否运行在制热模式；设定的制热温度是否不够高；内风机是否被设定在低风挡（设定为高风挡，效果更好）；内机过滤网是否积满灰尘（若是需清洗过滤网）；检查内外机进风口是否被堵；内外风机是否运转正常；内机安装的房间是否太大（房间太大会让人感觉制热很慢或制热效果不好，需安装更大功率的空调）；是否人员进出房间频繁；空调是否频繁化霜。

6. 制冷不良

了解情况：空调是否运行在制冷模式；设定的制冷温度是否不够低；内风机是否被设定在低风挡（设定为高风挡，效果更好）；内机过滤网是否积满灰尘（若是需清洗过滤网）；检查内外机进风口是否被堵；内外风机是否运转正常；内机安装的房间是否太大（房间太大会让人感觉制冷很慢或制冷效果不好，需安装更大功率的空调）；是否人员进出房间频繁；外风机及压缩机是否运转。

7. 防高温保护（H4）或防高温限频

（1）$T_{管}$：制冷时为室外管温感温包测得的温度，制热时室内管温感温包测得的温度；

（2）当 $T_{管} \geqslant 55℃$ 时，禁止频率上升；当 $T_{管} \geqslant 58℃$ 时，压缩机降低频率运行；当 $T_{管} \geqslant 62℃$ 时，压缩机停止运行；

（3）测量热交换器的实际温度是否达到限频或保护的温度（测量热交换器的位置贴近管温感温包测量的位置）；实际温度未达到限频或保护的温度，更换管温感温包。更换管温感温包仍未正常，更换主板（制热时出现故障更换内机主板，制冷时出现故障更换外机主板）；

（4）实际温度达到限频或保护的温度，检查内机过滤网是否积满灰尘（若是需清洗过滤网）；检查内外机进风口是否被堵；内外风机是否运转正常；测整机压力是否正常，以判断冷媒是否足够；检查空调系统管路是否被堵。

8. 压缩机排气温度保护（E4）

（1）室外排气感温包测得的温度 $\geqslant 98℃$ 时，禁止频率上升；该温度 $\geqslant 103℃$ 时，降频运行；该温度 ≥ 110℃时，压缩机停止；

（2）测量排气的实际温度是否达到限频或保护的温度（测量的位置贴近排气感温包测量的位置）；实际温度未达到限频或保护的温度，更换排气感温包。更换排气感温包仍未正常，更换外机主板；

（3）实际温度达到限频或保护的温度，检查内机过滤网是否积满灰尘（若是需清洗过滤网）；检查内外机进风口是否被堵；内外风机是否运转正常；测整机压力是否正常，以判断冷媒是否足够；检查空调系统管路是否被堵。

9. 蒸发器防冻结保护（E2）或防冻结限频

（1）在制冷、抽湿模式下，当 $T_{内管}$ ≤ 1℃ 时，降频运行；当连续 3min 检测到 $T_{内管}$ ≤ -1℃时防冻结保护（E2）；

（2）测量室内热交换器的实际温度是否达到限频或保护的温度（测量热交换器的位置贴近管温感温包测量的位置）；实际温度未达到限频或保护的温度，更换室内管温感温包。更换管温感温包仍未正常，更换内机主板；

（3）实际温度达到限频或保护的温度，可以测整机压力是否正常，以判断冷媒是否足够。

10. 过电流保护（E5）或电流限频

（1）当整机电流 ≥ B 时，禁止频率上升；当整机电流 ≥ C 时，降频运行；当整机电流 ≥ D 时过电流保护；

（2）测量整机电流是否达到限频或保护的电流值（测量整机交流侧电流）；实际电流未达到限频或保护的电流值，更换外机主板；

（3）实际电流达到限频或保护的电流值。检查内机过滤网是否积满灰尘（若是需清洗过滤网）；检查内外机进风口是否被堵；内外风机是否运转正常；测整机压力是否正常，以判断冷媒是否足够；检查空调系统管路是否被堵。可以通过更换外机主板来确定是否是整机系统故障，更换外机主板后运行仍出现保护一般认为是系统故障。

11. 压缩机过载保护（H3）

（1）观察现象：是运行一段时间后出现保护还是一上电开机就出现；空调关机 1min 后重新上电开机看能否运行；

（2）若是一上电开机就出现保护，检查过载保护器在外机主板上的接线是否接好；过载保护器的接线是否有断裂；外机主板上的过载针座是否正常。以上检查都正常，更换外机主板。更换外机主板仍未解决故障，更换过载保护器。

（3）若是运行一段时间后才出现保护，可能是压缩机有故障。检查内机过滤网是否积满灰尘（若是需清洗过滤网）；检查内外机进风口是否被堵；内外风机是否运转正常；测整机压力是否正常，以判断冷媒是否不足或者过多；检查空调系统管路是否被堵。可以通过更换外机主板和过载保护器来确定是否是整机系统故障，更换外机主板和过载保护器后运行仍出现保护一般认为是系统故障。

12. 高电压保护（PH）和低电压保护（PL）

（1）观察现象：是运行过程中出现保护还是一上电开机就出现；空调关机 1min 后重新上电开机能否运行；检查供电电源是否在空调电源的额定范围之内；

（2）若是一上电开机就出现保护，且供电电源是否在空调电源的额定范围之内，更换外机主板；外机主板检测方法见图 5-37（见本书彩插）。

（3）若是运行过程中出现保护，且每次从开机到出现保护的时间都差不多，更换外机主板；

（4）若是运行过程中出现保护，但出现保护的时间没有规律，可能是供电电源附件有大功率设备在运行，例如电焊机等。

13. 跳线帽故障（C5）

内机跳线帽未装或装错，重新安装或更换正确的跳线帽。

14. 室内风机堵转（H6）

（1）检查内风机是否运转；检查内风机在内机主板上的接线是否插好；内风机的接线是否断裂；检查是否有未装在内机主板上的风机电容，如果有，接线是否正确，接线是否断裂；室内机风扇电动机转一圈，应有 3 个脉冲电压，如图 5-38 所示。

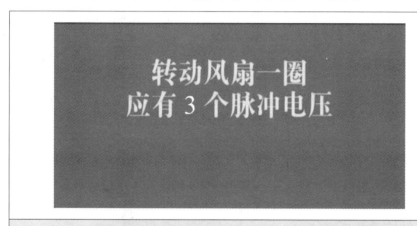

图 5-38 室内机风扇电动机转一圈，应有 3 个脉冲电压说明电动机良好

室内机风扇电动机检测方法如图 5-39 所示。

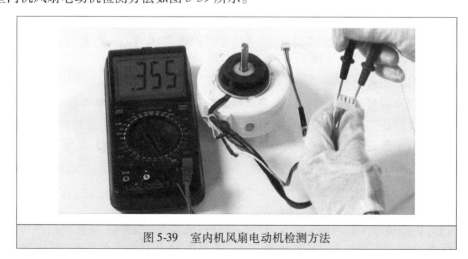

图 5-39 室内机风扇电动机检测方法

（2）以上检查都未发现异常，更换风机电容上电运行；若仍有 H6 故障，更换内风机运行；若仍有 H6 故障，更换内机主板。

15. 模块保护、模块温度过高、压缩机失步（H5）故障观察现象并了解可能的原因，可以测量 IPM 模块是否损坏。

（1）现象：正常运行一段时间后 H5。关机断电重新开机可以正常起动，运行一段时间后又 H5。

可能原因：

1）IPM 过热保护：室外环境温度过高，阳光直射外机可能造成保护（室外温度过高建议给外机做遮阳板）；IPM 和散热片之间没有散热膏或者有异物或者 IPM 螺钉没打紧造成保护——如果是这些原因，清理异物，涂好散热膏，打紧 IPM 螺钉即可消除故障。过热保护时，每次保护从开机运行到发生保护的时间长度相差不大；

2）系统负载过大导致压缩机相电流过大，IPM 过电流保护：内外风机运转正常；检查内机过滤网是否积满灰尘（若是需清洗过滤网）；内外机进风口是否被堵；连接管阀门是否未打开或者系统内部被异物堵住；是否冷媒不足。如果未发现以上现象，可以更换外机主板进行确认（更换外机主板后仍有 H5，一般认为系统堵或压缩机故障）。

3）PFC 未起动运行至高频时压缩机电流过大：一般运行至高频时才保护。可以上电开机运行 5min 后测量直流母线电压，如果直流母线电压低于 260V，可认为 PFC 未起动，更换外机主板。

4）空调电源电压突变，导致压缩机电流突然增大达到保护。上述三种情况下，每次保护从开机运行到发生保护的时间长度一般相差不大；电源电压突变造成 H5 保护，一般从开机运行到发生保护的时间长度没有规律性，可能是附近有大负荷设备运行，如电焊机等。

5）外机主板或外机主板程序和压缩机不匹配：更换为正确主板正确程序；

6）压缩机故障：测量压缩机三根线两两之间的电阻，正常压缩机一般都在几欧姆左右，且两两之间的电阻值相差不大。可以更换外机主板进行确认（更换外机主板后仍有 H5，一般认为系统堵或压缩机故障）；

（2）现象：关机断电重新开机压缩机不起动，开机半小时内就会出现 H5。

可能原因：IPM 损坏或外机主板损坏。可以拔掉压缩机线，上电开机运行，仍出现 H5 可认为是外机主板故障。断电更换外机主板。

（3）现象：关机断电重新开机压缩机起动运行但振动很大，一般几分钟压缩机就会停止。可能原因：

1）压缩机线顺序接反；

2）压缩机线未接好或者压缩机线断造成压缩机断相，从而压缩机电流过大；

3）IPM 模块损坏：拔掉压缩机线，上电开机运行，1min 后用万用表 DC 挡测量主板上 U \ V \ W 三相对主板地电压，如果某相电压和另两相相差太大，即为此相输出不正常，认为 IPM 损坏。断电更换外机主板。

16. 通信故障（E6）

可能原因如下：

（1）内外机连接线导致故障：检查内外机连接线安装是否正确；通信线是否和内外机连接线中零线或相线短路；通信线是否断路。可以更换内外机连接线确定是否是内外机连接线导致故障。

（2）外机主板没电：观察如果外风机转或者外机主板指示灯闪，说明外机主板有电，不是此故障。外机主板未得电可能原因：

1）内机未给外机供电（适用于内机供电动机型）：上电开机运行制冷或制热测量外机接线板上零相线间电压是否正常；

2）外机主板板内连线未接或者松动或者断开导致外机主板没电：检查外机主板板内连线是否接好；测量板内连线是否断路。

3）外机电抗器线未接或松脱或断开：检查外机主板上的电抗器接线是否接好，检查电抗器上的接线是否接好，检查电抗器上的接线是否有断路。可以在断电时测量电抗器两接线端之间的电阻，正常的电阻值很小。

4）由于感温包短路或过载保护器对外壳短路导致外机主板主芯片电源异常，主芯片不工作导致故障，这种情况下上电开机运行时外机主板指示灯不会亮：测量感温包是否短路；测量过载保护器是否对外壳短路。可以拔掉感温包和过载保护器，再上电开机运行，外机主板指示灯闪烁，内机不再显示 E6，可以确认故障在感温包或过载保护器。

（3）外机主板故障，可能原因：

1）外机主板元件损坏，导致主板不工作。排除掉第（2）点中的故障原因后，保证外机交流侧电源正常，但外机主板指示灯不亮，可以认为是外机主板损坏。更换外机主板。可以进一步测量外机保险管、IGBT、IPM、整流桥等元件看是否是这些元件损坏。

2）外机主板工作，指示灯亮烁，但主板通信电路损坏，导致通信故障。只有在排除掉第（2）点中的故障原因后，通过更换外机主板进行确认。更换后运行不再有 E6 故障，可确认是此故障。

（4）内机主板故障，可能原因：

1）内机主板接线不正常，未给外机供电：检查内机主板接线，特别是内机主板到内机接线板的接线是否接好，是否有松脱或断开；

2）内机主板继电器电路故障，导致未给外机供电（只适用于内机供电动机型）：内机主板接线正常，上电开机运行制冷或制热后测量内机接线板上给外机供电的零相线间没有电，这时可认为内机主板故障。更换内机主板。

3）内机主板通信电路损坏。只有排除其他原因，更换外机主板后仍未解决，才更换内机主板来确认此故障。

（5）外界干扰导致通信故障：这种情况下，关机断电后重新上电开机，可以正常运行。

（6）内外机通信电路或通信协议不匹配：通常情况下不会有此故障，除非用错内机或用错外机。检查内外机是否配套。

17. 外风机转速很慢或不转

（1）如果室外侧温度低于0℃，外风机转速很慢或不转可能是正常的（需查询是否有此功能）；

（2）断电检查风机在主板上的接线是否正确；

（3）接线正常，如果风机电容未装在主板上，更换风机电容；

（4）更换风机电容仍有故障或者风机电容未装在主板上，更换外机主板；

（5）更换主板仍有故障更换风机电动机。

18. 风机转动正常，但压缩机不运行

（1）是否设定温度是否正确，是否环境温度达到设定温度所以压缩机停机。

（2）断电检查压缩机在主板上的接线是否正常；拔出压缩机的 3 根接线，分别测量两两接线之间的电阻，正常电阻值应该只有几欧姆，并且相差不大。

（3）接线正常，重新上电开机运行，观察外机主板指示灯的闪烁次数是否指示故障。正常情况下，红色指示灯闪 8 次表示达到开机温度点开机运行。

（4）主板指示灯未指示故障，更换外机主板。

19．起动失败

（1）检查供电电源是否在空调额定电压范围内；检查内外机连接线是否安装正确；起动时内机是否有电（内机有电显示板亮）；

（2）遥控关机断电，等 3min 重新上电开机，能否起动正常运行；不能起动，关机断电，拆开外机外壳，再上电开机观察外机指示灯是否亮。

（3）室外机指示灯不亮，外机主板可能未得电或外机主板故障。

（4）外机指示灯亮，观察闪烁次数，看是否指示故障，并按故障查原因。

第六章

科龙变频空调器电控板控制电路分析与速修技巧

科龙变频空调器有 KFR-25GW/L21BP、KFR-28GBP、KFR-32GW/BPR、KFR-25GW/BP×2、KFR-50LW/BP 等多种型号，它们的工作原理基本相同。下面以 KFR-25GW/L21BP、KFR-32GW/BPR、KFR-25GW/BP×2 三种型号为例，介绍其技术特点、技术参数、电路组成、速修技巧等。

第一节 科龙 KFR-25GW/L21BP 变频空调器电控板控制电路分析与速修技巧

★ 一、技术参数（见表6-1）

表6-1 科龙 KFR-25GW/L21BP 变频空调器技术参数

性能参数	产品型号 KFR-25GW/L21BP	性能参数	产品型号 KFR-25GW/L21BP
电源	～220V/50Hz	室内循环风量（高速）/（m³/h）	400
适用电压范围		除湿量	
额定制冷量/W	2500	室内/外机风扇转速/（r/min）	1150/830
额定制热量/W	3400	充氟量/kg	1.0
额定制冷输入功率/W	1020	室内外连管直径（粗/细）/mm	φ9.53/φ6
额定制热输入功率/W	1380	内/外机净重/kg	8.5/35
额定制冷输入电流/A	5.2	内机尺寸（长×宽×高）/mm	770×240×179
额定制热输入电流/A	7.0	外机尺寸（长×宽×高）/mm	780×540×270
最大输入功率		噪声/dB（A）	36（室内）
最大电流			52（室外）

★ 二、控制电路组成

（1）科龙 KFR-25GW/L21BP 变频空调器室内机微电脑控制电路见图6-1。

（2）科龙 KFR-25GW/L21BP 室外机微电脑控制电路见图6-2。

（3）科龙 KFR-25GW/L21BP 室外机驱动板控制电路见图6-3。

★ 三、控制电路分析

室内机控制电路的功能有：采集室温及管温、接收红外遥控指令及按键应急运行指令、管理运行模式、控制风量及风向、实现定时及睡眠功能、控制蜂鸣器和 LED、完成室内外通信。

室内机控制电路将运行模式、设定温度、回风温度、管温、运行参数表传给室外机，压缩机、四通阀、室外风扇由室外机控制器控制，所有保护功能及除霜功能由室外机控制器实现。当室内机设置的运行模式与室外机运行状态不相容时，室内机蜂鸣器鸣叫三声后停机。

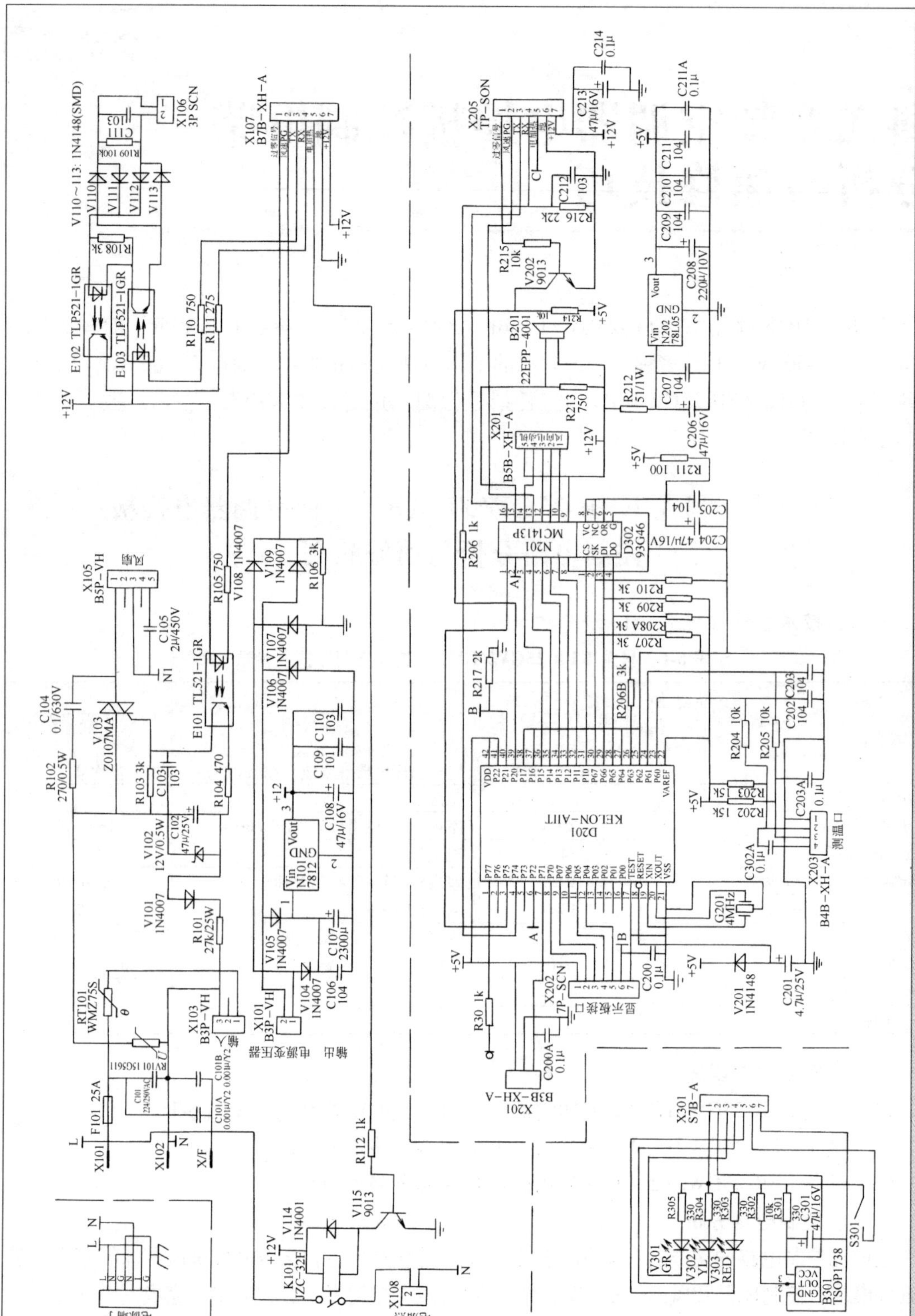

图6-1 科龙KFR-25GW/L21BP变频空调器室内机微电脑控制电路

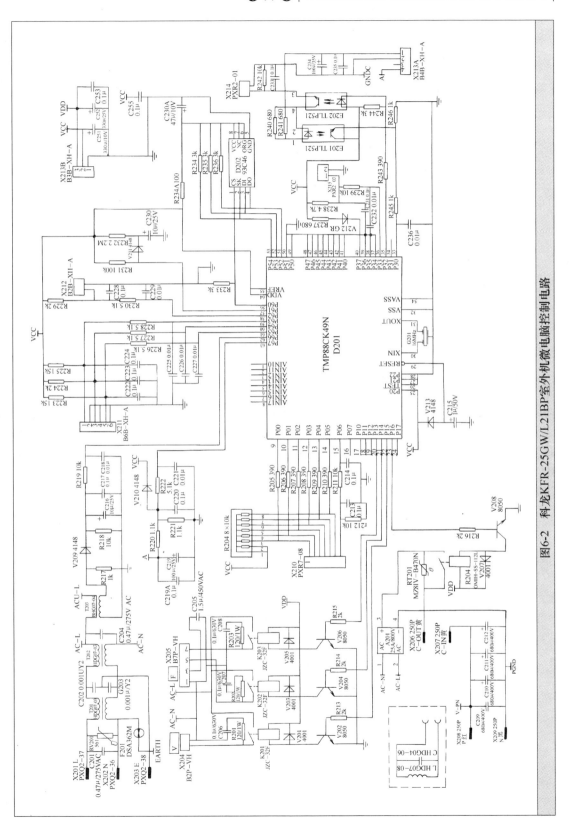

图6-2 科龙KFR-25GW/L21BP室外机微电脑控制电路

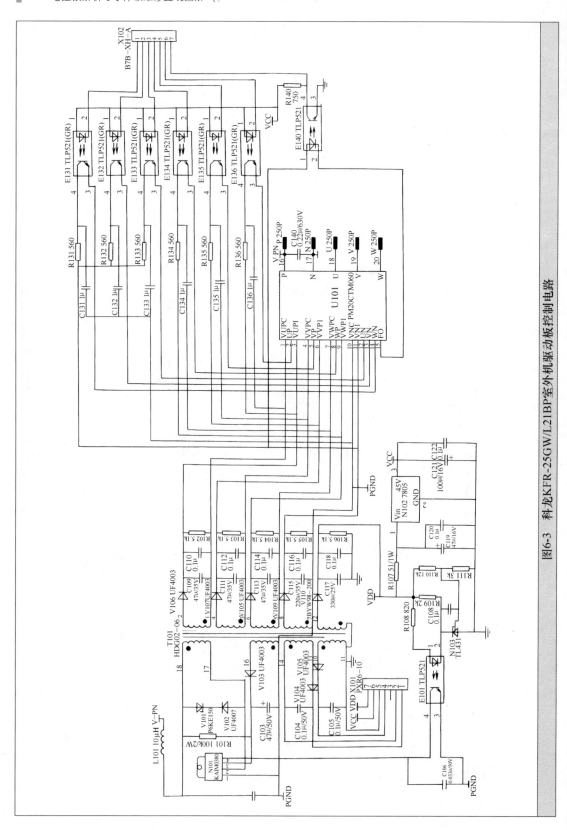

图6-3　科龙KFR-25GW/L21BP室外机驱动板控制电路

当室内机设置的运行模式与压缩机运行状态相容时，室内机功率指示 LED 指示本机冷（热）量需求情况。

按键仅有应急运行键，显示有运行、定时两个 LED；另有五个 LED 用于冷（热）量需求指示及特殊状态指示。

室外机控制电路采用 VVVF 方式对压缩机进行转速控制。室内外机通信采用电流环串行异步通信，压缩机运行频率及电子膨胀阀开度根据温差自动调整，除了具有一般空调的控制功能外，还具有系统过冷保护、系统过热、压缩机过热、排气过热保护、驱动器过热、过电流保护、低电压保护、通信出错保护等多种保护功能，并具有超名义制冷（制热）半小时运行功能和自检功能。

1. 电源电路

室外电源驱动为，220V 交流电通过 A201 桥堆整流后，通过 PFC 电路 HDG04-06、HDG07-08 给大电解电容 C209C212 供电。但为防止开始充电电流过大，用 PTC、PT201 限流，待电压上升到一定时，用继电器 K204 将 PTC 短路。通过大电解电容 C209 ~ C212，变频模块 U101PM20CJJ060 按 MCU TMP88CK49N 提供的变频调制信号，向压缩机输出三相驱动电压。

2. 通信电路

通信电路采用光隔离电流环电路，由室外机提供通信用隔离电源；通信模式为异步通信。

通信控制为主从查询方式，室外机作主机，循环向室内机发出查询信号，同时将压缩机及阀的工作状态传给室内机，若连续 10 次收不到室内机应答，则视为室内机关机。室内机收到室外机查询信号后，将运行模式、设定温度、进出口管温传给室外机，并根据室外机工作状态判断是否接收控制指令；若 10s 内未收到室外机查询信号，则视为通信故障并指示。

★ 四、综合故障速修技巧

故障 1 空调器制冷正常，但用遥控器开机，蜂鸣器不响

品牌型号	科龙 KFR-25GW/I21BP	类型	变频空调器
故障部位	室内板电阻 R123 损坏		

分析与检修： 现场卸下室内机外壳，测蜂鸣器良好，测量蜂鸣器旁路电阻断路，更换后故障排除。

经验与体会： 此机控制器具有直接输出 4000Hz 音频信号的蜂鸣器驱动端口，根据不同工作状态，输出不同时值（50ms 的整数倍）的蜂鸣器驱动信号，告知用户接收有效。

故障 2 用户采用马路旁安装工移机造成空调器漏水

品牌型号	科龙 KFR-25GW/I21BP	类型	变频空调器
故障部位	室内机漏水		

分析与检修： 现场目测室内机左斜，由此判定室内机因左倾斜造成室内机漏水。把室内机卸下，调整室内机挂板后试机，漏水故障排除。

经验与体会： 室内机安装不平向左倾斜的角度太大会造成此故障。补救的办法是把硬纸壳剪成方块，塞到室内机挂板上的扣槽内，可以适当调整空调器室内机倾斜角度。如塞硬纸壳

调整不过来必须重新固定室内机挂板，将室内机挂平并做排水试验，其方法如图6-4所示。

故障3 机组运转50min后，房间内无凉爽感觉

品牌型号	科龙 KFR-25GW/L21BP	类型	变频空调器
故障部位	室内机蒸发器U形管漏制冷剂		

分析与检修： 现场检测机组电控系统良好，用压力表测系统压力为0.28MPa，补加制冷剂到0.5MPa后制冷剂正常，两个月后用户反映空调器仍制冷效果差。经全面检测发现蒸发器U形管微漏制冷剂。采取的方法是：先把制冷剂收到室外机，切断电源，卸下电源线、控制线和室内连接管路。把室内机放在干净的地上。首先卸下主机背面上的管路夹板和左、右侧蒸发器压板。先把蒸发器后背的管路夹板拉出20°～30°，然后用双手从前端拉出蒸发器，顺着管道弯拆下整个蒸发器，当心别把弯曲管路破坏，保持原来管路的形状，如图6-5所示。

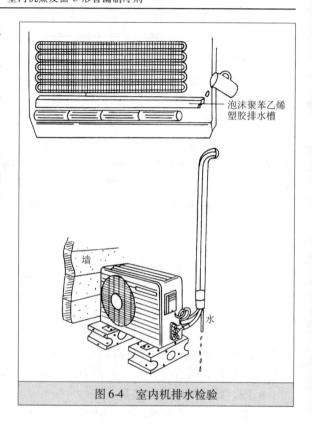

图6-4 室内机排水检验

蒸发器卸下后，用银焊条把漏点焊好。焊接时，周边2m内不得有易燃易爆物，以避免发生火灾。焊好蒸发器焊口后，先用氮气打压，确认不漏后再重新组装好室内机，连接好管路，抽空30min后加制冷剂后试机，故障排除。

故障4 空调器制冷正常，但导风板不工作

分析与检修： 现场检查导风板上下转动灵活，卸下室内机外壳，用手拔下步进电动机插件，经检测发现步进电动机绕组断路，更换步进电动机后，故障排除。

经验与体会： 步进电动机一般应用在变频分体壁挂空调器的风向调节上面，步进电动机由脉冲信号控制，在各相绕组上附加驱动电压，使电动机可正、反两个方向自由转动。其绕组接线方法如图6-6所示。

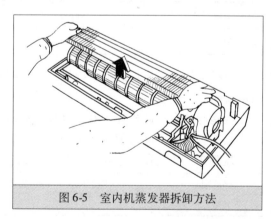

图6-5 室内机蒸发器拆卸方法

由图可见，步进电动机的4个绕组的阻值是相同的，可用万用表R×10挡检测判别。如测量供电电源正常，而不能工作，就是机械上出现了故障，如电动机内传动机构有问题，应重点检查排除，否则电动机绕组参数改变。

品牌型号	科龙 KFR-25GW/L21BP	类型	变频空调器
故障部位	步进电动机绕组断路		

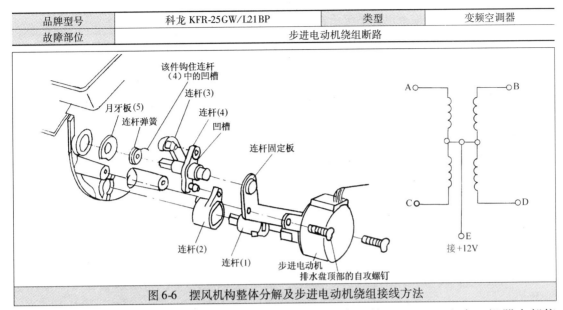

图 6-6 摆风机构整体分解及步进电动机绕组接线方法

故障 5 空调器不论在制冷还是在制热状态时，正常运转 5～10min 左右，机器全部停机而且无任何显示

品牌型号	科龙 KFR-25GW/L21BP	类型	变频空调器
故障部位	用户电源供电不正常		

分析与检修： 这种情况应先从查电源入手，用万用表测量楼道电源是否正常，检测量能达到 220V 正常电压，然后仔细查找空调本身是否有问题，全面检查后机器没有任何故障，最后判断用户家中电源有故障。在用户邻居家引来一根新电源，通电后一切正常，查出是用户家中电源线接头有虚接现象，机器起动后电流过大线体发热机器保护，但电压测量仍是 220V。

经验与体会： 由于用户电源供电不正常而造成空调器故障的例子不少，望引起注意。

故障 6 机组移机后不定时停机，用户有异议

品牌型号	科龙 KFR-25GW/L21BP	类型	变频空调器
故障部位	用户 LC 电路		

分析与检修： 上门用户反应空调器白天制冷正常，晚间机组不定期停机，根据故障现象初步判定用户日光灯（LC 电路）影响空调器使用，把日光灯移开后，故障排除。

经验与体会： 此故障瞬间的电压变化所产生的电磁场，干扰空调的正常运行，使其保护停机。其干扰源主要有：

（1）日光灯（LC 电路）：检查时可断开日光灯电源，单独测试空调器运行或在空调运行过程中，频繁开关日光灯检查出干扰源来。

（2）雷电干扰：大气放电的同时会产生一种电磁场，排除此故障，可增加空间的接地避雷措施，提高空调的抗干扰能力来解决。

故障 7 低压旁通阀芯泄漏，造成空调器不制冷

品牌型号	科龙 KFR-25GW/L21BP	类型	变频空调器
故障部位	低压旁通阀芯泄漏		

分析与检修：现场检查电控系统正常，测制冷系统压力为 0.21MPa，补加制冷剂到压力为 0.5MPa后，制冷正常。经检查发现低压旁通阀芯泄漏，修复后故障排除。阀芯内部结构如图6-7所示。

经验与体会：分体变频式空调器制冷系统补充制冷剂，必须从低压旁通阀加注。用带顶针的加气管，把低压加气阀杆顶开，制冷剂钢瓶的制冷剂气体和空调器制冷剂的气体接通，即可进行加注。

造成阀芯泄漏的原因是：加气管的顶针调整过长，把旁通加气阀顶针顶进去后不能弹回，使阀芯不能复位。排除的方法是：用专用空调器的钥匙插到加气阀芯内，给阀芯一个作用力，使阀芯弹簧弹出，即可排除阀芯漏气故障。

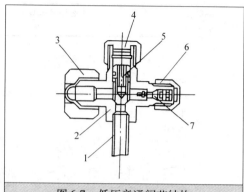

图6-7 低压旁通阀芯结构
1—铜管 2—阀体 3—接管螺母 4—阀盖
5—阀芯 6—注制冷剂喷嘴保护螺母 7—气门芯

故障 8 机组安装后室内外机均不工作，室内机功率指示灯 1#、5#灯点亮，2#、3#、4#灯熄灭

品牌型号	科龙 KFR-25GW/L21BP	类型	变频空调器
故障部位	通信线错接		

分析与检修：现场查科龙维修手册，发现此故障现象为通信线错接，调整控制线后，故障排除。

经验与体会：科龙故障灯自诊断方法给维修人员带来了方便，下面是此机组故障代码灯自诊断方法（●：闪亮，○：熄灭）：

○○○○● ：压力过高、压缩机过热保护指示 E3；

○○○●● ：过电流保护指示 E4；

○○●○● ：过热保护指示 E2；

○○●●○ ：过冷保护指示 E1；

●○○○○ ：通信出错指示 E5；

○○○○○ ：驱动器过热保护指示 E6；

○○●○○ ：除霜指示；

○●○○○ ：低电压保护指示 E7；

○●●●○ ：控制参数表传送指示。

第二节 科龙 KFR-32GW/BPR 变频空调器电控板控制电路分析与速修技巧

★ **一、整机性能参数**（见表6-2）

★ **二、控制电路组成**

科龙 KFR-32GW/BPR 变频空调器控制电路由室内和室外两部分组成。在室内机中采用的是 KELON—AIIT 专用芯片，其控制电路主要分为电源电路、上电复位电路、晶体振荡电路、过零检测电路、室内风机控制电路、亮度检测电路、应急控制电路、E^2PROM 电路、温度传感器电路等。室内机控制电路如图6-8所示。室外机微电脑控制电路、驱动板电路与

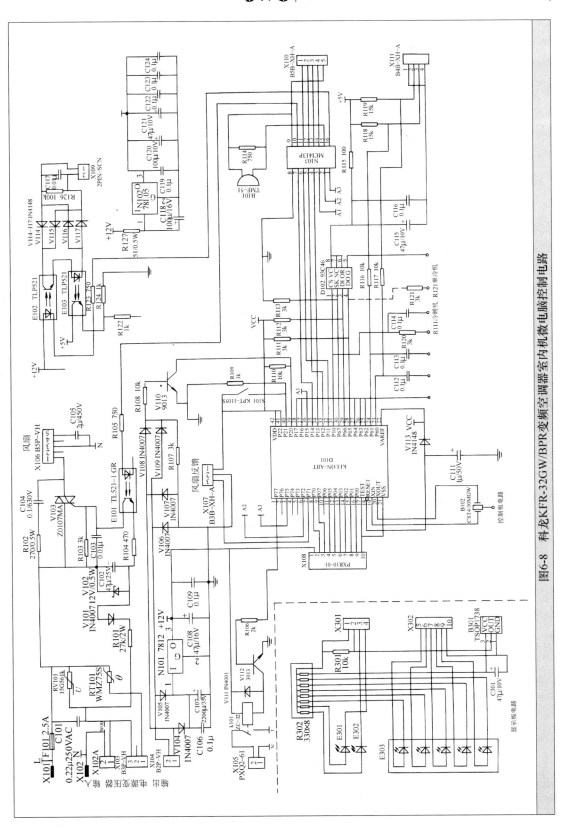

图6-8 科龙KFR-32GW/BPR变频空调器室内机微电脑控制电路

KFR-25GW/L21BP 的室外机微电脑控制电路相同。室内、外机控制电路框图如图 6-9 所示。

表 6-2　科龙 KFR-32GW/BPR 变频空调器性能参数

产品型号 性能参数	KFR-32GW/BPR	产品型号 性能参数	KFR-32GW/BPR
电源	~220V/50Hz	室内循环风量（高速）/（m³/h）	560
适用电压范围		除湿量	
额定制冷量/W	3200	室内/外机风扇转速/（r/min）	1106/830
额定制热量/W	4600	充氟量/kg	1.18
额定制冷输入功率/W	1300	室内外连管直径（粗/细）/mm	φ12/φ6
额定制热输入功率/W	1920	内/外机净重/kg	10/40
额定制冷输入电流/A	6.4	内机尺寸（长×宽×高）/mm	890×270×168
额定制热输入电流/A	9.6	外机尺寸（长×宽×高）/mm	780×540×270
最大输入功率		噪声/dB（A）	37（室内）
最大电流			52（室外）

★ 三、故障灯自诊断方式

科龙 KFR-32GW/BPR 变频空调器室内机有 5 个功率指示排显示，在制冷或制热模式下正常时点亮功率变化指示排。保护状态时，显示故障等指示如下（●：表示点亮，◎：表示熄灭）：

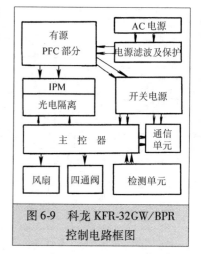

图 6-9　科龙 KFR-32GW/BPR 控制电路框图

◎●◎◎● 过冷保护指示；

◎◎●◎● 过热保护指示；

◎◎◎◎● 压缩机过热、排气过热保护指示；

◎◎◎●● 过电流保护指示；

●◎◎◎◎ 通信出错指示；

◎◎◎●◎ 驱动器过热保护指示；

◎◎●◎◎ 除霜指示；

◎●●●◎ 控制参数表传送指示；

●●●●● 满功率显示，从左至右 LED 点亮越多，冷热量需求越大。

★ 四、综合故障速修技巧

故障 1 开机 30min 仍无热风吹出

品牌型号	科龙 KFR-32GW/BPR	类型	变频空调器
故障部位	四通阀线圈断路		

分析与检修：现场检查遥控器设定正确，用压力表测系统压力正常，经全面检测发现四通阀线圈断路，更换四通换向阀后故障排除，恢复制热。

经验与体会：电磁换向阀线圈安装在四通阀侧端，可控制管路的通断和制冷剂在管路中流动方向的变化。在检查线圈时，可用万用表 R×100 挡测量其线圈阻值。阻值一般在几百欧姆到一千几百欧姆之间，视其功率大小而不同，若所测得的阻值比已知正常阻值小或接近零，表明线圈短路；若线圈阻值为无穷大，则表明线圈断路；若阻值正常，供电也正常，但不动作，则为机械故障，这要靠维修人员在实践中慢慢积累经验。

故障 2 空调器连续工作 6 个月后，突然冷热均不制

品牌型号	科龙 KFR-32GW/BPR	类型	变频空调器
故障部位	压缩机故障		

分析与检修： 现场检查发现用户单位管理混乱，使用不当是造成压缩机烧断绕组的主要原因，更换压缩机后故障排除。

经验与体会： 此机组采用的是涡旋式压缩机，与滚动活塞式和往复活塞式压缩机相比，涡旋式压缩机有下列优点：

（1）由于没有吸气阀和排气阀，因此工作可靠、寿命长。

（2）效率高。比滚动活塞式压缩机约高 5% ~ 10%，空调工况下的能效比 EER 值可达到 3.23 或更高。

（3）对液击不敏感，可允许有少量带液压缩，因此可以采用向汽缸内压缩气体喷液的循环。有利于降低压缩过程的功率消耗和排气温度。

（4）吸、排气过程是连续的，几乎没有气流脉动。

（5）运转平稳、平衡性好、转矩变化均匀。有利于提高电动机效率，减轻轴承负载。噪声和振动小。

（6）由于无吸、排气阀，使压缩机转速可以提高。有利于采用变频控制方式调节制冷量。对热泵式空调器更为适宜。在 8000 ~ 10000r/min 下运转时，仍有较高的效率。

（7）零部件数量较少、重量较轻、体积较小。体积比同样制冷量的往复活塞式压缩机小 40%，重量轻 15%。

图 6-10 所示是涡旋式压缩机的主要构成部件剖视。

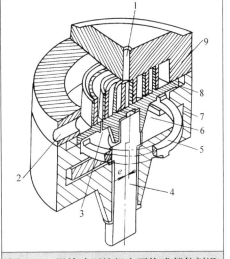

图 6-10 涡旋式压缩机主要构成部件剖视
1—排气孔口 2—吸气孔口 3—背压孔
4—偏心轴 5—十字导向环 6—背压腔
7—机身 8—动涡旋盘 9—定涡旋盘

它是由定涡旋盘 9 和动涡旋盘 8 组成压缩气体的工作容积。动涡旋盘由偏心轴 4 带动，依靠十字导向环 5 的作用，使动涡旋盘作平面回转运动。动涡旋盘上有背压孔 3，工作时由动涡旋盘与机身 7 之间形成的背压腔 6 内具有一定的气体压力。这样，使动涡旋盘作回转运动时，所受的轴向力减小。使动涡旋盘与机身之间接触面上的摩擦和磨损减小。在运转时，气体从蒸发器出来，被压缩机吸入全封闭的壳体内，然后经过吸气孔口 2 进入涡旋式压缩机的工作容积内。经过压缩后，由定涡旋盘中心的排气孔口 1 排出到全封闭壳体顶部的高压腔，再排出壳体。立式全封闭式涡旋压缩机的整体结构如图 6-11 所示。涡旋式压缩机主体部分内部分解如图 6-12 所示。

由上述各图可知：在封闭壳体 18 内，上部安装着涡旋式压缩机，下部安装着电动机 11，底部盛有润滑油 10。涡旋式压缩机由定涡旋盘 16、动涡旋盘 15、偏心轴 9、轴承 6 和 8、十字导向环 4 和机身 13 等组成。

工作时，气体从吸气管 1 进入到吸气腔 2，经过压缩后排入排气腔 17，再向下流至封闭

壳体的中部，从排气管3排出。

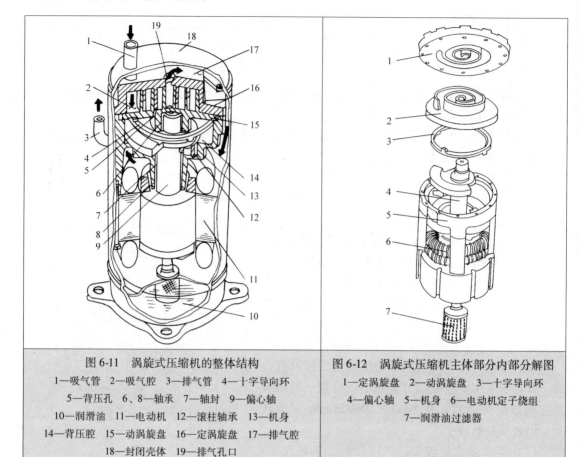

图6-11 涡旋式压缩机的整体结构

1—吸气管 2—吸气腔 3—排气管 4—十字导向环
5—背压孔 6、8—轴承 7—轴封 9—偏心轴
10—润滑油 11—电动机 12—滚柱轴承 13—机身
14—背压腔 15—动涡旋盘 16—定涡旋盘 17—排气腔
18—封闭壳体 19—排气孔口

图6-12 涡旋式压缩机主体部分内部分解图

1—定涡旋盘 2—动涡旋盘 3—十字导向环
4—偏心轴 5—机身 6—电动机定子绕组
7—润滑油过滤器

润滑油10从底部的滤网进入压缩机偏心轴内的油道，依靠泵油片向上提升，并通过偏心轴上的油道，分别送入轴承8和6，再通过动涡旋盘上的油道，流入动涡旋盘与定涡旋盘以及动涡旋盘与机身间的摩擦表面。

第三节　科龙 KFR-25GW /BP ×2 变频空调器电控板控制电路分析与速修技巧

★ 一、技术特点

科龙新一代变频机 KFR（25G×2）W/BP 均采用高效电子交流技术，使压缩机可在一定频率范围内变频运转，转速范围视压缩机性能而定（可改变）运用智能模糊控制，实现多参数相关互动式调节，使达到设定温度的设定时间最短，并保持高温变化曲线最平滑。

利用热力学优化设计，空调可全天候运行。

输入电压范围为 145～265V。

比普通一般空调制冷能力提高 30%，制热能力提高 40%～50%。初开达到设定温度时间比普通空调快一倍以上，节电 30%。

为配合第二代变频空调的研制,专门开发的新的全兼容变频驱动器性能高、价格低。

主要采用以下技术:

(1) 采用高档有源 PFC 技术,功率因数大于 0.98。

(2) 采用集成化更高的定制 ZPM,使可靠性大为增加。

(3) 所有器件均为焊板式、电器盒一体化,设计节省工艺流程。

(4) 高效宽电压范围的开关电流。

★ 二、控制电路组成

室内机控制电路主要有主控电路、电源电路、温度采集电路,通信电路、红外接收显示电路、驱动电路及风机调速电路。微电脑控制电路如图 6-13 所示。

1. 主控电路

主控电路由 TOSHIBA 的 8 位微处理器 D101、数据储存器 D102、陶瓷振荡器 B102、复位电路 C121、V115 及应急按键 S101 组成。

2. 电源电路

电源电路经整流后产生两路稳压电源: +12V、+5V、C113 ~ C117 为滤波电容,用于提高控制器的抗干扰能力。

3. 温度采集电路

R122、R123 为上拉分压电阻,采样信号经简单的 RC 滤波后送入 MCU。

4. 通信电路

通信电路采用光隔离电流环电路,E102 为发送光耦合器,E103 为接收光耦合器,V111 ~ V114 构成通信电流换向电路。

5. 红外接收显示电路

E303 为发光指示器,用于指示冷媒分配或特殊工作状态;E301、E302 为发光二极管,用于指示运行和定时状态。R306 为限流电阻。N301 为红外接收头,5V 电源经 C301 去耦后供给 N301;R301 为 N301 的输出上拉电阻。

6. 驱动电路

达林顿阵列 N103 为驱动电路的核心器件,用于驱动风向电动机、蜂鸣器及通信和晶闸管触发光耦合器。

7. 风机调速电路

R101、V108、V109、C106 组成半波整流滤波电路,产生 12V 的晶闸管触发电压,C105、R102 为缓冲电路;R104、C107 为干扰吸收电路,E101 将 MCU 输出的触发信号隔离后触发晶闸管驱动风机。

室外机控制电路与 KFR-25GW/L21BP 控制电路相同。(略)

★ 三、故障指示灯自诊断方式(见表 6-3)

表 6-3 故障指示灯自诊断方式

保　护	1	2	3	4	5	保　护	1	2	3	4	5
压缩机过热保护	⊙	⊙	⊙	⊙	●	通风出错	●	⊙	⊙	⊙	●
过电流保护	⊙	⊙	⊙	●	●	ZPM 故障	⊙	⊙	⊙	●	⊙
过热保护	⊙	⊙	⊙	●	⊙	除　湿	⊙	⊙	●	●	⊙
过冷保护	⊙	⊙	●	⊙	●	低压保护	⊙	●	⊙	⊙	⊙

注:⊙:灭;●:亮。

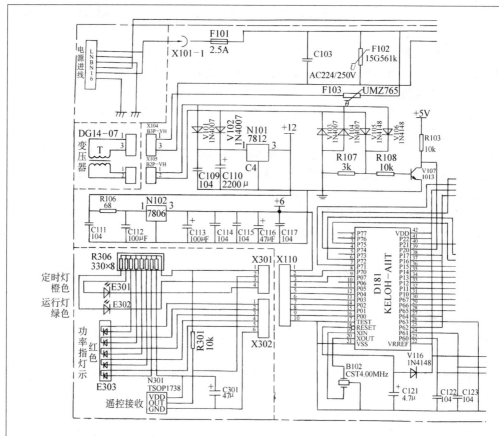

注明:1.带 * 号者为大功率电阻
   2. R122, R123 为金属膜电阻

图 6-13　科龙 KFR-25GW/BP×2

★ 四、综合故障速修演练

故障 1　红外线干扰造成机组工作不正常

品牌型号	科龙 KFR-25GW/BP×2	类型	变频空调器
故障部位	电视机与空调器的控制板频点相同		

分析与检修：现场检查发现用户家的电视机与空调器控制板频点相同，改装晶体振荡器后，故障排除。

经验与体会：电视机的红外发射出编码与空调的遥控红外线编码一致或接近倍频时，可能会干扰空调的运行状态。干扰源可能为：电视机或其他电器遥控器、附近的红外设备。处理方法为：将干扰源遥控器或空调主控板的晶体振荡器做稍微的改动，错开其相互间的频点，解决干扰现象（但改动晶体振荡器后，则时间误差比较大）。

故障 2　单向阀损坏，造成机组制热效果差

品牌型号	科龙 KFR-25GW/BP×2	类型	变频空调器
故障部位	单向阀钢珠与阀座密封不严		

分析与检修：现场检测发现单向阀损坏，更换后故障排除。

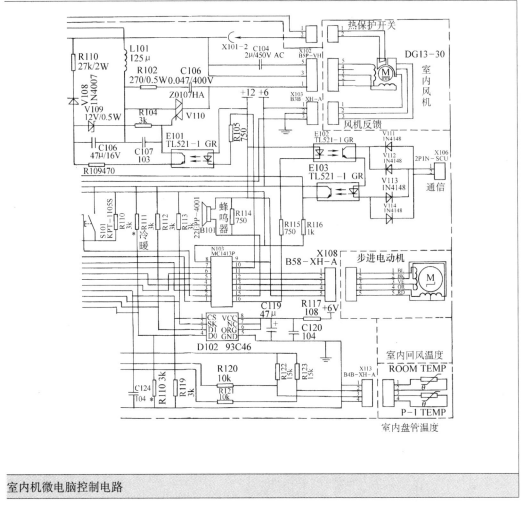

室内机微电脑控制电路

经验与体会：单向阀又称止逆阀，主要用于热泵型空调器的制冷系统中，其作用是配合换向阀改变制冷剂的流动方向，外形结构及工作状态如图 6-14 所示。

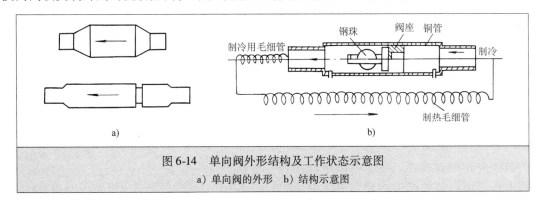

图 6-14 单向阀外形结构及工作状态示意图
a) 单向阀的外形 b) 结构示意图

单向阀主要由铜管外壳、阀座、钢珠、毛细管组成。空调器在制冷运行时，制冷剂将钢珠顶开，使管路畅通，旁通的制热毛细管不起作用，处于短路状态。当空调器制热时，制冷剂通过换向阀的吸合，使制冷剂反方向流动，将钢珠紧压在阀座上，从而封闭管路，以防止制冷剂从单向阀倒流。在单向阀的壳体上标注有制冷剂的流动箭头，安装时不要装反。

故障3 机组工作20min，A、B室内机仍无冷气吹出

品牌型号	科龙 KFR-25GW/BP×2	类型	变频空调器
故障部位	过滤器堵塞		

分析与检修： 现场检测电路控制系统良好，测量制冷系统低压偏低补加制冷剂后，压缩机声音加大。经全面检测发现过滤器堵塞，更换过滤器后，经常规操作故障排除。

经验与体会： 过滤器的一般直径为$\phi14\sim16mm$，长度为$100\sim150mm$的纯铜管为外壳，壳内两端装有铜丝制成的过滤网，两网之间装有铝酸盐材料（分子筛）。过滤网主要是去除杂质尘埃，分子筛的作用是吸附水分，使水分不能进入毛细管和压缩机中去。

分子筛一般为球形，直径为$\phi1.6\sim2.5mm$，内部有许多筛孔，其直径尺寸相当于分子的大小，因而得名分子筛。水分子可以进入这个筛孔内而被吸附，油分子及制冷分子因较大而不会进入筛孔，这就起到了吸附水分的作用。

分子筛的特点是呈白色圆粒状、无味、吸水容量大、抗碎强度好、耐磨性好、寿命长，以及在低浓度及高温下仍有很好的吸水性。缺点是使用前不能长期暴露在大气中，否则分子筛会失去吸水能力。

故障4 用户采用马路旁维修工移机，造成室内A、B机均不制冷

品牌型号	科龙 KFR-25GW/BP×2	类型	变频空调器
故障部位	电子膨胀阀故障		

分析与检修： 现场检测室内A、B机微电脑控制板元件参数正常。卸下室外机外壳，测压缩机绕组电阻值正常，测量功率模块良好。经全面检测发现电子膨胀阀线圈断路，更换同型号电子膨胀阀后，故障排除。

经验与体会： 在变频式空调器中采用的是电子膨胀阀，它由微电脑控制，脉冲电动机驱动，带动传动杆的升降，阀芯可上下移动进行流量调节。它安装于制冷管路中，其优点是电子膨胀阀的流量控制大，反应灵敏，动作迅速，调节幅度宽且稳定，是一种高档的降压节流元件，可以使制冷剂往返两个方向流动，弥补了毛细管节流不能调节的缺点。

变频式空调器的制冷系统由压缩机、电子膨胀阀、四通阀、二通阀、三通阀和室内外换热器构成，如图6-15所示。室内外机组由扩口接头和铜管相连，冬季供暖运转由换向阀进行切换。室外机组的化霜由微电脑控制。由于采用了独特的"不间断供暖方式"，化霜循环和供暖循环可同时进行。

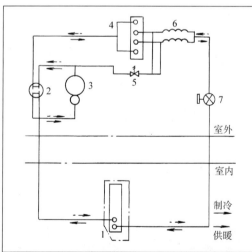

图6-15 变频式空调器制冷（热）系统示意图
1—室内换热器 2—四通阀 3—压缩机 4—室外换热器 5—化霜阀 6—毛细管 7—电子膨胀阀

电子膨胀阀为快速型，它适应于高效率的制冷剂流量的快速变化，采用脉冲电动机驱动

电子膨胀阀的总体结构如图6-16所示。

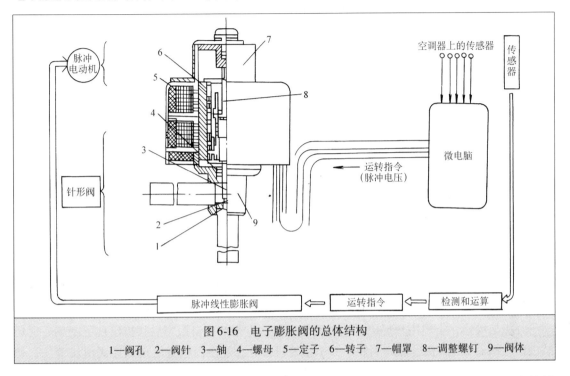

图6-16 电子膨胀阀的总体结构
1—阀孔 2—阀针 3—轴 4—螺母 5—定子 6—转子 7—帽罩 8—调整螺钉 9—阀体

图中表示脉冲电动机驱动的电子膨胀阀总体结构。它由定子绕组和永久磁铁构成的转子，组成阀的驱动部分。当它接收由微电脑发出脉冲电压后，就可以按脉冲次数成比例地旋转。转子上的转动轴往下伸出的部分由螺旋槽与阀体上的螺母相互配合，当电动机接收四相八拍脉冲电压信号后，轴的螺旋部分就在螺母中旋转，产生上、下直线移动，使阀针线对于阀座孔上、下移动，使阀的流通截面改变。因此，这种电子膨胀的动作步骤是：

1）安装在蒸发器进口及出口的数个温度传感器，测出进、出口之间的温度，输入到控制器电脑中，经过比较运算电路，使定子绕组得到脉冲电压，从而产生旋转。

2）与转子一体的转轴旋转。

3）由于阀体上螺母的作用，使转轴一面旋转，一面做直线运动。

4）转轴前端的阀针在阀孔内进、出移动，流通截面变化。

5）流过电子膨胀阀的制冷剂流量发生变化。

6）微电脑对电动机定子绕组停止供电。

7）转子停止旋转。

8）流过电子膨胀阀的制冷剂流量固定不变化。

9）当微电脑再次对电动机定子绕组供电时，恢复到第1步骤起始端。

在蒸发器的入口安装有温度传感器，可检测出蒸发器内制冷剂的状态。微电脑再根据温度给定值与室温的差值进行比例和积分运算，以控制膨胀阀的开度，直接改变蒸发器中制冷剂的流量，从而使制冷量发生变化。压缩机的转数与膨胀阀的开度相对应，供压缩机的输送量与通过阀的供液量相适应，其过热度不至于太大，使蒸发器的能力得到最大的发挥，从而实现高效率的制冷系统的最佳控制。

在冬季供暖时，室外机组的 PWM（脉冲调宽）方式与高速、小型的变频器相配合，在供暖运转刚开始时，压缩机以最高频率 125Hz 全力运转，这一阶段机组进行急速供暖。室温从 0℃ 上升至 18℃ 约需 18min，而一般定速空调器上升同样的温度却需要 40min，甚至更长时间。在进行急速供暖时，电子膨胀阀供给适量的制冷剂流量，因而避免了室外温度降低时供暖能力的降低。室外换热器采用不间断的运转方式化霜，所以在室外温度为 0℃ 以下时，空调器尚能保持一定的供暖能力。

定速空调器在进行化霜时，往往需要中断 5~10min 的供暖运转，因此室温也受到影响，可能会使室温降低 6℃。要等化霜完毕以后，空调器才能再次吹出暖风升温。

在变频式空调器的制冷系统中，由于采用了电子膨胀阀和室内风扇的微电脑控制，以及小型变频器的配合，实现了压缩机的"不间断运转"，从而避免了化霜时室温的降低和工作效率的提高。电子膨胀阀加工精度高，价格比毛细管节流贵，故障率也相对多。一般有脉冲电动机损坏、转子卡住和针阀密封差等故障。

故障 5　维修人员移机时操作不当造成机组不制热

品牌型号	科龙 KFR-25GW/BP×2	类型	变频空调器
故障部位	四通阀滑块堵塞		

分析与检修： 上门用户反应空调器使用 5 年一直很好，自搬家后移机出现不制热。现场试机，空调器 A、B 机冷热均不制，卸下室外机外壳，经全面检查发现四通阀滑块卡住，初步判断维修人员把杂物混入制冷系统，更换四通换向阀后试机，故障排除。

经验与体会： 四通阀是热泵型空调器特有部件，当制冷剂有杂质或冷冻油变质产生的碳化物将毛细管堵塞时，会使四通阀中尼龙滑块移动困难，空调器制冷、制热状态即无法转换。图 6-17 所示为该机型制冷系统示意图。

排除四通阀堵塞的方法是：用一个电源插座，将 220V 交流市电引到室外机上方。拔下空调器电源插头和四通阀的两根端子引线，用手拿住引线的绝缘部分，将引线端直接插进电源插座对四通阀加电，强迫四通阀电磁线圈吸动滑块。这样反复通断电 4~5 次，当听到"嗒、嗒"的声音时，说明滑块能够正常移动。检修时，如果引入 220V 电源有困难，也可以利用室外机接线端子上的电源。用遥控器开机，设定制冷状态，3min 后室外机接线端子上有电，可以用端子板上 220V 电压直接对四通阀加电试验。

如果四通阀直接加电后，阀内滑块仍卡在制冷状态不能移动，在征得用户同意后，也可以采用舍弃四通阀的应急办法。用气焊焊下四通阀上下 4 根铜管，用两个 U 形管分别将排气管和冷凝管相连，蒸发器的出口管和压缩机的吸气管相连。经过打压、检漏、抽空、充制冷剂，空调器即可恢复制冷。管路改动后，空调器制冷量不受影响，但失去了制热功能。这种办法也适用于修理价值不大的空调器。

四通阀内滑块变形严重，又不能舍弃时，只能拆下换新。先拆下四通阀线圈，再焊下 4 根连接管。选用同型号、同规格的四通阀，焊前卸下电磁线圈，保持水平状态，把 4 根管子摆正到位，方向和角度要与原装一样，管子不要较劲。焊接时用中性火焰，用湿毛巾把四通阀包好，先焊上端高压管口。高压管焊好，冷却后再焊下面的 3 根管子中间的吸气管，再焊冷凝器进口和蒸发器出口。

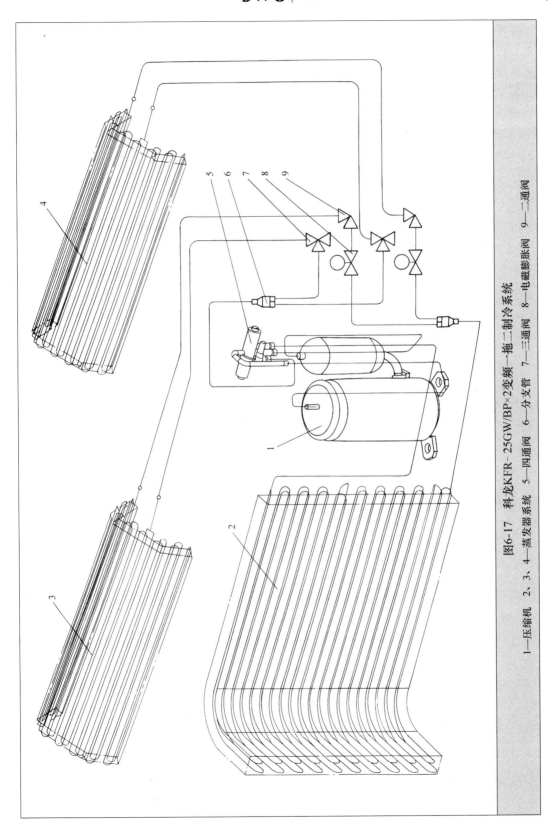

图6-17 科龙KFR-25GW/BP×2变频一拖二制冷系统

1—压缩机 2、3、4—蒸发器系统 5—四通阀 6—分支管 7—三通阀 8—电磁膨胀阀 9—二通阀

底部侧面的管子焊接难度较大，要掌握调节火焰强度分寸，"看准焊口，火到即焊"，手法要快。先焊管口的多一半，迅速更换四通阀外面包裹的湿毛巾，防止芯内温度过高，使尼龙滑块变形。毛巾又不能太湿，以免水滴从没有焊接的管口进入制冷系统。整个管口焊好后，要立即回烤焊口，保证焊接牢固，不漏气。整个焊接过程不应超过 15min，争取焊一根，成功一根。避免管口焊完后，试压时 4 个焊口全冒泡。反复补焊，最容易把尼龙滑块烤变形。学习换四通阀技术，要边体会边总结。

第七章

志高变频空调器电控板控制电路分析与速修技巧

第一节 志高 KFR-30GW/BP 变频空调器电控板控制电路分析与速修技巧

志高 KFR-30GW/BP 变频空调器微电脑控制电路由室内机和室外机两部分组成。在室内机采用 68705R3 专用芯片，室外机采用进口专用芯片，下面阐述变频空调器的电路控制原理。

★ 一、控制电路组成

志高 KFR-30GW/BP 变频空调器室内机微电脑控制电路如图 7-1 所示。志高 KFR-30GW/BP 变频空调器室外机控制电路如图 7-2 所示。

★ 二、室内机控制电路引脚功能和故障检测方法

（1）控制电路引脚功能。室内机采用 68705R3 主芯片控制。主芯片的②脚为复位电平检测脚，正常工作时为高电平，低电平复位有效。⑤、⑥脚为时钟电路外接端，时钟电路由陶瓷晶体及电容 C4、C5 组成并联谐振电路与微处理器内部振荡电路相连，提供时钟脉冲，如果 XTAL 损坏或 C4、C5 漏电、短路，使得 CPU 无时钟脉冲信号，将造成 CPU 不工作。⑧脚为电源输入端。㉕、㉖、㉗、㉘为步进电动机输出端，当 CPU 工作时，㉕、㉖、㉗、㉘输出高电平，经 2003 反相器反相输出低电平，从而使步进电动机工作。㊵脚为蜂鸣器驱动端口，它利用主芯片输出脉冲信号控制晶体管 Q3，靠 Q3 工作在饱和或截止状态使 BZ 回路接通或断开，在一般情况下，主芯片㊵脚电平为低电平，Q3 处于截止状态，BZ 回路断开，不鸣叫，当主芯片接收到输入指示后，由㊵脚输出高电平脉冲信号，Q3 瞬间处于饱和状态，BZ 回路接通，鸣叫响应。

（2）室内机微电脑控制电路故障检测方法（见表 7-1）。

表 7-1 室内机微电脑控制电路故障检测方法

故障现象	正常现象	故障原因	检测部位	维修方法
无 220V（交流）	220（1±10%）V（交流）	1. 电源引线松动 2. 熔丝 FUSE 断开	CNB	1. 将电源引线插紧 2. 更换熔丝
13～18V 不正常	13～15V（交流）	1. 电源变压器损坏 2. CNB、CNC 松动	CNC	1. 更换电源变压器 2. CNB、CNC 紧固
13～16V 不正常	13～14V（交流）	1. 电源变压器损坏 2. CNB、CNE1 松动	CNE1	1. 更换电源变压器 2. CNB、CNE1 紧固
+12V 不正常	+12V（直流）	1. 7812 损坏 2. E2、E6 短路漏电现象、D6 短路	J2（+） J18（-）	1. 更换 7812 2. 更换损坏元件

（续）

故障现象	正常现象	故障原因	检测部位	维修方法
+5V 不正常	+5V（直流）	1. 7805 损坏 2. E3、C3、C8 短路或漏电现象	J16（+） J18（−）	1. 更换 7812 2. 更换损坏元器件
68705 的②脚工作电压不正常	68705 的②脚工作电压为 +5V	1. E4 有短路或漏电现象 2. Q19013 损坏	68705 的②脚	更换 7805
68705 的⑤、⑥脚工作电压不正常	68705 的⑤、⑥脚工作电压为 +1.2V	1. R2、C5、C4 参数不对 2. 4.0MHz 晶体振荡器线或 6805 损坏	68705 的⑤、⑥脚	1. 更换参数不对的元器件 2. 更换 4.0MHz 晶振或 68705 芯片
关机状态，黄灯常亮（睡眠），绿灯闪亮（运行）2 次/8s	关机状态黄、绿灯均不亮：68705 的㉒脚电压在 1 ~ 4V 之间	1. R11、C11 参数不对 2. 室温传感器开路或短路	68705 的㉑脚	1. 更换 R11 或 C11 2. 更换传感器
关机状态，黄灯常亮（睡眠），绿灯闪亮（运行）1 次/8s	关机状态黄、绿灯均不亮：68705 的㉒脚电压在 1 ~ 4V 之间	1. R10、C10 参数不对 2. 室内盘管传感器开路或短路	68705 的㉒脚	1. 更换 R10 或 C10 2. 更换传感器
接收遥控器信号不正常	当控制接收到遥控器所发信号时 68705 的㉜脚将有一脉冲信号，对应蜂鸣器响，控制器应动作	1. 控制板与按键连线断 2. RMM 接收头点损坏	68705 的㉜脚	1. 接上断开连线 2. 更换接收头
步进电动机工作不正常	步进电动机工作时，68705 的㉕、㉖、㉗、㉘脚均有脉冲，对应的 IC3（TDG2003）的⑪、⑫、⑬、⑭均有脉冲出现	1. 68705 损坏 2. IC3 的损坏 3. 步进电动机坏	68705 的㉕、㉖、㉗、㉘脚 IC3（TDG2003）的⑪、⑫、⑬、⑭脚	1. 更换 68705 2. 更换 IC3 3. 更换步进电动机
室内风机无风输出或无高、中、低风变化，运行灯（绿）闪亮，睡眠灯（黄）亮，6 次/8s	Q4S9013 基极 B 有脉冲，对应的 C 极有脉冲变化，CNU 中间脚有对 N 间 AC220V，CNW 中间脚对（−）有 0 ~ 5V 脉冲，68705 ㊴脚有脉冲输出	1. S9013 损坏 2. 光耦合器 IC8 或（IC12）损坏 3. 风机反馈线断 4. 风机损坏 5. 68705 损坏 6. 晶闸管损坏 7. 零检电路故障	1. CNU 中间脚 2. CNW 反馈插件中间脚 3. 68705 ㊴脚（刚开机 30s） 4. Q59013，IC7	1. 更换 S9013 2. 更换光耦合器 3. 更换 Q5 9013、IC7 4. 更换电动机
室内机开机 1min 后，自动关机，运行灯亮（绿），睡眠灯闪亮（黄），6 次/8s（通信故障）	1. 开机 1min 内去室外板端子 L、N 间有 AC220V 输出 2. 电源零线 N 与通信线 S 有 DC6 ~ 10V 脉冲电压波动（开机 1min 内）	1. 52C 继电器④脚无输出 2. IC2 ⑯ 脚无 12VDC 输出 3. IC9、IC10 光耦合器损坏，TDG2003 ⑫脚无脉冲电压变化 4. ZD2 IN4736A 与 ZD3 IN4752A 反漏或插反，或短路 5. 室外板故障	1. 52C 继电器输出③脚 2. IC2、TDG2003 ⑯脚 3. IC9、IC10、2501 IC2TDG2003⑫脚 4. ZD2 6.8V、Z3 33V 5. 室外板	1. 更换 52C 2. 更换 TDG2003 3. 更换 IC9、IC10 4. Z2、Z3 重新焊接或更换 5. 检修室外板，或更换

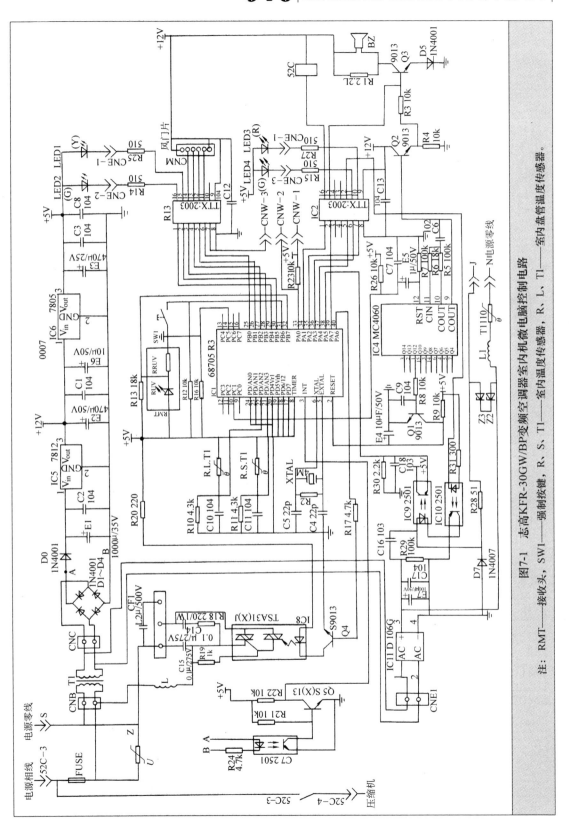

图7-1 志高KFR-30GW/BP变频空调器室内机微电脑控制电路

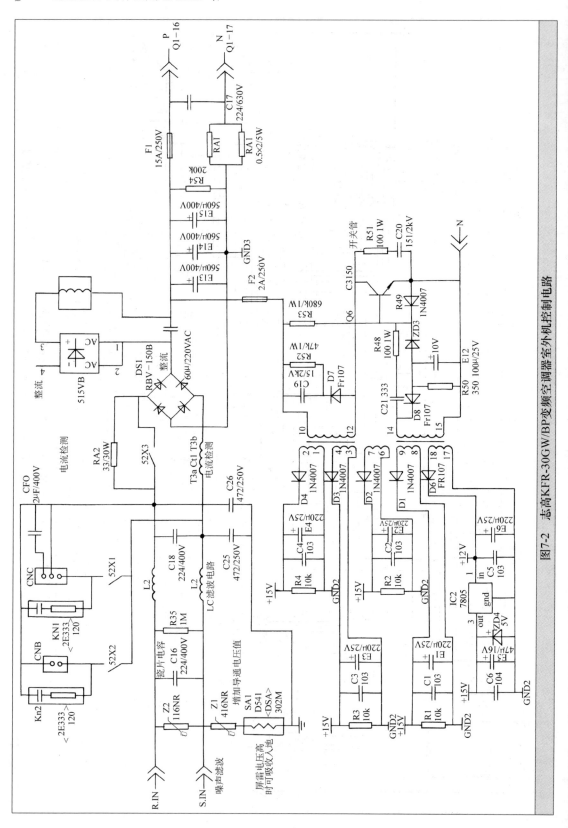

图7-2 志高KFR-30GW/BP变频空调器至外机控制电路

★ 三、室外机控制电路分析故障检测方法

室外机电路控制部分主要包括开关电源电路、电压检测电路、电流检测电路、室外风机、四通阀控制电路、温度传感器电路、E^2PROM 和运行指示电路、通信电路等。

（1）室外机控制电路

电路有关分析要参考海信变频控制电路进行。

（2）室外机控制电路检测方法（见表7-2）。

表7-2　室外机控制电路检测方法

故障现象	正常现象	故障原因	检测部位	维修方法
室内板开机 1min 后，运行灯连续闪亮（绿），睡眠灯闪亮（黄）1 次/8s	室外板上电时，压缩机正常运行	1. 室外温度传感器故障、短路线断路 2. R23、C9 参数不对	CND-4	1. 更换传感器 2. 更换 R23、C9
室内板开机 1min 后，运行灯连续闪亮（绿），睡眠灯闪亮（黄）2 次/8s	室外板上电时，压缩机能正常运行	1. 室外冷凝温度传感故障短路线断路 2. R21、C8 参数不对	CND-6	1. 更换传感器 2. 更换 R21、C8
室内板开机 1min 后，运行灯连续闪亮（绿），睡眠灯闪亮（黄）4 次/8s	室外板上电时，压缩机能正常运行	1. 室外排气管温度传感故障短路线断路 2. R24、C10 参数不对	CND-2	1. 更换传感器 2. 更换 R24、C10
室内板开机 1min 后，运行灯连续闪亮（绿），睡眠灯闪亮（黄）3 次/8s	室外板上电时，C24 上电压在 DC 0.1~4V，压缩机正常起动，电流逐渐上升	1. 过电流故障 2. D10、D11、D12、D13 二极管短路、断路、搭焊、跳线，漏插 J27 3. R42 参数不对 4. 互感器参数不对 5. D9 二极管短路、插反	C24 两端	1. 更换 D15、D13 重焊 2. 更换 R42，1.5 kΩ（金膜） 3. 更换互感器 4. 更换 D9 IN4148
室内板开机 1min 后，运行灯连续闪亮（绿），睡眠灯闪亮（黄）5 次/8s，风机运行 1min 后停止，压缩机不能起动	室外板上电时，压缩机正常起动，压缩机温升正常	1. 压缩机过电流故障 2. 压缩机运行时间较长时温升过高，系统故障 3. CNE 插件断线（上电压缩机不能起动） 4. PTC 断路、短路搭壳	1. 压缩机顶盖 PTC 2. CNE 插件	1. 检查电控系统 2. 将 CNC 紧固 3. 更换 PTC 常温 PTC 电阻约几欧
压缩机抖动	起动压缩机平稳，逐渐升频，有高频声，电流逐渐上升	1. 压缩机接线相序错误 2. L3、L4 断路 3. R11、R12 参数不对	1. 压缩机接线端子 2. L3、L4 3. R11、R12	1. 变换任意两根，改变压缩机转向 2. 更换 L3、L4 3. 更换 R11、R12

（续）

故障现象	正常现象	故障原因	检测部位	维修方法
室外风机不工作	室内机上电压约36s后，室外风机工作	1. 接线端松动 2. 52×1 继电器坏，Q3坏，D16 短路 3. CF0 电容脱锡或参数不对 4. 风机坏	1. 接线端 2. 52×1、Q3 3. CF0 电容 4. 风机 5. D16	1. 紧固 2. 更换 52×1 或 Q3、D16 3. 更换风机电容 4. 更换风机
四通阀不工作	室内机上电制热后，36s 后室外风机工作，四通阀工作，室内风机防冷风	1. 接线端子松动 2. 52×2 继电器坏，Q4 坏 3. 四通阀坏 4. D16 短路	1. 接线端 2. 52×2、Q4 3. D15	1. 紧固 2. 更换 52×2 或 Q4、D15 3. 更换四通阀
室外板通电后电源指示灯不亮（3min 后室内显示通信故障）	室内机上电，36s 后室外机得电，电源指示灯亮	1. 无 −5V 电源 2. IC1 坏	1. +5V 电源 2. IC1	1. 检查 +5V 电源 2. 更换 IC1
室外机正常起动、压缩机不升频	压缩机起动后，电流逐渐上升，或有高频声	1. +5V 电源下降 2. IC2 稳压坏	1. +5V 电源 2. IC2	更换 IC2 稳压集成块
室内板开机 1min 内，运行灯连续闪亮（绿），睡眠灯闪亮（黄）7 次/8s，压缩机不能正常起动	室外板上电时，风机正常起动，压缩机不能起动	1. 模块故障 2. 光耦合器损坏 3. 连接线错插 4. Q7 断路 5. VA、VB、VC、VD 电压不在 15（1±1%）V 范围内 6. D1～D4、R5～R10 参数不对或损坏 7. IC1 芯片坏	1. 模块控制连线 2. IC3、IC4、IC5、IC6、IC7、IC8 3. Q7 4. VA、VB、VC、VD 5. D1～D4 6. R5～R10 7. IC1	1. 更换模块 2. 更换光耦合器 3. 正确连焊跳线 1a—1b（灰） 2a—2b（白） 3a—3b（紫） 4a—4b（兰） 5a—5b（绿） 6a—6b（红） 7a—7b（黑） 4. 检查开关电源及元器件参数 5. 更换芯片
室外板通信故障，电源指示灯 6 次/8s，压缩机、风机起动后自动关机	1. 室内板通信电路正常并能输出 AC 220V（1min 内） 2. 室外板电源指示灯正常，上电后 6s，有继电器吸合声，风机能起动	1. 通信故障 2. S 线未接，线接松动 3. 元器件参数不对，更换，常见 ZD2 IN4752A 击穿，L1 断损 4. IC1 损坏	1. S 线端子 2. L1、R57、TH10、ZD2、R43、C23、IC10、IC11、R38、Q2、R40、R37、C22 3. IC1	1. 紧固接线 2. 更换 ZD2、L1 3. 更换 IC1 4. 更换通信电路相关元器件

（续）

故障现象	正常现象	故障原因	检测部位	维修方法
室内板显示通信故障，压缩机、风机无起动，室外板无电源指示灯	室内板通信电路正常，并能输出 AC 220V（1min 内）	1. R·1N、S·1N 无 220V 输入 2. E13、E14、E15 无 DC300V 3. F2 熔丝烧 4. 开关管 Q6 烧 5. 芯片 IC1 坏 6. RA2 烧	1. R·1N、S·1N 2. E13、E14、E15 3. F2 4. Q6 5. RA2	1. 检查输入接线端，及 15A 熔丝 2. 检查 DS1 整流桥，515VB 方桥、RA2 3. 更换 Q6 4. 更换芯片
室外板电源指示灯常亮，压缩机不工作	1. 有 DC300V 直流电压 2. 有 +5V 电压	1. RA1 电阻烧 2. 7805 坏 3. 压缩机接线松动	1. RA1 水泥电阻 2. 压缩机接线端 3. 无 +5V 电压	1. 更换 2. 检查 +5V 电源 3. 紧固接线端子

四、故障代码灯自诊断方法（见表7-3）

表7-3　故障代码灯自诊断方法

运行灯（绿）连续闪亮，睡眠定时灯（黄）闪亮		运行灯（绿）亮，睡眠/定时灯（黄）闪亮	
室外温度传感器异常	1 次/8s	模块保护	2 次/8s
室外热交换传感器异常	2 次/8s	压缩机过电流保护	3 次/8s
排气管温度传感器异常	4 次/8s	冷媒不足，压缩机过热保护	5 次/8s

注：通信故障，运行灯（绿）常亮，睡眠/定时灯（黄）闪亮 6 次/8s。

第二节　志高 KFR-30GW/BP 变频空调器电控板综合故障速修技巧

故障 1　空调器有时制冷，有时不制冷，不制冷时，故障灯闪亮

品牌型号	志高 KFR-30GW/BP	类型	变频空调器
故障部位	功率模块反馈线与室外机板插件接触不良		

分析与检修：上门试机观察，机器有时工作正常，有时压缩机一起动，就停，报警为灯闪亮，为压缩机运转异常，排除用户电源、功率模块、室外电脑板，压缩机原因后，发现机器工作正常时，用手一拍外机壳，压缩机就停，断定为室外板上有接触不良处，通过一一排除后，发现是功率模块三根反馈线与外机板接插件接插不良造成，调整，加固接插件后，空调器工作正常。

故障 2　空调器室外机忽转忽停

品牌型号	志高 KFR-30GW/BP	类型	变频空调器
故障部位	功率继电器虚焊		

分析与检修：上门现场检查发现电源灯亮，运转灯亮，故障灯闪。刚开始试机时运转正常，关机后重新试机偶而就不起动，经查不起动时室内机就没有 220V 输出，说明室外机正

常，故障在室内机。检测室外机没有 220V 输出，说明室内控制板有虚焊，将功率继电器一按，继电器就有吸合声，且室外机起动。由此判定功率继电器有虚焊，重新焊接后试机，空调器恢复正常。

故障3 空调器移机 3 个月后，用户反映不开机，故障灯闪亮 6 次 8s

品牌型号	志高 KFR-30GW/BP	类型	变频空调器
故障部位	信号线接头未做焊接		

分析与检修：上门现场检查初步确定为通信异常，电源电压正常，信号线连接坚固无松动，向用户询问后知道移机安装时曾加长配管及连接线。于是，再查找信号线接头处，发现接头处理规范，肉眼看不出什么问题，只是未做焊接处理。重做焊接及绝缘包扎，上电试机，一切正常。

经验与体会：变频机对信号线要求较高，凡有接头处均应做焊接处理。

故障4 空调器接通电源，用遥控器开机，室内机、室外机不运转，用耳听不到遥控器发出红外信号的接收声。

品牌型号	志高 KFR-30GW/BP	类型	变频空调器
故障部位	过滤器堵塞		

分析与检修：现场检测初步判断过滤器堵塞，更换过滤器后，故障排除。更换过滤器的焊接技巧如图 7-3 所示。

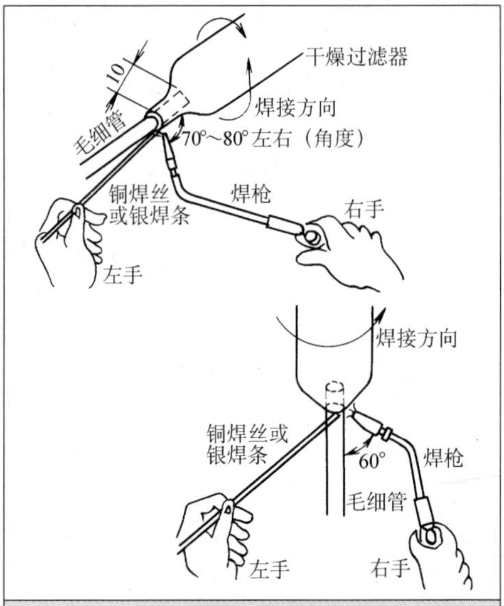

经验与体会：空调器制冷系统堵塞的故障有冰堵、脏堵、油堵和焊堵等多种形式。堵塞故障的共同表现是：用手摸冷凝器不热、蒸发器不凉；压缩机的运转电流比正常值小；用压力表接在旁通阀上，指示为负压；室外机的运转声音轻，听不到蒸发器里的过液声。

冰堵是制冷剂里的水分结冰，造成管路堵塞。它的故障特征是：刚开始工作时，系统制冷正常，经过一段时间后，才出现堵塞故障现象。关机后，系统的制冷功能自动恢复，开机后又重复上述故障表现。

图 7-3 更换过滤器焊接技巧

脏堵是管路被锈屑、脏物堵塞，一般发生在毛细管内或过滤器的过滤网处。故障特点是低压平衡很慢，需 30min 以上。

油堵的原因是润滑油进入制冷剂中，堵塞管道。故障常发生在毛细管内，若接好三通表，测量系统中的压力一直维持在 0MPa（不为负压），则说明毛细管或过滤器处于"半堵"状态。

故障5 用遥控器开机，漏电保护器跳闸

品牌型号	志高 KFR-30GW/BP	类型	变频空调器
故障部位	压敏电阻击穿		

分析与检修： 根据故障现象，初步判断控制系统有短路处。现场检测室内风扇电动机，室外压缩机无短路故障，经全面检测发现压敏电阻短路。更换压敏电阻后试机，故障排除。

经验与体会： 压敏电阻内部是由两个二极管对接而成。根据笔者经验，一旦压敏电阻击穿，熔丝管必炸断。若在维修中，手头没有压敏电阻或没有更换压敏电阻的条件，临时把它用尖嘴钳剪掉，可以解燃眉之急。但购买到元件后，还是要把压敏电阻换上，以免因瞬间电压过高损坏电控板。

故障6 开机30min空调器不制冷，故障灯闪亮

品牌型号	志高KFR-30GW/BP	类型	变频空调器
故障部位	电抗器线圈阻值无穷大		

分析与检修： 上门，现场咨询用户得知此故障已有维修人员上门更换过室内、外板，但故障依旧。查资料，提示为室内、外机通信不良，检查室内、外机附近无异常干扰，用户电压正常，因室内、外机电脑板都已更换，故排除电脑板故障，测量室外机接收排1、2有AC220V电压，1、3有通信信号（有持续变化电压），确定室内机正常，问题在室外机。整流桥有AC220V输入，有DC310V输出，但功率模块P.N端无DC310V输入，问题就出在整流桥与功率模块之间的电路上，首先怀疑电抗器，检测电抗器线圈电阻值为无穷大（正常均为0.5Ω左右）。更换电抗器后试机正常。

故障7 空调器开机30min后，运行灯连续闪亮，睡眠灯闪亮5次8s，风机运行2min后停止，压缩机不能起动

品牌型号	志高KFR-30GW/BP	类型	变频空调器
故障部位	PTC断路		

分析与检修： 根据故障现象，可能是：①压缩机过电流故障；②CNE插件断线，上电后压缩机不能起动；③PTC断路。卸下室外机外壳，经全面检测PTC断路，更换PTC后故障排除。

经验与体会： 在变频空调器中，PTC的作用是对空调器整机的电源电压和工作电流起限制和保护作用。当遇有雷电或某些原因造成电压突然升高时，PTC能够起到抑制浪涌的作用，从而保护空调器不受袭击。

在用万用表测量PTC的电阻值时，环境温度25℃时，其正常阻值约为30~50Ω。

故障8 空调器冷热均不制，故障灯闪亮4次/8s

品牌型号	志高KFR-30GW/BP	类型	变频空调器
故障部位	四通换向阀夹角泄漏		

分析与检修： 根据故障现象，现场测量室外排气管温传感器电阻值参数正常，用压力表测制冷系统压力为"0"MPa。补加制冷剂，经检漏发现四通阀夹角漏气，放出制冷剂补焊后，试机，故障排除。

经验与体会： 冷暖型空调器四通阀下面三根铜管夹角处泄漏较多，若发现夹角处有油迹，说明有漏点。修理的方法是：先用毛巾把夹角泄漏处油迹擦干净，并用洗涤灵检漏，把

漏点用钢针作标记，然后放掉制冷剂，用湿毛巾把四通换向阀包扎冷却。焊接时，要根据自己掌握火焰技术，对准漏点，当夹角达到焊接温度时，迅速点银焊条焊接。操作手法要快，争取焊接一次成功，试压不漏。

初学者遇到四通换向阀夹角外漏故障，最好采用胶粘法补漏。因尼龙阀芯滑块距漏点夹角较近，加之仰焊有一定难度，操作不当会把阀芯烘烤变形。一旦四通阀滑块窜气，空调器冷热都不制，由原来微漏的小故障，变成了非换四通阀不可的大故障。这给用户造成了时间上、经济上的损失。四通阀夹角胶粘法补漏和压缩机的胶粘法一样使用。

故障 9　空调器移机后 2h 仍无冷气吹出，故障灯闪亮 3 次/8s

品牌型号	志高 KFR-30GW/BP	类型	变频空调器
故障部位	压缩机故障		

分析与检修：上门，用户反应自移机后不制冷，经现场检测压缩机绕组阻值参数改变，更换同功率压缩机故障排除。

经验与体会：压缩机是空调器制冷系统的心脏，系统中制冷剂的循环是靠压缩机的运转来实现的，一旦压缩机停止运转，制冷即宣告结束。

故障 10　空调器移机后，室外机截止阀芯泄漏造成空调器不制冷

品牌型号	志高 KFR-30GW/BP	类型	变频空调器
故障部位	截止阀芯泄漏		

分析与检修：现场检测发现室外机截止阀有油迹，补加制冷剂检漏，发现截止阀芯泄漏。操作方法是：把截止阀门限位卡环，用尖嘴钳卸下。用内六角扳手旋出截止阀螺杆，左手堵住漏气处，右手迅速在螺杆的螺扣和密封圈处盘绕 4 圈生料带，并迅速旋入截止阀螺杆，上好卡环。再在二次密封丝扣上绕 2 ~ 3 圈生料带，上好二次密封帽。从低压气体截止旁通阀加气处加制冷剂，待表压达到 0.3MPa 时，用遥控器开机，继续加气体到 0.45MPa 为宜。加气时，应缓慢加入不要操之过急，以免制冷剂加多，使维修成本增加。制冷剂气体按要求加够后，让空调器停止运转 3 ~ 5min。等系统内的制冷气体平衡，压力升高后，用洗涤灵在 2 次密封外帽处检漏。确认不漏，说明在截止阀螺杆盘绕的生料带密封良好，漏气故障排除。

经验与体会：室外机截止阀芯泄漏大多出现在移机后，由于开关截门轴来回旋进、旋出，加之橡胶圈老化，把轴外密封橡胶圈磨坏，造成截止阀泄漏，用洗涤灵检漏，可发现 3min 左右冒一个小气泡。采用在二次密封帽内，加一个石棉圆垫的方法，即可排除小漏故障。若泄漏严重，能听到"嘶嘶"的响声，该更换截止阀时还应果断更换。

故障 11　空调器开机 50min，室内机无冷气吹出，故障灯闪亮 5 次/8s

品牌型号	志高 KFR-30GW/BP	类型	变频空调器
故障部位	室内机连接处泄漏		

分析与检修：现场全面检测发现室内机连接处泄漏，修复后故障排除。

经验与体会：空调器电控系统正常，而室内机无冷气吹出，说明制冷系统有故障。若发

现室内机连接处有油迹，说明此处制冷剂泄漏。首先用两个扳手紧一紧连接处的"纳子"，再用洗涤灵搓出泡沫涂上，检查连接处是否有气泡吹出。若没有，可以从低压气体截门旁路嘴加制冷剂，以低压 0.5MPa 为准。停机用洗涤灵再检查纳子处，3～5min 后仍没有气泡产生，说明连接处漏气故障排除。

若用洗涤灵检漏有气泡产生，说明管道喇叭口有裂纹或损坏，必须重新制作喇叭口。制作前，首先接通电源，用遥控器设定制冷状态，让压缩机运转 5min。然后先把低压液体截门关上，40～50s 后再把低压气体截门关上。这时，用手触摸遥控器 OFF 键，让空调器停止运转。用两个 10 寸扳手拧下室内机连接处的锁母，检查喇叭口损坏程度并分析产生泄漏的原因，以使自己积累更多的维修经验。

喇叭口的制作方法是：用割刀将原损坏的喇叭口去掉，然后将铜管放入专用张管器同口径的张管夹头内，并紧固两侧螺母。铜管上口需高出喇叭口斜坡深度的 1/3，用锉刀把铜管口锉平。并去掉管口内部毛刺。用软布把铜管内的铜屑沾出，以免铜屑混入制冷系统造成过滤器堵塞，使故障扩大。目视管口平整后，再将顶压器的扩管锥头压在管口上，左手把住张管夹头，右手旋紧螺杆的张管锥头手柄，动作应均匀缓慢，旋进 3/5 圈，再旋回 2/5 圈，反复进行直到能将管口扩成 90°±0.5°的喇叭口形状。这种操作方法制做出的喇叭口圆整、平滑无裂纹。涨喇叭口应注意的是：夹头必须牢牢地夹住铜管，否则张口时，铜管容易后移，造成喇叭口高度不够或偏斜，连接后仍容易漏制冷剂。

喇叭口制作好以后，将锁母用手对准螺纹拧好，然后再用扳手交叉按转矩要求拧紧。管路连接好后，如何排出蒸发器及连接管内的空气是初学者必须掌握的一个操作环节。如果排空不好，系统内混入大量的空气，会使整个制冷系统工作不正常，产生制冷量减小、电流增大，压力升高，压缩机寿命缩短等故障。空气中的水分进入系统内与制冷剂产生化学反应，会加大系统的腐蚀性，促使压缩机绕组老化，破坏绝缘强度，使润滑油的闪点增加，缩短压缩机的使用寿命。所以排除蒸发器及管路内的空气，是维修人员必须掌握的关键环节。

排气的方法是：松开低压气体锁母半圈，用内六角扳手打开低压液体截止阀约 1/2 圈，听到从低压气体纳子发出"嘶嘶"声后，立即关上。当低压气体截止阀门的"嘶嘶"声快消失时，再打开低压液体截止阀的 1/2 圈，15s 后立即关上，反复操作 3 次即可将空气排净。具体操作次数和时间的长短，应视蒸发器大小及管路的长短灵活运用。有的维修人员排空时，不松开低压气体锁母，而从旁通加气嘴将空气排出，这是不可取的。

故障 12 用遥控器开机，用耳听不到室内机接收声

品牌型号	志高 KFR-30GW/BP	类型	交流变频空调器
故障部位	7805 三端稳压只有 +3V 输出		

分析与检修：现场检测电源电压正常，检测遥控器电池有 +3V 电压，到同型号空调器试机，红外信号发射良好。卸下室内机外壳，测量室内机接线端子板有交流 220V 电压输入，卸下微电脑控制板。卸下方法如图 7-4 所示。

测量变压器输入、输出正常，测量桥式整流有 +13V 直流电压输出，测量 7812 有 +12V 直流电压输出，测量 7805 三端稳压器只有 +3V 电压，由此判定 7805 损坏，更换后故障排除。

经验与体会： 卸下微电脑板前必须切断电源。

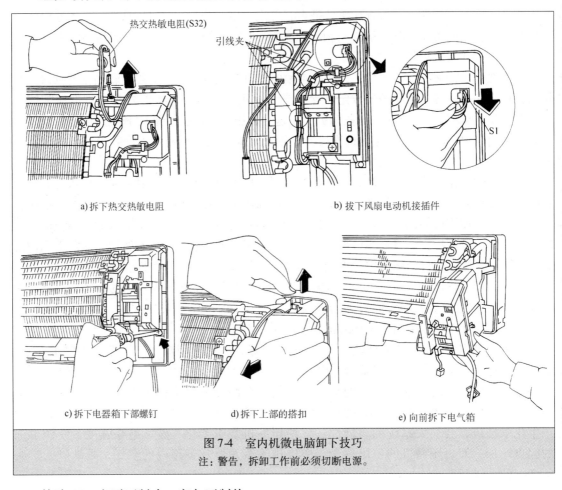

a) 拆下热交热敏电阻

b) 拔下风扇电动机接插件

c) 拆下电器箱下部螺钉

d) 拆下上部的搭扣

e) 向前拆下电气箱

图 7-4 室内机微电脑卸下技巧

注：警告，拆卸工作前必须切断电源。

故障 13 炎夏不制冷，寒冬不制热

品牌型号	志高 KFR-30GW/BP	类型	交流变频空调器
故障部位	四通阀尼龙滑块变形		

分析与检修： 现场用遥控器开机，设定制热状态，室外机运转 30min 室内机仍无热风吹出。卸下室外机外壳，测量四通阀线圈阻值正常，经全面检查判定滑块变形不到位造成（窜气），使高压压力上不去，向低压端卸放，使低压压力偏高，检测压力时，多为平衡状态压力值。采用螺钉旋具木柄一端，轻轻敲击振动四通阀的阀体及用电压冲击法均不奏效，更换同型号四通阀后故障排除。

经验与体会： 换向阀，它是由 4 根直径为 12mm 的粗管连接。上管和压缩机排气管连接，下部中间管和压缩机低压端连接，右侧管制冷时和冷凝器连接，左侧管和蒸发器回管连接。阀体内部有尼龙滑块，是能够左右移动的阀体，实现阀孔的关闭和开启。

当热泵型空调器工作在制热模式时，电磁线圈通电，控制阀芯在电磁力的作用下向右移动，阀芯关闭左侧毛细管与公共毛细管通道，打开了右侧毛细管与公共毛细管通道，使换向阀右端为低压腔，活塞向右移动，直至活塞上的顶针将换向阀上的针座堵死。这时高压排气管与室内侧换热器沟通，使高压高温制冷剂在室内吸收冷空气，室内侧流通的冷空气温度上升，达到空调器制热循环的目的。

四通换向阀制热工作原理如图7-5所示。

故障14 空调器炎夏出热风

品牌型号	志高 KFR-30GW/BP	类型	交流变频空调器
故障部位	四通阀滑块卡在制冷通道		

分析与检修： 现场通电用遥控器开机，设定制冷状态，室内机出热风。卸下室外机外壳，用螺钉旋具木柄敲击四通阀外部和采用切断四通阀线圈电源方法均不奏效，更换四通换向阀后试机故障排除。

经验与体会： 热泵型空调器在制冷运转时，电磁线圈不通电，阀体内的阀芯将右方毛细管与中间公共毛细管的通道关闭，左方毛细管与中间公共毛细管通道连通，中间公共毛细管与四通换向低压吸气管相连，所以换向阀左端为低压腔。在压缩机高温气体压力的作用下，活塞向左移动，直至活塞上的顶针将换向阀上的针座堵住。在阀芯移动过程中，滑块将室内换热器与换向阀中间低压管连通，高压排气管与室外侧冷凝器连通，这时空调器室内侧蒸发器低压制冷剂吸热蒸发，使房间温度降低。

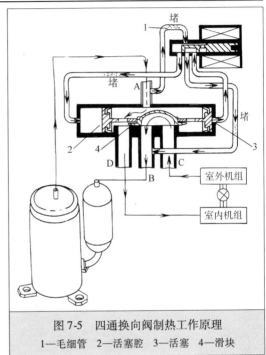

图7-5 四通换向阀制热工作原理
1—毛细管 2—活塞腔 3—活塞 4—滑块

四通阀制冷工作原理如图7-6所示。四通阀拆卸技巧如图7-7所示，操作前务必请确认冷媒已冷却放出。安装时请注意：①利用氧气焊接。在无法使用氮气的场合下，务必使操作更迅速些；②为了停止四通阀中冷冻油的碳化及四通阀变形失败，因此在加热时应用湿布包住，并且不断加水，以防水分蒸干（确保在+120℃以下）。

当气焊拆卸困难时：用铜管割刀等切断铜管，以不损坏其他元件为原则。

注：不要使用锯子，否则会造成铜屑掉入四通阀中。

故障15 机组不制冷，室外机结霜

品牌型号	志高 KFR-30GW/BP	类型	交流变频空调器
故障部位	四通阀滑块卡住不能复位		

分析与检修： 现场开机试运行，发现室内机吹热风，并且室外机热交换面结霜，故判断四通阀在制热状态下没有转换，有问题。测四通阀线圈没有故障，所以应该是四通阀没有转换，四通阀可能有卡住的现象，造成不能复位。用木棒轻敲四通阀，恢复制冷状态，但重新开停试机，故障仍在。更换四通阀后，恢复正常。

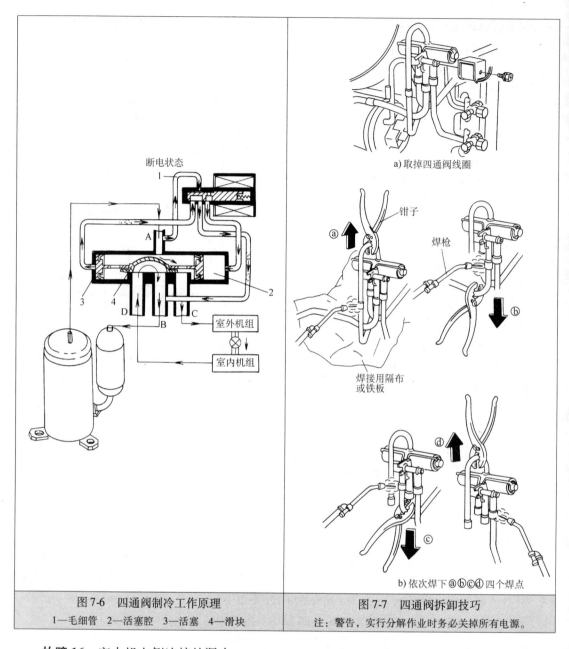

断电状态

a) 取掉四通阀线圈

钳子

焊枪

@ ⓐ

ⓑ

焊接用隔布
或铁板

ⓒ

ⓓ

b) 依次焊下ⓐⓑⓒⓓ四个焊点

室外机组

室内机组

图 7-6 四通阀制冷工作原理
1—毛细管 2—活塞腔 3—活塞 4—滑块

图 7-7 四通阀拆卸技巧
注：警告，实行分解作业时务必关掉所有电源。

故障 16 室内机左侧连接处漏水

品牌型号	志高 KFR-30GW/BP	类型	交流变频空调器
故障部位	水管连接处未按要求连接		

分析与检修： 现场检查室内机连接处没有按要求连接，按要求连接后，故障排除。连接方法如图 7-8 所示。

故障 17 室内机漏水

品牌型号	志高 KFR-30GW/BP	类型	交流变频空调器
故障部位	水槽有裂纹		

分析与检修：现场用户反映自马路旁维修工移机后，室内机漏水，现场把室内机外壳卸下，经全面检查发现室内机水槽有裂纹，其卸下技巧如图7-9所示。

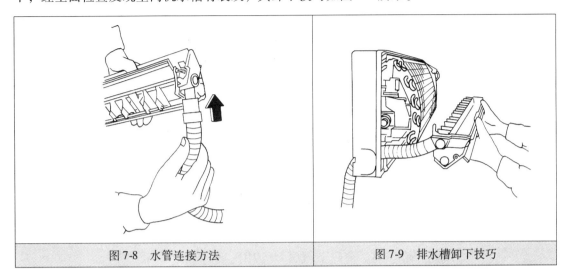

| 图7-8 水管连接方法 | 图7-9 排水槽卸下技巧 |

然后用干布把水槽的水擦干，用CH31胶按1∶1配制，涂抹在裂纹补漏。2h后，按卸下反顺序组装好，试机，漏水故障排除。

故障18 机组不制冷故障灯闪烁

品牌型号	志高 KFR-30GW/BP	类型	冷暖型变频空调器
故障部位	室内温度传感器故障		

分析与检修：现场测量电源电压正常，卸下室内机外壳，测量管温传感器正常，测室内空气温度传感器电阻值改变，更换后故障排除。

经验与体会：变频空调器中的温度传感器起着非常重要的作用。室内机有空气温度传感器和蒸发器温度传感器；室外机有空气温度传感器，高压管路传感器和低压管路传感器。在空调器出现故障时，如果要鉴别整个控制系统是否有故障，可先将室内机控制器上的开关放在"试运行"挡上，这时微处理器会向变频器发出一个频率为50Hz的信号。如这时空调器能运转，而且保持该频率不变，一般认为整个控制系统无大问题，可着重检查各传感器是否完好。假如这时空调器无法运行，则可能整个系统有故障。如果空调器出现频率无法升、降与保护性关机等故障，应首先检查传感器。大多数传感器可从主板的插座上拔下，从外表可判断是否有损坏、断裂、脱胶；可用万用表电阻挡（R×100）测其阻值，然后用手或温水加热，看阻值是否变化。有的传感器在长期使用后发生阻值变化，使控制特性改变（如室内机空气温度传感器阻值变大，会引起变频器输出频率偏低）。由于室外机微处理器控制的变频器频率，不但受自身的微机控制，而且受室内机微机控制，因此，某些故障现象不一定出现在故障侧，应引起维修人员注意。为了保证控制精度及其相应的工作特性，如果传感器有故障，最好能换用与原型号一样的传感器。

第八章

松下变频空调器电控板控制电路分析与速修技巧

松下变频空调器目前在市场上主要有：CS/CU-G90KW、CS/CU-G120KW、CS/CU-K105KW、CS/CU-G95KW、CS/CU-G125KW、CS-G913KW/CU-G913KW、CS-G1213KW/CU-G1213KW 等型号。松下变频空调器有着高效、节能、超静音运转，宽电压运行，超低温起动，快速制冷、制热等优良性能，即使在市电低于 160V 的情况下，仍能正常起动运行，深受广大用户欢迎。

第一节　松下 CS/CU-G90KW 变频空调器电控板控制电路分析与速修技巧

★ 一、技术参数（见表 8-1）

表 8-1　松下 CS/CU-G90KW 变频空调器技术参数

参　数		单位	CS-G90KW	CU-G90KW
制冷能力		kW	2.6（0.88～2.90）	
制暖能力		kW	3.6（0.78～4.80）	
除湿		L/h	1.6	
电源		相 V Hz	单相 220 50	
气流方式		出风 进风	侧面视	上面视
气流量	室内空气（低）	m³/min	制冷：6.2 制暖：7.0	—
	室内空气（中）	m³/min	制冷：7.3 制暖：8.3	—
	室内空气（高）	m³/min	制冷：8.3 制暖：9.4	—
	室外空气	m³/min	—	23.5
噪声电平		dB	制冷：高38，低30 制暖：高39，低30	制冷：45 制暖：46
电气数据	输入	kW	制冷：0.88（0.28－0.99） 制暖：1.08（0.27－1.41）	
	工作电流	A	制冷：4.5（最高5.2） 制暖：5.6（最高7.3）	
	COP	W/W	制冷：3.0 制暖：3.3	
	起动电流	A	7.3	
配管连接口（扩口管）		in	G：半接合 3/8″ L：半接合 1/4″	G：3 通阀 3/8″ L：2 通阀 1/4″

（续）

参　数		单位	CS-G90KW	CU-G90KW
配管尺寸（扩口管）		in	G（气体侧）：3/8″ L（液体侧）：1/4″	G（气体侧）：3/8″ L（液体侧）：1/4″
排水管	内径	mm	12	—
	长度	m	0.7	—
电源软线长度			2.1	—
芯线数			3 芯电线 ×1.0mm²	—
尺寸	高	mm	290	505
	宽	mm	799	780
	侧宽	mm	175	245
净重		kg	8.0	36
压缩机	类型		—	转动（单缸） 滚动活塞型
	电动机　类型		—	引入（2 极）
	额定输出	W	—	500
空气循环	类型		交叉风向风扇	螺旋桨风扇
	材料		AS + 玻璃纤维 30%	AES + 玻璃纤维 12%
	电动机　类型		晶体管（4 极）	引入（6 极）
	输入	W	—	34
	额定输出	W	20	20
	风扇　低	r/min	1000 ±60	—
	速度　中	r/min	1120 ±60	—
	高	r/min	1300/1460 ±60	675
热交换器	项目		气化器	冷凝器
	配管材料		铜	铜
	散热片材料		铝	铝
	散热片类型		狭槽式散热片	波纹式散热片
	排/级		（散热片排列，强制通风）	
			2/12	2/19
	FPI		18	15
	尺寸（宽×高×长）	mm	600 ×252 ×25.4	646.2 ×482.6 ×44
冷冻剂控制装置				毛细管
冷冻油		mL	—	SUNISO 4GDID or ATMOS M60（260）
冷媒（R-22）		g		800※
恒温装置			电子控制	
保护装置				电子控制
毛细管	长度	mm	—	制冷：550，制暖：720
	流功率	L/min	—	制冷：12.5，制暖：5.8
	内径	mm	—	制冷：1.5，制暖：1.2
空气滤尘网	材料		P. P.	—
	式样		格状结构	
负载量控制				毛细管
风扇电动机电容器		μF，V（AC）	—	1.2μF，450V（AC）

注：1. 规格可能改变，不另行通知。

　　2. ※不含排气的冷媒 60g。

★ 二、控制电路组成

松下 CS/CU-G90KW 变频空调器室内机微电脑控制电路如图 8-1 所示，室内机微电脑驱

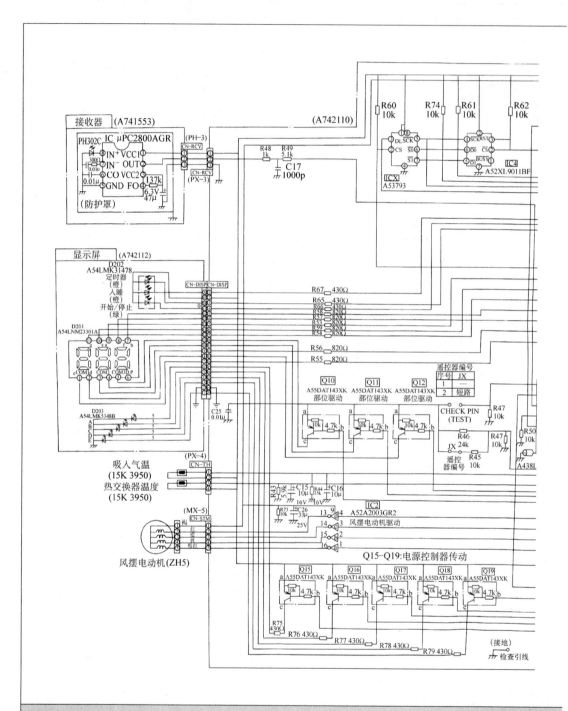

图8-1 室内机微

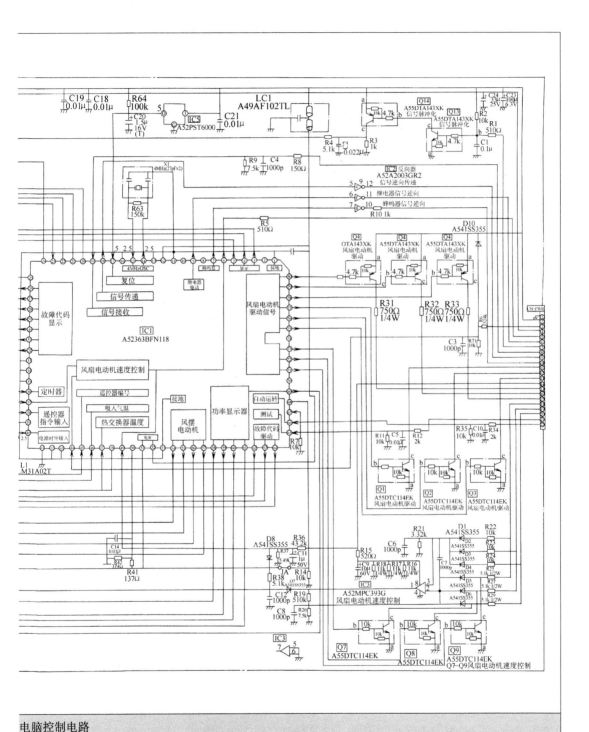

电脑控制电路

动板控制电路如图 8-2 所示，室外机微电脑控制电路如图 8-3 所示（见本书插页），遥控器控制电路如图 8-4 所示，室内外控制电路如图 8-5 所示。

★ **三、故障代码含义**

故障代码含义见表 8-2。

表 8-2　松下 CS/CU-G90KW 变频空调器故障代码含义

诊断显示	故障/保护控制	故障判断	暂时运转	证实的主要位置
H11	室内/室外通信异常	起动后 1min	—	内部/外部电缆连接 室内/室外 PCB
H14	室内吸入气温传感器异常		—	吸入口气温传感器(失灵或松开)
H15	室外压缩机温度传感器异常		—	压缩机温度传感器(失灵或松开)
H16	室外电流变压器(CT)断线异常		—	室外 PCB 电源晶体管组件
H19	室内风扇电动机机能锁定		—	室内 PCB 风扇电动机
H23	室内热交换器温度传感器异常		○(只限制制冷)	热交换器温度传感器(失灵或松开)
H27	室外气温传感器异常		○	室外气温传感器(失灵或松开)
H28	室外热交换器温度传感器异常		○	室外热交换器温度传感器(失灵或松开)
H98	室内高压保护		—	空气过滤器脏 空气循环断路
H99	室内热交换器除霜保护		—	缺乏制冷剂 空气过滤器脏
F11	制冷/制暖循环转换异常	40min 内发生 4 次	—	四通阀 四通阀线圈
F91	冷却循环异常	30min 内发生 2 次	—	无制冷剂(三通阀关闭)
F96	室外电源晶体管组件过热保护	30min 内发生 4 次	—	制冷剂过量 产生热量 电源晶体管
F97	室外压缩机过热保护	20min 内发生 4 次	—	缺乏制冷剂 压缩机
F98	总运转电流保护	30min 内发生 3 次	—	过量制冷剂 产生热量
F99	室外直流电流峰值检测	持续发生 2 次	—	室外 PCB 电源晶体管 压缩机

★ **四、故障代码含义详解**

（1）故障代码 H11 的含义为室内机与室外机通信异常，排除方法如下：

1）检查室内机与室外机连接电线是否错误或接触不良。室内机与室外机主要元器件分布原理和室内机与室外机接线原理如图 8-6 所示。

室内外连接电线接触不良时，连接部会变热，端子板内的温度熔丝就会断裂，温度熔丝（99℃）在室内 P 板的零件有短路时，也会断裂，如图 8-7 所示。

2）检查室外机电路控制板上的橙色灯是否熄灭。确认室外机的噪声滤波器 P 板，室外机中玻璃管的熔丝是否熔断（见图 8-7）。检查中若发现室外机交流电路的熔丝熔断，则要同时更换玻璃管熔丝和熔丝座。

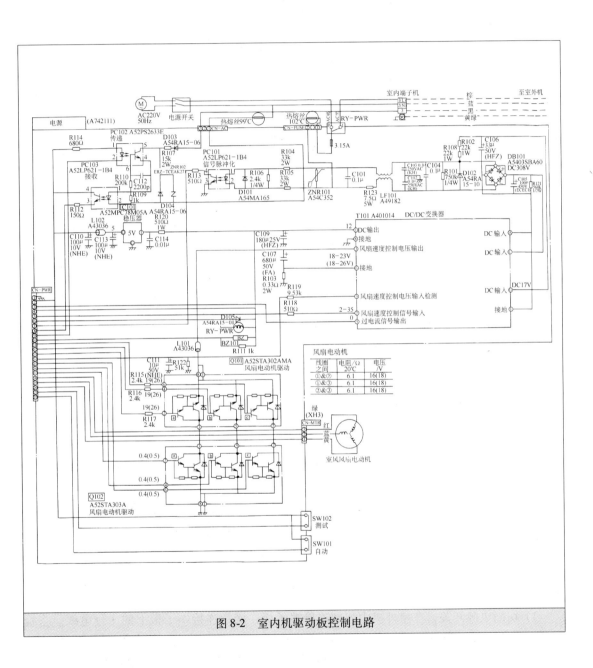

图8-2 室内机驱动板控制电路

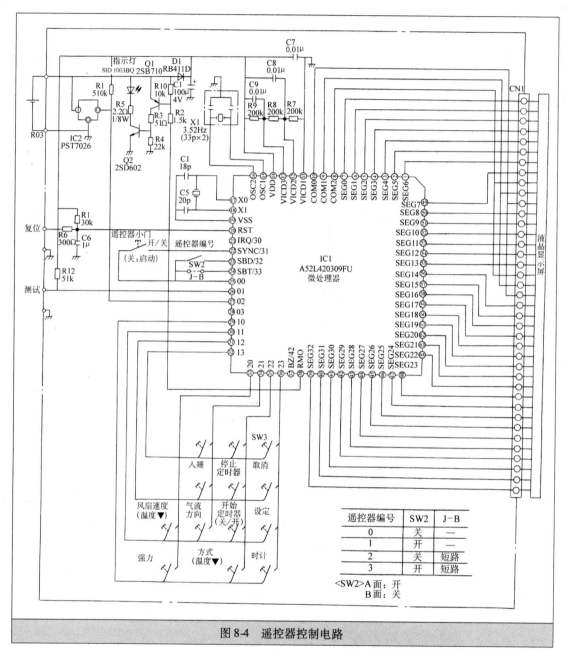

图 8-4　遥控器控制电路

3）切断电源开关，在室外机中找到连接端子板，摘掉连接端子板上的 3 号电线。将检测器（由松下公司配备）的黑色夹子接在室外端子板的 3 号位上，红色的接在 2 号位上。起动空调（见图 8-8），看检测器上通信检测灯是否闪亮，若检测灯闪亮则更换室内 P 板，若检测灯不闪亮，则更换室外 P 板。

（2）故障代码 H19 的含义为室内风扇电动机电路异常，排除方法如下：

1）将空调置于停止状态，用手拨动室内机风扇的叶片看是否能转动。

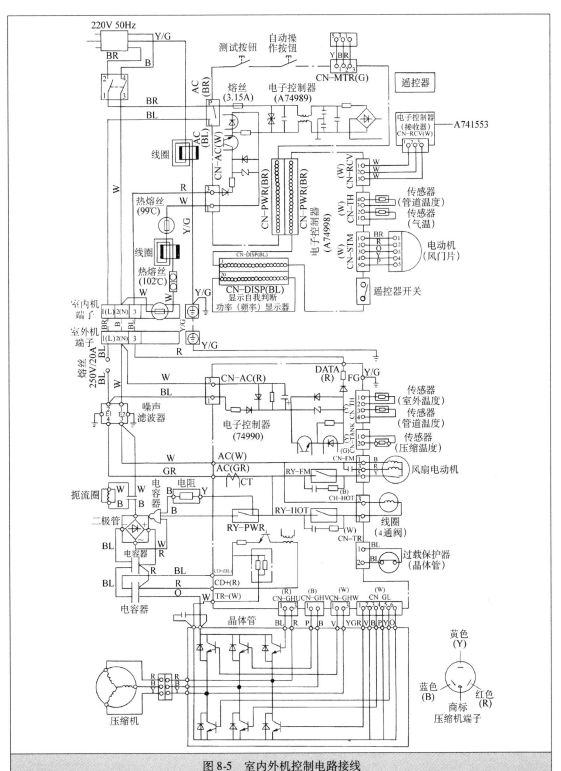

图8-5 室内外机控制电路接线

注：B：蓝色，BR：褐色（棕色），BL：黑色，W：白色，R：红色，O：橙色，P：粉红色，Y/G：黄色/绿色，GR：灰色。

室外机风扇电动机布线电阻	
连接	A95342/Ω
蓝色—黄色	161
黄色—红色	227

压缩机布线电阻	
CS-G120KW/CU-G120KW	
连接	B09763/Ω
U—V	1.0
U—W	1.0
V—W	1.0

图 8-5　（续）

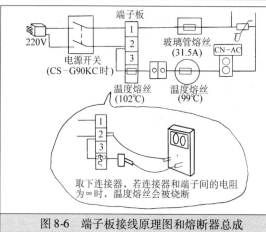

图 8-6　端子板接线原理图和熔断器总成

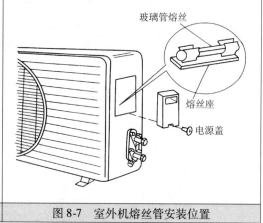

图 8-7　室外机熔丝管安装位置

2）室内风扇电动机或室内电路控制板的连接器（CN-MTR）是否接触不良。

3）摘下室内控制板的连接器（CN-MTR），测量风扇电动机的绕组电阻（三个接电端子均为7Ω），如图8-9所示。

（3）故障代码 F99 的含义为 DC 峰值电流控制动作，排除方法如下：

1）切断电源，再次打开运行，确认压缩机是否进入运行。

2）取下连接电源晶体管和压缩机的连接器后，压缩机强制性停止。

3）确认是否忘记打开三通阀，室外热交换器太脏，防止向室外放热（冷气除湿时）；确认是否有短路，空气过滤器是否清洁（暖气时）。

4）测定压缩机运转中电源晶体管的"＋"和"－"之间的电压，正常值应该在178V以下。

5）取下连接供给晶体管和压缩机的连接器，接在检测器上试运行，检测器的6盏灯显示如图8-10所示。纠正室外P板连接器（CN-QL、CN-QHW、CN-QHV、CN-QHU）的接触不良，更换室外P板。

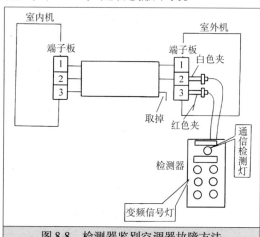

图 8-8　检测器鉴别空调器故障方法

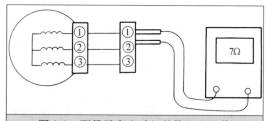

图 8-9　测量风扇电动机的绕组电阻值
注：风扇电动机绕组①～②、②～③、①～③之间电阻值在7Ω左右为正常。

（4）故障代码 F97 的含义为压缩机温度过高保护，造成的原因如下：

1）在制冷状态，室外机热交换无法进行，导致压缩机的温度过高，从而造成保护。

2）由于制冷剂不足、室外 P 板的连接器（CN-FM）接触不良、室外机中的电动机发生故障等，也会导致显示 F97。请按上述原因进行查找。

（5）故障代码 F96 的含义为室外变频模块中晶体管温度过高保护，造成的原因如下：

1）在制冷状态，室外机温度上升，晶体管温度过高而保护。检测晶体管的方法如图 8-11 所示。

2）室外 P 板的连接器（CN-TR、CN-FM）接触不良、室外机中的电动机发生故障等，也会导致显示 F96。请按上述原因进行查找。

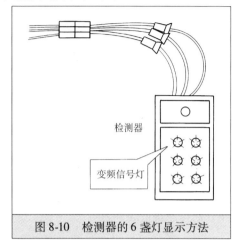

图 8-10　检测器的 6 盏灯显示方法

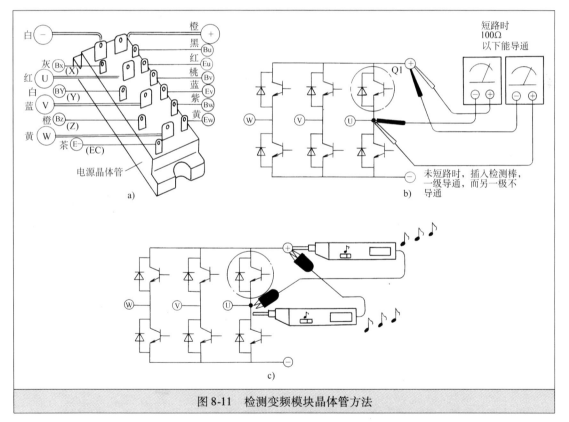

图 8-11　检测变频模块晶体管方法

（6）故障代码 F98 的含义为室内机压力过高保护，造成的原因如下：

1）在制热状态，室内热交换器温度过高，出于保护而停机。

2）二通阀没有打开，配管管道堵死等故障也会显示 F98，请按上述原因进行查找。

（7）故障代码 H99 的含义为室内热交换器冻结保护，造成的原因如下：

1）在起动冷气除湿时，因室内热交换器温度过低，冻结而保护。

2）制冷剂不足、配管管道瘪弯等故障也会显示 H99，请按上述原因进行查找。

★ 五、综合故障速修技巧

故障 1 液晶显示屏显示故障代码 97

品牌型号	松下 CU-G90KW	类型	变频空调器
故障部位	压缩机绕组断路		

分析与检修： 现场检测电源电压良好，测量室外机端子板 L、N 有交流 220V 电压输出，测量 20A 熔丝管良好，测桥式整流有直流电压输出，测量变频模块 U、V、W 均有均衡电压输出，说明变频模块前端控制电路良好，测量压缩机 V-U、U-W、V-W 绕组阻值参数改变（正常阻值 1.0Ω）。更换同功率压缩机后试机，故障排除。

经验与体会： 更换压缩机应进行下列操作。

（1）切断空调器电源，打开室外机连接线端盖，把电源线及室内外机控制连接线拆下，并分别用绝缘胶带包扎好。

（2）在二通阀和三通阀下放置一接油盘，用扳手将阀体上的阀帽旋下。

（3）用内六角扳手顺时针方向关闭二、三通阀阀芯。

（4）用活动扳手分别将二、三通阀上连接管帽缓慢地松出，使制冷系统的制冷剂放出来。

（5）用塑料带把连接管管口包扎好，以免水分和灰尘进入管内。

（6）缓慢打开二通阀和三通阀，放掉残留的制冷剂，擦掉喷溅出来的油污。

（7）用扳手旋下压缩机连线盒盖螺钉，取下接线盒盖及橡胶垫，拔掉压缩机接线插头上的全部接线。

（8）用套筒扳手旋下压缩机底脚的固定螺母。

（9）用焊具分别熔化焊口，并用钳子将接管拉开，如图 8-12 所示。

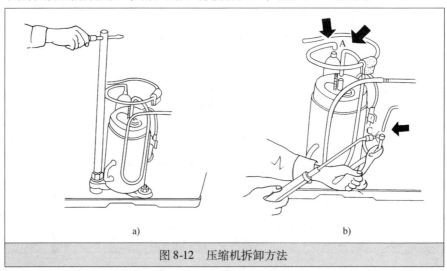

a)   b)

图 8-12　压缩机拆卸方法

（10）垂直向上从机座上提出压缩机，取下底座上的减振垫圈。

（11）选同功率压缩机，按常规操作顺序焊接、检漏、抽空、加制冷剂、试机。

故障 2 制冷系统积油，造成制冷效果差

品牌型号	松下 CS-90KW	类型	变频空调器
故障部位	制冷系统积油		

分析与检修：现场通电，用遥控器开机，设定制冷状态，室内外机均运转良好，但制冷效果较差。用压力表测量制冷系统压力基本正常，经全面分析判断，维修人员再移机时没有按操作程序安装室外机，造成室外压缩机的油积存在室内换热器内。按室外机高于室内机操作程序设回油弯后，再开制热 10min 后，再开制冷，故障排除。

室外机位置高于室内机设回油弯方法如图 8-13 所示。

经验与体会：压缩机内润滑油积存在蒸发器内，在油色正常时，可采用开机制热运行数十分钟，经多次运行试机后，将系统内冷冻油的油温逐渐升高，油的状态变得很稀，油温流动性均得到了提高。如热泵型空调在不具备制热条件时，可将四通阀线圈与压缩机均上电运行以有利于回油。单冷型或冷暖型在不具备制热的条件下，也可采用气焊对可能造成油路堵塞部件辅助加温，并用高压氮气将积油处充氮气疏通。

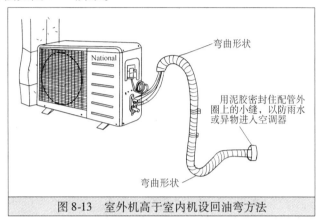

图 8-13　室外机高于室内机设回油弯方法

（图中标注：弯曲形状；用泥胶密封住配管外圈上的小缝，以防雨水或异物进入空调器；弯曲形状）

故障 3　用遥控器开机，漏电保护器跳闸

品牌型号	松下 CS-G90KW	类型	变频空调器
故障部位	压敏电阻击穿		

分析与检修：现场检测电源电压正常，测量电源开关良好，测量热熔丝已熔断，测量 INR101 压敏电阻已击穿，测量变压器室内风机无短路现象，更换压敏电阻和熔丝后试机，故障排除。

经验与体会：在空调器的电控线路中，压敏电阻主要用来起过电压保护作用。压敏电阻的导电性能是非线性变化的。当压敏电阻两端所加电压低于其标称电压值时，其内部阻抗接近于开路状态，只有微电级的漏电流通过，故功耗甚微，对外电路不发生任何影响，而当外施电压高于其标称电压时，对电压的响应时间非常快（在纳秒级），它承受电流的能力非常惊人，而且不会产生续流和放电延迟现象。由于它是一种在某一电压范围内其导电性能随电压的增加而急剧增大的一种敏感元件。因此，人们也将其称为"限幅器"、"斩波器"或"浪涌吸收器"等。

故障 4　炎夏空调器开制冷出热风

品牌型号	松下 CU-90KW	类型	变频空调器
故障部位	控制线接头没有按操作程序连接		

分析与检修：上门用户反映，天晴时空调制冷正常，下过雨后再使用时，空调器变成制冷出热风现象。产生此种故障的原因有三点：一是室内机输出错误的控制信号，二是室外机的控制板出现混乱，三是四通阀的阀体损坏。

仔细观察该机组在安装时，曾加长过连接管和连接线，怀疑连接线接头处有问题，找到接头处一看，果然是由于接头未处理好，导致雨水进入接头内，且接头没按标准规定的方法（一长一短交错）连接，导致接头处绝缘值下降，输送给室外机的信号发出错乱，造成室外机处于制热工作模式。剥开接头，重新按标准的一短一长法连接好，做好绝缘防水措施，试机，空调制冷正常。此种故障是由于安装人员在安装时马虎造成的。

故障 5 开机制冷 30min 后，显示屏显示故障代码 H23

品牌型号	松下 CS-G90KW	类型	变频空调器
故障部位	温度传感器电阻值参数改变		

分析与检修：现场检测电源电压正常，检查室内机控制板上的接插件牢固，检测室内盘管温度传感器良好，检测室内空气温度传感器电阻值，参数改变。更换后试机，故障排除。

经验与体会：温度传感元件是环境温度与空调温控系统的"对话窗口"。它通过对房间内的温度、湿度等参数的检测，通过 CPU 进行程序计算后输出控制指令，驱动压缩机、四通阀、风扇电动机等执行机构，以达到用户所设定的预置值。

室温传感器安装在蒸发器前端，外表用塑料支架支承。它用于检测室内空气温度，向 CPU 输送温度信号。它是一种将温度变化转变成为电阻值的转换器件。

空调器发生不制冷故障时，首先要把传感器接插件拔下，检查传感器有无机械损伤、断裂、脱胶。再把万用表拨到 R×1k 挡。拔下传感器插件，通过测量电阻值的变化来确定好坏。判断方法是：用手捏传感器探头，万用表指示的阻值变化明显，表针移动灵敏，可判断为完好。若表针移动缓慢，可用热毛巾对传感器探头加温，可以将它激活。

当确认室温传感器损坏或断路时，可更换与原产品相同的传感器，以保证传感器的传感信号的准确性。如在检修时发现传感头脱胶、受潮引起的传感器失灵，可把传感器放在 100W 灯泡下烘烤 10min，然后再用风扇吹 10min，以将内部潮气排除。最后用 C31 型 A、B 胶按 1∶1 比例配制，密封感温头。

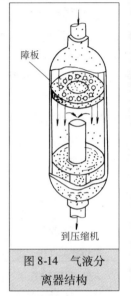

图 8-14 气液分离器结构

故障 6 气液分离器堵塞，造成空调器制冷效果差

品牌型号	松下 CU-G90KW	类型	变频空调器
故障部位	气液分离器脏堵		

分析与检修：现场检测，控制系统良好。用压力表测制冷系统压力偏低，补加制冷剂 0.5MPa 后，压缩机声音加大，手摸蒸发器不凉，卸下室外机外壳，发现气液分离器结霜。停机，断电后，放出制冷剂，更换气液分离器后，故障排除。

经验与体会：气液分离器俗称"贮液器"，它由纯铜制成，安装在压缩机的吸气管路上，其结构如图 8-14 所示。

第二节　松下 CS/CU-G95KW、CS/CU-G125KW 变频空调器电控板控制电路分析与速修技巧

★ 一、技术参数（见表 8-3）

★ 二、控制电路组成

松下 CS/CU-G125KW，室内外机控制电路如图 8-15 所示，松下 CS/CU-G125KW 遥控器控制电路如图 8-16 所示。

表 8-3　松下 CS/CU-G125KW 变频空调器技术参数

参数			单位	CS-G125KW	CU-G125KW
制冷能力			kW	3.45（1.06～3.85）	
制暖能力			kW	4.80（0.98～6.10）	
除湿			L/h	2.0	
电源			相		单相
			V		220
			Hz		50
气流方式					
气流量	室内空气（低）		m³/min	制冷：7.5 制暖：7.9	—
	室内空气（中）		m³/min	制冷：8.4 制暖：8.8	—
	室内空气（高）		m³/min	制冷：9.3 制暖：9.8	—
	室外空气		m³/min	—	26.4
噪声电平			dB	制冷：高 41，低 35 制暖：高 41，低 35	制冷：48 制暖：51
电气数据	输入		kW	制冷：1.22（0.35～1.50） 制暖：1.66（0.34～2.03）	
	工作电流		A	制冷：5.9（2.0～6.9） 制暖：8.1（1.8～10.3）	
	COP		W/W	制冷：2.8（2.57～2.99） 制暖：2.9（2.93～3.00）	
	起动电流		A	10.3	
配管连接口（扩口管）			in	G：半接合 1/2 L：半接合 1/4	G：3 通阀 1/2 L：2 通阀 1/4
配管尺寸（扩口管）			in	G（气体侧）：1/2 L（液体侧）：1/4	G（气体侧）：1/2 L（液体侧）：1/4
排水管	内径		mm	12	—
	长度		m	0.7	—
电源软线长度 芯线数				2.1	—
				3 芯电线×1.5mm²	
尺寸	高		mm	290	505
	宽		mm	790	780
	侧宽		mm	178	245
净重			kg	8.0	42
压缩机	类型			—	转动（单缸） 滚动活塞型
	电动机	类型		—	引入（2 极）
		额定输出	W	—	650
空气循环	类型			交叉风向风扇	螺旋桨风扇
	材料			AS + 玻璃纤维 30%	AES + 玻璃纤维 12%
	电动机	类型		晶体管（4 极）	引入（6 极）
		输入	W		70
		额定输出	W	20	25
	风扇 速度	低	r/min	1200 ±60	—
		中	r/min	1310 ±60	—
		高	r/min	1500/1600 ±60	780

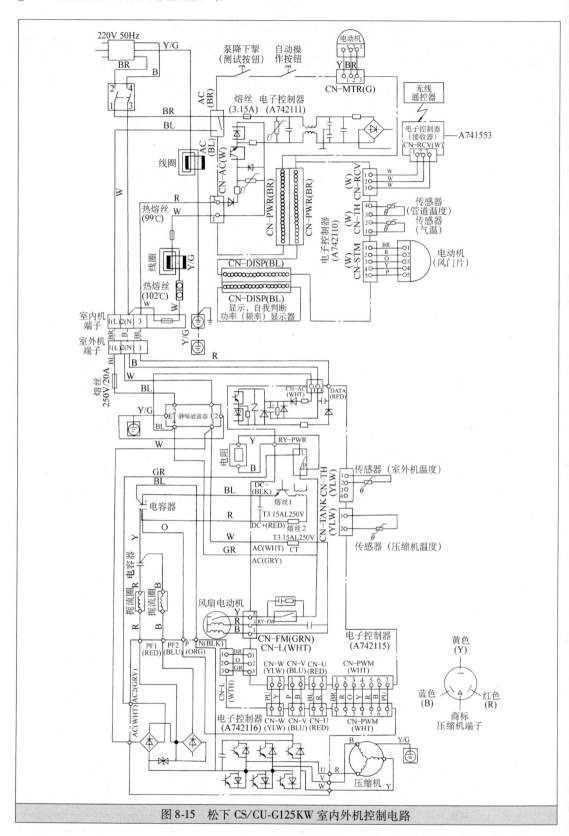

图 8-15 松下 CS/CU-G125KW 室内外机控制电路

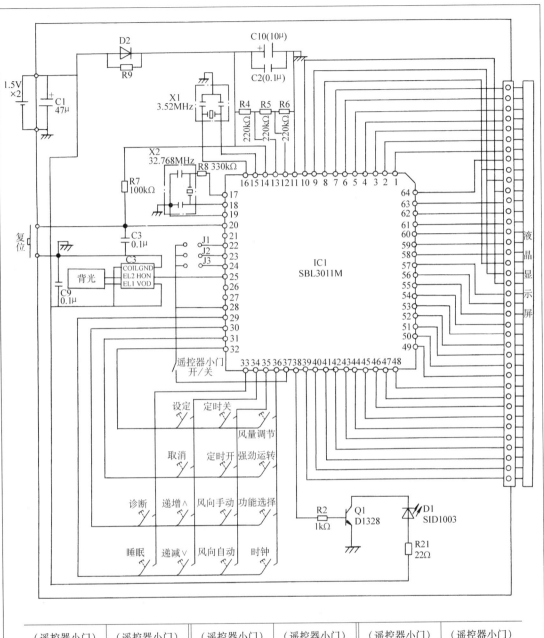

| （遥控器小门） | （遥控器小门） | （遥控器小门） | （遥控器小门） | （遥控器小门） | （遥控器小门） |
开	关	开	关	开	关
时钟	时钟	风向手动	关/开	取消	强劲运转
功能选择	温度▲	定时开	定时开	设定	设定
强劲运转	强劲运转	定时关	定时关	睡眠	睡眠
风量调节	温度▼	递减∨	递减∨	诊断	诊断
风向自动	风向自动	递增∧	递增∧		

图 8-16　松下 CS/CU-G125KW 变频空调器遥控器控制电路

★ 三、故障代码含义（见表8-4）

表8-4 松下 CS/CU-G125KW 变频空调器故障代码含义

诊断显示	故障/保护控制	故障判断	暂时运转	证实的主要位置
H11	室内/室外通信异常	起动后1min	—	·内部/外部电缆连接 ·室内/室外 PCB ·内外连接线中间有接头
H14	室内吸入口气温传感器异常		—	·吸入口气温传感器(失灵或松开)
H15	室外压缩机温度传感器异常		—	·压缩机温度传感器(失灵或松开)
H16	室外电流变压器(CT)断线异常		—	·室外 PCB ·电源晶体管组件
H19	室内风扇电动机锁定		—	·室内 PCB ·风扇电动机
H23	室内热交换器温度传感器异常		○ （只限制冷）	·热交换器温度传感器(失灵或松开)
H27	室外气温传感器异常		○	·室外气温传感器(失灵或松开)
H28	室外热交换器气温传感器异常		—	·室外热交换器温度传感器(失灵或松开)
H98	室内高压保护		—	·空气过滤器肮脏 ·空气循环短路
H99	室内热交换器除霜保护		—	·缺乏冷冻剂 ·空气过滤器肮脏
F11	制冷/制暖循环转换异常	40min 内发生4次	—	·四通阀 ·四通阀线圈
F91	冷却循环异常	30min 内发生2次	—	·无冷冻剂(三通阀关闭)
F93	压缩机运转不良	30min 内发生4次	—	·室外 PCB ·压缩机 ·电源晶体管
F95	室外高压保护	30min 内发生3次	—	·室外热交换器太脏 ·室外热交换器温度传感器(失灵或松开)
F96	室外电源晶体管组件过热保护	40min 内发生4次	—	·冷冻剂过量 ·产生热量 ·电源晶体管

（续）

诊断显示	故障/保护控制	故障判断	暂时运转	证实的主要位置
F97	室外压缩机过热保护	20min 内发生 4 次	—	·缺乏冷冻剂 ·压缩机
F98	总运转过电流保护	30min 内发生 3 次	—	·过量冷冻剂 ·产生热量
F99	室外直流电(DC)峰值检测	持续发生 4 次	—	·室外 PCB ·电源晶体管 ·压缩机

★ **四、故障代码含义详解**

参照松下 CS/CU-G90KW 故障代码详解（略）。

★ **五、综合故障速修技巧**

故障 1 开机制冷 2h 后，显示屏显示故障代码 F95

品牌型号	松下 CU-G125KW	类型	变频空调器
故障部位	室外风机电容击穿		

分析与检修：现场通电用遥控器开机，设定制冷状态，机组工作 3min 后显示故障代码 F95。经全面检测发现室外风扇电动机起动电容击穿，更换同型号电容后，故障排除。

经验与体会：电容器的常见故障为：①击穿；②开路；③漏电。

检修方法：对于电动机类起动电容，一般最常用的检测方法为：将万用表调到电阻挡的 R×1k 挡或 R×100 挡，然后将万用表的两表笔分别接在电容器的两极，通常情况下，可见表针迅速摆起，然后慢慢地退回原处。这是因为万用表电阻挡接入瞬间，充电电流最大，以后随着充电电流减小，表针逐渐退回原处，这说明电容器是好的。

（1）如果表针摆动到某一位置后不退回，说明电容器已经击穿；

（2）如果表针退回某一位置后停住不动了，说明电容器漏电。漏电的大小可以从表针所指示的电阻值来判断，电阻值越小，漏电越大；

（3）如果表针不动，说明电容器已经开路。

注：在检测电容前一定要用螺钉旋具的金属部分短路放电。

故障 2 家中装修后在试机时，起动 1min 后，显示屏显示故障代码 H11

品牌型号	松下 CU-G125KW	类型	变频空调器
故障部位	装修工把 L、N 控制线接错		

分析与检修：询问用户装机时试机制冷正常，但由于家中装修重新更换电源线后，出现此故障。

接通电源试机，机器没有出现短路。检查电源插座有 220V 电源。发现 N、L 线没错接且有对准空调的 N、L 电源线，将电源的零线对机器的 N 线，将电源的相线对机器的 L 线。试机，起动运转正常，故障代码消失。

经验与体会：此故障说明松下 CU-G125KW 变频机器，不能将电源线接错。

故障 3 严冬机组不制热，显示屏显示故障代码 F11

品牌型号	松下 CU-G125KW	类型	变频空调器
故障部位	四通换向阀尼龙滑块变形		

分析与检修： 现场检查发现四通换向阀内部尼龙滑块不动作，采用螺钉旋具木柄一端轻轻敲击振动四通换向阀体及电压冲击法均不奏效，更换四通换向阀后试机，故障排除。

经验与体会：

（1）换向阀的选配

在分体变频式热泵型空调器中，由于名义容量、适应功率不同，热泵型空调器所选配的换向阀的阀孔通径及接管外径尺寸必然不同。若确认原换向阀阀芯损坏后，在更换新阀时，最好选配与原型号相同的换向阀，绝对不能以大换小或以小换大，否则会影响制冷、制热性能。

（2）换向阀的安装

安装前先卸下换向阀的线圈，焊下换向阀的四根连接管。在焊接前，须先卸下换向阀的线圈，并把 4 根连接管的位置摆正到位，保持水平状态，方向和角度与原来一致，管路不得有扭曲现象。焊接时，要掌握好中性火焰，先焊换向阀上端的高压管的焊口，并用湿毛巾把阀体外部包裹上。待高压管焊好，阀体冷却后，再焊下面 3 根管的中间吸气管。

焊接底侧管时要有一定的难度，火焰要掌握好，看准焊口、手法要快、火到即焊。先焊铜管的 3/5，并迅速给换向阀外部更换湿毛巾降温，防止热传递把阀芯尼龙滑块烘烤变形。这里提醒读者注意：更换的降温湿毛巾不要过于湿，以免有滴水通过未焊接的左右接口进入制冷系统。待阀体冷却下来再焊余下的 2/5 焊口，焊完后立刻回烤整个焊口，以保证焊口处不漏气。待中间低压吸气管焊口冷却后，再焊冷凝器的进口和蒸发器的出口。

整个焊接过程最好掌握在 15min 左右完成，尤其对初学者来说，争取焊接一根成功一根，避免出现 4 根铜管焊完，试压 4 个焊口都冒泡的情况。反复焊接极容易把尼龙阀芯烘烤变形，造成试机后换向阀滑块窜气。这经验要靠初学者边学习、边总结和边体会。

故障 4 机组工作 3h，室内机无热风吹出

品牌型号	松下 CU-G125KW	类型	变频空调器
故障部位	单向阀组辅助毛细管脏堵		

分析与检修： 现场通电，用遥控器开机，设定制热状态，室外风机压缩机运转，室内风机不运转。现场检测电控系统良好，卸下室外机外壳，四通换向阀吸合良好。经综合分析故障现象后判定单向阀组辅助毛细管脏堵。更换后试机，故障排除。

经验与体会： 单向阀主要故障为：关闭不严、漏、堵。

（1）单向阀关闭不严时，在高压压力下，由钢珠与阀座间隙泄放高压压力，回流制冷剂未全部进入毛细管，相当于缩短了毛细管的长度，导致制热高压压力下降，制热效果变差。但在制冷时，单向阀完全导通，不影响制冷效果。

（2）单向阀的第二种故障就是漏点问题，多为制造或维修时，焊接不良，产生漏制冷剂现象，多出现在毛细管焊接处。

（3）单向阀最常见故障是阀体内部的脏堵，使钢珠不动作，还有与它一体的辅助毛细管

也被脏堵后，会造成制冷或制热效果差，甚至不制冷、不制热。这种故障多采取更换新部件，但必须对制冷系统进行清洗后用氮气吹污。更换时必须注意，单向阀的制冷剂流动箭头向上，烧焊时应注意降温冷却阀体，防止阀体内部的变形，造成制热时效果不良。上述三点均须引起维修人员注意。

故障 5 机组工作后，在室内间隔听到异常"吱吱"声

品牌型号	松下 CS-G125KW	类型	变频空调器
故障部位	蒸发器进液管处半堵		

分析与检修：现场检查，由于噪声在室内发出，首先检查内机和连接管。用手摸连接管外表面，查连接管弯曲处和穿墙孔地方，正常。打开内机面框，看、听、判断啸叫声来自于蒸发器。此时仔细察看发现蒸发器进液管的三通管处凝露水较多，用手摸此处，发觉温度低于其他 U 形管，此时，可判断是三通管处半堵所致，引起二次节流产生啸叫声。收制冷剂清理、焊接（或更换）、检漏、抽空、加制冷剂，试机正常。

经验与体会：空调器噪声可分三个部分，系统噪声、结构噪声和由安装不良造成的噪声。这需要维修人员在维修中不断总结经验，迅速找到故障点。

故障 6 机组移机后，开机制冷运行，听见"啸叫"声

品牌型号	松下 CS-G125KW	类型	变频空调器
故障部位	出墙孔连接管扭曲		

分析与检修：维修点师傅上门后，只是简单的听了一下，判断为室内机故障，就更换室内机，但换上室内机以后，仍有噪声。怀疑是室外机原因，又更换室外机，故障仍未排除。然后查连接管，发现在出墙孔处连接管扭曲，导致二次节流。处理此连接管，试机正常。

经验与体会：同上面一例，开机制冷发现有噪声，当排除风道、电动机、零部件故障后，应从系统着手，"啸叫"可能是室内机蒸发器脏堵、半堵、室外机四通阀、单向阀半堵或连接管折、压扁、扭曲造成。此时可采用排除法，首先查连接管，再查室内机、室外机，逐个排除。

故障 7 用遥控器开机，机组无反应

品牌型号	松下 CS-G125KW	类型	变频空调器
故障部位	遥控器晶体振荡电路		

分析与检修：通电用遥控器开机，室内外机都不运转。遥控器发射红外信号后，听不到接收声。测量电源插座有 220V 交流电压输出。检查遥控器操作正确，用强制按键开机，室内、室外机运转正常，制冷良好。由此说明故障点在遥控器上。卸下遥控器电池后盖，测电池有 2.8V 直流电压。检查电池"＋、－"极片没有锈蚀现象，用一字槽螺钉旋具轻撬遥控器后盖，测量红外发射管良好。测量晶体振荡器（3.5MHz）良好，进一步检查，发现 0.1μF 电容损坏。更换新电容后，通电开机，遥控器红外信号发射良好，空调器运转正常，恢复制冷。

故障 8 开机 3h 摆风叶片上有水滴

品牌型号	松下 CS-G125KW	类型	变频空调器
故障部位	摆风叶片上有水滴		

分析与检修：现场检查，安装良好，用压力表测系统压力 0.5MPa 正常，检查保温效果良好，在摆风叶上粘贴绒状的保温棉，此故障排除。

经验与体会：遇到此故障，首先检查安装是否规范，制冷系统压力是否正常。如正常，则向用户说明情况，因在开机 1~3h 后，一直用低风运行，摆风叶上会有水滴，而且摆风叶从未开摇摆摆风，导致在摆风叶上面形成凝露漏水。这种情况应属于正常现象，可向用户解释，或让用户将风量适当提高，同时摆动摆风叶片也可排除故障。

第三节　松下 CS／CU-G1213KW 变频空调器电控板控制电路分析与速修技巧

★ **一、技术参数**（见表 8-5）

表 8-5　松下 CS／CU-G1213KW 变频空调器技术参数

参数		单位	CS-G1213KW	CU-G1213KW
冷气能力		kW	3.50（1.06~3.85）	
暖气能力		kW	4.80（0.98~6.20）	
除湿		L／h	2.1	
电源	相		单相	
	V		220	
	Hz		50	
气流方式			出风 进风 侧面视　上面视	
气流量	室内空气（低）	m³／min	7.64	
	室内空气（中）	m³／min	8.38	
	室内空气（高）	m³／min	9.5	
	室外空气	m³／min	—	—
噪声电平		dB	制冷：低 33~36 　　　高 41~44 制暖：低 33~36 　　　高 42~45	制冷：46~49 制暖：48~51

（续）

参数		单位	CS-G1213KW	CU-G1213KW
电器数据	输入	W	冷气：1210（345～1400）	
			暖气：1550（310～2090）	
	工作电流	A	冷气：5.8	
			暖气：7.35	
	能效比（EER/COP）	W/W	冷气：2.89	
			暖气：3.09	
	起动电流	A	9.9（11.3Max）	
配管连接口（扩口管）		in	G：半结合1/2	G：2通阀1/2
		in	L：半结合1/4	L：3通阀1/4
配管尺寸（扩口管）		in	G：（气体侧）1/2	G：（气体侧）1/2
		in	L：（液体侧）1/4	L：（液体侧）1/4
排水管	内径	mm	12	—
	长度	m	0.6	—
电源软线长度 芯线数		m	2.1	—
			3/1.5mm²	—
尺寸	高	mm	250	540
	宽	mm	770	780
	侧宽	mm	220	289
净重		kg	8.0	41
压缩机	类型		—	密闭型电动压缩机
	电动机 类型		—	引入（2极）
	额定 输出	W	—	650
空气循环	类型		交叉风向风扇	螺旋桨风扇
	材料		AS+玻璃纤维30%	AES+玻璃纤维12%
	电动机 类型		晶体管（8极）	引入（6极）
	输入	W	—	57.4
	额定输入	W	30	15
	风扇 低	r/min	1030±60	—
	速度 中	r/min	1130±60	—
	高	r/min	1280±60	660±30

（续）

参数		单位	CS-G1213KW	CU-G1213KW
热交换器	项目		汽化器	冷凝器
	配管材料		铜	铜
	散热片材料		铝	铝
	散热片类型		狭槽式散热片	波纹式散热片
	排/级		（散热片排列，强制通风）	
			2×12	2×20
	FPI		21	16
	尺寸（宽×高×长）	mm	610×252×25.4	728.7 692.3 ×482.6×22
冷冻剂控制装置			—	毛细管
冷冻油		cm³	—	SUNISO 4GDID（270）
冷冻剂（R-22）		g	—	920
恒温装置			电子控制	—
保护装置			—	电子控制
毛细管	长度	mm		冷气：900　暖气：397
	流功率	L/h	—	冷气：6.6　暖气：20
	内径	mm		冷气：1.3　暖气：1.7
空气滤尘网	材料		P.P.	
	式样		格状结构	
负载量控制			毛细管	
风扇电动机电容器		μF，V	—	1.2μF，400V

★ 二、控制电路组成

松下 CS-G1213KW 变频空调器控制电路如图 8-17 所示，松下 CS-G1213KW 室内机微电脑板控制电路如图 8-18 所示，室内机强电板控制电路如图 8-19 所示。

松下 CU-G1213KW 变频空调器控制电路接线如图 8-20 所示，室外机微电脑控制电路如图 8-21 所示（见本书插页），遥控器控制电路如图 8-22 所示。

★ 三、故障代码含义

1. 控制内容

空调在判断有异常情况而停机时，可以通过遥控器和应急运转键重新开始运转。在应急运转中，压缩机的频率及风量大小都是固定的，且遥控器接收音和平时不同。

正常运转时：吡；

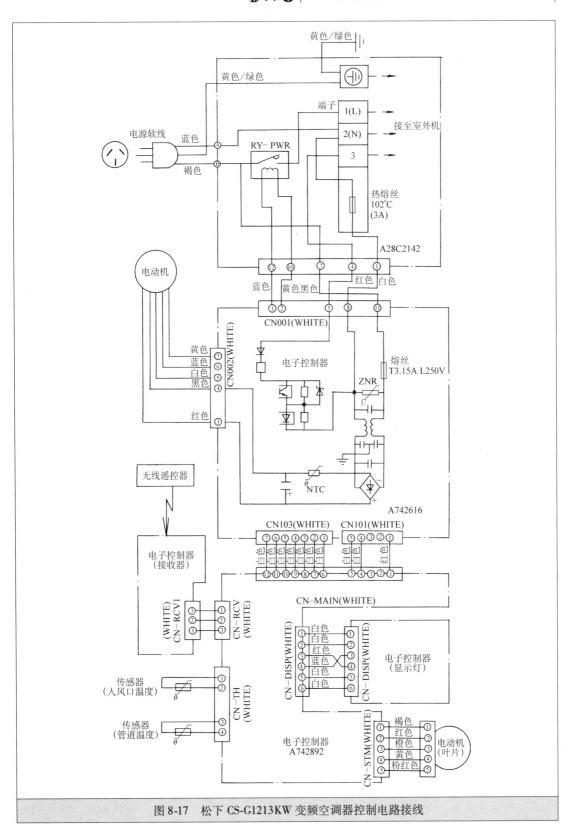

图 8-17　松下 CS-G1213KW 变频空调器控制电路接线

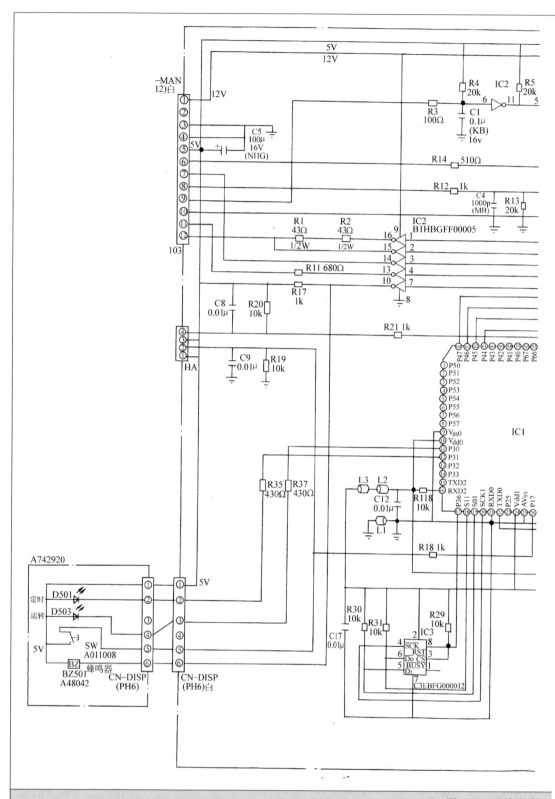

图 8-18　室内机微电

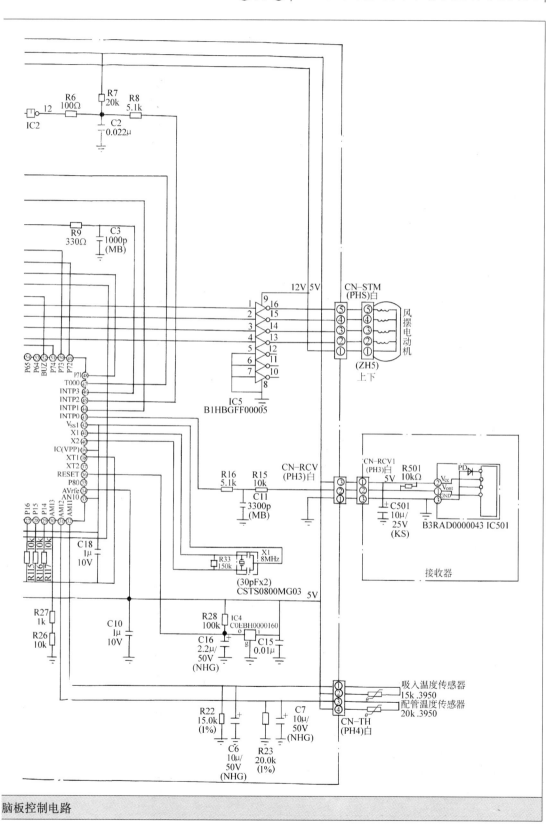

脑板控制电路

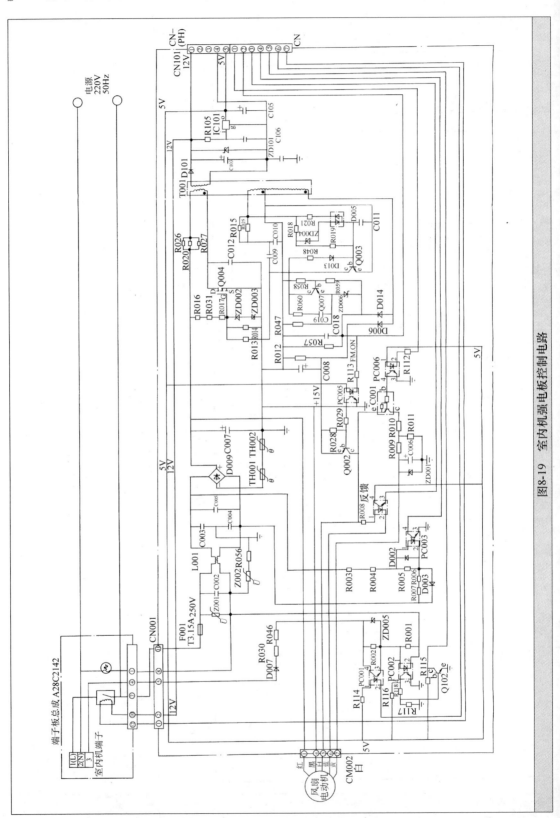

图8-19 室内机强电板控制电路

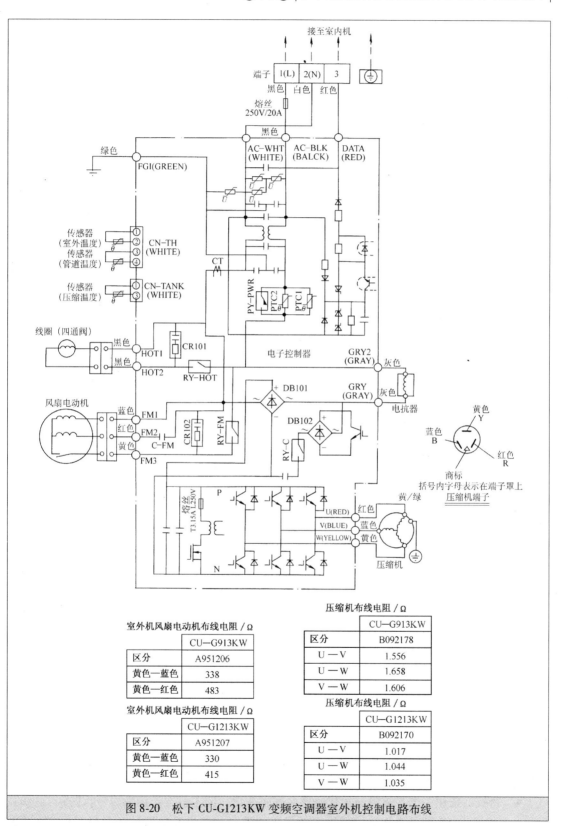

图 8-20　松下 CU-G1213KW 变频空调器室外机控制电路布线

室外机风扇电动机布线电阻 / Ω

区分	CU—G913KW
	A951206
黄色—蓝色	338
黄色—红色	483

室外机风扇电动机布线电阻 / Ω

区分	CU—G1213KW
	A951207
黄色—蓝色	330
黄色—红色	415

压缩机布线电阻 / Ω

区分	CU—G913KW
	B092178
U — V	1.556
U — W	1.658
V — W	1.606

压缩机布线电阻 / Ω

区分	CU—G1213KW
	B092170
U — V	1.017
U — W	1.044
V — W	1.035

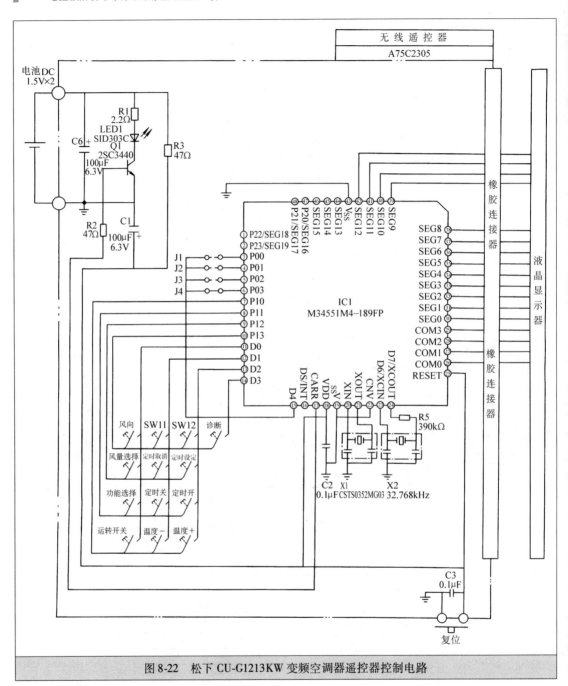

图 8-22　松下 CU-G1213KW 变频空调器遥控器控制电路

应急运转时：吡吡吡吡；

停止时：吡。

2. 故障诊断显示方法

●　按住遥控器上的［诊断］5s 以上，遥控器显示屏上可显示出从 H11 到 F99 等故障代码。

●　每按 △ 按钮一下，故障显示代码就会发生变化，向主机发送诊断信号。（按 ▽ 返回）

●　当主机的诊断号码和遥控器发出的号码一致时，主机发出信号音（吡吡吡吡），主机运行灯发亮，如图8-23所示。

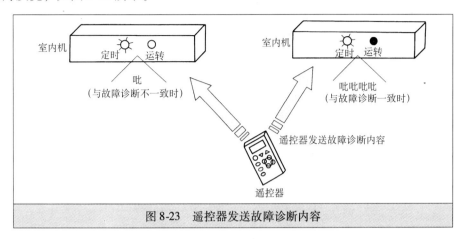

图 8-23　遥控器发送故障诊断内容

- 连续按［诊断］键5s或30s不操作，可解除故障诊断模式。

3. 故障代码诊断显示含义（见表8-6）

表 8-6　松下 CS/CU-G1213KW 变频空调器故障代码含义

诊断显示	异常或保护动作内容	诊断内容	诊断方法	异常判断	保护运行	应急运行说明
H11	室内外通信异常	通信异常	收发信息不成功	开始运行1min以后	○	室内单独送风运行
H14	室内吸入气温传感器异常	断线、短路	10/40（s）		×	
H15	压缩机温度传感器异常	断线、短路	10/40（s）	连续5s	×	
H16	室外CT断线异常	断线	10/40（s）、频率		×	
H19	室内风扇电动机锁死异常	锁死	电流		×	
H23	室内热交换器温度传感器A异常	断线、短路	10/40（s）	连续5s	○	频率、风量固定（制暖时停止）
H24	室内热交换器温度传感器B异常	断线、短路	10/40（s）	连续5s	○	频率、风量固定
H25	空气清洁异常	通电异常	空气清洁OFF时候的通电		○	频率、风量限制、空气清洁停止
H27	室外气温传感器异常	断线、短路	10/40（s）	连续5s	○	频率、风量固定
H28	室外热交换器温度传感器异常	断线、短路	10/40（s）	连续5s	○	频率、风量固定
H30	排放温度传感器异常	断线、短路	10/40（s）	连续5s	○	频率、风量固定
H31	室内温度传感器异常	断线、短路	10/40（s）	连续5s	○	频率、风量固定

（续）

诊断显示	异常或保护动作内容	诊断内容	诊断方法	异常判断	保护运行	应急运行说明
H33	内外接续错误异常	室内外机异常电压	内外电源电压设定		×	
H97	室外风扇电动机锁定异常	锁死	电流、逆风	30min 内连续发生 2 次	×	
H98	室内高压过高保护	室内高压过高	热交温度传感器		—	只有记忆号码（不出现异常标示）
H99	室内热交换器冻结保护	室内热交冻结	热交温度传感器		—	只有记忆号码（不出现异常标示）
F11	冷暖转换异常	冷暖转换	热交温度传感器	30min 内连续发生 4 次	×	
F16	制冷除湿转换异常	制冷除湿转换	热交温度传感器	30min 内连续发生 4 次	×	
F90	PFC 保护	断线、过电压温度过高	电压、10/40（s）	10min 内连续发生 4 次	×	
F91	冷冻循环异常	气体泄漏、循环闭塞	电流、配管温度	20min 内连续发生 2 次	×	
F93	压缩机转动不良	压缩机转动不良	压缩机转速	20min 内连续发生 4 次	×	
F95	制冷异常时的高压保护	室内高压过高	热交温度传感器	20min 内连续发生 4 次	×	
F96	变压器组件温度过高保护	IPM 温度过高	IPM 温度传感器		×	
F97	压缩机温度过高保护	压缩机温度过高	排放温度传感器	10min 内连续发生 4 次	×	
F98	综合电流保护	过电流	CT 电流	20min 内连续发生 3 次	×	
F99	DC 峰值动作异常 IPM 温度过高保护	DC 峰值 IPM 温度过高	峰值电流 IPM 内部测知	连续发生 4 次	×	

★ 四、综合故障速修技巧

故障1　用户反应机组运行时有一股异味吹出。

品牌型号	松下 CS-G1213KW	类型	变频空调器
故障部位	用户室内装修后释放出甲醛		

分析与检修：现场检查发现机组运转良好，室内机吹出的异味属于用户装修房间后释放出的甲醛造成，向用户解释。

经验与体会：室内空气不流通时（特别是新装修的房间），较难闻的异味，当开起空调的时候，整个房间流通起来，使异味集中到狭小的出风口，气味流动加快。这种情况只有等用户房间甲醛释放完后，再开机如无异味，说明机组本身没有异味，是用户使用环境的问题。

故障 2 用户采用马路旁维修工移机，造成机组不开机，显示故障代码 F93

品牌型号	松下 CU-G1213KW	类型	变频空调器
故障部位	压缩机绕组匝间短路		

分析与检修：现场检测发现室外压缩机绕组匝间短路，更换同功率压缩机后，经抽空、加制冷剂、检漏，试机，故障排除。

经验与体会：压缩机是空调器的核心部件，是制冷系统的心脏。通过其内部电动机的转动，将制冷剂由过饱和气体压缩成高压的液体，实现制冷剂在系统内的流动。根据变频压缩机电动机绕组的关系，很容易判断出压缩机电器故障，主要表现在：

（1）匝间短路。测量压缩机绕组电阻值比正常值小，且压缩机壳有发烫现象，工作电流偏大，可判定为压缩机内电动机绕组有匝间短路现象。

（2）绕组开路。用万用表 R×1 挡，测量三个接线柱任意两个之间电阻为"∞"，即表示内部绕组开路。

（3）漏电。绕组与壳体之间有漏电现象，此时用绝缘电阻表测量接线端子与外壳间绝缘电阻小于 $2M\Omega$。通常，用绝缘电阻表测量接线端子与外壳间绝缘电阻大于 $2M\Omega$ 为正常。

（4）绕组短路。测量压缩机绕组电阻值为零，电动机已经完全不能工作，可判定压缩机内电动机绕组有短路现象，需更换压缩机。

注意：在测量时，应把压缩机电动机的外部接线卸下。

故障 3 移机后，不定时显示故障代码 F98

品牌型号	松下 CS-G1213KW	类型	变频空调器
故障部位	电源存在严重谐波		

分析与检修：现场检查机组电控系统元件参数良好，测量制冷系统压力正常值，经全面检查发现空调器电源与晶闸管整流设备在同一条电源线上，把空调器电源插接到其他电源上，试机，故障排除。

经验与体会：在检修空调器的控制电路时，必须先查电源，这包括供电电源和控制线路电源。关于供电电源，应以电力供电部门的有关技术指标为准。即相电压波动幅度不应大于 ±10%，电源对称度要合理。电源频率应在（50±0.02）Hz，而且无严重谐波。

电源频率的误差偏大及谐波会使电动机出现过热，同时会使芯片产生误动作。

第九章

长虹变频空调器电控板控制电路分析与速修技巧

第一节　长虹KFR-25GW/BQ、KFR-28GW/BQ、KFR-35GW/BQ、KFR-40GW/BQ直流变频空调器电控板控制电路分析与速修技巧

★ 一、室内机电控板控制电路图解

长虹 KFR-25GW/BQ、KFR-28GW/BQ、KFR-35GW/BQ、KFR-40GW/BQ 直流变频空调器室内机电控板控制电路如图 9-1 所示（见本书插页）。

1. 室内机风机单元控制电路及故障检修方法

（1）室内直流电动机控制电路。室内机贯流风机是利用室内空气经蒸发器使室内空气的温度降低，而室内贯流风机控制电路是控制室内贯流风机风速依据环境条件或者设定风速而自动地调节风量，即贯流风机转速。室内机风机控制原理图如图 9-2 所示。

（2）室内贯流电动机控制电路解析与故障检修方法。长虹 BQ 系列空调器室内贯流风机使用的是直流电动机。该直流电动机内置控制驱动 IC（TP6520P、TD62064F），与主板的接口为 35V 驱动电源、5V 控制电源。

室内风机不运行故障，用万用表电压挡测量风机插座电压，电压 95～170V 为正常，检查电动机绕组阻值或起动电容，电压为 0V 则更换主板。

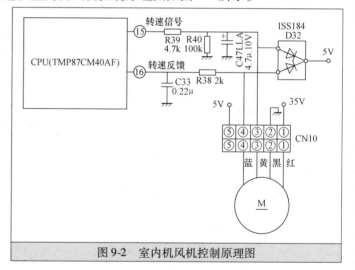

图 9-2　室内机风机控制原理图

室内机风机开始运转一会儿便停止。遇到故障时，应先检查 CN10①、②脚，CN10②、⑤脚电压是否为 35V、5V；CN10②、③脚转速控制电压是否为 0～5V 的电压；检查 CN10②、④脚转速反馈是否有方波信号，若无示波器可用万用表检查 CN10②、④脚电压是否为 0～5V 的某个值。

（3）贯流电动机故障检测方法：

1）绕组开路。用万用表 R×10 挡测量风扇电动机接插件，任意两点之间电阻值为无穷大时，即表示内部绕组开路。

2）绕组短路。测量绕组电阻值为零，电动机已经完全不能工作。可判定绕组为短路。

3）匝间短路。测量电阻值比正常阻值小，且电动机壳体发烫、工作电流偏大，可判定为绕组有匝间短路。短路严重时，电动机内部、外部过热保护装置将起跳、断开主电路，以策安全。

2. 上电复位控制电路解析及故障检修方法

（1）上电复位电路。上电复位电路原理如图9-3所示。

（2）作用：复位电路是为CPU的上电复位（复位：将CPU内程序初始化，重新开始执行CPU内程序）及监视电源而设的。主要作用如下：

1）上电延时复位，防止因电源的波动而造成CPU的频繁复位。

2）在CPU工作过程中实时监测其工作电源（+5V），一旦工作电源低于4.6V，复位电路的输出端便触发一低电平，使CPU停止工作，待再次上电时重新复位。

（3）原理解析。上电时，5V电源通过IC03（TA8000S）的⑧脚输入，⑦脚便可输出一个上升沿来触发芯片的复位引脚。

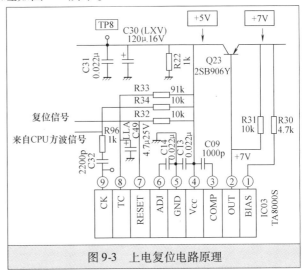

图9-3 上电复位电路原理

（4）电控板故障检修方法。本电路的关键性器件为复位电路。在检修时一般不易检测复位电路的延时信号，可用万用表检测各引脚在上电稳定后能否达到规定的电压要求。若复位电路损坏，现象为压缩机不起动，或者室外机不工作。

3. 时钟控制电路解析及故障检修方法

时钟电路，为系统提供一个基准的时钟序列。时钟信号犹如人的心脏，使单片机程序能够运行以及指令能够执行，以保证系统正常、准确地工作。

（1）原理解析。单片机TMP87CM40AF的时钟信号由㉔、㉕脚及外围8MHz晶振组成。晶振的①脚和③脚分别接入单片机（TMP87CM40AF）的㉔和㉕脚，②脚接地。晶振内部集成了两个高频滤波电容，分别连接到X30的①脚和③脚，并联地以消除振荡信号的杂波，为单片机提供一个8MHz的稳定时钟频率。

当接通电源时，单片机㉔、㉕脚内部电路与外接的8MHz晶体振荡器产生8MHz的时钟信号，为单片机提供一个固定的时钟脉冲信号，使单片机根据这一脉冲信号进行工作。

（2）电控板故障检修方法。振荡电路的检修，除用示波器观察其两点的波形外，一般用万用表检测其两点的电压也可解决。通电时，检测单片机㉔和㉕脚的电压来判断，正常时晶振①脚电压为1.96V，③脚电压为2.19V。若振荡电路有故障，会导致空调器不能正常工作，不能遥控开机可使用应急开关开机。

4. 过零检测控制电路解析及电控板故障检修方法

过零检测电路在控制系统中为室内、外串行半双工通信提供时序基准信号。过零检测电路原理如图9-4所示。

（1）原理解析。220V交流电经R13（82kΩ/2W）、D05降压、整流输出一个脉动的直流电，提供给光耦合器 IC04，当 IC04（①、③脚）的电压小于 0.7V 时，光耦合器不导通；而当 IC04（①、③）的电压大于 0.7V 时，光耦合器导通，这样便可以得到一个过零触发的信号。D35 起保护 IC04 的作用。

（2）故障检修。在没有示波器的情况下检修零检测信号，可以使用万用表检测光耦合器 IC04④脚的电压，正常时为 0.3V。如果过零检测信号有故障，空调器会出现室内、外通信故障。

5. 温度检测控制电路解析及故障检修方法

温度检测电路通过单片机外围元器件对各种参数进行采集，将模拟信号的变化转化为电压的变化，此电压将作为单片机内部比较电压，从而输出控制指令。室内机有室内环境温度、辅助蒸发器温度和盘管

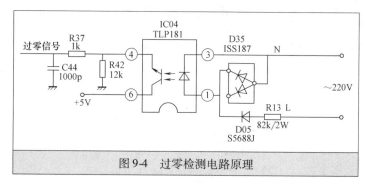

图 9-4　过零检测电路原理

温度三个温度传感器，均为负温度系数热敏电阻。室温环境传感器安装在进风格栅下面，用于感知室内温度；辅助蒸发器温度传感器和盘管温度传感器安装室内热交换器的小 U 形管处，用于制冷时感知蒸发温度或制热时感知冷凝温度，对压缩频率、室外电子膨胀阀进行控制，对系统进行相关保护。温度检测电路如图 9-5 所示。

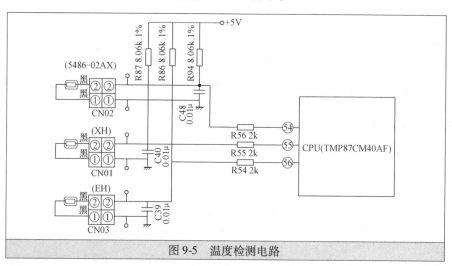

图 9-5　温度检测电路

（1）温度检测电路原理解析。温度传感器为 PTC 热敏电阻元件，随着温度变化，温度传感器的阻值随之变化，经 R86、R87 和 R94 分压取样，通过 C39、C40、C48 滤波，给单片机⑤④~⑤⑥脚提供一个随温度变化的电平值，供芯片内部 A-D 转换采样。环境温度为 25℃时，温度传感器阻值为 10kΩ。

（2）电控板故障检修方法。在检修时，首先确认温度传感器的 5V 电源电压是否正常，再检查传感器提供给单片机的电平值是否正常。温度传感器可用固定电阻替代。

6. E^2PROM 控制电路解析、显示驱动以及遥控接收电路及电控板故障检修方法

（1）E^2PROM 电路。E^2PROM 内记录着系统运行时的一些状态参数，如压缩机的 V/F 曲线、风速的设定，步进电动机的摆动角度、温度、故障代码、压缩机的频率等，并通过

E^2PROM与单片机和显示电路进行数据交换。遥控接收电路接收遥控器发出的指令，指示空调器按用户的要求工作，同时和显示电路结合检测故障代码。

应急按键电路接收紧急情况下开、关机及强制制冷指令。E^2PROM、显示驱动以及遥控接收电路如图9-6所示。

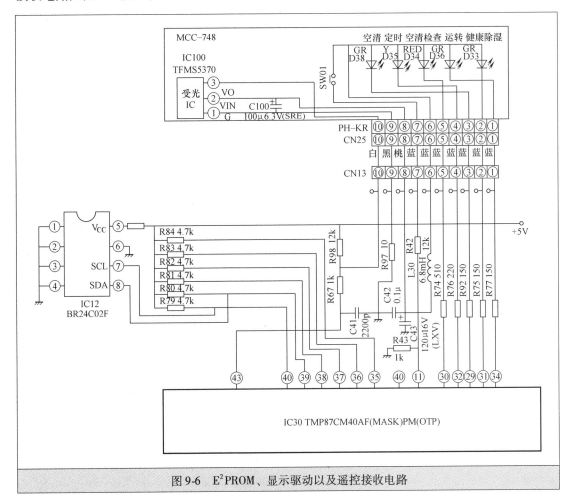

图9-6 E^2PROM、显示驱动以及遥控接收电路

检修方法，正常情况下E^2PROM的引脚为5V。有时E^2PROM内程序由于受外界干扰被损坏，引起故障。现象为压缩机二次起动，即初次开机室外风机转动但压缩机不起动，将压缩机过热保护插头（THERMO）拔起，然后再插入端口，此时压缩机起动。此即E^2PROM故障。该故障在日常维修中较为常见。另外E^2PROM损坏有时也可导致压缩机起动复位或不起动。

（2）遥控接收控制电路解析。遥控接收电路在空调器中的主要作用是接收遥控器发出的各种运转设定指令，再把这些指令传送给电脑板主芯片控制整机的运行。

遥控接收电路的工作原理是：光敏二极管接收到遥控器发出的红外脉冲信号后将光信号转为电信号，再经自动增益控制（AGC）、滤波、解码等电路将电脉冲信号传输到主芯片处理。

遥控器发出的指令通过显示板上的遥控接收头解码后传送给单片机，经R67输入到芯片的㊽脚（遥控接收）。

（3）显示驱动电路。将空调器运行的状态（如空清、定时、空清检查、健康除湿、运行状态），传输给显示屏显示出来，空调器有故障时也通过其检查代码。

（4）电控板故障检修方法。维修人员实际维修应用中，故障代码除了用来显示故障部位或原因外，还有以下三种作用：显示非故障停机保护的原因，例如交流电源电压过低或过高时的保护，因外界电磁干扰造成的室内、外机间通信异常的保护等，这时显然空调器并无故障；显示变频空调器限频运行的原因；显示空调器的某些正常运行状态，如化霜/防冷风运行、正常待机等。

维修人员不要一见到故障代码，就仓促地判定空调器有故障，而应弄清楚此故障代码代表的真正含义，以免引起误判。

7. 开关电源控制电路解析及电控板故障检修方法

（1）开关电源控制电路解析。该开关电源为反激式开关电源，当 IC01 内部 MOS 开关管导通时，能量全部储存在开关变压器的一次侧，二次侧整流二极管 D02、D03、D04 未能导通，二次侧相当于开路，负载的整流二极管正向偏置而导通，一次绕组向二次绕组释放能量，二次侧在开关管截止时获得能量。这样，电网的干扰就不能经开头变压器直接耦合给二次侧，具有较好的抗干扰能力。开关变压器二次侧经快恢复二极管、高频滤波电解电容滤波后得到 DC 35V、DC 12V、DC 7V 电压，其中 DC 7V 电压经多功能集成电路 IC03（上电复位、软件看门狗、线性稳压）线性稳压后转换为 DC 5V 电压供单片机等。开关电源电路原理如图 9-7 所示。

（2）电控板故障检修方法。开关电源电路故障率较高，许多故障都是由电源电路元器件损坏引起的，因此要熟悉电源电路中的关键元器件：压敏电阻、熔丝管、变压器、集成稳压电路。此开关电源电路主板熔丝管为 3.15A，主板负载有过电流故障时熔断保护；压敏电阻是一次性元件，烧坏（即击穿）找到原因后应及时更换，若取下压敏电阻而只换熔丝管就开始使用变频空调器，那么电压再次过高时会烧坏主板上的其他元器件。压敏电阻常见故障为电网电压过高时将其击穿，测量时使用万用表电阻挡。

对电源电路的检修可以按照电源的走向来检测或者逆向来检测。在实际检修中可用万用表测量开关变压器一次、二次绕组是否有 DC 5V、DC 7V、DC 12V、DC 35V 电压，F02、F03 及 D02 ~ D04 是否击穿及 IC01（②、③）是否击穿。

8. 步进电动机控制电路解析及电控板故障检修方法

（1）步进电动机控制电路。步进电动机在控制系统中主要用来改变室内机风的方向，以便吹遍房间尽可能大的空间或定位于某一个方向吹风。控制风门叶片的两个步进电动机为独立控制。步进电动机控制原理如图 9-8 所示。

（2）步进电动机的控制解析。步进电动机的控制信号经单片机的③ ~ ⑥脚、⑦ ~ ⑩脚输出，再经驱动器 IC31、IC32（TD62004F）驱动输出，分别控制两个步进电动机的摆动。本电路的关键性器件为 IC31、IC32 反相驱动器，驱动电流达 500mA，输入引脚与输出引脚是一一对应的。

（3）电控板故障检修方法。控制电路的测量：将步进电动机插件插到控制板上，测量步进电动机电源电压（+12V）及各相之间的相电压（4.2V 左右）。若电源电压或相电压异常，说明控制电路损坏。如果反射驱动器出现故障，可导致其后级所带负载不能正常工作，本部分电路的关键性器件是反射驱动器 IC31、IC32。如果步进电动机工作不正常，可以用万用表直流电压挡测试该芯片各引脚电压来判断。

绕组测量：拔下步进电动机插件，用万用表测量每相绕组的电阻值（200 ~ 380Ω）。

若某相电阻太大或太小，说明该步进电动机已损坏。

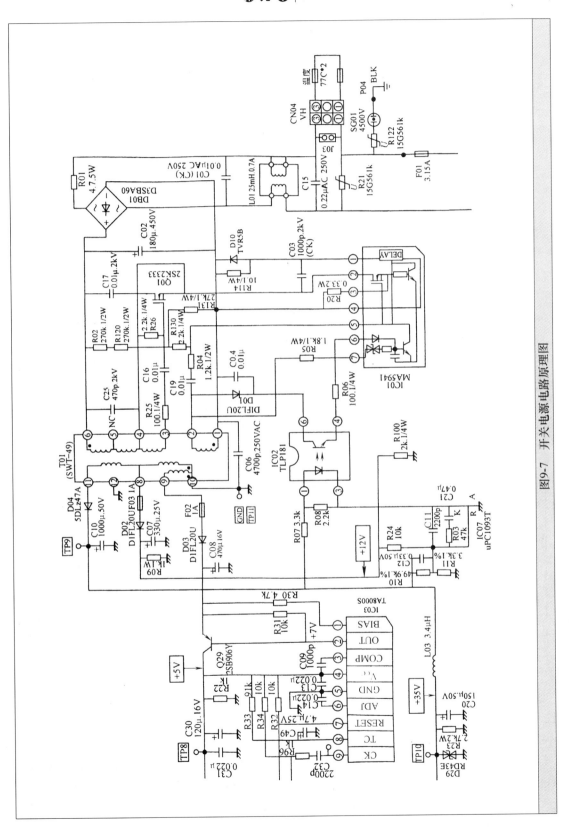

图9-7 开关电源电路原理图

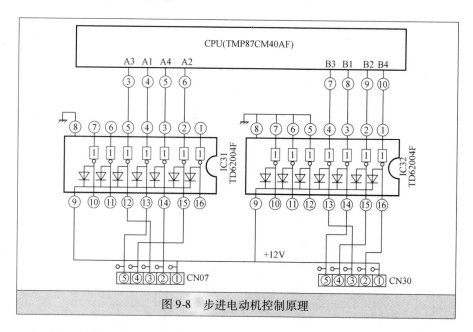

图 9-8　步进电动机控制原理

9. 空气清新控制电路解析及电控板故障检修方法

（1）空气清新电路。空气清新电路是控制电子集尘器产生高压静电来吸附空气中的灰尘，同时产生一定浓度的臭氧杀菌，让室内保持空气清新。其除尘和集尘效率达80%。空气清新电路原理如图9-9所示。

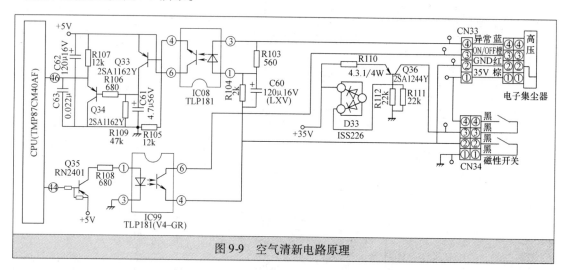

图 9-9　空气清新电路原理

（2）原理解析。面板上有两个磁性开关，起保护作用。正常使用过程中面板关上，磁性开关闭合，电子集尘器工作。维修或清洗过滤网打开面板时，磁性开关断开，电子集尘器不工作，也就不会产生高压电，以避免用户触电。

当单片机㊹脚输出一个低电平时（电子集尘器工作），晶体管 Q35 导通、光耦合器 IC09（④、⑥脚）导通，输出低电平到 CN33③脚，控制电子集尘器工作；当单片机的㊹脚输出一个高电平时，电子集尘器停止工作。

当电子集尘器发生故障时，会在 CN33④脚生成 -7V 的电压，光耦合器 IC08 导通、晶体管 Q33 截止、Q34 导通，集电极高电平变为低电平输入单片机㊻脚，单片机检测到㊻脚的低电平信号后，单片机的㊹脚输出一个高电平，关闭电子集尘器，同时空气清新指示灯闪烁。电子集尘器无故障时，晶体管 Q34 截止，集电极输出高电平。R110 ~ R112、Q36、D33 组成电子集尘器过载、过电流保护。当电流大于 0. 45A 时，晶体管 Q36 断开，切断电子集尘器电源供应，使其停止工作。

（3）电控板故障检修方法。若电子集尘器不工作或有故障，请依次检测光耦合器 IC09（④ ~ ⑥脚）、Q36、磁性天关是否导通，CN33（② ~ ④脚）是否有 7V 电压。可卸下室内机外壳，拔下集尘器插件，用万用表的电阻挡测量其电阻值，若不是绝缘（阻值很大）的状态则说明是电路故障，否则集尘器有故障。

10. 通信控制电路解析及电控板故障检修方法

（1）通信电路。通信电路的主要作用是使室内、外基板互通信息以便使室内、外协同工作。通信电路如图 9-10 所示。

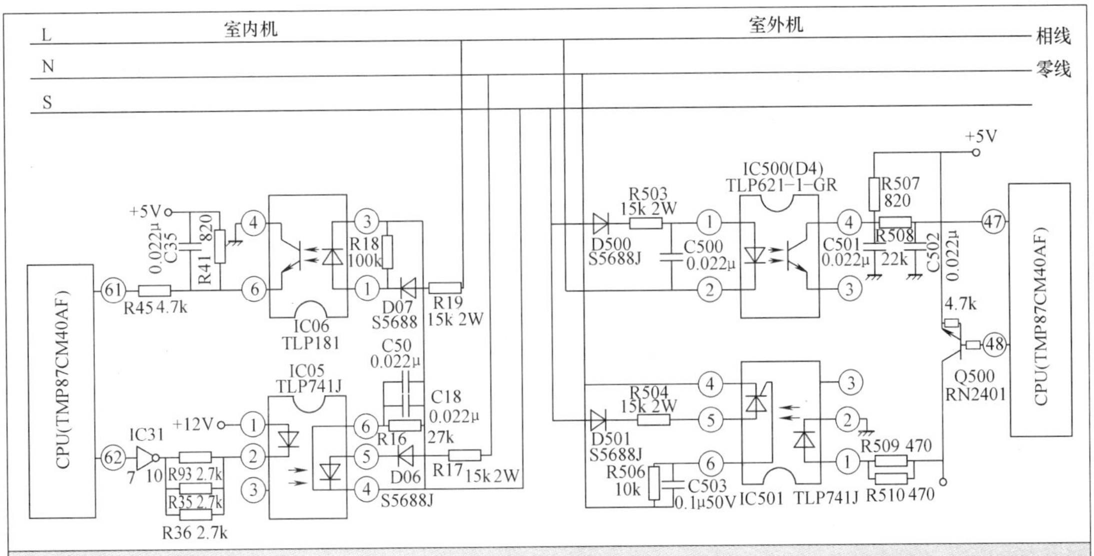

图 9-10　通信电路

（2）电路原理解析。通信电路采用 AC 220V 交流电载波方式，具有抗干扰能力强的特点。由于采用交流载波，所以需要过零电路产生交流电的过零信号。

室外机组单片机，通过串行通信电路接收室内机单片机发送来的工作指令后，根据指令的内容输出相应的控制信号，使压缩机、室外风机等部件均按程序正常运转。在空调器正常运转的同时，室外机组单片机把室外机组的信息（室外环境温度、室外盘管温度压缩机排气温度等）通过串行通信电路发送回室内机，便于室内机单片机进行相应的处理。

当交流电处于负半波，即零线电位大于相线电位时，允许室内机向室外机发送信号。室内机单片机(62)脚发出高电平信号，经 IC31（⑦、⑩脚）反向后，光耦合器 IC05（①、②脚）导通，IC05（④、⑤脚）导通。室内机信号通过 IC05，室内、外通信线，二极管 D500、R503、光耦合器 IC500（①、②脚），使光耦合器 IC500（③、④脚）导通，将室内信号传输到室外机单片机㊼脚。

当交流电处于正半波，即相线电位大于零线电位时，允许室外机向室内机发送信号。室外机单片机㊽脚通过光耦合器 IC501、通信线、光耦合器 IC06，将室外信号传输到室内机单片机㊶脚。

（3）故障检修方法。检查通信电路的输入、输出信号是否正常；信号线和零线之间的电压在 AC 0～220V 变化。也可用万用表测试其零线与信号线之间的直流电压是否在有规律地波动，以确认室内机信号发送正常。然后再确认室外机是否向室内机发送信号。

（4）判断通信电路是否正常，最简便的办法是：转换室内机的运行模式，将制冷模式转换为制热模式，反复两次，听室外机有无四通阀线圈的吸合声，若有，通信电路正常，否则，存在通信故障。

应注意的是：室内外通信电路为串行通信，载波信号由室外的相线滤波整流输出，最后与室内零线构成回路。故在系统连线时应注意室内、外相、零线应保持一致。

11. 室内机主板故障判断方法

长虹 KFR-25GW/BQ、KFR-28GW/BQ、KFR-35GW/BQ、KFR-40GW/BQ 直流变频空调器室内机电控板控制电路 CPU 的引脚数为 64。发现故障主板后，不要急于上电维修，应按以下步骤进行：

（1）仔细检查主板有无明显的烧件痕迹，是否有虚焊、开路、短路、缺件情况，若有应立即维修。单面主板最容易出现虚焊和元器件脱落现象，这一点大家在维修时要注意。用万用表仔细检查一遍，确认无开路、短路等阻值异常情况。

（2）通电后主要检测直流 12V、5V 是否正常，若有示波器可检测过零检测信号、风机反馈信号、风机驱动、晶振波形等，遥控接收、室内风机、主继电器、步进电动机工作正常。

★ 二、室外机控制板电路的解析

1. 室外机电控板控制电路解析及电控板故障检修方法

（1）室外机电控板控制电路。长虹 KFR-25GW/BQ、KFR-28GW/BQ、KFR-35GW/BQ、KFR-40GW/BQ 直流变频空调器室外机电控板控制电路如图 9-11 所示（见本书插页）。

（2）电源整流电路解析。室外机电源电路板上的滤波及保护电路的主要功能是吸收电网中各种干扰，并抵制电控器本身对电网的电磁串扰，以及提供过电压保护和防雷保护。AC 200V 经 EMI 电路滤除干扰后，其交流电压一路送到后级功率因数校正电路，另一路送到电磁四通阀控制继电器。

2. 室外直流轴流风机控制电路及电控板故障检修方法

（1）室外直流轴流风机控制电路。室外直流轴流风机控制电路用来控制空调器的室外直流风机起动运行，调节室外机轴流风机的风速。室外机直流轴流风机控制电路如图 9-12 所示。

（2）原理解析。直流风机控制电路由驱动及自举电路、转速反馈、换相电路等组成。

1）转速反馈和换相电路：直流风机内置一个霍尔元件，电动机每转一圈输出一个脉冲给单片机，由单片机判断电动机的转速，并判断何时换相，控制驱动电路的六个高速光耦合器工作时序。

2）驱动及自举电路：当需要风机工作时，单片机㉒脚输出低电平，继电器 RY06 工作。

（3）电控板故障检修方法。室外直流轴流风机控制电路的主要作用是通过芯片控制信号的小电流驱动室外风机。以调节室外风机的风速及制冷、制热的切换。

本部分电路的关键性器件是反向驱动器、各继电器。该电路出现的故障现象多为风速不切换。继电器驱动电路分为三个逻辑单元来检测解析：第一部分是单片机输出引脚的电平，如在设定的运行状态室外风机应该是哪一个风速，相对应的单片机输出引脚应是高电平还是

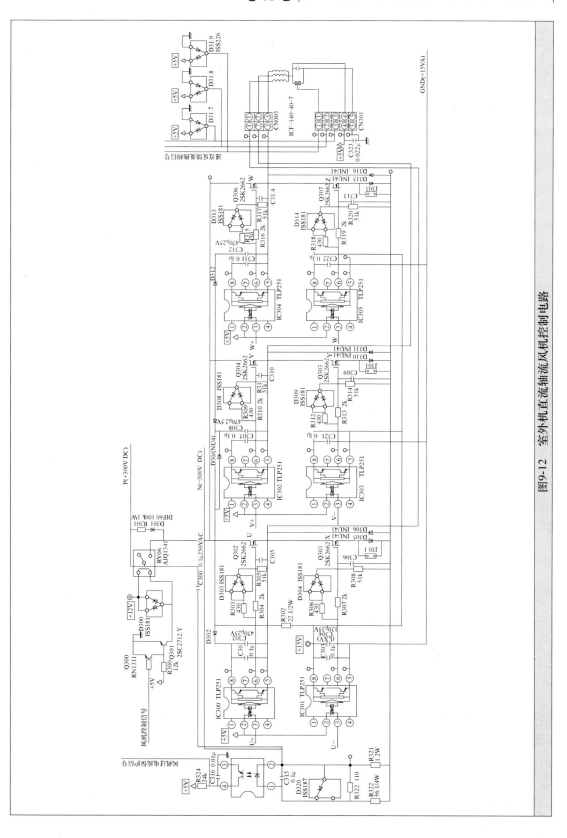

图9-12 室外机直流轴流风机控制电路

低电平，进行比较解析；第二部分是驱动器电路，在提供了正确的输入之后看其输出是否正常（可将7805的5V输出电压引出加在反向器前级，然后测其后级对应引脚是否为低电平）；最后看继电器是否能够正常吸合。

3. 开关电源控制电路解析及电控板故障检修方法

开关电源电路为室外机工作提供稳定的电源。开关电源电路如图9-13所示。

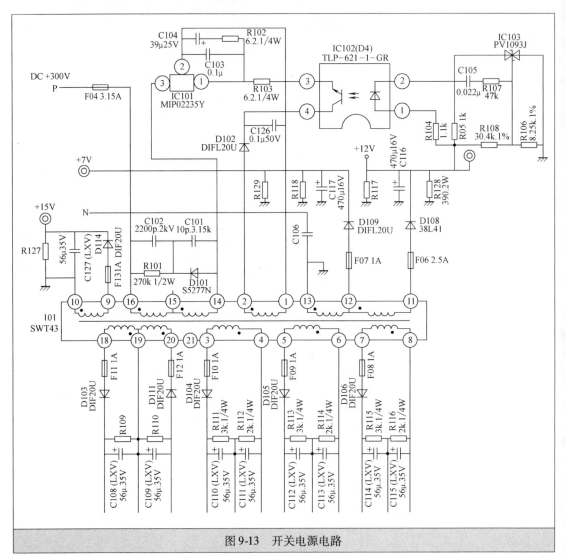

图9-13 开关电源电路

（1）开关电源电路原理解析。该开关电源为反激式开关电源，当IC101内部MOS开关管导通时，能量全部储存在开关变压器的一次侧，二次侧整流二极管未能导通，二次侧相当于开路，负载由滤波电容提供能量。当开关管截止时，一次绕组反极性，二次绕组同样也反极性，使二次侧的整流二极管正向偏置而导通，一次绕组向二次绕组释放能量。二次侧在开关管截止时获得能量。这样，电网的干扰就不能经开关变压器直接耦合给二次侧，具有较好的抗干扰能力。

交流电220V经EMI滤波电路（由L01、L02和C07、C08组成）后到整流桥堆DB01，转换为DC 300V电压经电容C11~C14滤波后供给开关变压器。经开关变压器的绕组⑯、⑭

脚加到开关电源控制 IC（IC101）的③脚（该集成电路为整个开关电源的核心，内含一个功率 MOS FET 100kHz 的方波发生器及占空比调整电路）。输出电压（12V）采样及反馈电路由 IC137 和 IC102 组成，通过对输出 DC 12V 电压采样，调节光耦合器 IC102 的输出电流，控制 IC101 内部 MOS FET 的导通时间，达到调节 100kHz 方波发生器的占空比，从而稳定输出电压的目的。

开关变压器的绕组上①、②间为偏置绕组，为光耦合器 IC102 提供电源。开关变压器二次侧经过恢复二极管、高频滤波电解电容滤波后得到五路 DC 14V 电压、一路 DC 12V 电压、一路 DC 7V 电压，其中 DC 7V 电压经多功能集成电路 IC104（上电复位，软件看门狗、线性稳压）线性稳压后转换为 DC 5V 电压供处理器等使用。

注意，以上提到的部分元器件并未在图 9-13 中出现。

（2）电控板故障检修方法。开关电源电路较易出现故障，在实际检修中可用万用表的电阻挡测量开关变压器一次、二次绕组是否输出开路，IC101 是否击穿和熔丝是否熔断。

4. 四通阀控制电路解析及电控板故障检修方法

四通阀在制热或除霜时工作，控制制热、制冷时冷媒的方向，实现制热、制冷。四通阀控制电路原理如图 9-14 所示。

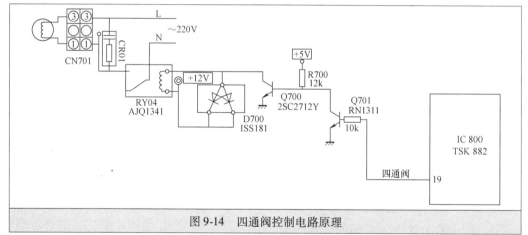

图 9-14 四通阀控制电路原理

（1）原理解析。空调器制热运行时，单片机⑲脚输出低电平，晶体管 Q701 截止、Q700 导通，继电 RY04 线圈中有电流流过，触头闭合，接通交流 220V 电压电路，使四通阀处于工作状态，改变制冷剂的流向而达到制热的目的。

（2）电控板及四通阀故障检修方法。首先确认 AC 220V 是否正常，其测试直流电平值是否正常。

四通阀能制冷而不能制热：热泵型空调器能制冷而不能制热，多数是属于换向阀本身故障。需着重倾听换向阀换向声是否正常来确定。

一是空调器制冷时，控制阀芯将右方的毛细管与中间的公共毛细管的通道关闭，左方毛细管与中间的公共毛细管通道连接，中间公共毛细管与换向阀低压吸气管相连。由于系统中有杂质或冷冻油变质产生的炭化物把毛细管堵塞，使控制阀尼龙滑块换向困难，堵在制冷通道处。

二是空调器在制热时，电磁线圈得电，控制阀塞在电磁吸引力的作用下向右移动，关闭了左侧毛细管与公共毛细管的通道，打开了右侧毛细管与公共毛细管的通道。由于系统中有杂质或冷冻油变质，把毛细管堵塞，使控制尼龙滑块不换向，堵在制热通道处。

排除的方法如下：用一个220V插座引到空调器室外机上侧，拔下空调器电源插头及换向阀的两根端子线，用两手拿住两根导线的绝缘部位，把导体部分插入220V电源内，用220V市电直接对换向阀加电。目的是利用强冲击去推动阀芯移动，反复4~5次通断，当能听到"嗒嗒"的声音时，说明阀芯滑块产生移位。采用这种电压刺激法，也可用空调器室外机接线端子的电源，方法是用遥控器开机，设定制冷状态，3min后室外机接线端子有电，利用室外机接线端子上的220V市电直接对换向阀加电。采用此方法时，身体距带电体应保持30cm以上距离，并注意安全。

采用了电压刺激法，换向阀由于变形仍卡在制冷通道处，在征得用户同意后，可采用把换向阀去掉的方法，具体步骤如下：用气焊先焊下四通阀上端铜管，再分别焊下下面三根铜管的焊口，用两个U形管分别和压缩机的吸气管连接，经过打压、检漏、抽空，加制冷剂，空调器恢复制冷。采取这种方法改装的管路，空调器制冷量不受任何影响，只不过失去了制热功能，但这对修理价值较低的空调器也是一个再利用的方法。

若换向阀内的尼龙滑块变形损坏，采取改装的方法用户有异议，则必须更换四通阀。方法是：卸下换向阀线圈，并把换向阀的四根管位置摆正到位，保持水平状态，方向和角度与原来一样，管路不得有扭曲现象。焊接时要用中性火焰，先焊四通换向阀上端的高压管焊口，并用湿毛巾把换向阀外部包裹，待焊好高压管，再焊下面三根管中间的吸气管。在焊接底侧管时有一定的难度，火焰要掌握好，看准焊口，手法要快，争取先焊铜管的3/5焊口，并迅速给换向阀外部更换湿毛巾降温，以防止热传递把阀芯尼龙滑块烘烤变形。

此时注意毛巾不要过湿，以免水滴通过未焊接的左右接口而进入制冷系统。待换向阀冷却后，再焊余下的2/5焊口，焊完后立刻回烤整个焊口，以保证焊接牢固不漏气。待中间低压吸气管焊口冷却后，再焊剩下的冷凝器进口和蒸发器的出口焊口。焊接整个过程最好在15min内完成。对初学者争取焊接一根成功一根，避免四根铜管焊完，试压四根焊口都冒泡的结果。反复补焊极容易把尼龙阀芯烘烤变形，造成试机后四通阀滑块串气。这要靠初学者边学习边体会，边总结。

5. 电子膨胀阀控制电路解析及电控板故障检修方法

（1）电子膨胀阀控制电路。电子膨胀阀是20世纪末我国在空调器领域新开发的产品，它能适用高效制冷剂流量的快速变化，弥补了毛细管节流不能调节制冷剂的缺点，主要应用在变频空调器中。

电动式电子膨胀阀工作时，控制脉冲电压，按规定的逻辑关系作用到电子膨胀阀各相绕组上，使步进电动机带动针阀上升或下降，以控制制冷剂的流量。

电子膨胀阀的是由两个传感器控制的：一个贴在蒸发器的出口管道上；另一个贴在蒸发器的进口管道上。这两个传感器将温度信息转换为电信号送到微电脑进行处理，然后由微电脑主芯片发出适当的控制信号给电子膨胀阀，以调节阀门开度。

电子膨胀阀控制电路原理如图9-15所示。

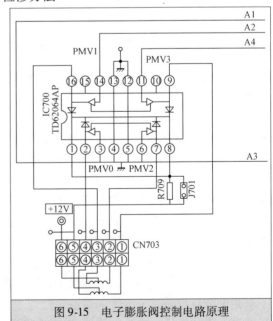

图9-15 电子膨胀阀控制电路原理

室外机单片机⑤~⑧脚输出电子膨胀阀的控制信号 A1~A4，通过功率 IC700 驱动电子膨胀阀的开度，实现冷媒流量控制。

（2）电控板故障检修方法。电子膨胀阀不工作，首先检查 12V 电源。然后检查电子膨胀阀的控制信号，若控制信号正常，说明电子膨胀阀本身有故障。

6. 电流检测控制电路解析及电控板故障检修方法

（1）过电流检测电路。过电流检测电路的主要作用是检测室外机的供电电流也即提供给压缩机的电流。在电流过大时进行保护，防止因电流过大而损坏压缩机甚至空调器。当 CPU 的过电流检测引脚电压大于 3.75V 时，过电流保护，压缩机 3min 后起动。应注意的是，当检测电路开路时，使电流为 0，不会进行故障判断。电流互感器的一次侧串联在通往整流桥的 AC 220V 电压上（注意与电压互感器的区别）。

电流检测电路原理如图 9-16 所示。

（2）原理解析。当继电路 D01 吸合时，电流互感器 T02 感应出电流信号，经 R600、R601、D600 整流出直流信号，经 R602、C600 滤波之后，输入到芯片的 ⑤⑥ 脚（CT）。上电时，芯片的 ⑤⑥ 脚（CT）的电平约为 0V；当电源稳定，压缩机正常工作后，⑤⑥ 脚的电压为 DC 0~5V。

电控板故障检修方法：该部分电路的关键部件是电流互感器。电路中通常电流互感器较易出现故障，正常情况在路测时电

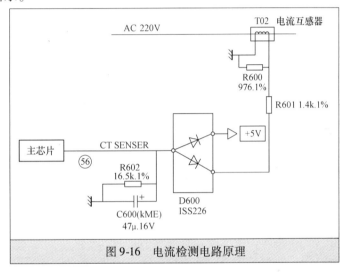

图 9-16 电流检测电路原理

流互感器二次绕组阻值约为 540Ω。出现故障多为互感器一次绕组或二次绕组断路。

7. 过零检测控制电路解析及电控板故障检修方法

（1）过零检测电路。过零检测电路工作原理是：通过电源变压器或通过电压互感器采样，检测电源频率，获得一个与电源同频率的方波过零信号，该信号被送入 CPU 主芯片，进行过零控制。当电源过零时控制双向晶闸管触发角（导通角），双向晶闸管串联在风机回路里。当 CPU 检测不到过零信号时，将会使室内风机工作不正常，出现整机不工作现象。

另外，当电源过零时激励双向晶闸管可以减少电路噪声干扰，此信号作为 CPU 主芯片计数或时钟之用。过零检测电路原理如图 9-17 所示。

（2）原理解析。220V 交流电经 R505（82kΩ/2W）、R409 降压后驱动双向光耦合器 IC502。当电压小于光耦合器二极管导通电压时，光耦合器不导通；而大于导通电压 0.7V 时，光耦合器导通。这样便可得到一个双向过零触发的信号。

（3）电控板故障检修方法。电路中的关键器件是双向光耦合器 IC502。在空调器的实际维修中常常发现双向光耦合器 IC502 容易损坏，从而导致空调器室内机不能正常工作。用万用表可检测双向光耦合器 IC502 是否正常。

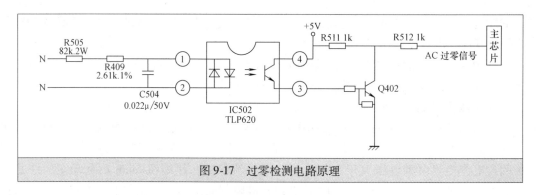

图 9-17　过零检测电路原理

8. 温度信号采集控制电路解析及电控板故障检修方法

（1）温度信号采集电路。温度信号采集电路通过将热敏电阻不同温度下对应的不同阻值转化成不同的电压信号传至芯片对应引脚，以实时检测室外工作的各种温度状态，为芯片模糊控制提供参考数据。温度信号采集电路用来检测室外的环境温度、系统的盘管温度、压缩机的排气温度以及压缩机的吸气温度，为单片机提供一个判断和控制的依据。温度信号采集电路原理如图 9-18 所示。

（2）原理解析。室外环境温度、盘管温度、压缩机排气温度及压缩机吸氧温度传感器的阻值随温度的变化而变化，输出电阻 R611 ~ R613、R605 分压取样后，再经 C601、C604、C605、C607 滤波输入到芯片相应的引脚，进行 A-D 采样转换。

（3）电控板故障检修方法。如果温度信号采集电路出现故障，在检修时，首先确认温度传感器的 5V 电源是否正常，再检查传感器提供给单片机的电平值是否正常。温度信号采集电路出现故障，现象多为压缩机不起动、起动后立即停止且室外风机风速不能转换。另外压缩机过热保护电路出现的故障多为晶体管损坏而引起的室外机无反应。

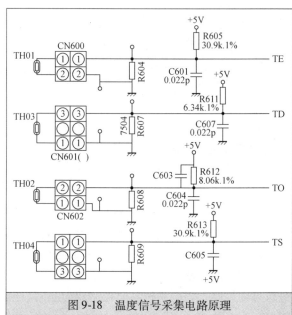

图 9-18　温度信号采集电路原理

9. 功率因数校正控制电路解析及电控板故障检修方法

（1）功率因数校正电路。功率因数校正电路的核心部件是集成模块 DB01，主要由 6 个整流二极管 1 个 IGBT 组成，具有整流及功率因数校正功能。功率因数校正电路如图 9-19 所示。

室外机上电后，DB01 将交流电转换为直流电，供后序电路使用；压缩机起动后单片机 ⑳或㉑脚根据交流电的过零信号，输出一个或两个低电平窄脉冲，此时晶体管 Q400 导通输出一个或两个高电平窄脉冲，通过高速光耦合器 IC400 控制 DB01 内部的 IGBT 短时间导通一次或两次，以达到提高功率因数的目的。

光耦合器 IC401、晶体管 Q401、Q402 组成过、欠电压保护电路，当直流母线电压大于 DC 350V 时，光耦合器 IC401 导通，晶体管 Q401 导通、Q402 截止，使功率因数驱动光耦合器

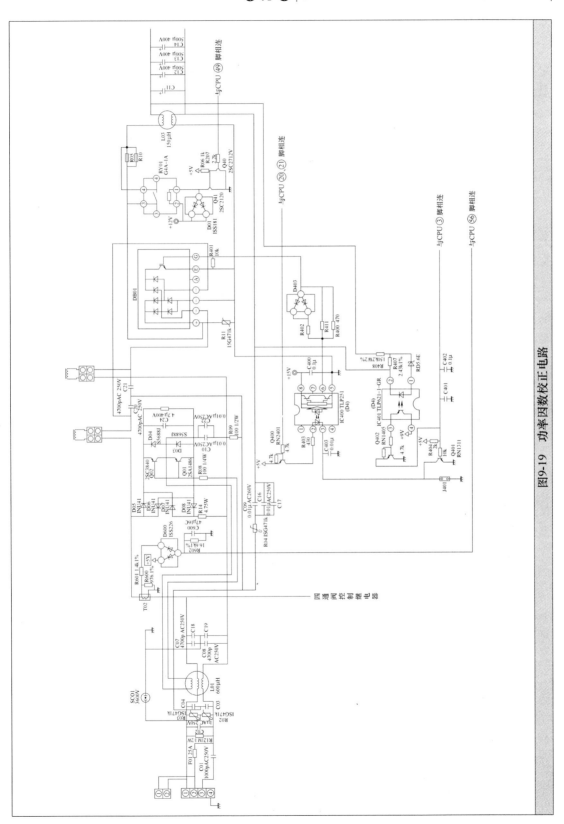

图9-19 功率因数校正电路

IC400 不工作，功率因数校正关闭，同时输入一低电平给单片机③脚，关闭压缩机并报警。

（2）电控板故障检修方法。光耦合器 IC401、晶体管 Q401、Q402 组成过、欠电压保护电路，该部分电路的关键部件是光耦合器 IC401，晶体管 Q401、Q402。如光耦合器 IC401，晶体管 Q401、Q402 出现故障。会使室外基板不工作，现象多为压缩机起动复位或室外机无反应。另外如果该电路中由于元器件损坏可导致压缩机升频过大或过小。

10. 瞬时掉电保护电路解析

瞬时掉电保护电路的主要作用是检测室外机提供的交流电源是否正常。针对由于各种原因造成的瞬时掉电立即采取保护措施，防止由此造成的来电后压缩机频繁起停，对压缩机造成损坏。

虽然过、欠电压保护电路也能检测到电源的掉电，但因 7805 后级有电解电容存在，在电源突然断掉时电解电容还存留一些电荷，导致芯片不能立即停止，瞬时掉电保护电路一旦检测到没有室外交流电源时，芯片会立即停止工作。

11. IPM 驱动控制电路解析及电控板故障检修方法

（1）IPM 驱动电路。该电路主要作用是通过芯片发给 lPM 控制命令，采用 PWM（脉宽调制）改变各路控制脉冲占空比，调节三相互换从而使压缩机实现变频。IPM 驱动电路原理如图 9-20 所示。

（2）原理解析。IPM Q200 内含 6 个大电流的 IGBT，驱动压缩机运转，而 IGBT 的驱动由 6 个高速光耦合器 IC200 ~ IC205 完成。其中 IC200 ~ IC202 组成 IPM 的上臂驱动，IC203 ~ IC205 组成下臂驱动。它们分别由单片机⑨ ~ ⑭脚控制。

反馈电路由比较器 IC206 和光耦合器 IC207 组成，通过压缩机 U、V、W 三相感应的反向电动势经电阻降压后与 DC 24V 电压比较，输出换相脉冲信号。之后，经光耦合器 IC207 隔离后输出给单片机㉓脚，由其判断何时换相。

（3）电控板故障检修方法。在电路检修时，常遇到的一个问题是 IPM 驱动电路及位置反馈电路的故障，主要现象是压缩机不起动。电路中关键性器件为 IPM Q200、高速光耦合器 IC200 ~ IC205、比较器 IC206、光耦合器 IC207。

电路中的常见故障是：高速光耦合器 IC200 ~ IC205 一个或几个阻值发生变化进而导致压缩机三相供电电压不一致。若控制电路中出现断路还可导致压缩机不起动。

功率模块好坏的简易判断方法是：切断空调器电源，先把主电源滤波器电容放电，再拔下功率模块上的所有连线。用万用表测 U、V、W 任意两端间电阻应为无穷大，且 P 或 N 端对 U、V、W 端均符合二极管正、反向特性。

12. 室外机主板故障判断方法

长虹 KFR-25GW/BQ、KFR-28GW/BQ、KFR-35GW/BQ、KFR-40GW/BQ 直流变频空调器室外机电控板控制电路 CPU 的引脚数为 64，当空调器在出现室外机不运行等电控故障时，仔细检查主板有无明显的烧件痕迹，是否有虚焊、开路、短路、缺件情况，若有立即维修。单面主板最容易出现虚焊和元器件脱落现象，这一点大家在维修时要注意。用万用表仔细检查一遍，确认无开路、短路等阻值异常情况。

维修外板，可将交流 220V 接到外板，用万用表检查各关键点电压是否正常，如有异常可针对该单元电路进行维修，确认正常可将功率模块、外板、内板、假负载连接测试，观察升、降频是否正常，通信电路是否畅通，并连续检测运转 10min 以上。

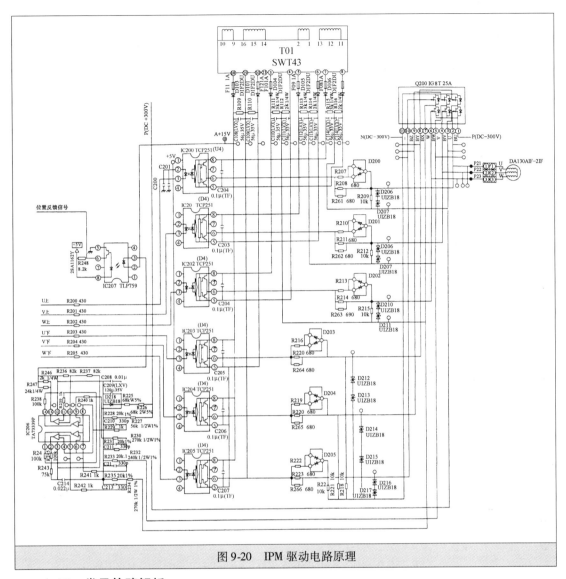

图 9-20 IPM 驱动电路原理

★ 三、常见故障解析

1. 过电流

过电流是变频器报警最为频繁的现象。

（1）重新起动时，一升速就跳闸。这是过电流十分严重的现象。主要原因有：负载短路、机械部位卡住，逆变模块损坏，电动机的转矩过小等。

（2）上电就跳，这种现象一般不能复位，主要原因有：模块坏、驱动电路坏、电流上限设置太小、转矩补偿（V/F）设定较高。

（3）重新起动时并不立即跳闸而是在加速时，主要原因有：加速时间设置太短、电流上限设置太小、转矩补偿（V/F）设定较高。

2. 过电压

过电压报警一般出现在停机的时候，高电压时断电停机有短时报警，软、硬件参数设计裕量不足。

3. 欠电压

欠电压也是我们在使用中经常碰到的故障。主要是因为主回路电压太低（220V系列低于200V，380V系列低于360V），主要原因：整流桥某一路损坏或晶闸管三路中有工作不正常的都有可能导致欠电压故障的出现，其次主回路接触器损坏，导致直流母线电压损耗在充电电阻上面有可能导致欠电压，还有就是电压检测电路发生故障而出现欠电压问题。

4. 过热

过热也是一种比较常见的故障，主要原因：周围温度过高、风机堵转、温度传感器性能不良、压缩机过热——模块保护。

5. 输出不平衡

输出不平衡一般表现为电动机抖动、转速不稳，主要原因：模块坏、驱动电路坏、电抗器坏等。

6. 过载

过载也是变频器跳动比较频繁的故障之一，平时看到过载现象其实首先应该解析一下到底是电动机过载还是变频器自身过载，一般来讲电动机由于过载能力较强，只要变频器参数设置得当，一般不大会出现电动机过载，而变频器本身由于过载能力较差很容易出现过载报警，可以检测变频器输出电压来判断。

7. 开关电源损坏

这是众多变频器最常见的故障，通常是由于开关电源的负载发生短路造成的，若发生无显示，说明控制端子无电压。

8. 失步

控制芯片判断压缩机实际运行的速度和软件输出的速度差值在设计范围之外，即判断为失步，其主要表现在恶劣工况运行下。

9. 退磁

退磁表现是压缩机的运行电流大、恶劣工况运行频繁保护，造成退磁的原因主要为高温时大电流冲击和频繁起动。

★ 四、故障代码含义（见表9-1）

表9-1　长虹KFR-25GW/BQ、KFR-28GW/BQ、KFR-35GW/BQ、KFR-40GW/BQ
直流变频空调器故障代码含义

字组判别		诊断功能动作				判定和处理方法
检查代码	字组	检查代码	动作的主要原因	空调器状态	条件	
00	室内控制板系统	0C	室温传感器（TA传感器）短路或断线	继续运转	检出异常时显示	1. 检查室温传感器 2. 如室温传感器没问题，检查PC板
		0d	热交换器传感器（TC传感器）脱落、断线短路或移动	继续运转	检出异常时显示	1. 检查热交换器传感器 2. 如热交换器传感器没问题，检查PC板
		11	室内风扇锁定，室内风扇电路异常	全部停止	检出异常显示	1. 检查PC板 2. 如PC板没问题，检查电动机

（续）

字组判别		诊 断 功 能 动 作				判定和处理方法
检查代码	字组	检查代码	动作的主要原因	空调器状态	条件	
00	无显示	0F	辅助热交换器传感器（TCI 传感器）脱落、断线短路或移动	继续运转	检出异常时显示	1. 检查辅助热交换器传感器 2. 如辅助热交换器传感器没问题，检查 PC 板
		12	室内 PC 板异常	继续运转或全部停止	检出异常时显示	更换 PC 板
		13	以 28r/s 以上的转速起动 5min 后，热交传感器（TC 传感器）的温度变化在 2K 以下	继续运转	检出异常时显示	1. 确认压缩机动作 2. 确认是否冷媒不足 3. 检查截止阀（关闭状态）
01	连接线及串行信号系统	04	运转开始后，室内机收不到返回串行信号 1. 连接线误配 2. 温度熔丝熔断 3. 压缩机温度保护器动作，泄漏，冷媒不足	继续运转	返回串行信号异常时闪烁复位后立即恢复正常	1. 室外机完全不动作 ①检查连接线，如有误配线请纠正；②检查温度熔丝导通与否；③确认室外机的 25A 熔丝；④确认变频器 PC 板的 15A 熔丝 2. 运转过程中显示"其他"区段时压缩机温度保护器动作，检查泄漏与否，有泄漏则补充冷媒 3. 确认过程中正常运转，但室内端子台 2~3 之间有串行返回信号——更换室内 PC 板；无串行返回信号——更换变频器 PC 板
		05	室外机未接收到运转指令信号	继续运转	运转指令异常时闪烁复位后立即恢复正常	室内端子台 2~3 之间无运转指令信号——更换室内 PC 板，有运转指令信号——更换变频器 PC 板
02	室外控制板系统	14	变频器过电流保护动作（短时间）	全部停止	检出异常时显示	即使再运转，也会立即全部停止——更换 PC 板
		16	位置检出电路异常或压缩机绕组间短路	全部停止	检出异常时显示	1. 即使取下压缩机的连接导线，位置检出电路仍异常——更换 PC 板 2. 测定压缩机绕组间短路——更换压缩机
		17	电流检出电路异常	全部停止	检出异常显示	即使再运转，也会立即全部停止——更换 PC 板
		18	室外温度传感器脱落、断线短路或移动	全部停止	检出异常时显示	1. 确认室外温度传感器（TE、TO） 2. 确认 PC 板
		19	压缩机排气温度传感器断线或短路	全部停止	检出异常时显示	1. 确认温度传感器（TD） 2. 确认 PC 板
		1A	室外风扇驱动异常	全部停止	检出异常时显示	位置检出异常，室外风扇驱动部过电流保护动作，扇锁定等——更换风扇电动机

（续）

字组判别		诊 断 功 能 动 作				判定和处理方法
检查代码	字组	检查代码	动作的主要原因	空调器状态	条件	
02	室外控制板系统	1C	压缩机驱动输出异常，压缩机不良（锁定，缺陷）跳闸	全部停止	检出异常时显示	起动 20s 后检出异常——更换压缩机
	无显示	1b	室外温度传感器异常	继续运转	检出异常时显示	1. 确认 TO、TE 传感器断线与否 2. 确认 PC 板
03	其他（包括压缩机）	07	开始运转返回串行信号，但从中途起就没有了，压缩机温度保护器动作，冷媒不足，泄漏	继续运转	返回串行信号异常时闪烁复位后立即恢复正常	1. 以约 10～40min 的间隔反复运转，停止（运转时不显示）——补充冷媒（也确认有无泄漏与否） 2. 确认过程中也正常运转，室内端子台 2～3 之间无返回串行信号——更换变频器 PC 板；有返回串行信号——更换室内 PC 板
		1d	压缩机不转（压缩机起动一定时间后，过电流保护电路动作）	全部停止	检出异常时显示	压缩机有问题（压缩机锁定等）——更换压缩机
		1E	压缩机排气口温度异常排气口温度超过 117℃ 时压缩机停止或循环堵塞、泄漏	全部停止	检出异常时显示	1. 泄漏 2. 电子膨胀阀有问题 3. 四通阀切换不良
		1F	压缩机跳闸	全部停止	检出异常时显示	1. 确认电源电压（220±10）V 2. 冷冻循环过载运转（如截止阀处于关闭状态等）——确认安装状态
	不显示	08	四通阀切换异常以 28r/s 以上的转速起动 5min 后，热交换器传感器（TO）的温度变化超过 5K	继续运转	检出异常时显示	确认四通阀动作

注：即使因异常而全部停止运转，有时也会继续向室外机通电。

★ 五、综合故障速修技巧

故障 1 用遥控器开机，机组无反应

品牌型号	长虹 KFR-25GW/BQ	类型	直流变频空调器
故障部位		室内机控制板故障	

分析与检修： 现场检测电流电压正常，检测室内机变压器二次侧有 14V 交流电压输出，

检测整流电路有直流电压输出，测量 7805 三端稳压器有 +5V 直流电压输出。检查各接插件插接牢固，经全面检测判断主控板故障。更换主控板后试机，故障排除，其更换操作技巧如图 9-21 所示。

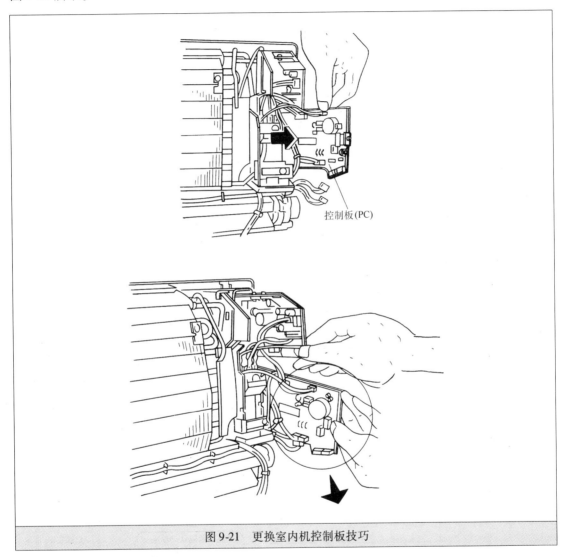

控制板(PC)

图 9-21　更换室内机控制板技巧

经验与体会：遇到此故障，应以从易到难原则按顺序检测，其检测流程如图 9-22 所示。

故障 2　摆风电动机工作，但凸轮机构发出异常响声。

品牌型号	长虹 KFR-25GW/BQ	类型	直流变频空调器
故障部位	凸轮机构故障		

分析与检修：现场用遥控器开机，设定制冷状态，室内外运转良好且制冷正常，当设定摆风机摆叶位置时，从摆风机构传出"格格"声，根据故障现象初步判断，摆风传动机构故障，其拆卸方法如图 9-23 所示。

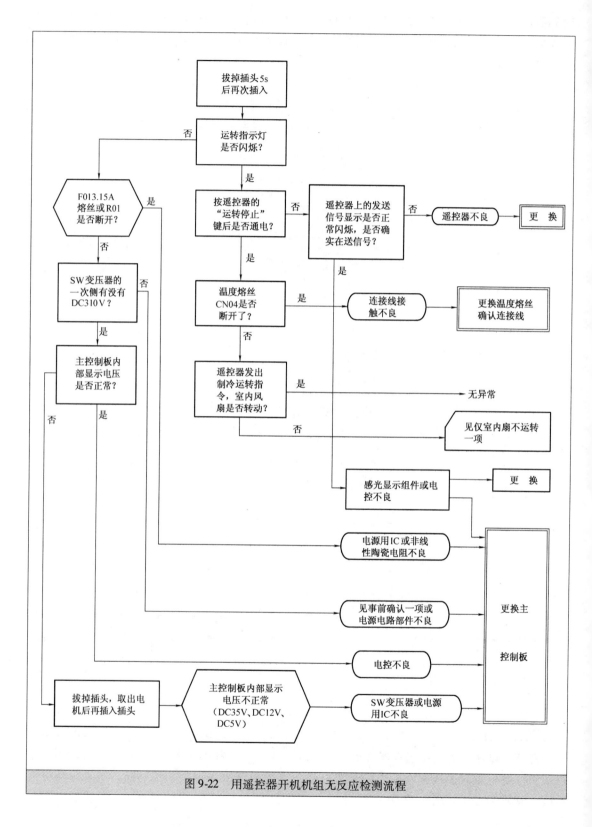

图 9-22　用遥控器开机机组无反应检测流程

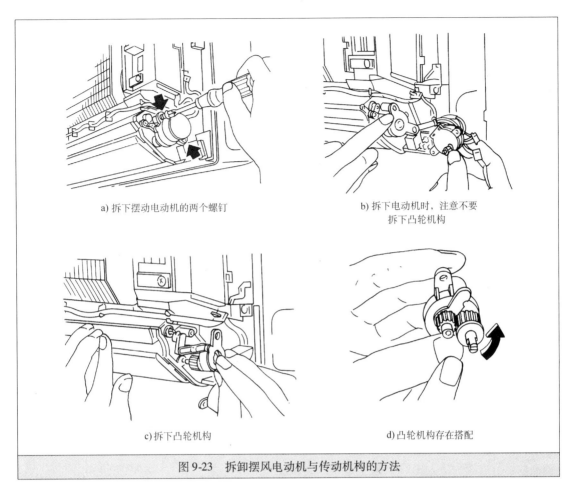

a) 拆下摆动电动机的两个螺钉

b) 拆下电动机时，注意不要
拆下凸轮机构

c)拆下凸轮机构

d)凸轮机构存在搭配

图9-23 拆卸摆风电动机与传动机构的方法

图9-23b 中，如仅为更换电动机时，没有必要拆下凸轮机构，图9-23c、d 中，组装时①轻轻压后盖凸轮机构的搭配使其伸入，旋转180°；②关上后盖时，按拆卸时相反次序插入。经检查发现凸轮传动机构损坏，更换后故障排除。

故障3 压缩机、室外风扇电动机均不运转

品牌型号	长虹 KFR-25GW/BQ	类型	直流变频空调器
故障部位	晶体管模块不良		

分析与检修：现场检查遥控器设定正确。卸下室外机外壳，检查室外控制板上的25A熔丝良好。测量压缩机控制器工作正常，经全面检测发现晶体管模块不良，修复后，故障排除。此故障检测流程如图9-24 所示。

故障4 炎夏空调器不制冷

品牌型号	长虹 KFR-25GW/BQ	类型	直流变频空调器
故障部位	蒸发器焊口泄漏		

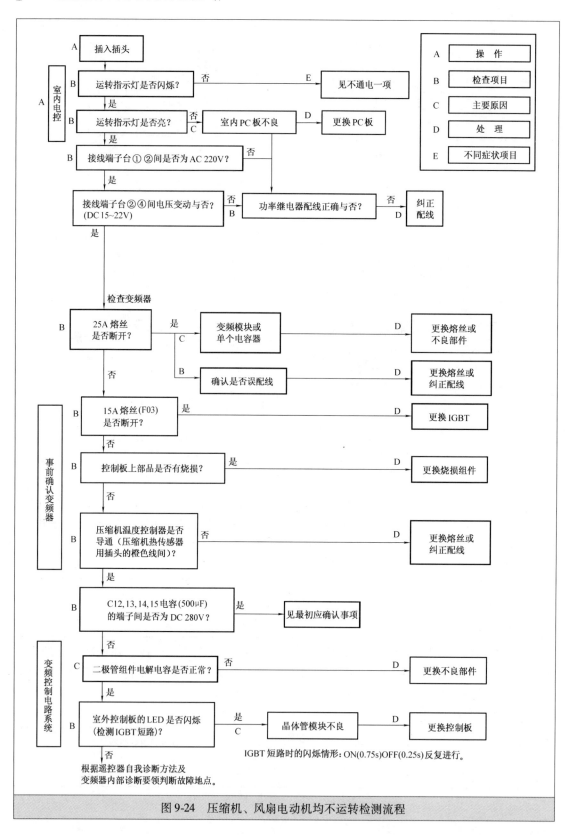

图 9-24　压缩机、风扇电动机均不运转检测流程

分析与检修：现场检测电气控制系统正常，用压力表测量制冷系统为0MPa，补加制冷剂后，经检漏发现室内机蒸发器焊口泄漏，补焊后故障排除，其拆卸方法如图9-25、图9-26、图9-27所示。

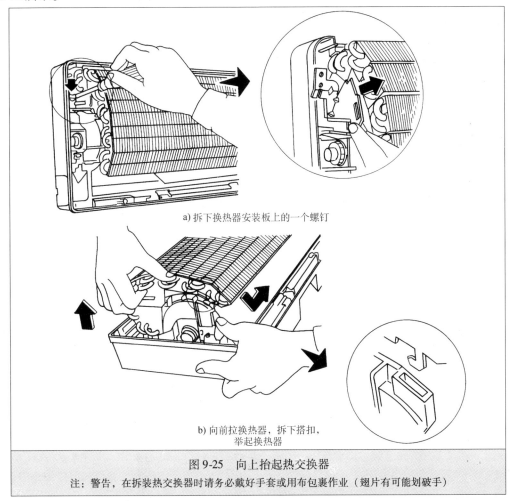

a) 拆下换热器安装板上的一个螺钉

b) 向前拉换热器，拆下搭扣，
举起换热器

图9-25　向上抬起热交换器

注：警告，在拆装热交换器时请务必戴好手套或用布包裹作业（翅片有可能划破手）

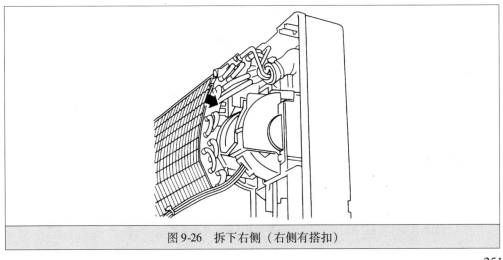

图9-26　拆下右侧（右侧有搭扣）

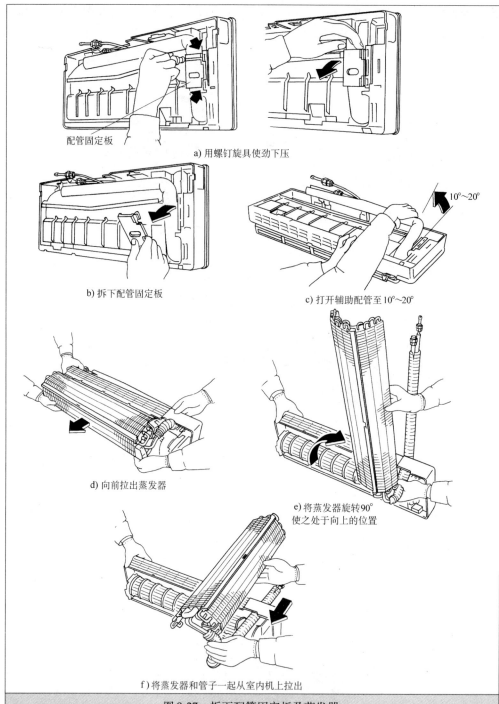

配管固定板

a) 用螺钉旋具使劲下压

b) 拆下配管固定板

c) 打开辅助配管至10°~20°

d) 向前拉出蒸发器

e) 将蒸发器旋转90°
使之处于向上的位置

f) 将蒸发器和管子一起从室内机上拉出

图9-27　拆下配管固定板及蒸发器

注：1. 拆下配管固定板时，注意不要使配管变形。

2. 制冷循环中，除了制冷剂，其他诸如空气等一概不准混入（制冷循环中若混入
空气则会造成高压过高、配管破裂、损伤等后果）。

3. 在有冷媒泄漏时，应先全部回收冷媒后再进行抽真空加冷媒。

4. 在拆装换热器时请务必戴好手套或用布包裹作业（翅片有可能划破手）。

经验与体会：蒸发器左右两侧焊口较多，可能出现的漏点也较多。新安装的空调器泄漏，主要原因是空调器生产厂员工焊接技术欠佳，在没有把铜管烧红（温度没有达到600~700℃），就把焊条放在焊口处，铜管和焊料没能熔合在一起，造成焊口夹焊、有麻渣、不光滑。

新安装的空调器，打开室外机截止阀，排除室内机空气后，室内机蒸发器泄漏的声音有时能用耳朵听到，可见空调器泄漏，蒸发器焊点是不可忽视。

发现蒸发器泄漏，最好把它卸下焊接。以免热焰把蒸发器塑料外壳烤变形，无法向用户交代。拆卸的方法是：①找准漏点，做好标记。②如果制冷系统内还有制冷剂，要先把制冷剂收存在室外机内。③用两个8寸或10寸扳手卸下室内机连接锁母，卸下室内机右侧电气盒。④卸下蒸发器后侧固定管路、夹板，拆去室内蒸发器左右定位螺钉。⑤左手从室内机后

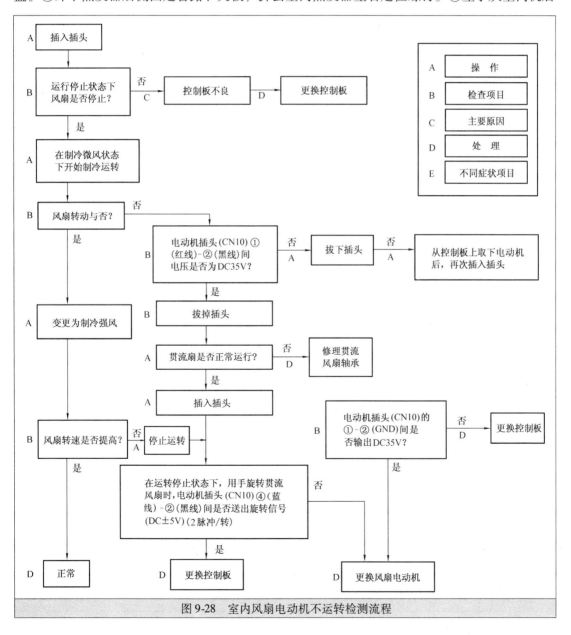

图 9-28　室内风扇电动机不运转检测流程

侧轻轻抬起管路20°，使蒸发器前移。用右手将蒸发器拉出5cm后用双手将蒸发器旋转90°角，顺着管道拉出。注意双手操作，切勿把翅片碰倒。蒸发器卸下后。放到平整洁净的地方，用干布把泄漏点油迹擦干净。泄漏点用银焊焊好，打开检查确定不漏后，按拆卸的反顺序将蒸发器装回室内机塑料框架上。

故障5 室内风扇电动机不运转

品牌型号	长虹 KFR-28GW/BQ	类型	直流变频空调器
故障部位	室内风扇电动机绕组断路		

分析与检修：现场检测电动机插件（CN10）红线与黑线间电压有DC35V输出，测量风机电容充放电过程正常。在运转停止状态下，用手旋转贯流风扇，测电动机插件（CN10）蓝线、黑线，应送出旋转信号DC±5V、2脉冲/转，测量风扇电动机绕组断路，更换同功率电动机后故障排除。此故障现场检测方法如图9-28所示。

故障6 机组接通电源，室内贯流风机运转

品牌型号	长虹 KFR-28GW/BQ	类型	直流变频空调器
故障部位	PC控制板元器件焊接不良		

分析与检修：经现场检测发现室内机PC控制板晶闸管焊接不良，用快热铬铁焊好后，故障排除。此故障检测流程如图9-29所示。

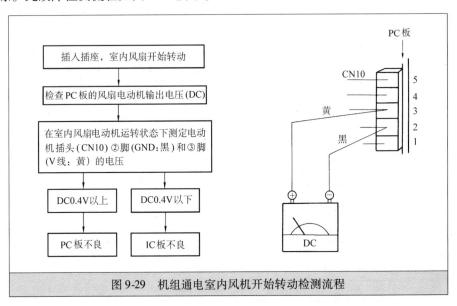

图9-29 机组通电室内风机开始转动检测流程

经验与体会：室内风扇电动机内装有IC和PC板，由于机内部PC板焊接不好、IC不好等原因，只要插上电源，风扇电动机就会运转。

故障7 冬天制热良好，炎夏不制冷，显示故障代码1E

品牌型号	长虹 KFR-28GW/BQ	类型	直流变频空调器
故障部位	电子膨胀阀脏堵		

分析与检修：卸下室外机外壳，测制冷系统压力较低，补加制冷剂后压缩机声音加大。检查过滤器无堵塞现象，检查电子膨胀阀出口处有白霜，由此判定电子膨胀阀内部堵塞。放出制冷剂，用气焊焊下电子膨胀阀，用乙醇清洗后故障排除。此故障检测流程如图 9-30 所示。

电子膨胀阀拆卸技巧如图 9-31 所示。

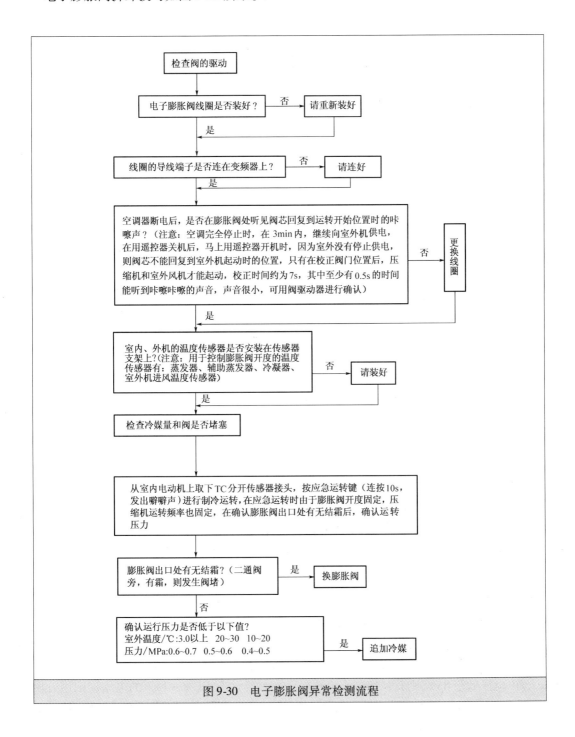

图 9-30　电子膨胀阀异常检测流程

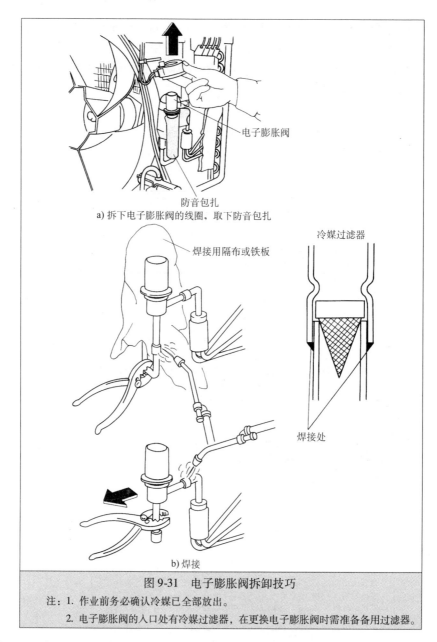

a) 拆下电子膨胀阀的线圈，取下防音包扎

电子膨胀阀

防音包扎

焊接用隔布或铁板

冷媒过滤器

焊接处

b) 焊接

图 9-31　电子膨胀阀拆卸技巧

注：1. 作业前务必确认冷媒已全部放出。

　　2. 电子膨胀阀的入口处有冷媒过滤器，在更换电子膨胀阀时需准备备用过滤器。

故障 8　室内风机运转但不能进行制冷、制热和除湿运转

品牌型号	长虹 KFR-35GW/BQ	类型	直流变频空调器
故障部位	继电器线圈断路		

分析与检修： 经全面检测发现继电器出现故障，更换继电器后试机，故障排除。

经验与体会： 遇到此故障，首先设定制冷、制热中任意运转模式，确认在 3min 延时保护后，功率继电器 RY01 的线圈（1 号和 2 号端子）之间是否分别被施加了 DC 8 ~ 13V 的电压。若该电压低于 8V，则其他控制板出现异常。如确认有 DC 8 ~ 13V 的电压，则用万用表检查 RY01 的 5 号端子和 6 号端子之间是否有了 AC 220V 电压。如没有 AC 220V，则该继电器出现故障。

故障9 遥控器发射红外信号后，用耳听不到接收声，室内、外机均不运转

品牌型号	长虹 KFR-35GW/BQ	类型	直流变频空调器
故障部位		晶体振荡器故障	

分析与检修： 现场检测遥控器电池良好，测量遥控器上滤波电容器电容量正常，测红外发光二极管正反向电阻正常，测量晶体振荡器损坏，更换后故障排除。此故障检测方法如图9-32所示。

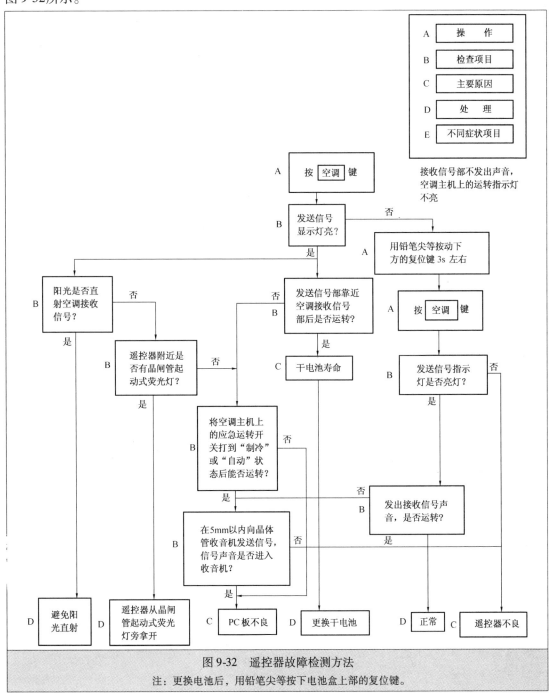

图9-32 遥控器故障检测方法

注：更换电池后，用铅笔尖等按下电池盒上部的复位键。

经验与体会：遥控器用来设置、控制空调器的各种功能。操作者按动遥控器上的各个按键，使其发出各种指令信号，同时，显示屏上有数字显示。遥控器发出的控制信号是一连串的脉冲，称为串行码，它以红外线为载波，向室内机接收器发射。接收器收到信号后，经过解码比较等处理，驱动各个执行元件进行工作，实现指令的要求。

遥控器的故障率较高，较多见的故障是用遥控器试机，设定制冷状态，但空调器不工作。下面介绍维修步骤。

（1）先用万用表测量空调器室内机电源插座是否有交流220V电压。如电源正常，再用室内机上的强制按钮开关开机，若室内、室外机能运转，制冷正常，说明遥控器的确有故障。可把遥控器电池后盖打开，用万用表的直流挡测量电池电压是否为2.5～3.0V，再检查电池两端弹簧是否被电解液腐蚀。若上述检查正常，用十字螺钉旋具把遥控器后盖螺钉拧下，卸下后盖。卸后盖时，先用一字螺钉旋具轻撬后侧，再轻撬两侧，以防止把遥控后盖卸坏，无法向用户交代。然后，把万用表转换到R×1k挡，测量印制电路板前端红外发光二极管正反电阻值。若测得的正、反向电阻值一样，说明红外发光管损坏，可更换同型号的红外发光二极管。

（2）若红外发光二极管良好，可把固定遥控器电路板的4个十字螺钉卸下。用万用表测量47μF/16V电容是否良好，同时，检查按键的接触面与印制板之间有无污物。污物会造成遥控器显示屏乱字或字迹不清。

用95%的酒精清洗污物，3min后装好遥控器，故障即可排除。

（3）检查DM2.5MHz晶体振荡器是否损坏，印制电路板上的元器件焊点松香是否过多。松香受潮后，会使焊点面发生漏电、短路现象。把焊点的松香去掉，用100W灯泡把电路板烘烤30min。

（4）遥控器修好后，组装电路板和按键胶片时，螺钉要对正轻拧，否则会出现显示数字不全的情况。

故障10 移机后不制冷，出现故障代码12。

品牌型号	长虹大清快 KFR-35GW/BQ	类型	直流变频空调器
故障部位	PC 印制电路板铜箔焊盘断路		

分析与检修：现场检测电源电压正常，从插座拔下电源插头，从控制板上卸下 PC 板，检查时，发现 PC 印制电路板铜箔焊盘断线。更换 PC 板后，故障排除，代码消失。

经验与体会：遇到此故障应按从易到难的原则检测，其检测方法见表9-2所示。

表9-2　移机后不制冷检测方法

序号	顺序	检查要点（症状）	故障分析
1	由插座拔下电源插头，从印制板上拆下 PC 板，从端子台拆下配线	熔丝熔断	1. 施加了冲压电压 2. 印制电路板短路导致电流过大
2	先拔下电动机插头，然后打开电源 如果这时运转灯闪烁（0.5s ON 0.5s OFF）不必做右侧 1～5 的工作	检查电源电压 1. TO1⑥TO1① （DC310V） 2. CN10①GND （DC35V） 3. C07 + C07 － （DC10～16V） 4. C08 + C08 － （DC6～8V） 5. C30 + C30 － （DC5V）	1. 电源线、熔丝、压敏电阻、薄片电容、电路滤波器、电阻 R01、二极管故障 2. 3. 或者负载短路 4. 5. 6. 温度熔丝工作

（续）

序号	顺序	检查要点（症状）	故障分析
3	按一下空调键转为运转状态，但不按"扫风""定时开关"键	检查电源电压，功率继电器线圈电压（DC12V）IC38Pin-11Pin 之间，端子台 1-2 号插头间（AC 220V）	1. 继电器线圈断线、继电器驱动器（IC31）故障 2. 继电器触头故障、端子台故障
4	用缩短 3min 时保护方式开始运转	1. 所有显示灯亮 3s 2. 约 3s 后不进行正常显示	显示部分故障（11P）或插座组装不良（CN13）
5	按一次空调键转为运转状态 1. 缩短 3min 延时保护时间 2. 制冷运转 3. 风量（自动） 4. 降低设定温度，使之低于设定温度很多 5. 连续运转	1. 压缩机不运转 2. 运转指示灯闪烁	1. 室内机热交换器温度传感器温度过低 2. 热交换器温度传感器的插头接触不良（插头脱落）CN01 3. 热交换器温度传感器主板故障 4. 主板部分的故障
6	继 No.5 的状态转为以下状态 1. 制热运转 2. 将把设定温度升高到明显高于室温	1. 压缩机不运转 2. 运转指示灯闪烁	1. 热交换器温度过高 2. 热交换器温度传感器的插头部分短路（CN01） 3. 热交换器温度传感器故障 4. 控制板部分的故障
7	连接电动机插头，打开电源，在以下状态开始运转 1. 运转"制冷" 2. 风量"强风" 3. 连续运转	1. 电动机红-黑线之间没有 DC35V 电压 2. 电动机不转（接收遥控器的键操作） 3. 运转，但电动机振动很大	1. 室内风扇电动机故障（控制板部分保护动作） 2. 电动插头的接触不良 3. 控制板部分故障

检测电源电压的方法见表 9-3。

表 9-3　检测电源电压的方法

序号	探针：红		探针：黑		如无故障
1	T01⑥	控制板部	T01①	控制板部	DC 310V（打开电源时）
2	C08 +	控制板部	C08 −	控制板部	DC 6～9V（打开电源时）
3	C30 +	控制板部	C30 −	控制板部	DC 5V（打开电源时）
4	C10 +	控制板部	C10 −	控制板部	DC 35V（打开电源时）

故障 11　压缩机起动 5min 即停，显示故障代码 DC

品牌型号	长虹大清快 KFR-35GW/BQ	类型	直流变频空调器
故障部位	温度传感器参数改变		

分析与检修： 现场检测电源电压正常。卸下室外机外壳，测量压缩机绕组阻值正常。经全面检测发现温度传感器电阻值参数改变，更换同型号传感器后故障排除。传感器技术参数见表 9-4。

表9-4　常用传感器技术参数　　　　　　　　　　（单位：kΩ）

温度传感器	0℃	10℃	20℃	30℃
室温传感器 TA	35.8	20.7	12.6	8.0
室内热交换器温度传感器辅助传感器 Tcj	35.8	20.7	12.6	8.0
吸气口温度传感器 TS	35.8	20.7	12.6	8.0
排气口温度传感器 TD	180	100	62	40

经验与体会：此故障现象跟压缩机绕组老化现象相似，这一点在分析判断故障时请维修人员注意。

故障 12　移机后开机，空气清新灯闪烁

品牌型号	长虹大清快 KFR-35GW/BQ	类型	直流变频空调器
故障部位			引线开关故障

分析与检修：现场检测电源电压正常，测量室内控制板电压 DC 35V，说明电压正常。经全面检测发现引线开关损坏，更换后故障排除。

经验与体会：遇到空气清新器不工作时的检测流程如图 9-33 所示。

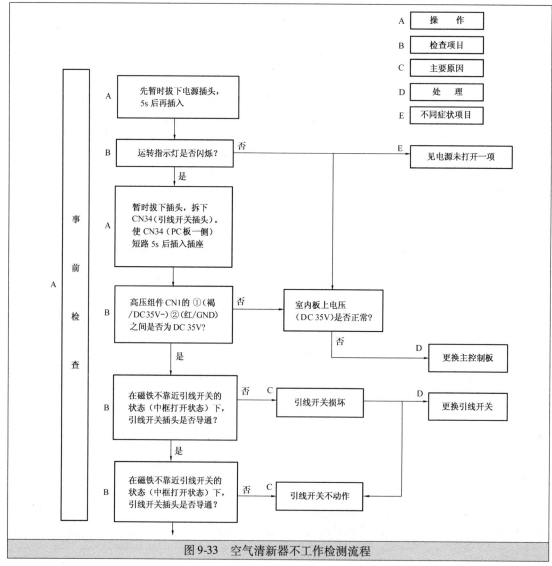

图 9-33　空气清新器不工作检测流程

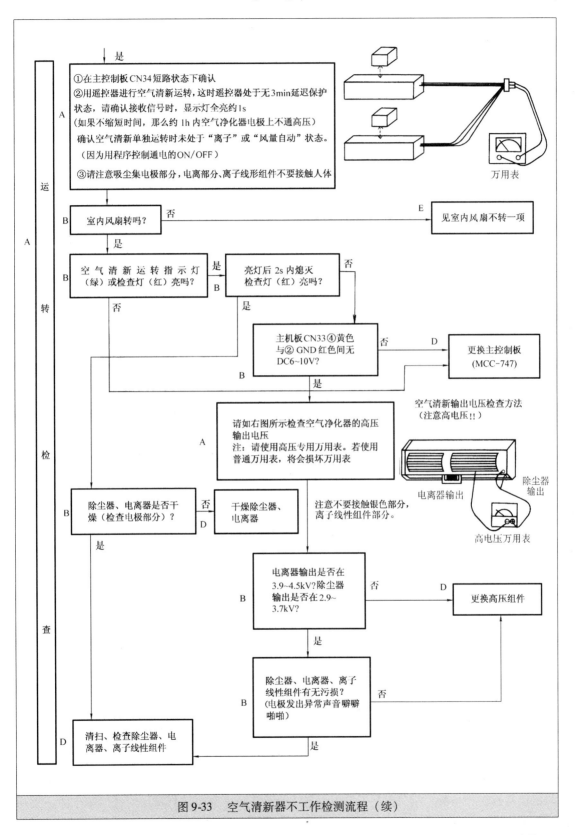

图 9-33 空气清新器不工作检测流程（续）

故障 13　室外风扇电动机运转 30s 即停，遥控器检查代码 1A

品牌型号	长虹大清快 KFR-40GW/BQ	类型	直流变频空调器
故障部位	室外风扇电动机绕组断路		

　　分析与检修： 现场检测室外风扇电动机电容容量正常。测量室外 PC 板各元器件参数正常，用手拔下风扇电动机插件。测量风扇电动机绕组断路，更换同功率电动机后，故障排除。

　　经验与体会： 遇到此故障现象，检测流程如图 9-34 所示。

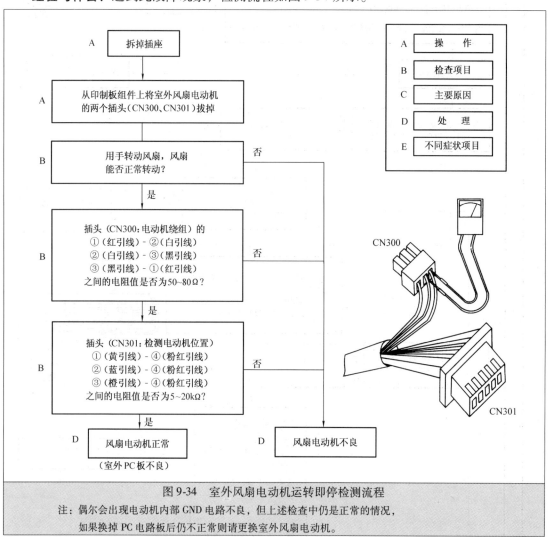

图 9-34　室外风扇电动机运转即停检测流程

注：偶尔会出现电动机内部 GND 电路不良，但上述检查中仍是正常的情况，
　　如果换掉 PC 电路板后仍不正常请更换室外风扇电动机。

故障 14　开机制冷连续 3 个月后，机组突然停机，遥控器显示检修代码 14。

品牌型号	长虹大清快 KFR-40GW/BQ	类型	直流变频空调器
故障部位	变频功率模块		

　　分析与检修： 现场检测电源电压正常，卸下室外机外壳，测量压缩机三个接线端子线圈阻值正常且三相平衡，测量电容 C12、C15 容量正常。经全面检测发现变频模块故障，更换变频模块后，故障排除。

变频器内部诊断要领见表9-5。

表9-5 变频器内部诊断要领

诊断处理流程	项目	作业内容	摘要
	准备	拔掉电源,拔掉变频器与压缩机的3P连接,检查控制板上的25A熔丝是否切断	部件检查或控制板组装时,接通PC板上的C12、C13、C14、C15（有高压注意的标记）的电解电容的 + −端子间用放电用电阻（100Ω 40W）或烙铁使其放电
	检查	检查控制板上的15A熔丝是否切断	
	运转	插入电源插座,用"timeshort"制冷或制热运转	各端子间有 DC 280V 电压
	测定	测电解电容 C12 ~ C15 的端子电压	
	检查	运转后在 2min ~ 20s 以后确认	由于 CN300 是带锁连接器,所以须按住锁紧处拆下
	停止	拔下电源插座,用烙铁使电解电容放电	
	检查	确认电动机相间电阻①—②、①—③、②—③间是否短路或断路	各相的电阻约为 50 ~ 80Ω
	检查	壳体与①②③之间是否接地	10MΩ 以上

诊断处理流程（流程图）：

- 解除压缩机连线 →(不好)→ 电解电容 C12~C15,二极管模块 DB01 等的检查 →(不好)→ 更换控制板
- 检查25A熔丝 →(好)→ 检查15A熔丝 →(好)→
- 检查电解电容端子电压 →(不好)→ 检查电解电容变频模块 → 更换控制板
- (好)→ 室外电动机是否转动 →(不好)→ 控制板LED是否闪烁或点亮? →(是) / →(否)→ 解除室外电动机CN300连接,确认电动机各相间的电阻 →(好)/(不好)→ 更换室外电动机
- (A) (B) (C)

（续）

诊断处理流程	项目	作业内容	摘要
	检查	确认压缩机各相间的阻抗和室外机架间的阻抗 接地了吗？ 绕组间短路了吗？ 绕组断路了吗？	10MΩ 以上就行 0.8～1.2Ω 就行
	运转	取下室外电动机连接器 CN300 插上电源使其运转（起动后停止）起动后 2min20s 进行以下确认 测试 1—5 间的电压 5—4 间的电压为：5V	用手慢慢转动风扇时 1—5 间的电压在 0～5V 之间波动则正常
	检查	确认压缩机各相间的阻抗和室外机架间的阻抗 接地了吗？ 绕组间短路了吗？ 绕组断路了吗？	10MΩ 以上就行 0.8～1.2Ω 就行

检查四通阀输出时的注意点：

（1）本机型通过继电器打开或关闭四通阀输出。

（2）在未连接四通阀线圈的状态下用万用表确认输出端子（四通阀：CN701 的电压时，根据电路结构，端子间即使在控制状态 OFF 时也会产生电压）。

（3）在连接四通阀的状态下确认输出端子电压，此时控制 ON/OFF 时的输出分别为 220V、5V 以下。

变频器检测方法见表 9-6。

表9-6　变频器检测方法

部件	检　测　方　法
电解电容	1. 从插座取下电源插头 2. 使4个电容完全放电 3. 确认电容底部的安全阀是否坏了 4. 确认电容是否膨胀或破裂 5. 确认电解溶液是否吐出 6. 确认在测试仪导通时是否显示应有的充电特性 C12、C13、C14、C15→500μF/400V
变频器模块	1. 从插座取下电源插头 2. 使4个电容完全放电 3. 确认在测试仪导通时是否有正规的整流特性
IGBT 模块	1. 从插座取下电源插头 2. 使4个电容完全放电

合格场合：

一接触就慢慢返回，改变极性再试一次，针也返回。

测试棒	⊕		⊕	U	V	W	⊖		U	V	W
	⊖	U	V	W			⊖	U	V	W	⊕
合格时	1MΩ 以上			100～300kΩ			100～300kΩ				

第二节 长虹 KFR-28GW/BP 变频空调器电控板控制电路分析与速修技巧

★ 一、技术参数

1. 室内机技术参数（见表9-7）

表9-7 长虹 KFR-28GW/BP 变频空调器室内机技术参数

控制器	部件号	JU5.544.006
	控制器	微处理器
	熔丝	φ5(T3.15A/250V)
	遥控器	KK4
风扇	类型	贯流风扇
	数目……直径/长度/mm	1……φ70/598
风扇电动机	风扇电动机型号……数目	YYW11—2(塑封 PG 电动机)……1
	电动机极数……转速/(r/min)(220V,50Hz、工况下)	2…… >2100
	额定输出功率/W(220V,50Hz、工况下)	≥16
	堵转电流/A	≤0.3
	运转电容/μF(AC 450V)	1.0
	绕组阻值/Ω（环境温度20℃）	黑-白:280 白-红:470
	速度检测器	霍尔测速电路(三脉冲输出)
	使用控制器驱动时的运转状态 — 高转速/输入电压、电流/输出功率	1850r/min/170V、0.23A/11W
	中转速/输入电压、电流/输出功率	1730r/min/160V、0.24A/10W
	低转速/输入电压、电流/输出功率	1530r/min/150V、0.25A/9W
导风叶片电动机	类型	步进电动机
	型号	MP24GA1
	额定电压(直流)/V	12
	线圈电阻(环境温度25℃)/Ω	白-蓝:380(±7%)
热交换器	翅片	铝翅片/铜管
	排数	2
	翅片间距/mm	1.4
	迎风面积/m²	0.126

2. 室外机技术参数（见表9-8）

表 9-8 长虹 KFR-28GW/BP 变频空调器室外机技术参数

控制器	部件号			JU5.544.007
	熔丝			6HS(T15A/250V)
压缩机	类型			AC 变频旋转式(全封闭)
	压缩机型号			SGZ20DG2UY
	名义输出功率/W			800(79Hz)
	润滑油……数量/mL			SUNISO-4GSI……380±20
	堵转电流/A			15(20Hz 起动时)
	电动机类型			三相交流 变频电动机
	排气量/(mL/rev)			12.5
	频率允许变化范围/Hz			30~137
	线圈阻值/Ω（环境温度 20℃）			R-S:1.05 S-C:1.05 C-R:1.05
	保护装置			控制器根据排气温度、室内、室外盘管温度、环境温度、运转电流、频率限制等多种因素进行综合保护
风扇	类型			轴流扇
	数目……直径/mm			1……φ420
风扇电动机	风扇电动机型号……数目			FYK—05—D—A……1
	电动机极数……转速(r/min,220V、高速)			6……750(高)/660(中)/530(低)
	额定输出功率/W			35
	绕组阻值/Ω（环境温度 20℃）			黑-红:183 黑-白:355
	保护装置	类型		内部保护器
		动作温度	断开/℃	140±5
			闭合/℃	85±12
	额定输入功率/W(高速)……电流/A			88……0.41
	运转电容/μF(450V AC)			2
热交换器	翅片			铝翅片/铜管
	排数			1
	翅片间距/mm			1.4
	迎风面积/m²			0.39
外部涂层				喷粉涂覆

★ 二、控制技术特点

长虹 KFR-28GW/BP 变频空调器，控制电路由室内机和室外机两部分组成。室内机控制采用 47C840 专用芯片，风机采用带有霍尔元件速度反馈的高效塑封电动机，送风精度高。室外机控制采用 MB84850 芯片，压缩机采用涡流可靠高效的变频压缩机（频率范围 30～120Hz），整机性能高于国内同类机型。该机还采用了先进的压缩机电压补偿技术，空调器能在低电压下（160V）正常起动运行，功率模块采用日本三菱公司的智能功率模块（IPM），使控制电路更可靠。

★ 三、室内机微电脑控制电路分析

室内机微电脑控制电路主要分电源电路、晶体振荡电路、室内风机控制电路、通信电路、温度传感器电路、过零检测电路、步进电动机、蜂鸣器驱动电路等。室内机微电脑控制电路原理如图9-35所示。

1. 电源电路

电源电路是为室内机空调器电气控制系统提供所需的工作电源。在如图9-35所示电路

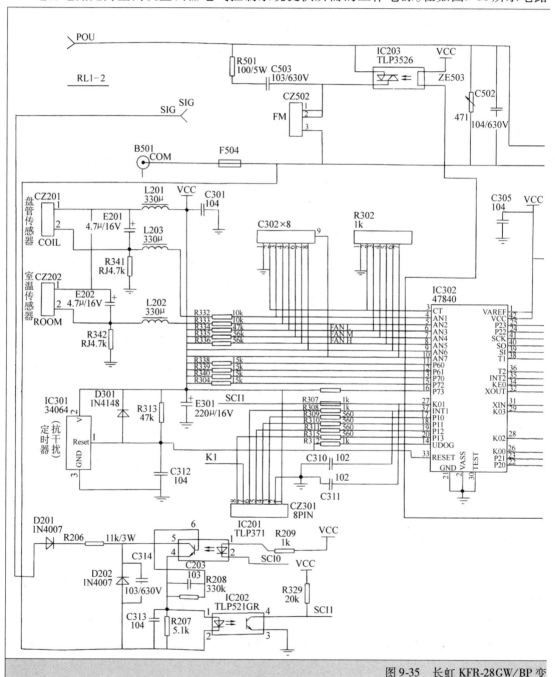

图 9-35　长虹 KFR-28GW/BP 变

中，主要为主芯片、驱动电路、继电器、蜂鸣器、晶闸管等器件提供电源。工作电源在电路中扮演着重要的角色，一旦电源出现故障，空调器室内机无电源显示，控制电路无法工作，所以电源电路是维修人员掌握的重点。

交流电源 220V 经变压器变压输出交流 13V 电压，D101、D102、D103、D104 整流后输出直流 +12V 电压供继电器等元器件的工作电压，直流 +12V 电压还经 7805 三端稳压器输出直流 +5V 电压，作为主芯片供电电压。

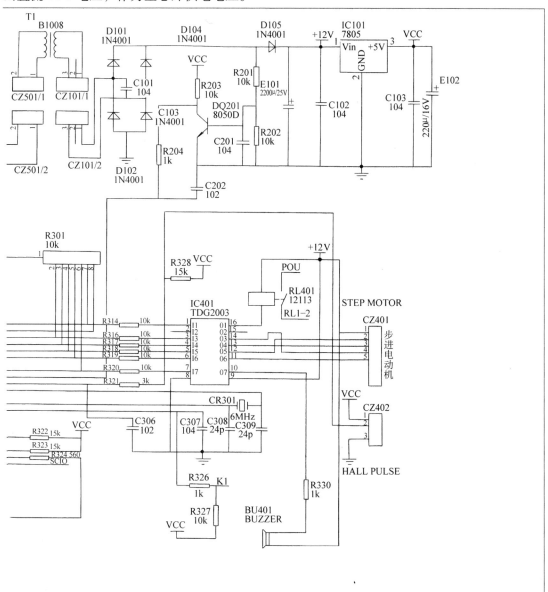

频空调器室内机微电脑控制电路

2. 晶体振荡器电路

晶体振荡器电路为主芯片提供一个基准的时钟序列，以保证系统正常准确地工作，主芯片（47C840）㉜脚、㉛脚接晶体振荡器，其工作频率为6MHz。

3. 室内风机控制电路

室内风机控制电路控制室内风机的转速。室内风机采用晶闸管平滑调速，芯片在一个过零信号周期内通过控制㉓脚为低电平的时间，即通过控制晶闸管导通角来改变加在风机电动机绕组的交流电压的有效值来改变风机转速。室内风机的"运转状态"通过风机转速的反馈而输入芯片㉞脚，通过检测风机工作状况，以准确的控制室内风速。

4. 通信电路

通信电路的主要作用是使室内、外控制板互通信息，以便使室内、外机控制板协同工作。

5. 温度信号采集电路

室内机有两个温度传感器，它是用来检测室内温度和盘管温度，并给主芯片提供一个模拟信号，让其根据提供的温度数据进行温度调节，以便给用户一个舒服的感觉。在此电路中，经 R341、R342（4.7kΩ）分压取样，提取随温度变化的电压信号值供芯片检测用。电路上的电感 L202、L203 是为了防止电压瞬间跳变而引起芯片的误判断。温度信号采集电路如图9-36所示。

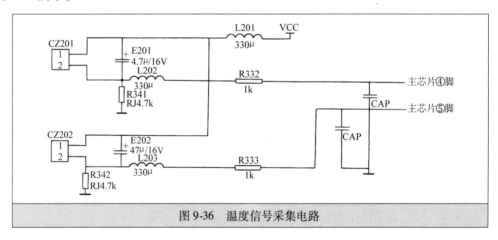

图9-36　温度信号采集电路

6. 过零检测电路

过零检测电路的主要作用是检测室内供电电压是否异常。若过零检测信号有故障，可能会引起室内风机不工作或室外压缩机不工作。

7. 蜂鸣器驱动电路

主芯片的㊱脚为蜂鸣器的外接口，当输出高电平时，经反向器 IC401 的⑨脚与 BUZ 回路接通，鸣叫响应。

8. 步进电动机

此电路主芯片通过反向驱动器 IC401 驱动步进电动机工作。此电路的关键是反向驱动器 IC401，如果反向驱动器某一引脚出现故障，均可导致其后级所带负载不能正常工作。

★ 四、室外机微电脑控制电路分析

室外机控制板主要功能是芯片通过接收各功能电路输入信号，根据预设的控制模式进行综合判断，以控制各路输出做出相应反映，主要控制电路有：芯片及辅助电路，通信电路，电源监视电路，温度信号采集电路，功率模块驱动电路、继电器驱动电路、压缩机驱动电路。

室外机微电脑控制电路如图 9-37 所示。

1. 主芯片及辅助电路

（1）晶体振荡电路。主芯片的㉚、㉛脚是晶体振荡器外接端口，另外还有 C303、C304。其作用是为主芯片提供时钟频率使其工作，C303、C304 用于微调晶体振荡器振荡频率。

（2）复位电路。复位电路是为主芯片的上电复位（复位、将 CPU 内程序初始化，重新开始执行 CPU 内程序）及监视电源而设的。主要作用是：上电延时复位，防止因电流的波动而造成主芯片的频繁复位。具体延时的大小由电容 C302 决定。复位电路如图 9-38 所示。

由图 9-38 可知，复位电路实时监测主芯片工作过程中的工作电源（+5V）。一旦工作电压低于 4.6V，复位电路中的 IC302 的输出端（①脚）便输出低电平，使主芯片停止工作，待再次上电时重新复位。工作原理：电源电压 IC302②脚与其内部一电平值作比较。当电源电压小于 4.6V 时，①脚电位被强行拉低，当电源电压大于 4.6V 时，电源给电容 C302 充电从而使①脚电位逐渐上升，在主芯片对应引脚产生一上升沿触发主芯片复位、工作。

（3）E^2PROM。E^2PROM 内记录着系统运行时的一些状态参数，如压缩机的 V/F 曲线。其在第②脚时钟线 SCK 作用下，通过第④脚 SO 输出数据，第③脚 SI 读入数据。

2. 通信电路

通信电路的主要作用是使室内、室外控制板互通信息以便使室内、外机协同工作。通信控制电路如图 9-39 所示。

由图 9-39 可知，交流 220V 经前级滤波整流后，在 A 点形成约 DC 140V 直流电，作为室内、外机串行通信信号的载波信号。其工作原理是：室内机控制板向室外机控制板发送信号时，室外机控制板芯片第㊽脚为低电平，光耦合器始终导通，室内机芯片通过光耦合器 IC201 发送信号，这时室内机的 IC201 与 PC402 同步，而 IC201 也与 IC202 同步，以表明室外机芯片已接收到室内发送的信号。同理当室外芯片通过 PC400 发送信号时，室内光耦合器始终导通，这时，室内 IC202 及室外 PC402 和 PC400 同步。

3. 温度信号采集电路

温度信号采集电路通过将热敏电阻在不同温度下对应的不同阻值转化为不同的电压信号，传至 IC301 芯片对应引脚，以实时检测室外压缩机的工作的各种温度状态，为主芯片控制提供信号数据。温度信号采集电路有室外环境温度、盘管温度、压缩机排气温度以及压缩机过热保护信号等。

4. 电源监视电路

（1）过电流检测电路。过电流检测电路的主要作用是检测室外压缩机的供电电流，当压缩机电流过大时进行保护，以防止因电流过大而损坏压缩机。过电流检测电路如图 9-40 所示。

图 9-40 中主芯片的⑱脚电压大于 3.8V 时，实时过电流保护，压缩机再次起动时，须 3min 保护。应注意的是：当检测电路开路时，使电流为零，电路不进行故障判断。

（2）过、欠电压保护电路。该电路主要作用是检测电源电压情况。长虹 KFR-28GW/BP 的正常工作电压范围是 160～242V，报警电压范围为 126～263V，当电压低于 126V 时欠电压保护，当电压高于 260V 过电压保护，这时，停止压缩机工作，并在室内显示过、欠电压故障。过、欠电压保护电路如图 9-41 所示。

图 9-41 中，交流 220V 电压经电阻 R504，电压互感器 BT202 降压，全波整流，RC 滤波取得直流电压。最后，在采样电阻上得到电压信号送入主芯片⑰脚。电路上的 D206 ~ D209

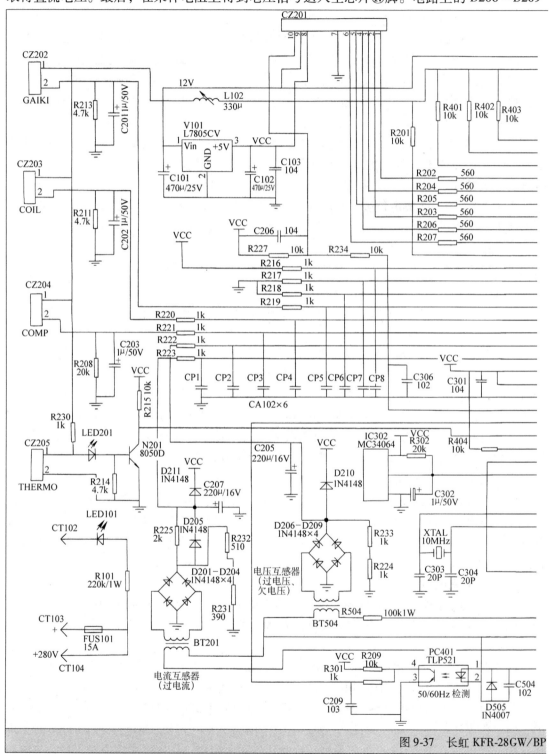

图 9-37　长虹 KFR-28GW/BP

的作用是将交流电变为直流电，D210 的作用是钳位使 a 点电压低于 5.7V 起到保护主芯片的作用，C205 将直流电滤波，R222 作为采样电阻，电容 CP2 的作用是滤除高频噪声干扰。

（3）瞬时断电保护电路。瞬时断电保护电路的主要作用是检测室外机提供的交流电源是

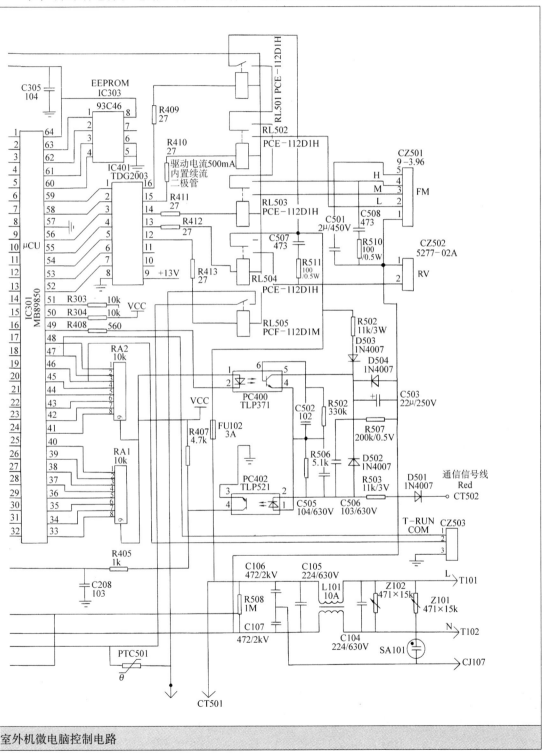

室外机微电脑控制电路

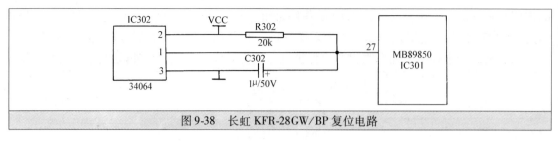

图9-38　长虹KFR-28GW/BP复位电路

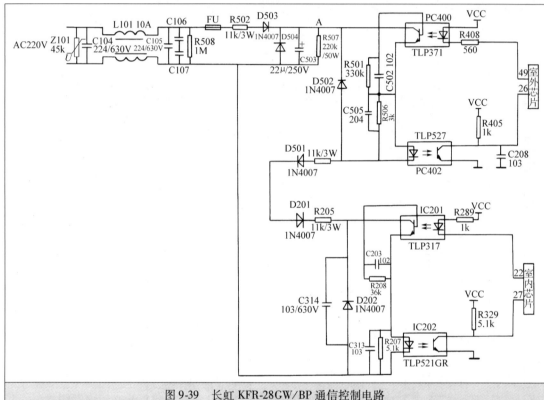

图9-39　长虹KFR-28GW/BP通信控制电路

否正常，针对各种原因造成的瞬时掉电，立即采取保护措施，以防止再次来电后，压缩机频繁起停，对压缩机造成损坏。瞬时断电保护电路如图9-42所示。

图9-42中，交流220V经电阻R509限流、二极管D505半波整流，C504滤波得到50Hz的脉动直流电进入光耦合器PC401，使TLP521得到脉动触发，这时b点也得到50Hz脉动信号，经C209整形滤波，在主芯片㉓脚得到脉冲信号，以判断是否发生了瞬时断电。

5. 继电器驱动电路

该电路由电阻R305～R311，反向器IC401，风机控制继电器RL501、RL502、RL503，四通阀控制继电器RL504组成。

继电器驱动电路的主要作用是按照主芯片的控制信号驱动室外风机和四通阀等的工作，用以调节室外风机的风速及制冷、制热的切换。

6. 压缩机驱动电路

压缩机驱动电路是指从主芯片的④～⑨脚引出至功率模块IPM的控制电路。它的主要作用是通过主芯片发给IPM控制命令，采用PWM脉宽调制，改变各路控制脉冲占空比，调

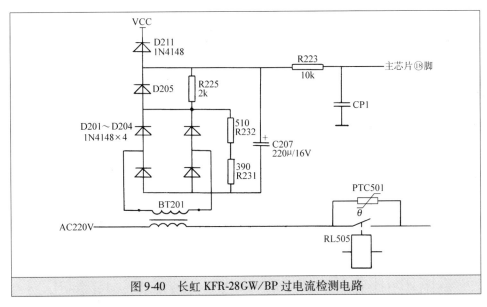

图 9-40　长虹 KFR-28GW/BP 过电流检测电路

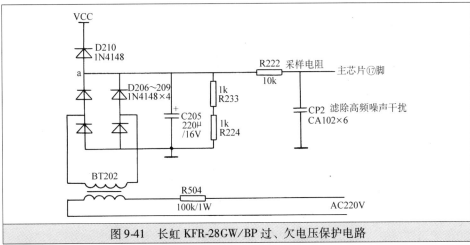

图 9-41　长虹 KFR-28GW/BP 过、欠电压保护电路

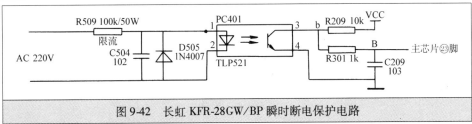

图 9-42　长虹 KFR-28GW/BP 瞬时断电保护电路

节三相互换从而使压缩机实现变频。

7. 功率模块驱动电路

变频空调器的一个最重要的特点就是改变电源的频率来对电动机进行调速。长虹 KFR-28GW/BP 空调器采用的是 PM20CTM060 功率模块，它的作用是将滤波后的直流电变成频率可变的三相交流电功率模块驱动控制电路如图 9-43 所示。

功率模块检测方法。功率模块出现故障后多为压缩机不工作，可首先检测模块是否被击穿，检测前把万用表的旋钮调整 R×100 挡，检测方法见表 9-9。

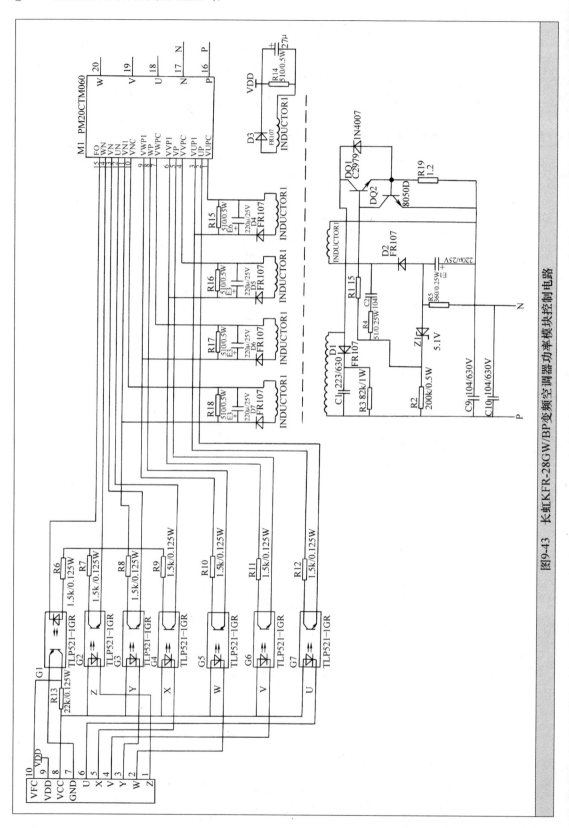

图9-43 长虹KFR-28GW/BP变频空调器功率模块控制电路

表 9-9　IPM 各端子间的电阻值

万用表正表笔	IPM 各端子									
	P	N		U	V	W	U	V	W	P
万用表负表笔	U	V	W	U	V	W	P		N		N
电阻值/Ω	500～1000			∞			∞		500～1000		约800

在检测中若发现功率模块未被击穿，可检测功率模块上 R2 的电阻是否为 200kΩ，若良好，可继续检测电源互感器，开关晶体管等元件是否出现故障。

★ **五、故障代码灯含义**

（1）室内机故障代码灯含义见表 9-10。

表 9-10　长虹 KFR-28GW/BP 变频空调器室内机故障代码灯含义

序号	高效	运行	定时	电源	故障内容	说　明
1	※	※	※	⊙	室内温度传感器	室内传感器 CZ202 插座虚焊或插接不良
2	※	※	⊙	※	热交换器温度传感器	热交传感器 CZ201 插座虚焊或插接不良
3	※	※	⊙	⊙	蒸发器冻结	蒸发器温度过低或风机不转
4	※	⊙	※	※	制热过载	制热时温度过高，超过68℃（保护）
5	※	⊙	※	⊙	通信故障	通信失误时报此故障，通信线是否可靠
6	※	⊙	⊙	※	瞬间停电	瞬间有停电现象，可重新起动
7	※	⊙	⊙	⊙	过电流	室内机电流过大保护

注：※指示灯灭，⊙指示灯闪烁。

（2）室外机故障代码灯含义见表 9-11。

表 9-11　长虹 KFR-28GW/BP 变频空调器室外机故障代码灯含义

序号	高效	运行	定时	电源	故障内容	说　明
1	※	※	※	⊡	环境温度传感器	环境温度传感器 CZ202 插座插接不良
2	※	※	⊡	※	热交换器温度传感器	热交换器温度传感器 CZ203 插座插接不良
3	※	※	⊡	⊡	压缩机过热	压缩机温度过高保护，冷媒不足
6	※	⊡	⊡	※	过电流	电流异常，电压异常波动引起
8	⊡	※	※	※	电压异常	电压过低和过高时报警
9	⊡	※	⊡	※	瞬间停电	当供电波形中缺少交流波时
10	⊡	※	⊡	※	制冷过载	外机气温处于过低和过高时报警
11	⊡	※	⊡	⊡	正在除霜	除霜过程中
12	⊡	⊡	※	※	功率模块保护	使用时产生过载过热短路保护，停机后3min起动
13	⊡	⊡	※	⊡	E²PROM 故障	E²PROM IC303 上有虚焊或插接不良

注：※ 指示灯灭，⊡ 指示灯亮。

★ 六、综合故障检修技巧

故障1 室外机无反映，运行灯、定时灯、闪亮

品牌型号	长虹 KFR-2801GW/BP	类型	变频分体式空调器
故障部位		光耦合器阻值改变	

分析与检修： 查长虹维修手册，故障为瞬时停电。把电源开关断开，重新合上，故障依旧。卸下室外机外壳，测量断电保护电路限流电阻 R509 良好，测量主芯片㉓脚无脉冲信号，测量光耦合器 PC401①、②脚间阻值 180kΩ，测量③、④脚间阻值 8kΩ，由此判定光耦合器阻值改变，正常值约为 13.9kΩ，更换后故障排除，故障灯消失。

经验与体会： 瞬时停电保护电路的关键器件是光耦合器，在电路工作正常情况下，B 端电压约为 2.76V。若 B 端一直为高电平，说明无交流 220V 输入电压。这种情况有三种可能，一是瞬间断电，这时 +5V 直流电源由于电容的存在，暂时保持高电平；二是限流电阻 R509 开路；三是光耦合器 PC401 本身损坏，其中光耦合器阻值改变较常见。电路正常情况下，光耦合器①、②脚间阻值为 180kΩ，③、④脚间阻值约为 13.9kΩ，在上述三种情况中，主芯片都视为瞬时掉电处理，故障现象为室外机无反映。

故障2 室外风机无高速风

品牌型号	长虹 KFR-28GW/BP	类型	变频分体式空调器
故障部位		RL501 继电器触头故障	

分析与检修： 卸下室外机外壳，检查接插件 FMCZ501 牢固，无虚脱现象。测量主芯片㊴脚有高电平输出，测量反相器 IC401⑯脚有低电平输出，测量电阻 R409 良好，测量继电器 RL501 线圈损坏，更换继电器后故障排除。

经验与体会： 长虹 KFR-28GW/BP 空调器，室外风机是由继电器 RL501、RL502、RL503 组合控制的。室外风机出现故障可以分为三个逻辑单元来检测分析，①光测量主芯片是否有电平信号输出；②测量驱动电路电源；③测量反向器是否有低电平输出及继电器是否吸合等。

故障3 压缩机忽转忽停

品牌型号	长虹 KFR-2801GW/BP	类型	变频分体式空调器
故障部位		电阻 R202 阻值改变	

分析与检修： 卸下室外机外壳，检查室外机接线端子板控制线并拧接牢固。测压缩机电容容量良好，测量 2PM 接插件输出三相供电电压不平衡，测量电阻 R202 阻值改变，更换后故障排除。

故障4 室内风机转一会自动停止

品牌型号	长虹 KFR-28GW/BP	类型	变频分体式空调器
故障部位		接插件 CZ402 烧损	

分析与检修： 现场通电，用遥控器开机，设定制冷状态，室内风机运转一会儿自动停机。卸下室内机外壳，测量风扇电动机起动电容电容量良好。测量风扇电动机绕组阻值正常，当检查风机接插件时，发现内部烧损，修好接插件，故障排除。

　　经验与体会： 长虹 KFR-28GW/BP 空调器室内风机的运转状况，是通过将风机转速的脉冲信号输入主芯片的㉞脚，来检测并准确控制的。室内风机运转一会儿自动停止，首先可测量电容的电容量是否良好，电动机绕组阻值是否有变化，接插件是否松脱等，若上述均良好，可用万用者测量 CZ402 对地电压是否有直流 2.4V（有无振幅为 2.4V 的脉冲信号）。

第十章

夏普变频空调器电控板控制电路分析与速修技巧

夏普牌变频空调器在市场上主要有 KFR-26GW/JBP（AY-26EX）、KFR-36GW/JBP（AY-36FX）、KFR-28GW/JBP（AY-28HX）、KFR-36GW/ZBP（AY-36GX）等多种机型，它们的控制电路基本相同，在本章我们将以具有代表性的机型为例，分析控制电路的组成及引脚功能，在本章最后介绍一些维修技巧实例。

第一节 夏普 KFR-26GW/JBP（AY-26EX）变频空调器电控板控制电路分析与速修技巧

★ 一、技术参数（见表 10-1）

表 10-1 夏普 KFR-26GW/JBP 变频空调器技术参数

项目		AY-26EX	AY-36FX	AY-28HX	AY-36HX	AY-36GX
	室内机	AY-26EX	AY-36FX	AY-28HX	AY-36HX	AY-36GX
	室外机	AU-26EX	AU-36FX	AU-28HX	AU-36HX	AU-36GX
GB 型号		KFR-26GW/JBP	KFR-36GW/JBP	KFR-28GW/JBP	KFR-36GW/JBP	KFR-36GW/ZBP
制冷量/W		2600（1000~2800）	3600（1000~4000）	2800（700~3000）	3600（900~3900）	3600（700~4000）
功耗/W		950（320~1120）	1250（500~1500）	1110（280~1370）	1290（290~1630）	1240（220~1450）
电流/A		5.0	5.7	5.6	6.5	6.5
制热量/kW		3400（1000~4000）	4850（900~6300）	3700（700~4600）	4800（900~5500）	4800（700~6300）
功耗/W		1660（280~1330）	1660（500~2100）	1210（280~1590）	1630（330~2000）	1540（220~2000）
电流/A		6.0	7.5	6.1	8.2	8
噪声 L_A/dB	内	42	43	39	42	43
	外	49	45	45	48	47
	制热/内	43	44	40	43	43
压缩机		HV141	HV187	2RD110N	2RD132N	506055-0110
风量/（m³/min）		6.5	9/10.3	9.7	10.8	11
制冷剂量/mg		620	1040	830	920	1050
四通换向阀		KDF6	RSV-30	ST-01	ST-02	组合阀
内机尺寸/mm		790×159×270	897×179×297	850×188×270	897×179×297	850×188×270
外机尺寸/mm		720×228×535	800×268×535	728×250×530	800×268×535	728×250×530
内机重量/kg		7	9.4	10	10	10
外机重量/kg		30	42	33	42	36
接管规格		1/4″ 3/8″	1/4″ 1/2″	1/4″ 3/8″	1/4″ 1/2″	

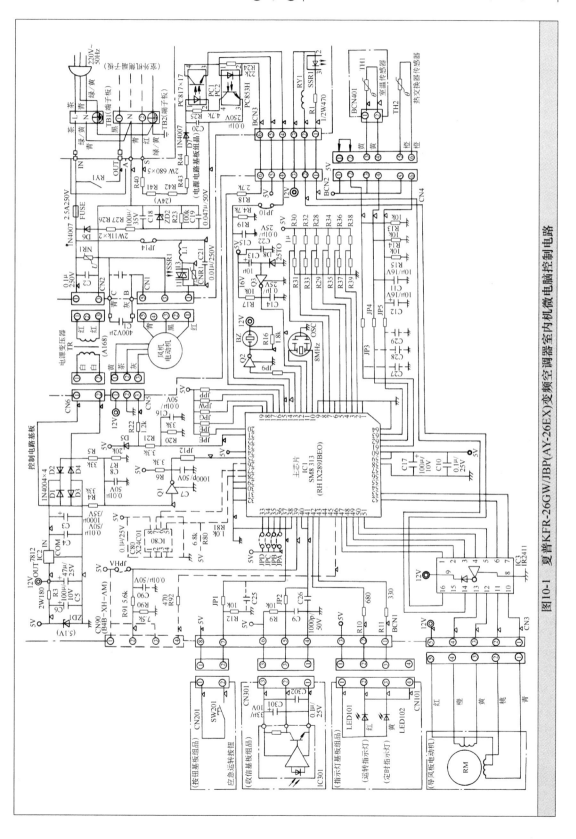

图10-1 夏普KFR-26GW/JBP(AY-26EX)变频空调器室内机微电脑控制电路

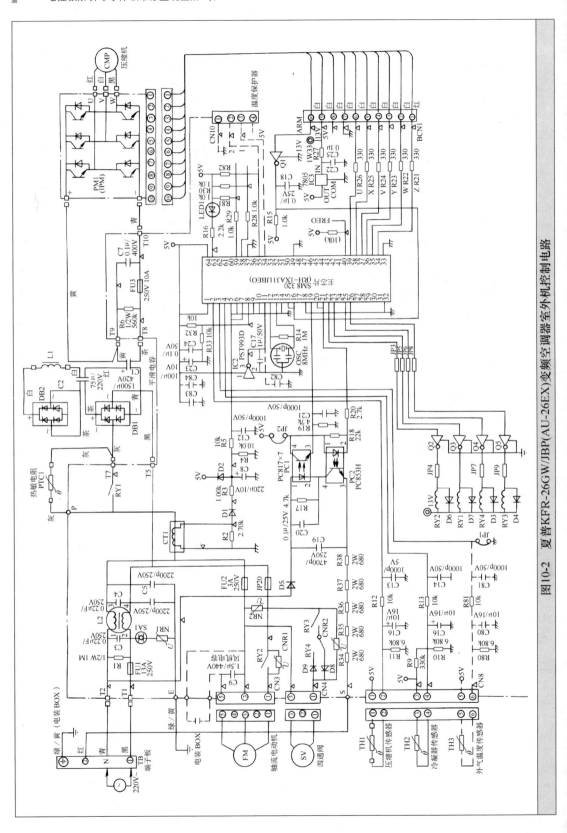

图10-2 夏普KFR-26GW/JBP(AU-26EX)变频空调室外机控制电路

★ 二、控制电路组成

1. 室内机微电脑控制电路组成

室内机微电脑控制电路如图 10-1 所示。室内机微处理器（SM8313）引脚名称及功能见表 10-2。

2. 室外机微电脑控制电路组成

室外机微电脑控制电路如图 10-2 所示。室外机微处理器（SM8320）引脚名称及功能见表 10-3。

表 10-2　SM8313 引脚名称及功能表

端子号码	端子名称	输入/输出	用　　途	端子号码	端子名称	输入/输出	用　　途
1	P53	输入	未使用	27	P62	输入	SCL（E^2PROM）
2	P52	输入	风扇转速调整（10～12 速）	28	P61	输入/输出	SDA（E^2PROM）
3	P51	输入	风扇转速调整（6～9 速）	29	P60	输入	未使用
4	P50	输入	风扇转速调整（1～5 速）	30	OSCIN	输出	NC
5	P33	输入	吐出温度补正	31	OSCOUT	输入	GND
6	P32	输入	未使用	32	TEST	输出	GND
7	P31	输入	室外额定（暖房）	33	P27	输入	机种选择 4
8	P30	输入	室外额定（冷房）	34	P26	输入	机种选择 3
9	AGND	输入	GND	35	P25	输入	机种选择 2
10	CK2	输出	晶体振荡器（8MHz）	36	P24	输入	机种选择 1
11	CK2	输入	晶体振荡器（8MHz）	37	P23	输入	应急运转 SW（PUSH SW）
12	RESET	输入	重置	38	P22	输入	未使用
13	F	输出	蜂鸣器	39	P21	输入	HA
14	P46	输入	串列信号输入	40	P20	输入	未使用
15	P45	输出	串列信号输出	41	K1	输入	无线信号
16	P44	输入	预热切换	42	P17	输出	运转 LED
17	P43	输入	无线切换	43	P16	输出	定时器 LED
18	P42	输入	机种选择 7	44	P15	输出	未使用
19	P41	输入	机种选择 6	45	P14	输出	未使用
20	P40	输入	机种选择 5	46	P13	输出	HA
21	KH	输入	风扇转速	47	P12	输出	主继电器
22	P66	输出	未使用	48	P11	输出	辅助风扇闸门信号
23	P65	输出	未使用	49	P10	输出	风扇闸门信号
24	P64	输入	除错切换	50	P07	输出	未使用
25	P63	输入	电源时钟脉冲	51	P06	输出	未使用
26	GND	输入	GND	52	P05	输出	未使用

（续）

端子号码	端子名称	输入/输出	用　　途	端子号码	端子名称	输入/输出	用　　途
53	P04	输出	未使用	59	V_{SS}	输入	+5V
54	P03	输出	风向电动机	60	V_R	输入	+5V
55	P02	输出	风向电动机	61	P57	输入	测试（短路）
56	P01	输出	风向电动机	62	P56	输入	室内恒温器 TH2
57	P00	输出	风向电动机	63	P55	输入	室内热交换恒温器 HT1
58	GND	输入	GDN	64	P54	输入	未使用

表 10-3　SM8320 引脚名称及功能表

端子号码	端子名称	输入/输出	用　　途	端子号码	端子名称	输入/输出	用　　途
1	V_{REF}	输入	A-D 转换基准电压（5V）	24	P3.6	—	—
2	P5.7	输入	吐出温度热敏电阻电压	25	P3.5	输出	四通阀切换继电器控制
3	P5.6	—		26	P3.4	输出	四通阀电源继电器控制
4	P5.5	输入	热交换器温度热敏电阻电压	27	P3.3	—	—
6	P5.3	—		28	P3.2	—	—
7	P5.2	输入	AC 电流感应电压	29	P3.1	—	—
8	P5.1	输入	机种切换	30	P3.0	—	—
9	P5.0	—		31	φ	—	—
10	AGND	输入	A-D 转换电路 GND	32	GND	输入	微电脑 GND
11	RESET	输入	复位	33	TEST2	—	—
12	CK1	输入	时钟脉冲	34	PWM5	输出	IPMZ 相输出
13	CK2	输入	时钟脉冲	35	PWM4	输出	IPMW 相输出
14	TEST1	—		36	PWM3	输出	IPMY 相输出
15	STP	输入	IPM 异常输入	37	PWM2	输出	IPMV 相输出
16	P4.6	输入	IPM 异常输入	38	PWM1	输出	IPMX 相输出
17	P4.5	—		39	PWM0	输出	IPMU 相输出
18	P4.4	—		40	P2.7	输出	运转频率输出
19	P4.3	输入	串列信号输入	41	P2.6	—	—
20	P4.2	输出	串列信号输出	42	P2.5	—	—
21	P4.1	输出	串列信号输出	43	P2.4	—	—
22	P4.0	输出	室外风扇控制	44	P2.3	—	—
23	P3.7	输出	室外主继电器控制	45	P2.2	—	—

（续）

端子号码	端子名称	输入/输出	用　途	端子号码	端子名称	输入/输出	用　途
46	P2.1	—	—	56	P0.7	—	—
47	P2.0	—	—	57	P0.6	—	—
48	P1.7	输出	有源滤波器驱动控制	58	P0.5	输入	测试模式输入
49	P1.6	输入		59	P0.4	输入	测试模式输入
50	P1.5	—	—	60	P0.3	—	—
51	P1.4	—	—	61	P0.2	—	—
52	P1.3	—	—	62	P0.1	—	—
53	P1.2	—	—	63	P0.0	输出	LED驱动
54	P1.1	输出	冬天组品输出（选择）	64	V_{DD}	输入	微电脑电源（5V）
55	P1.0	输入	冬天组品输入（选择）				

★ 三、故障代码灯自诊断方法

变频空调器的室内机和室外机各有一套微电脑控制装置。

室内的电控装置向室外机提供电源，向室外机组输出串行信号，提供室内的温度信息，起到整套机器的控制功能。

室外的微电脑控制在解读了室内机传来的串行信号，结合电流检测器CT、室外机的几个温度传感器的信息，在三个方面控制室外机的运行。

（1）控制压缩机的运转频率，根据压缩机吸气管"过热度"控制电子膨胀阀的开启度，控制四通换向阀，控制室外风机的开停、风速挡变换等；

（2）安全电路和保护电路压缩机高温保护，功率模块高温保护，冷凝高压保护，冻结防止、峰值电流保护等；

（3）将室外的除霜信号、各种故障信号以串行信号的方式反馈给室内机组。

室内机组有8min没有收到室外传来的串行信号，切断电源继电器，停止向室外机供电。室外机组有30s没有收到室内机传来的串行信号，压缩机停止运转。

变频空调器的控制相对复杂，但是微电脑控制的功能比较强，它可以判断制冷剂循环量的不足，判断机组间连接线的误配，判断传感器误配，开路、短路等故障，判断（AC/DC）过电流、（室内、室外换热器）过热，四通阀切换异常等多种故障。

对于各种故障内容，微电脑通过室内机面板上的运转灯、定时灯以及功率显示灯等发光二极管彼此间组合闪亮的方式来进行表达。

室外控制基板上有一个红色LED灯，可以通过均衡点亮（正常工作）与快速闪亮（出现故障）来显示各种故障。

出现故障，室外机的LED灯即时闪烁。试测4次以后，室外机主芯片控制电路把故障信号送到室内，两次测试间隔为170s。所以室内的黄色（LED）定时灯，作为"故障警示灯"在故障出现10min左右开始闪亮。

1. 室内机故障代码灯自诊断方法（见表10-4）

表10-4　室内机微电脑板灯自我诊断方法

主要异常内容	黄灯闪烁顺序5s灯灭					定时器指示灯（黄）
室外传感器短路	※	※	※	※	⊙	
压缩机高温异常	※	※	※	⊙	※	
AC电流异常	※	※	※	⊙	⊙	
压缩机堵转异常	※	※	⊙	※	※	依据定时器指示灯（黄）、同时与运转指示灯（红）亮起的状态来表示异常内容 ⊙：指示灯闪烁；※：指示灯灭
室外传感器开路	※	※	⊙	※	⊙	
DC过电流异常	※	※	⊙	⊙	※	
AC过电流异常	※	※	⊙	⊙	⊙	
四通阀切换异常	※	⊙	※	※	⊙	
串联信号开路，配线误配	⊙	※	※	※	⊙	
串联信号短路，配线误配	⊙	※	※	⊙	※	
室内风扇电动机异常	⊙	※	※	⊙	⊙	

注：1. 异常时定时器指示灯（黄）会闪烁。按下运转/停止键让空调器停止运转。

　　2. 按下全自动运转键连续5s以上，依据定时器指示灯（黄）和运转指示灯（红）的显示来表示上表异常的内容。

2. 室外机微电脑板灯自我诊断方法（见表10-5）

表10-5　室外机微电脑板灯自我诊断方法

序号	LED表示	内容	LED闪烁说明
0	⊙	正常运转时	
1	●	串联信号异常	
2	⊙ ◑	压缩机堵转异常	
3	⊙ ◑ ◑	压缩机高温异常	
4	⊙ ◑ ◑ ◑	DC过电流异常或温度保险器动作	●　LED亮
5	⊙ ◑ ◑ ◑ ◑	传感器短路异常	⊙　缓慢闪烁（2s周期1次闪烁）
6	⊙ ◑ ◑ ◑ ◑ ◑	传感器开路异常	
7	⊙ ◑ ◑ ◑ ◑ ◑ ◑	AC电流异常	◑　快速闪烁（2s周期3次闪烁）
8	⊙ ◑ ◑ ◑ ◑ ◑ ◑ ◑	AC过电流异常	
9	⊙ ◑ ◑ ◑ ◑ ◑ ◑ ◑ ◑	四通阀切换异常	
10	⊙ ◑ ◑ ◑ ◑ ◑ ◑ ◑ ◑ ◑	四通阀继电器短路	

注：压缩堵转异常，LED闪烁方式  ，压缩机高温异常，LED闪烁方

式　⎵ ⎴⎵ ⎴⎵ ⎴⎵ ⎴⎵ ⎴⎵ 。
　　1.0s　0.6s　0.6s　1.0s　0.6s　0.6s

第二节 夏普 KFR-26GW/JBP（AY-26EX）变频空调器电控板综合故障速修技巧

故障 1 用户采用马路旁维修空调器，造成室外机爆炸

品牌型号	夏普 KFR-26GW/JBP	类型	交流变频空调器
故障部位	违章操作用氧气打压造成室外机爆炸		

分析与检修： 现场检查询问用户，造成室外机爆炸的原因是用户采用马路旁维修工违规操作，用氧气打压造成事故的原因，更换室外机后，故障排除。

经验与体会： 氧气是一种无色、无味、无毒的气体。氧在空气中的体积浓度约为 20%。氧气的化学性质非常活泼，是助燃气体，可燃气体与氧气燃烧比在空气中燃烧更为激烈，燃烧的温度亦高。气焊就是利用这一原理进行焊接的。

由于制冷剂渗透性极强，所以制冷设备常常要进行压力检漏，即用一定压力的气体充注于制冷系统中，以发现微小的泄漏点。按工艺要求压力检漏应采用氮气，因氮气化学性质不活泼，不含水分也比较经济，但氮气往往要专门去购买。这时有人就想到了氧气，只要有气焊就有氧气瓶，岂不是信手拈来。殊不知这会酿成大祸。因为高压经氧与油脂等可燃物接触，在常温下就能发生自燃，引起火灾和爆炸。所以氧气瓶的瓶身、瓶嘴都不能接触油污。而制冷系统中往往有润滑油。如无氮气可用经过干燥处理的压缩空气，但绝对禁止用氧气试漏，这应该是维修人员切记的常识。

应该说空调器家用制冷设备无论是设计还是制造都有严格的安全标准，不会发生爆炸，例外的情况是由于维修人员素质低，没有经过专门的培训，缺乏基本的安全常识，胡干蛮干，违章操作而造成的。

故障 2 机组移机后，开机 3min，压缩机停机

品牌型号	夏普 KFR-26GW/JBP	类型	交流变频空调器
故障部位	控制基板与功率晶体模块插件不良		

分析与检修： 现场检测，电源插座有 220V 交流电压输出。卸下室外机外壳，测量压缩机温度传感器电阻值参数正常（负温度系数的热敏电阻，常温下电阻值 46kΩ），测量压缩机电阻值正常且三相平衡，经全面检查发现控制基板与功率晶体模块插件不良，修复后故障排除。

经验与体会： 此故障是由于插件接触不良，功率模块没有得到完整的驱动信号，无法向压缩机输出驱动电压，压缩机不工作。维修实践中，碰到一些暂时分析不清的现象时，注意先检查一下该只排插，并将排插插紧，以免走弯路。

故障 3 开机 30min 室内机无冷气吹出，室内机故障灯闪烁

品牌型号	夏普 KFR-26GW/JBP	类型	交流变频空调器
故障部位	室内风扇电动机绕组断路		

分析与检修： 现场检测电源电压正常。卸下室内机外壳，测量室内风扇电动机电容充放电良好，用手拔下风扇电动机插件。测量风扇电动机绕组断路，更换同功率风扇电动机，故

障排除。

经验与体会： 在拆卸室内电动机前必须切断电源，否则有触电危险。拆卸技巧如图 10-3
所示。

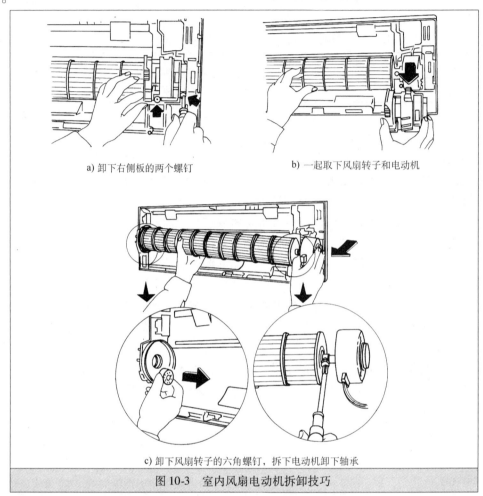

a) 卸下右侧板的两个螺钉　　　　　　　　b) 一起取下风扇转子和电动机

c) 卸下风扇转子的六角螺钉，拆下电动机卸下轴承

图 10-3　室内风扇电动机拆卸技巧

故障 4　空调器室内外机不工作

品牌型号	夏普 KFR-26GW/JBP	类型	交流变频空调器
故障部位	插座零线虚接		

分析与检修： 卸下室内机面板，检测控制板上的熔丝管、压敏电阻均已损坏，测变压器及
风扇电动机均无短路故障。更换压敏电阻、熔丝管，再起动试机，发现室内机基本不转动，同
时在转动瞬间出现"啦、啦"的声音。测量单相电源电压，在 126～156V 之间不断波动，由
此判定故障发生在用户的供电电源上，可能是有一根电源线断路所造成的故障。进一步检查用
户电源插座，果然是零线虚接，重新接好电源线，通电试机，空调器不工作故障排除。

故障 5　机组移机后不制冷

品牌型号	夏普 KFR-26GW/JBP	类型	交流变频空调器
故障部位	用户供电导线的线径过细		

分析与检修： 现场通电开机，设定制冷状态，室内风机运转，3min 后，室外机起动，

同时整机不工作。经检测发现用户家里供电电源线过细（截面积为 $1.0mm^2$），更换截面积为 $4mm^2$ 的导线后，故障排除。

经验与体会：新安装的空调器出现上述故障，首先按 $5A/mm^2$ 计算检查电源线是否符合要求。供电的导线较细，会造成运转电流偏大而使压缩机温度急剧升高，当超过设定值时，空调器保护，所以在安装工作完成后，试机前一定要注意检查一下用户家的供电线路。

故障 6 开机制冷 5min 即停

品牌型号	夏普 KFR-26GW/JBP	类型	交流变频空调器
故障部位	室内温度传感器电阻值参数改变		

分析与检修：现场检测电源插座有 220V 交流电压输出。卸下室外机外壳，测量压缩机电动机绕组阻值良好。卸下室内机测量管温传感器电阻值参数正常。测量温度传感器电阻值参数改变，更换同型号传感器，故障排除。

经验与体会：压缩机工作 5min 即停，从表面看是压缩机电动机绕组短路故障及制冷系统堵，压力开关切断电源故障。当传感器电阻值参数改变时，它将给主芯片一个错误信号，造成压缩机停机，使很多的维修工误认为压缩机过热故障，须引起维修人员注意这一点。传感器异常时空调器动作见表 10-6。

表 10-6　传感器异常时空调器的动作表

	项目	模式	控制内容	阻值偏小时	短　路	阻值偏大时	断　线
室内	室温(TH1)	自动	运转模式判别	成为冷房模式，室温降低	各种场合为制冷	成为暖房模式室温升高	必然成为暖房模式
		冷房	频率控制	制冷过限定	到设定温度继续运转	无法制冷	压缩机不运转
		除湿	室温记忆，频率控制	正常运行	记忆31℃压缩机不停	正常运转	记忆18.5℃压缩机不运转
		暖房	频率控制	暖房不工作	运转开始热保持状态，频率不超过35Hz	暖房工作过量	达到设定温度过程继续运转
	热交(TH2)	冷房/除湿	冻结防止	室内换热器可能结冰	室内换热器可能结冰	压缩机经常停机	压缩机不运转
		暖房	冷风防止	不出温风	压缩机低速或停止，频率无法上升	冷风防止解除延迟	冷风防止不解除，室内风机不运转
室外	压缩机电气盒(TH1)	冷房除湿暖房	膨胀阀控制压缩机保护	膨胀阀打开、压缩机运转，但不制冷，不制热	压缩机高温异常表示	正常运转，压缩机电动机绕组绝缘层短路，发生断线等故障	室外传感器断路故障表示
	热交(TH2)	冷房/除湿	室外热交过热防止	压缩机低速运转或停止	室外传感器短路表示	正常运转	室外传感器断路表示
		暖房	膨胀阀控制、除霜	不进入除霜状态，引起室外机结霜	室外传感器短路表示	进入除霜、不暖	室外传感器断路表示

故障 7 开机压缩机不工作

品牌型号	夏普 KFR-26GW/JBP	类型	交流变频空调器
故障部位	室外机 250V/10A 熔丝管熔断		

分析与检修：现场经全面检测发现室外机 250V/10 熔丝管熔丝熔断，检测其他部件无短路故障，更换熔丝管后故障排除。

夏普 KFR-26GW/JBP 室外机控制电路接线如图 10-4 所示。

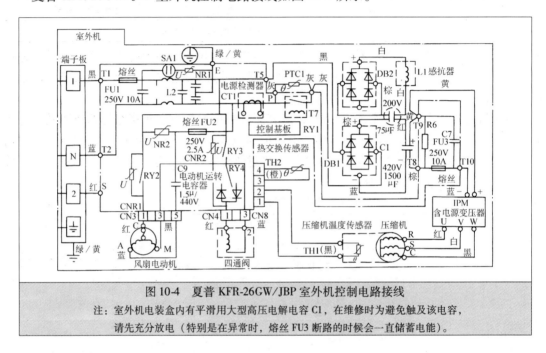

图 10-4　夏普 KFR-26GW/JBP 室外机控制电路接线

注：室外机电装盒内有平滑用大型高压电解电容 C1，在维修时为避免触及该电容，
请先充分放电（特别是在异常时，熔丝 FU3 断路的时候会一直储蓄蓄电能）。

故障 8 野蛮装修工砸坏室内机接水盘

品牌型号	夏普 KFR-26GW/JBP	类型	交流变频空调器
故障部位	接水盘底侧损坏		

分析与检修：现场检查发现室内机被装修工砸坏，修复后发现室内机漏水，经检查接水盘底侧有裂纹。卸下接水盘，卸下方法如图 10-5 所示。

接水盘卸下后用水清洗干净后擦干，用 C31A、B 胶按 1:1 配制粘在裂纹处，2h 后按拆卸反顺序安装好，试机，故障排除。

经验与体会：遇到漏水故障，首先做排水试验，找到漏水部位，然后确定修复方案，以避免走弯路。

故障 9 炎夏不制冷，故障灯闪烁

品牌型号	夏普 KFR-26GW/JBP	类型	交流变频空调器
故障部位	室外压缩机 U 形管漏		

分析与检测：现场检测制冷系统压力为 0MPa，补加制冷剂发现室外压缩机 U 形管漏制冷剂，其泄漏部位如图 10-6 所示。

漏点找到后，用毛巾擦干油迹，用气焊补焊后，按常规操作，故障排除。

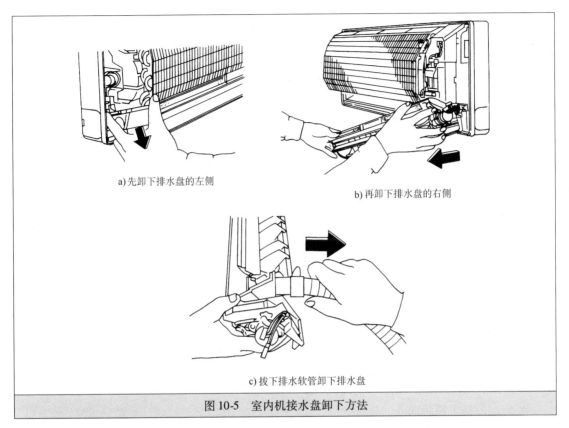

a) 先卸下排水盘的左侧

b) 再卸下排水盘的右侧

c) 拔下排水软管卸下排水盘

图 10-5 室内机接水盘卸下方法

经验与体会: 室外压缩机 U 形排气管泄漏较普遍,主要原因是铜管管壁薄,材质差,弯成 U 形弯后,出现较小的裂纹,压缩机在做功时产生的振动使裂纹加大。这种泄漏故障大多会把气体漏光,等室内机无冷风吹出时,经检查才被发现。

在维修时,把漏点油迹用软布擦干净,用银焊把铜管裂纹泄漏处焊好。焊接前最好找 2cm 一段大于排气管外径的铜管,用钢锯锯开,包裹在裂纹处,以防止从此处再因振动泄漏。维修时切忌把 U 形管去掉,那样会使压缩机排出的高温高压制冷剂气体直接进入冷凝器,使冷凝器散热降低,制冷能力下降,同时,压缩机做功时振动较大。U 形管焊好后,从低压气体截止阀旁通嘴处加制冷剂气体,试压检漏,若从焊口处没有气泡吹出,说明 U 形管泄漏故障排除。

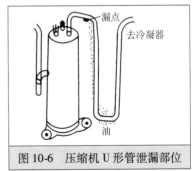

图 10-6 压缩机 U 形管泄漏部位

第十一章

春兰变频空调器电控板控制电路 分析与速修技巧

春兰变频空调器的变频控制原理是将市电 220V/50Hz 通过交流变直流、直流变交流的频率变换过程，提供给压缩机频率可变和电压可变的交流电源。电源的频率变频和电压变换是根据室内外环境温度、室内设定温度、室内外管温、压缩机的排气温度、运行时间及遥控指令等参数，由微电脑通过脉冲调宽宽度调制（PWM）信号进行控制的，从而调节压缩机的运行频率，运行频率越高，则压缩机的输出能量越大。

变频空调器在低频下起动，起动电流小于 3A，耗电少，对电网冲击小。但起动后的压缩机运行频率迅速上升，进入高频运行。当设定温度与环境相近时，压缩机又降频运行。

第一节　春兰 KFR-32GW/BP 变频空调器电控板 控制电路分析与速修技巧

★ 一、控制电路组成

春兰变频柜式空调器的电气控制部分由室内、室外控制器两部分组成：室内控制器完成对遥控接收、按键功能处理、通信、温度采样、LCD 驱动及蜂鸣提示、故障代码显示、室内风机电动机、转页电动机、电热等功能的控制；室外控制器主要完成对通信、LED、电子膨胀阀的推动、变频控制、温度采样、电流采样、室外风扇电动机、换向阀及压缩机保护器参数的采样等功能控制。

（1）室内机控制电路接线图如图 11-1 所示。

（2）室外机控制电路接线图如图 11-2 所示。

（3）室内外机控制电路框图如图 11-3 所示。

★ 二、故障代码灯含义

空调器在正常工作情况时，空调器上的各种传感器，不断地把空调器各处的工作状态信息送入微处理器。当微处理器接收到某位置传来的信息数据有改变，并超出一定范围时，便立即发出指令，实施停机保护，并把故障以相应的代码显示在显示屏上，为尽快找出故障、排除故障提供方便。

（1）春兰 KFR-32GW/BP 室内机故障灯显示方法：

绿灯闪烁：管温异常，实施保护；

黄灯闪烁：室外故障，实施保护；

黄绿灯同时闪烁：FT 断开，实施保护；

黄绿灯交替闪烁：室内外通信异常，实施保护。

（2）春兰 KFR-32GW/BP 室外机黄灯故障显示方法：

一短一长：与变频器通信故障；

二短一长：变频器断路；

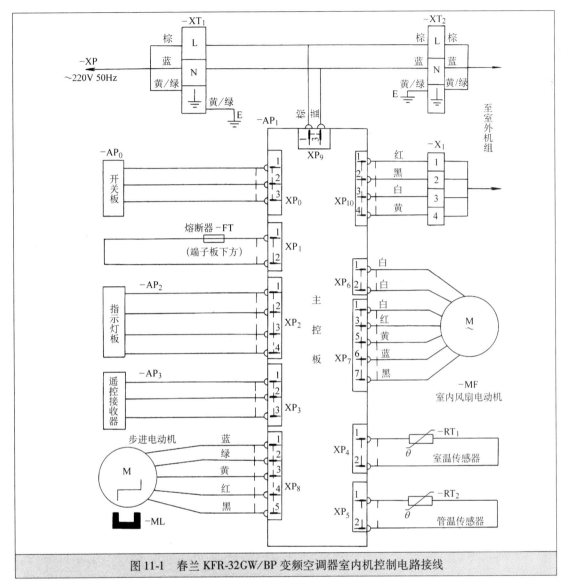

图 11-1　春兰 KFR-32GW/BP 变频空调器室内机控制电路接线

三短一长：变频器过负载或模块过热；

四短一长：欠电压；

五短一长：总电流过大；

六短一长：压缩机过热，过载保护器动作。

★ 三、综合故障速修技巧

故障 1　室内机不工作，室内机三个显示灯均不亮

品牌型号	春兰 KFR-32GW/BP	类型	交流变频空调器
故障部位	控制板上的电容 C_5 漏电		

分析与检修：现场检测电源电压正常。卸下室内机外壳，检测 7812 三端稳压器有直流 +12V 电压输出，检查各元器件接插件牢固。经全面检测，控制板上的电容 C_5 漏电，更换后故障排除。

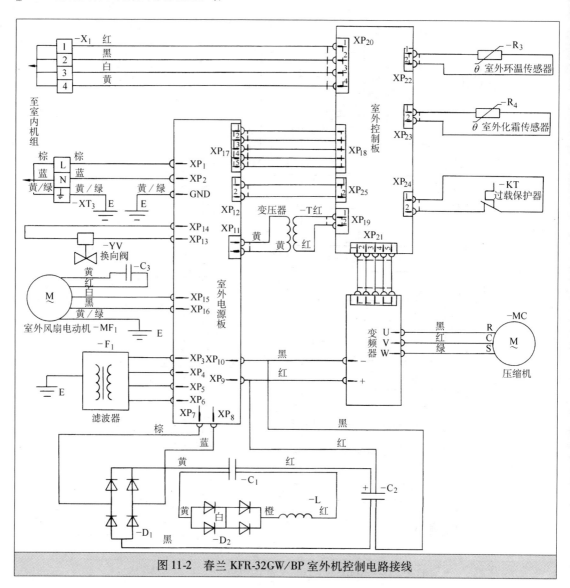

图 11-2　春兰 KFR-32GW/BP 室外机控制电路接线

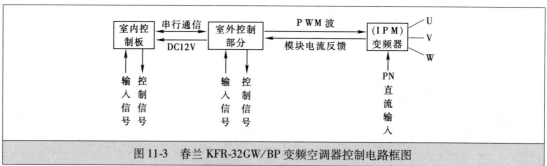

图 11-3　春兰 KFR-32GW/BP 变频空调器控制电路框图

经验与体会：遇此故障首先检查通信线中的红、黄线之间是否有 DC 12V 电压，若有则

- 检查室内侧 D_2 是否有故障；
- 检查 IC_4（7806）是否有 DC 5V 输出；

- 检查 IC_1 晶体振荡电路；
- 若以上正常，则 IC_1 故障。

若没有则

- 检查是否有 220V 电源输入；
- 变压器是否有故障；
- 检查 FU_1（250V/15A）熔丝是否被熔断；
- 检查 IC_2 是否正常；
- 检查电容 C_5 是否有故障。

故障 2 反复修理制冷效果仍然差

品牌型号	春兰 KFR-32GW/BP	类型	交流变频空调器
故障部位	连接管（低压管）安装时弯曲过瘪		

分析与检修： 该空调器维修多次，制冷效果始终较差，曾经更换室外机，但故障依旧。现场检查，开机运行，蒸发器温度不凉。分析是压缩机效率低，制冷剂过少。测试低压压力，压缩机电流偏低，用手摸液管、气管（低压管），发现气管连接室外机有 1m 长的铜管，表面上有水珠且很凉，把保温套取下，发现连接管（低压管）安装时弯曲过瘪，造成制冷系统堵塞，导致制冷差。更换连接管，试机一切正常。

经验与体会： 这种故障是安装时不正确操作造成的，但又往往会被维修人员所忽视。要排除故障应多看多摸，不能简单地加注制冷剂，更换室外机管路。主要原因该机连接管弯瘪，使制冷剂不能畅通，从而使空调器不能正常工作。

故障 3 室外风扇电动机不工作，故障灯闪烁

品牌型号	春兰 KFR-32GW/BP	类型	交流变频空调器
故障部位	室外机微电脑板 C_1 漏电		

分析与检修： 现场检测室外风机黑线与白线端子有交流 220V 电压输出。用手钳拔下风机电容插件，用螺钉旋具金属部分放电后，测风机电容的电容量正常。经全面检测发现室外微电脑板电容 C_1 漏电，更换后故障排除。

经验与体会： 室外风机不工作，首先，检查室外风机的黑白接插口上是否有 220V 电压，若有 220V 电压——检查风机起动电容是否有故障。其次，若没有 220V 电压——检查 IC_6（3901）的 $XP_{18} - XP_{17}$ 黄线电平是否为 0V（若不为 0V，则可能为室外板上 IC_1 故障）。然后，检查室外板 R_3（100Ω）/C_1 是否正常，若以上均正常，则风机本身有故障。

故障 4 制冷状态室内机制冷剂流动声较大

品牌型号	春兰 KFR-32GW/BP	类型	交流变频式空调器
故障部位	室内机蒸发器输出管在右出管时，铜管折扁		

分析与检修： 用户来电话反映空调主机起动后，室内机声音较大，开机后只用送风挡，室内机噪声正常，当室外机的压缩机起动后，室内机有制冷剂的流动声。经验判断为制冷系统出现二次节流造成的。经检查确定是在蒸发器中因节流产生的，最后查出为室内机蒸发器输出管在右出管时，铜管折扁。更换此输出管后故障排除。

经验与体会： 室内机有较大的流动声，一般是因管路节流引起的，在输出管向右出管

时，粗心操作或用力过猛均会折扁铜管。

故障5 制热过程中，换向阀不工作

品牌型号	春兰 KFR-32GW/BP	类型	交流变频空调器
故障部位	室外机微电脑控制板电容 C_2 漏电		

分析与检修：现场用遥控器开机，设定制热状态 30min，室内贯流风机不运转，经检查室外四通阀未换向。测量四通阀线圈电阻值正常，经全面检测，发现室外机微电脑板电容 C_2 漏电，更换后故障排除。

经验与体会：空调器在制热中，若换向阀不换向，首先，检查线圈两接插头上是否有 220V 电压，若有 220V 电压检查线圈是否有故障，若没有 220V 电压检查室外板 IC_7（3901）的 $XP_{18} - XP_{17}$ 橙线是否为 0V（若不为 0V，则可能为室外板上 IC_1 的故障），然后，检查室外板 R_4、C_2 是否正常，若以上均正常，则换向阀本身故障。

第二节 春兰 KFR-65GW/BP2 变频一拖二空调器电控板控制电路分析与速修技巧

★ **一、技术参数**

技术参数见表 11-1。

表 11-1 春兰 KFR-65GW/BP2 变频一拖二空调器技术参数

型号		KFR-65W/BP3	KFR-65W/BP2
电源		单相交流 220V 50Hz	
工作电压范围/V		单相 220（1±10%）	
制冷量/W		6500（1500~7000）	
制冷输入功率/W		3200（500~3200）	
制热量/W		8000（2400~8000）	7200（2400~7200）
制热输入功率/W		3200（600~3200）	
噪声/dB（A）		≤59	
外形尺寸（宽×高×深）/mm		950×746×310	
净重量/kg		70	
制冷剂	种类		
	注入量/kg	2.9（连接管总长配 25m）	2.3（连接管总长配 13m）
室内机组最多连接台数		3	2
配用室内机组		KFR-65G/BP3/22G KFR-65G/BP3/32G	KFR-65G/BP2/22G KFR-65G/BP2/32G
连接管规格/mm	液管（接管螺纹）	$\phi6\times1$（M12×1.25）	
	汽管（接管螺纹）	$\phi12\times1$（M18×1.5）	
连接管允许长度	一室最大长度/m	25（连接管总长最大 35）	
	最大高度差/m	10	
	制冷剂增减量	连接管总长每增减 1m，制冷剂充注量增减 65g	
使用环境温度范围/℃		-7~45	

★ 二、控制电路组成

（1）室内机控制电路接线图如图 11-4 所示。

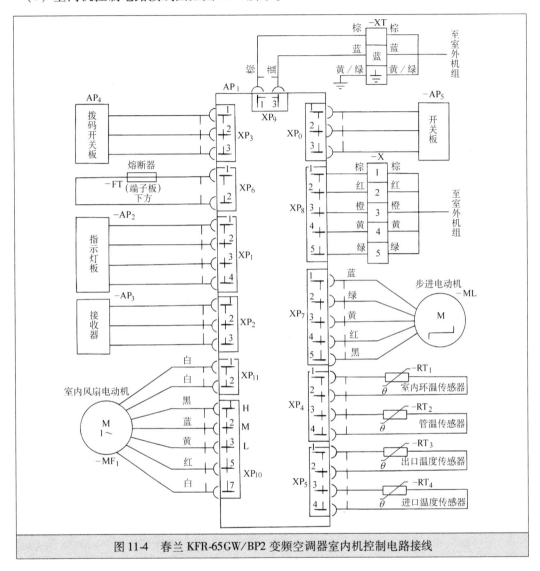

图 11-4　春兰 KFR-65GW/BP2 变频空调器室内机控制电路接线

（2）室外机控制电路接线图如图 11-5 所示。

★ 三、故障代码含义及故障分析

1. 故障代码含义

室内、室外机及变频器的故障须由室外控制板上的一排故障绿色指示灯显示出来，以便检修，同时一旦发生故障，则室内红灯亮，提示用户已经发生故障。

故障显示方式如下：

"0"代表故障指示二极管灭，"1"代表故障指示二极管亮，按 LED1234 排列。

室内机故障：

（1）温度传感器断路或短路　　（0001）；

（2）通信故障（室内室外）　　（0010）；

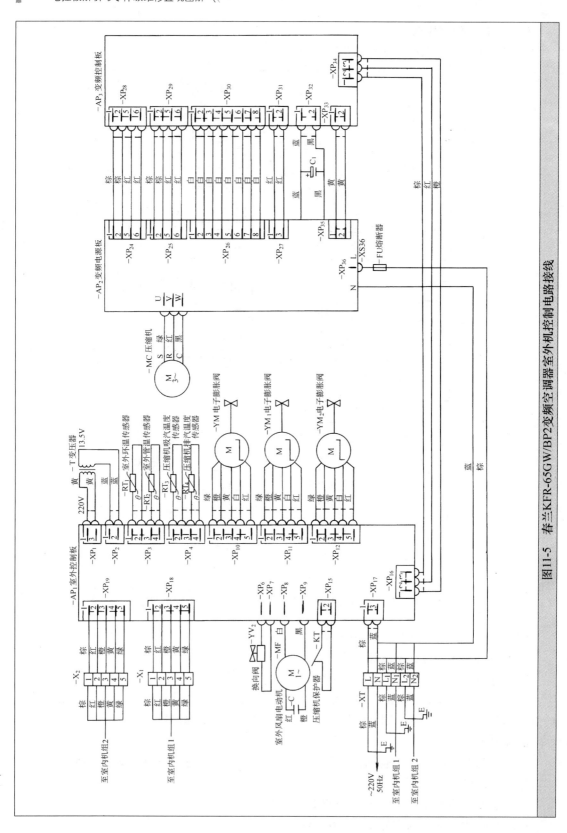

图11-5　春兰KFR-65GW/BP2变频空调器室外机控制电路接线

（3）风机过热保护 （0011）。

室外机故障：

（1）温度传感器断路或短路 （0100）；

（2）冷凝器温度过高保护 （0101）；

（3）压缩机排汽温度过高保护 （0110）；

（4）通信故障（室外机与变频器） （0111）；

（5）过、欠电压保护 （1000）；

（6）过电流保护、过热保护（功率器件） （1001）；

（7）过载保护 （1010）；

（8）总电流过电流保护 （1011）。

2. 故障分析

室内机故障：一般而言，室内机故障发生后，仅此台室内机组红色故障灯亮，其他室内机组及室外机组均能工作。

（1）0001 为室内温度传感器断路或短路故障，更换即可，有时室内控制板可能也会产生此故障。

（2）0010 为室内室外通信故障，此故障很少发生，请检查室内、外控制连接线插件是否松脱；如控制连接线正常，则可能为此室内机组控制板故障，室外机组控制板故障也有可能。

（3）0011 为风机过热保护，此台室内机的电动机热保护器动作；可以用电动机更换解决，现象为：室内风机不转。

室外机故障：一般而言，室外故障发生后，所有室内机组红色故障灯亮，室内机组及室外机组均不能工作。

（1）0100 为室外温度传感器断路或短路保护，请检查室外控制板上的温度传感器插件是否因运输振动而松脱；若插件正常，请更换室外温度传感器解决。

（2）0101 为冷凝器温度过高保护（制热≥60℃，制冷≥65℃），此现象一般发生在高温下制热，或高温下制冷（室外温度）机组发生保护，此情况为正常。但是在正常使用下发生，则为系统制冷剂过多、堵等原因。传感器特性漂移也有可能造成此故障。

（3）0110 为压缩机排汽温度过高保护，排气温度超过 120℃ 时保护，此现象如发生在高温下制热，或高温下制冷（室外温度 ≥55℃）机组发生保护，则情况为正常。但是在正常使用下发生，则为系统制冷剂过多、堵等原因。如果生产的机组在超低温下制热，霜除不尽，发生排汽温度过高保护，或压缩机过载保护。这是设计上的问题，现在已解决。请将压缩机吸气温度传感器用相当于 8 ~ 15℃ 固定电阻代替。即可解决。

（4）0111 为室外控制板与变频控制板通信故障，此种故障最为常见。两者之间任意一方的信号异常即发生通信故障。其中绝大多数为变频控制板故障。变频控制板上虚焊，晶体振荡器、芯片、开关变压器等元件问题均可能发生通信故障。如果开机一段时间发生此故障，一般为变频控制板的虚焊造成。TOP 管问题也是通信故障，一发生时继电器来回吸合。变频控制板上的两个红灯在正常情况下亮，不亮即不正常。两个红灯不亮，则可能为变频电源板问题，一个红灯不亮，则可能为变频控制板上开关变压器问题。室外控制板与变频控制板是通过三根控制连接线连接。

（5）1000 为过、欠电压保护，一般过电压为 280V 左右，低压可以做到 160V，但是变频控制板的元器件的漂移也有可能发生过、欠电压点的失真，可更换变频控制板解决。

（6）1001 为功率器件过电流保护、过热保护。

（7）1010 为过载保护，此种故障也最为常见，主要原因为机组制冷剂泄漏或过量。正常额定制冷条件下，三机制冷时额定电流为 16A。

（8）1011 为总过电流保护，若此故障在压缩机运行片刻后发生，一般为变频器的输出 U、V、W 三相不平衡造成压缩机运行电流过大。可以在空载下（压缩机去除）运行观察是否保护判定，并测试 U、V、W 之间相电压。直接原因为控制 IPM 的弱电信号部分出现问题，或 IPM 出现问题，试更换变频电源板或变频控制板解决，变频电源板的可能性更大。有时压缩机故障也有可能造成总过电流保护。

★ 四、综合故障速修技巧

故障 1　上电后室内机所有指示灯不亮

品牌型号	春兰 KFR-65GW/BP2	类型	交流变频空调器
故障部位	变压器绕组短路		

分析与检修：现场通电用遥控器开机，设定制冷状态，室内机无反应。测量电源电压良好。卸下室内机控制板检查，熔丝管断路，检测变压器绕组电阻值短路，更换同型号熔丝管及变压器后，通电试机，故障排除。

经验与体会：春兰变频空调器变压器的一次绕组（输入端）的阻值一般在几百欧姆，二次绕组（输出端）阻值一般在几欧姆。变压器在出现故障后，一般表现为整机上电无反应，不工作。因此在维修时，可单独测变压器一、二次绕组电阻，也可在通电情况下，检测二次电压是否有十几伏电压输出，以判断变压器好坏。

注意：实际维修时，有的维修工在变压器出现故障时（变压器熔丝断）将变压器熔丝除去，直接短接，可使变压器正常工作。此办法只可应急处理。必须在短时间内更新变压器。

故障 2　机组不制冷，室内两机组故障灯亮

品牌型号	春兰 KFR-65GW/BP2	类型	交流变频空调器
故障部位	变频器整流桥断路		

分析与检修：现场检查变频控制板上的两个红色灯不亮。测量变频控制板上开关变压器良好，测量整流桥断路，更换后故障排除。

经验与体会：室内两个机组故障灯亮有三种现象，见表 11-2。

表 11-2　空调器室内机故障灯三种现象

室内两机组故障灯亮，室外故障代码 0111，室外控制板与变频器通信故障	变频控制板上的两个红色灯不亮	变频器电源部分出现问题。请检查①线路是否正常；②整流桥是否断路、短路；③熔断器是否熔断，若熔断器熔断，则请检查整流桥是否短路
	变频控制板上的一个红色灯不亮	变频控制板上开关变压器出现问题。请检查并更换变频控制板
	变频控制板上的两个红色灯亮	变频控制板因虚焊，晶体振荡等元器件出现问题。请更换变频控制板

维修人员要根据不同故障现象，按从易到难原则逐一检测故障部位。

故障 3 室内机 A 制冷正常，B 机红灯亮

品牌型号	春兰 KFR-65GW/BP2	类型	交流变频空调器
故障部位	B 机室内传感器故障		

分析与检修： 现场测量室内机电源良好，测量室内温度传感器电阻值参数改变，更换后故障排除。

机组故障检测方法见表 11-3。

表 11-3 机组故障检测方法

故障现象		故障检查、分析
部分室内机红灯亮，其他室内机正常工作	室外故障代码 0001 为室内温度传感器断路或短路故障	更换室内温度传感器即可，有时室内控制板可能也会产生此故障
	0011 为风机过热保护，室内风机不工作	风机过热保护，请更换室内风机
	室外无故障代码	1. 室内外控制连接线线序差错
		2. 机号设置为 00
开部分室内机组时制冷效果不佳，有时未开的室内机结冰或连接管结霜		1. 机号设置错误，请更正
		2. 机号设置开关故障
化霜前后机组停机，3min 后机组恢复正常		化霜前后液击产生智能功率模块（IPM）过电流保护。此现象为正常
开机或停机时室外机组有短暂的"喀、喀"声		电子膨胀阀复位时发出的机械声，此现象为正常

第三节 春兰 KFR-65GW/BP3 变频空调器电控板控制电路分析与速修技巧

★ 一、控制电路组成

（1）室内机控制电路接线图如图 11-6 所示。

（2）室外机控制电路接线图如图 11-7 所示。

★ 二、故障代码灯指示方法

故障代码灯指示方法见表 11-4，变频一拖三机器的大部分故障均由室外控制板上的一排故障指示灯显示（"0"表示该灯灭，"1"表示该灯亮）。

表 11-4 春兰 KFR-65GW/BP3 变频空调器故障代码灯指示方法

故障指示灯状态				故障显示内容
LED1	LED2	LED3	LED4	
0	0	0	1	室内温度传感器短路或断路
0	0	1	0	室内、外通信故障
0	0	1	1	室内风机故障
0	1	0	0	室外温度传感器短路或断路
0	1	0	1	冷凝器温度过高保护

（续）

故障指示灯状态				故障显示内容
LED1	LED2	LED3	LED4	
0	1	1	0	压缩机排汽温度过高保护
0	1	1	1	室外控制板与变频器通信故障
1	0	0	0	过、欠电压保护
1	0	0	1	过电流、过热保护
1	0	1	0	过载保护
1	0	1	1	总电流过大保护

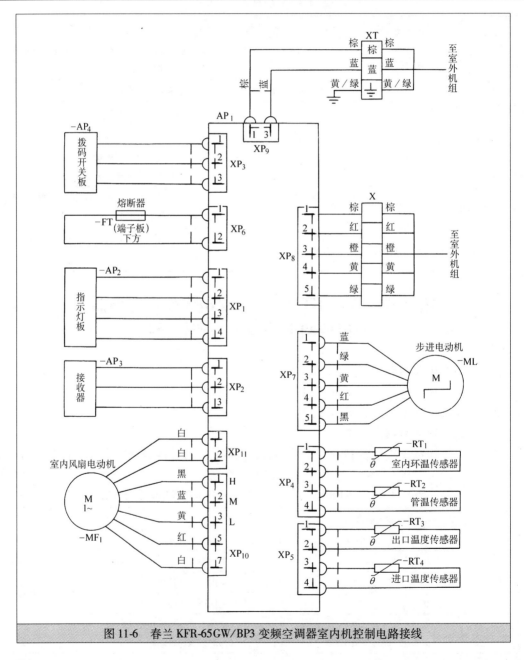

图 11-6　春兰 KFR-65GW/BP3 变频空调器室内机控制电路接线

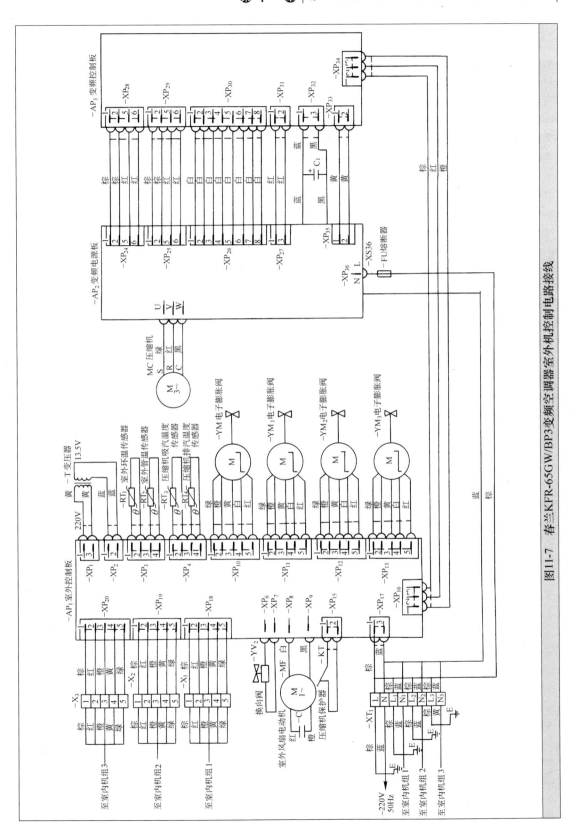

图11-7 春兰KFR-65GW/BP3变频空调器室外机控制电路接线

★ 三、综合故障速修演练

故障 1 机组使用两个月后制冷效果差

品牌型号	春兰 KFR-65GW/BP3	类型	交流变频空调器
故障部位	室内机 A 组制冷剂接头没有拧紧而泄漏制冷剂		

分析与检修：上门现场检测电源电压正常，通电开机，室内机 A 组、B 组、C 组均不制冷。用压力表测制冷系统压力偏低，测量工作电流比额定值小，判定缺制冷剂。经全面检测发现室内机 A 组接头没有拧紧，修复后，按定额补加制冷剂至压力 0.5MPa，故障排除。

经验与体会：变频空调器在补加制冷剂时，最好采用（定频）加制冷剂的方法，因为工作频率不同，压力不同。

故障 2 开机 30min 室内机 A、B、C 均无冷气吹出，室外机 LED1、LED4 灯亮，LED2、LED3 灯灭

品牌型号	春兰 KFR-65GW/BP3	类型	交流变频空调器
故障部位	室外机微电脑板故障		

分析与检修：现场检测三个机组电源电压正常，测制冷系统压力正常。卸下室外机外壳，测量压缩机电动机三个接线端子电阻阻值正常。检测变频板发现程序错乱。更换变频板后试机，故障排除。

经验与体会：在更换变频板前首先断电，在拔变频板接插件时，请勿把插件线拔断，其更换技巧如图 11-8 所示。

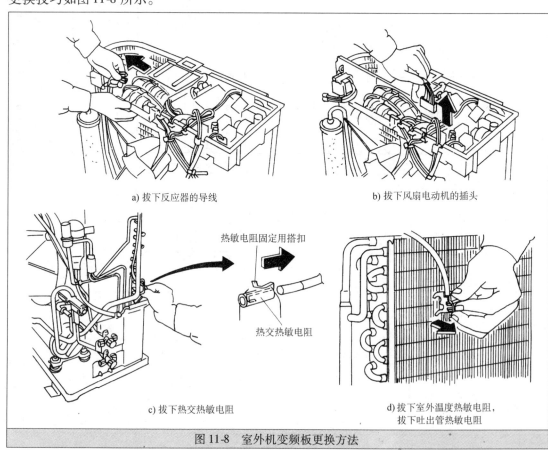

a) 拔下反应器的导线　　　　　　　　　　b) 拔下风扇电动机的插头

热敏电阻固定用搭扣

热交热敏电阻

c) 拔下热交热敏电阻　　　　　d) 拔下室外温度热敏电阻，拔下吐出管热敏电阻

图 11-8　室外机变频板更换方法

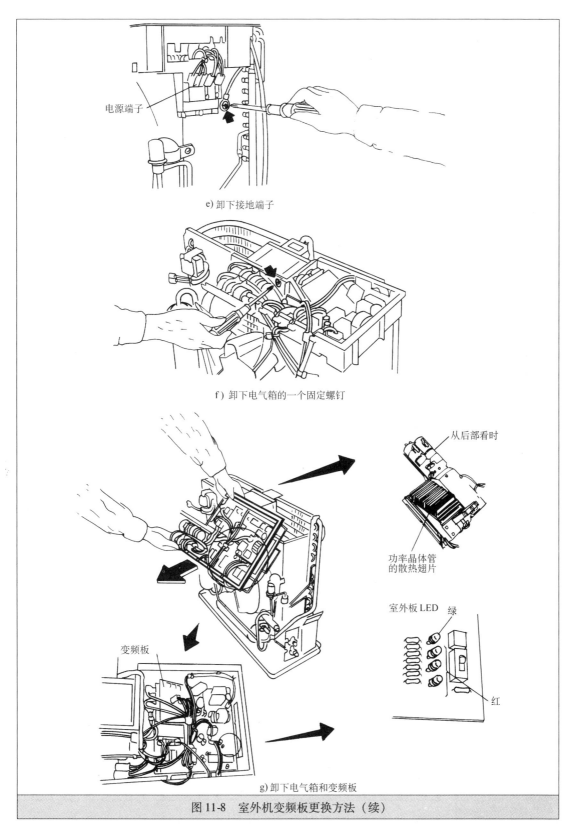

电源端子

e) 卸下接地端子

f）卸下电气箱的一个固定螺钉

从后部看时

功率晶体管
的散热翅片

室外板 LED 绿

变频板

红

g) 卸下电气箱和变频板

图 11-8　室外机变频板更换方法（续）

室外机检测技巧见表11-5。

表 11-5　空调器室外机检测技巧

	检测步骤	检测工具	检测方法	维修方法
1	检测功率模块是否有过热、过电流、短路现象	万用表、温度计	用温度计测模块表面温升，用电流表分别测 U、V、W 输出电流是否过大，功率模块内部或压缩机电动机绕组、匝间和绕组与外壳是否短路，功率模块与散热片螺钉紧固不良	查模块是否本身质量问题，压缩机电动机绕组是否短路、断路、线接错，抱轴，紧固模块与散热片螺钉
2	测直流滤波电解电容容量是否变小或失效漏电	万用表（电阻挡）	用万用表电阻挡 R×100 量程测电容充放电大小判断	如电容容量变小失效，更换为同参数电容
3	测整流桥堆是否有断路现象	万用表（电阻挡）	测整流桥堆内二极管的正反向电阻，正向电阻值是否为 500Ω 左右，反向电阻值应为无穷大	如整流桥堆坏，更换为同型号整流桥
4	测电源电压是否太低，电源线是否太细、太长，有无接触不良现象	万用表（电压挡）	截面积 1mm² 按 5 个 5A 计算	改善电源供电条件和处理电路接触不良原因
5	测模块信号排线与室外机电路板和模块插接是否接触不良	万用表（电阻挡）	检测时注意安全	如模块信号线插接不良，重新插接好信号线
6	检测室外机周围是否有遮挡物，或室外机热交换器脏	现场检测	遮挡物应在 3m 以外	清洗或清理室外机遮挡物及热交换器灰尘及污物
7	测室外风扇电动机是否不转或转速慢	万用表（电阻挡）	查室外机风扇电动机绕组、供电电路、运转电容	处理电动机供电电路，部件坏更换
8	测制冷系统压力是否过高，或制冷剂填充是否过多	压力表（测系统压力）	1. 制冷系统压力异常高，是否室内外机在恶劣环境中工作，或系统堵塞 2. 制冷系统填充制冷剂过多，压缩机负载过大	改善室内外机工作环境条件，处理吹污系统制冷剂过多，则重新定量填充 0.5MPa
9	室外机电路板造成模块误报警	万用表	测量变频模块输出电压是否均衡	如室外机电路板坏，更换为同型号电路板

故障 3　用户采用马路旁维修工，造成空调器 A、B、C 机组均不制冷

品牌型号	春兰 KFR-65GW/BP3	类型	交流变频空调器
故障部位		电子膨胀阀控制线错接	

分析与检修：上门，用户反映自马路旁维修工修理后一直不制冷。现场检测制冷系统压力正常，室外机控制电路板各元器件接插件牢固，参数正常。经全面检测室外机膨胀阀控制线错接，把线路调整后故障排除。

经验与体会：在这里再次提醒马路旁的维修工，在维修春兰 KFR-65GW/BP3 变频空调器，插拔电子膨胀阀插件时，必须注意其顺序不得混乱，恢复时必须按顺序接插。如忘记，请按以下顺序确认：自上而下，第一个小阀连接的电子膨胀阀为 1 号机电子膨胀阀，和 XP_{11} 接插；第二个小阀连接的电子膨胀阀为 2 号机电子膨胀阀，和 XP_{12} 接插；第三个小阀连接的电子膨胀阀为 3 号机电子膨胀阀，和 XP_{13} 接插。总阀和 XP_{110} 接插。

此机常见故障现象及维修方法见表 11-6。

表 11-6　空调器常见故障现象及维修方法

故障现象	故障原因及维修方法
室内机不工作，室内三个显示灯均不亮	检查通信线中的红、黄线之间是否有 DC12V 电压 若有则 ·检查室内侧 D2 是否有故障 ·检查 IC4（7806）是否有 DC5V 输出 ·检查 IC1 晶体振荡器电路 ·若以上正常，则 IC1 故障 若没有则 ·检查是否有 220V 电源输入 ·检查变压器是否有故障 ·检查 FU1（250V/15A）熔丝是否被熔断 ·检查 IC2 是否正常 ·检查电容 C5 是否有故障
整机在工作中，室外风机不动作	检查室外风机的黑白接插口上是否有 220V 电压，若有 220V 电压，检查风机起动电容是否有故障；若没有 220V 电压，检查 IC6（3901）的 XP18-XP17 黄线电平是否为 0V（若不为 0V 可能为室外板上 IC1 故障） 检查室外板 R3（100）/C1 是否正常，若以上均正常则风机本身有故障
制热过程中，换向阀不换向	检查线圈两接插头上是否有 220V 电压，若有 220V 电压，检查线圈是否有故障；若没有 220V 电压，检查室外板 IC7（3901）的 XP18-XP17 橙线是否为 0V（若不为 0V 则可能为室外板上 IC1 的故障） 检查室外板 R4、C2 是否正常 若以上均正常，则换向阀本身故障
整机无制冷功能	遥控器的温度设定是否正确 检查环温传感器是否有故障（开路），该情况下若制热能开机则说明环温传感器开路 检查压缩机是否起动： ·BP 器上 P、N 极之间是否有 300V 电压 ·BP 器 U、V、W 端是否有三相电压输出

第十二章

美的变频空调器电控板控制电路分析与速修技巧

美的变频空调器目前在市场上主要有 KFR-28GW/BPY、KFR-32GW/BPY、KFR-36GW/BPY 和 KFR-50LW/BPY 等几种型号。它们的特点是压缩机选用了日本松下公司进口产品，频率可在 30~120Hz 范围内变化，电动机转速 1800~7200r/min 可调，连续工作可节省电 30%，采用强力高速化霜且在环境温度气温 10℃ 左右时，制热出风温度高达 38℃，制热量是普通定速空调的两倍，即使在市电电压低于 160V 的情况下，仍然正常起动运行，深受广大用户欢迎。下面以美的 KFR-32GW/BPY、KFR-50LW/BPY 两种机型为例，分别介绍控制电路特点、电路组成及综合故障速修演练。

第一节 美的 KFR-28GW /BPY、KFR-32GW /BPY、KFR-36GW /BPY 变频空调器电控板控制电路分析与速修技巧

★ 一、解读室内机控制电路

美的 KFR-28GW/BPY、KFR-32GW/BPY、KFR-36GW/BPY 变频空调器室内机主芯片采用东芝公司产品 MP275028，其控制电路如图 12-1 所示。

由图 12-1 可知：市电 220V 经 T1、B801 整流，IC3、IC2 稳压输出 +12V、+5V 直流电供主芯片及执行电路使用。主芯片的⑤脚为蜂鸣器驱动信号，输出低电平有效。⑭脚、⑮脚与 X1 晶体振荡器产生 4.19MHz 的主频振荡信号。⑬脚为主芯片复位输入，通过 IC5 在开始状态产生低电位信号给主芯片复位，在正常工作时为 +5V。㉔脚、㉕脚为温度传感器接口。㉝脚为室内机转速检测接口，风机（FAN）的转速通过 R28 反馈到主芯片做出相应的判断。㊴脚为室内风机驱动信号。㊱脚~㊸脚为导风板驱动信号，通过 N3 反相驱动器为步进电动机 M1 提供信号。㊷脚、㊵脚、㊾脚、㊼脚、㊽脚、㊿脚为发光二极管驱动输出，低电平有效。其中㊷脚为自动指示灯，㊵脚为定时指示灯，㊾脚为化霜（只送风）指示灯，⑤⑤脚为经济运行指示灯，㊼脚、㊿脚为运行指示灯，㊽脚、㊼脚为通信输入及输出接口。

★ 二、LED 指示灯含义

（1）工作指示灯：复合时 0.5s 关闭闪烁，空调开机后此灯为常亮状态。

（2）定时指示灯：在执行定时工作过程中，此灯常亮。

（3）化霜及预热灯：在化霜期间此灯亮，在防冷风期间此灯也亮。

（4）自动指示灯：自动模式和强制自动模式时，此灯亮。

★ 三、室内机的通信方式

室内机采用异步串行通信方式，在连续 2 次收到完全相同的信息时才有效，连续 2min 不通信或接收信号错，发出故障保护并关闭室内、室外风机。

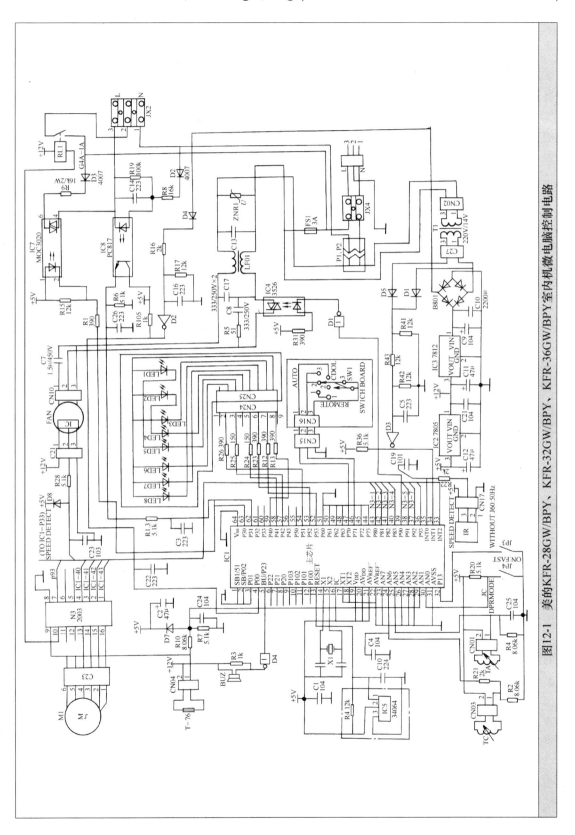

图12-1 美的KFR-28GW/BPY、KFR-32GW/BPY、KFR-36GW/BPY室内机微电脑控制电路

★ 四、故障的诊断与排除

(1) 开机后,仅工作灯以5Hz闪烁:室内风机1min无转速反馈信号(包括室内风机转速失控)。检查室内风机插头、插座有无松脱,检查风机及电容,固体继电器IC4等,检测有关风机工作的控制电路。

(2) 开机后,仅自动灯以5Hz闪烁:室温传感器或蒸发器传感器检测口异常。用万用表检查室温传感器和蒸发器各路传感器,其阻值应与东芝系列空调所用传感器相同。

(3) 上电后,仅工作灯和定时灯以5Hz闪烁:温度熔丝熔断。更换相同型号的温度熔丝。

(4) 上电后,自动灯以5Hz闪烁:无过零信号或过零信号时间的间隔不对。更换电控板。

(5) 上电2min,所有灯全部以5Hz闪烁:室内外通信不上(连续2min)。对照原理图检查连接线是否正确,检查相关的光耦合器是否损坏。

(6) 工作灯和自动灯以5Hz闪烁:室外温度传感器开路或短路。万用表检查室外温度传感器,如正常,故障在主芯片内部,这种故障只能更换电脑板。

(7) 工作灯和化霜灯以5Hz闪烁:压缩机高温保护。检查压缩机过载保护器,电阻<100Ω为正常,如压缩机保护器电阻<100Ω,则须再检查电脑板。

(8) 自动灯和化霜灯以5Hz闪烁:室外变频模块自身保护或室外电脑板与变频模块通信不上。测量压缩机绕组电阻值、插头N2及功率模块。

(9) 定时灯以5Hz闪烁:室外温度过低保护(室外温度≤−15℃)。可检查是否室外温度过低。检查感温头,测阻值是否正常($T=25℃$时,$R_t=9.6\text{k}\Omega$),如正常,故障可能出在室外机电脑板内部,只能更换电脑板。

(10) 压缩机、室外风机运转几秒后停机:分别检查室外机电源是否吸合,检查继电器J4、D7、IC4等部件工作是否正常。

★ 五、解读室外机控制电路

美的KFR-32GW/BPY变频空调器室外机控制电路,主芯片采用具用变频功能特性的专用集成电路,其控制电路如图12-2所示。

由图12-2可知,市电220V,经变压器T3降压,D83桥式整流,再通过IC7、IC8、IC12稳压向主芯片、执行电路及功率模块提供电源。主芯片AN6为电流检测输入接口,通过CT感应出压缩机状态电流,经D6整流、C8滤波向AN6提供电流检测信号。⑫脚、④脚为温度传感器接口,通过TR,TC把随温度变化的电阻值转变为电压变化值,进入主芯片经比较放大,使CPU感知室外空气温度及室外热交换的温度。⑲脚为复位端口,主芯片工作初始时,由IC9向主芯片提供一个低电平信号,使主芯片复位,正常工作时为+5V电压。⑰脚、⑧脚为外部晶体振荡器接口。⑳脚、㉓脚为延时输入,低电平有效。IC5为通信信号光耦合器。㉟脚向功率模块提供电源开关信号。㊱脚为功率模块状态信号接口。J3为风扇电动机继电器。J2为四通阀继电器。

1. 压缩机工作过程

压缩机起动时,频率从(0~10)Hz/s速率上升,当升到60Hz时保持运转1min,而后再以2Hz/s速率上升或下降,直到达到目标频率。当压缩机频率下降时,在大于60Hz频率的情况下,以3Hz/s速率下降达到60Hz频率时,再以2Hz/s速率下降,至达到目标频率。一般情况下,室外风机与压缩机同时开起,但室外风机滞后压缩机30s关机。

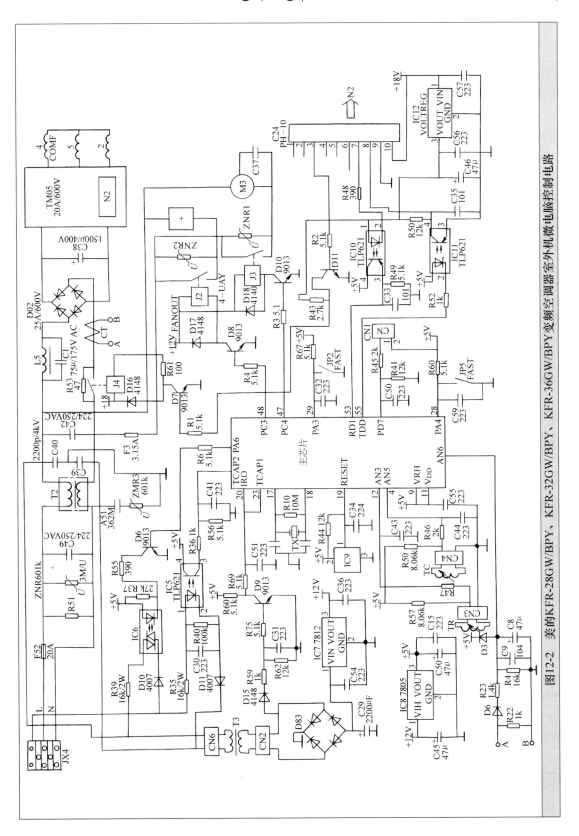

图12-2　美的KFR-28GW/BPY、KFR-32GW/BPY、KFR-36GW/BPY变频空调器室外机微电脑控制电路

2. 保护装置原理

（1）压缩机高温保护：当压缩机高温保护时，压缩机关闭，30s 后风机也自动关闭，通过信号线发送到室内机通过发光二极管做出故障指示。当高温保护解除时，继续按室内机设置的指令工作。

（2）变频模块超温、过电流或欠电压保护：当变频模块自身保护时，压缩机关闭，2.5min 后室外机再次起动，如连续 4 次压缩机起动后，30s 内变频器保护，检测口又变为低电平，则判断为异常，立即关机并不再开机，并发送到室内机进行故障显示。

（3）室外机过电流保护：当室外机检测口检测到电流 >15A 时，室外风机、压缩机、四通阀同时关闭，但 2min30s 后再次起动。如压缩机连续 4 次起动后的 30s 内，电流再次高于15A，则判断为异常，立即关机并不再开机，故障信号发送到室内机并显示故障，压缩机再次起动时必须等待 2.5min 以后。

当室外机环境温度传感器开路或短路时，不向室内发出故障信息，但压缩机最大运行频率不超过 50Hz。

★ 六、综合故障速修技巧

故障 1 机组制冷正常，但导风板发出"吱吱"异常声

品牌型号	美的 KFR-28GW/BPY	类型	交流变频空调器
故障部位	导风板轴干摩擦		

分析与检修：现场检查导风板发出"吱吱"声，这种声音较轻，有时在安静的夜晚吵得人睡不着觉，由此判定导风板的轴干摩擦发出的声音。采取的方法是：在导风板的每个转动处涂上一点黄油，此故障排除。

故障 2 开机后不制冷，故障灯闪烁

品牌型号	美的 KFR-28GW/BPY	类型	交流变频空调器
故障部位	PTC 故障		

分析与检修：现场测量电源电压正常，测制冷系统压力为 0.5MPa。检测功率模块 PU之间有 310V 直流电压，则一开始时正常，压缩机运转，过 5min 后 310V 直流电压没有了，进一步检测发现 PTC 发热。测量电阻值不正常（正常阻值 $R=39\Omega$），造成室外板没有工作电压。更换 PTC 后试机，故障排除。

经验与体会：PTC 有抑制浪涌的作用（电流值越大，阻值越大），故设计控制电路时，上电运行开始由 PTC 先工作，待控制板上输出有继电器 12V 供电时，继电器吸合，在检测时，PTC 两端的阻值一般在 39Ω 左右。如PTC 损坏开路，则上电后，无供电回路，无法正常运行。如继电器损坏不吸合，则会造成开机即停，且用手触摸PTC 时感觉会很烫。PTC 控制电路如图 12-3 所示。

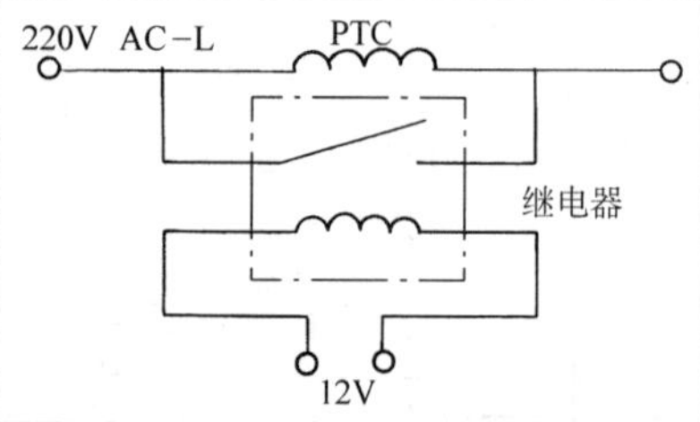

图 12-3 PTC 控制电路

故障 3 起动正常，但制冷效果差

品牌型号	美的 KFR-28GW/BPY	类 型	交流变频空调器
故障部位	维修空调器的压力表出现误差		

分析与检修：用户反映，该机与同一型号的空调器相比，制冷效果相比，制冷效果很

差。经查为低压压力低，怀疑缺少制冷剂，但加制冷剂至正常表压力 0.5MPa 后，试机观察制冷效果仍很差。检测运行电流正常，但就是制冷效果差，最后检查电网电压 230V，电流 8A，进口温差 8℃，即怀疑检测仪器有误。将此压力表拿到另一台正常运行的机组，测量低压压力，示值为 0.21MPa，证明压力本身损坏，空调制冷剂充注过多。放掉一点制冷剂，调整压力到表压 0.5MPa 后，观察制冷性能恢复正常。

经验与体会：①不要太相信未经计量的、保管不好的仪器，当一切正常时，应怀疑测量仪器的准确性；②一般情况下，先不要怀疑压缩机坏，压缩机的故障率是极低的；③维修人员应随时检测自己的工具处于良好工作状态。"工欲善其事，必先利其器"，有条件时要定期做校验。

故障 4 移机，3 周后不制冷

品牌型号	美的 KFR-32GW/BPY	类　型	交流变频空调器
故障部位	室内机锁母连接处漏制冷剂		

分析与检修：现场检测电源电压正常，测量制冷系统压力 0.12MPa，补加制冷剂后，用洗涤灵检测，发现室内机接头泄漏。采取维修方法是：把室外机两个截止阀关闭，然后卸下锁母连接处。重新制作喇叭口，再连接室内奶丝前在喇叭口涂上黄油以加强密封，最后打开两个截止阀，按常规抽空加制冷剂。检漏试机，故障排除。

经验与体会：在空调的安装过程中，由于安装人员的技术原因和安装位置的限制，连接管接头的故障率较高。但倘若我们在安装接头螺母前，在喇叭口的根处和螺丝口上涂上少许黄油（注意：黄油不能涂得太多，更不能把黄油涂到管道内，否则造成系统堵死）。然后再上紧螺母，这时只用不太大的力气便能把接头上紧，且不会再漏制冷剂。由于黄油的润滑作用减少了各处的摩擦力，能使喇叭口紧密地与锁母接头接合，铜管越粗，效果越明显。读者不妨一试。

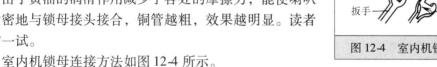

室内机配管　锥形螺母 配管

扳手　　　转矩扳手

图12-4　室内机锁母连接方法

室内机锁母连接方法如图 12-4 所示。

故障 5 开机，室外压缩机不工作

品牌型号	美的 KFR-32GW/BPY	类　型	交流变频空调器
故障部位	变频模块故障		

分析与检修：现场检测电源电压正常，测量制冷系统压力正常。卸下室外机外壳，测量压缩机绕组电阻值正常。测量变频模块 P 对 W、V、U 端不符合二极管特性。由此判定变频模块损坏，变频模块控制电路如图 12-5 所示。更换变频模块后试机，故障排除。

经验与体会：在检测变频模块时，220VAC 市电经整流滤波后，P-N 端的电压约为 310VDC、变频模块应有 ARW4.95V（DC）（模块报警）、13V 和 5V（DC）输出（供应主控板电源）。正常状态，如拔出 W、V、U 压缩机连线，开机运行，则 W-V、W-U、V-U 三端应有均衡交流电压。拔出和模块所有连线，测模块 P 对 W、V、U 端，N 对 W、V、U 端符合二极管特性，否则模块有故障。

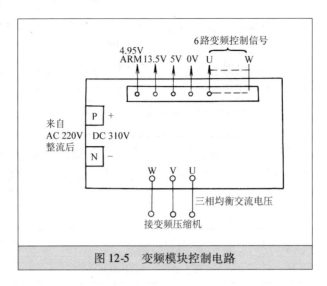

图 12-5　变频模块控制电路

故障 6　空调器运行 15min 后停机

品牌型号	美的 KFR-32GW/BPY	类　型	交流变频空调器
故障部位	漏电断路器端线接触不良		

分析与检修： 现场开机制冷正常，15min 后压缩机不工作，空调器不制冷。检测用户电源电压为 220V 正常，怀疑室外板有故障，但更换室外机板后再试机，初始正常，15min 后压缩机停，不制冷。测量空调器已无 AC220V 电压输入，卸下用户漏电断路器外盖，发现断路器桩头有一处螺钉不紧，抽出线头有一层氧化膜。去掉氧化膜再拧紧线头，试机，故障排除。

故障 7　移机导致变频空调器制冷效果差

品牌型号	美的 KFR-36GW/BPY	类　型	交流变频空调器
故障部位	制冷系统含有空气		

分析与检修： 上门用户反应自空调器移机后，制冷效果不好。现场分析其原因，一是制冷系统堵塞；二是空气传感器电阻值改变；三是压缩机机械故障。这些原因都可能引起制冷效果差，经检测传感器电阻值参数良好。检测制冷系统压力偏高，运行时表针抖动厉害。初步判定移机时有空气混入"操作不当"。把制冷剂全部放出，重新抽空，加制冷剂至压力 0.5MPa，此故障排除。

经验与体会： 在实际移机安装维修过程中，往往一个很小的失误，会造成空调器运行性能不正常，因此我再次提醒安装维修人员一定要规范操作。

故障 8　寒冬制热良好，炎夏不制冷

品牌型号	美的 KFR-36GW/BPY	类　型	交流变频空调器
故障部位	制冷系统缺"血液"		

分析与检修： 现场检测电源电压正常，用压力表测制冷系统压力为 0.2MPa，补加制冷剂到压力为 0.5MPa 后，故障排除。

经验与体会：制冷系统缺制冷剂有如下现象：

（1）气管阀门发热，用手触摸没有明显的凉感。其原因是制冷剂不足导致蒸发器内的沸腾终结点提前，使该阀的制冷剂过热度增大，阀门的温度升高，大于室外空气的露点温度。

（2）液管阀门结霜。其原因是"缺制冷剂"导致液管内压力下降，沸点降低，使阀门温度低于冰点。

（3）打开室内机面板，取下过滤网，可发现只有部分蒸发器结露或结霜。其原因是制冷剂不足，仅仅使部分蒸发器发生了沸腾吸热，使制冷面积相应减少。

（4）室外机排风没有热感。其原因是制冷剂不足导致冷凝压力、冷凝温度都降低，排风温度也随之降低。

（5）排水软管排水断断续续或根本不排水。其原因是蒸发器制冷面积减少，结露面积也减少，凝结水量降低。

（6）室外机气、液阀门有油污，有油污就有泄漏。其原因是制冷剂与冷冻油有一定的互溶性，制冷剂从漏点逸出后进入大气中，而油附着在漏点周围。

（7）测量空调器的工作电流小于额定电流。其原因是制冷剂不足而使压缩机工作负载减少，电流下降。

（8）从室外机工艺口测量的压力低于 0.2MPa。其原因是制冷剂不足导致了蒸发压力下降。

另外，室外机任何一个阀门结霜都属不正常现象；只有液管阀门结霜说明"缺制冷剂"严重；只有气管阀门结霜说明制冷剂过多或环境温度过低；两个阀门都结霜说明系统有二次节流现象。

故障 9 制冷 3h 后，突然不升频显示代码 F1

品牌型号	美的 KFR-36GW/BPY	类　型	交流变频空调器
故障部位	压缩机机械故障		

分析与检修：现场检测电源有交流 220V 电压输出，测系统压力低压较高，初步判定压缩机机械故障。更换同功率压缩机，故障排除。

经验与体会：美的 KFR-32GW/BPY 变频空调器压缩机运行频率点共 15 个，表 12-1 给出了其中的 12 个。

表 12-1 美的 KFR-32GW/BPY 变频空调器压缩机运行频率点

代　　号	频率/Hz	代　　号	频率/Hz
F0	0	F9	90
F1	25	F10	100
F2	30	F12	105
F6	70	F13	110
F7	80	F14	115
F8	90	F15	120

故障 10 压缩机、室外风机运转 10s 后停止

品牌型号	美的 KFR-36GW/BPY	类型	交流变频空调器
故障部位	室外微电脑板故障		

分析与检修： 现场检测电源电压正常，卸下室外机外壳，检测室外电源继电器无电源输出。由此判定继电器没有吸合，更换同型号微电脑板后试机，故障排除。此机控制电路框图如图 12-6 所示。

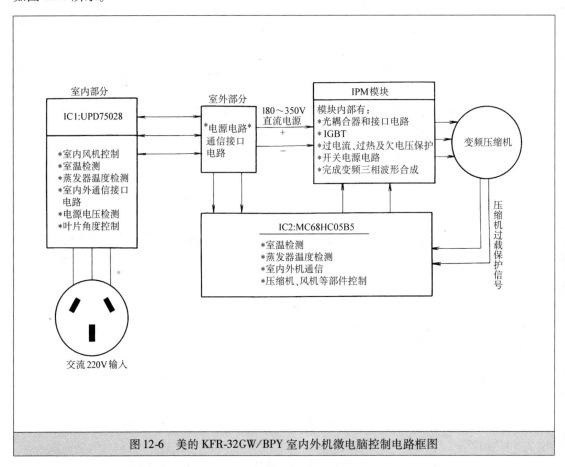

图 12-6 美的 KFR-32GW/BPY 室内外机微电脑控制电路框图

故障 11 开机工作灯和自动灯以 5Hz 闪烁

品牌型号	美的 KFR-36GW/BPY	类型	交流变频空调器
故障部位	室外传感器电阻值参数改变		

分析与检修： 现场开机，设定制冷状态，3min 后工作灯、自动灯以 5Hz 闪烁，查美的维修手册为室外传感器开短路故障。测传感器电阻值参数改变，更换后故障排除。

经验与体会： 美的 KFR-32GW/BPY 变频空调器故障代码灯自诊断功能给维修人员带来了方便，见表 12-2。

表 12-2 美的 KFR-32GW/BPY 变频空调器故障代码灯自诊断功能

故障现象	故障原因	维修方法
开机后工作灯以 5Hz 闪烁	室内机 2min 无转速反馈信号	1. 检查室内机插件是否松脱 2. 检测室外控制板程序是否错乱 3. 室内风扇电动机坏
开机后自动灯以 5Hz 闪烁	室温、管温传感器检测口异常	用万用表的电阻挡检测传感器电阻值参数是否改变，如正常更换电控板
上电后工作灯、定时灯以 5Hz 闪烁	温度熔丝熔断	用万用表电阻挡检测温度熔丝是否良好，否则换电控板
上电后自动灯以 5Hz 闪烁	过零信号时间间隔不对，或无过零信号	检测电控板过零信号，否则更换电控板
上电 3min 所有灯全部以 5Hz 闪烁	室内外机通信不上	1. 对照接线图检查室内外机连接线是否正确 2. 室外机接线是否正确 3. 换室外机电控板；如故障仍存在，则：检查控制线 4. 检查室内机接线是否正确 5. 换室内机电控板。如室内机（或室外机）变压器出现损坏，在更换后，如出现通信不良现象，请将变压器的一次侧两条线互换
工作灯和自动灯以 5Hz 闪烁	室外温度传感器热敏电阻开路或短路	用万用表的电阻值检测传感器电阻值参数是否正常，否则更换电控板
工作灯和化霜灯以 5Hz 闪烁	压缩机高温保护	1. 用万用表检查压缩机过载保护器，电阻小于 100Ω 为正常 2. 如压缩机过载保护器电阻小于 100Ω，更换室外电控板
自动灯和化霜灯以 5Hz 闪烁	室外变频模块自身保护或室外微电脑板与变频模块通信不上	用万用表测量压缩机线圈电阻，如正常，则：更换室外电控板，如故障仍在，则更换变频模块
定时灯以 5Hz 闪烁	室外温度过低保护（室外温度 $\leq -16℃$）	是否室外温度过低（室外温度 $\leq -15℃$），如不是则：更换室外电控板
压缩机、室外风扇电动机运转 5s 以上停	室外机电源继电器没有吸合	1. 检测电源电压是否正常 2. 更换室外电控板

第二节　美的 KFR-50LW/FBPY 柜式变频
空调器电控板控制电路分析与速修技巧

★ 一、技术参数（见表 12-3）

表 12-3　美的 KFR-50LW/FBPY 柜式变频空调器技术参数

型　号		整机	KFR-50LW/FBPY
		室内机组	KFR-50L/FBPY
		室外机组	KFR-50W/BP
额定制冷量/W			5000
额定制热量/W			7100
额定功率/W		制冷	1960
		制热	2590
额定电流/A		制冷	9.8
		制热	13.3
噪声/dB（A）		室内侧	45
		室外侧	56
重量/kg		室内机	45
		室外机	54
最大输入功率/W			3100
最大输入电流/A			16.2
制冷回路允许压力/MPa			2.60
额定电压/V/额定频率/Hz			220/50
循环风量/（m³/h）			740
制冷剂（R22）/g			1680
防水等级（室外机）			IPx4
通常工作环境温度/℃			−7 ~ −43
温控器控制精度（170~30℃设定值）/℃			±1
制冷能效比（EER）/（W/W）			2.70
制热性能系数（COP）/（W/W）			2.90

★ 二、控制电路特点

1. 美的变频空调的各种保护功能

（1）排气温度保护：当排气温度超过 108℃ 而不到 115℃ 时，以每 3min 降一挡的速度降低频率运行，直到排气温度低于 100℃ 为止，以后若排气温度降到低于 80℃ 以下时，则解除此限制。

当排气温度超过 115℃ 并连续 3min 时，则停止压缩机运转，直到排气温度低于 80℃ 以下时，微电脑则控制压缩机重新开机。

（2）压缩机顶部温度保护：当压缩机顶部温度 >120℃ 时，其过载保护器会自动断开，此断开信号由主芯片检知。主芯片据此发出指令使压缩机停止运转，当压缩机顶部温度 <105℃，其过载保护器中的双金属片会自动闭合，此闭合信号由主芯片检测。当此信号到，且再起动保护时间到时，主芯片发出指令重新起动压缩机。用万用表检查压缩机过载保护器，电阻应小于 100Ω 为正常。

（3）制热模式

1）室内蒸发器高温保护：当室内热交换器温度超过 53℃，以每降低一挡频率保持 3min 运行，直到该温度低于 53℃ 为止。若此温度低于 48℃ 以下，则限制解除。

2）室外温度过低保护：当室外温度 ≤ -15℃ 时，压缩机停，保持和室内机的通信，并发送信息到室内机。当室外温度恢复到 ≥ -10℃ 时恢复正常，并发送信息到室内机。

（4）制冷模式

1）室内蒸发器防冻结控制：当室内蒸发器温度降到 ≤2℃，以每 3min 下降一挡频率的速度降低频率运行，直到该温度维持在 2～6℃ 之间为止。若此温度回升到 ≥6℃ 以上，则限制解除。当室内热交换器温度降至 >0℃ 时，关闭压缩机，此温度升至 >8℃ 时恢复。

2）室外温度高温保护：当室外温度 ≥55℃ 时，压缩机停止，保持和室内机的通信，并发送信息到室内机。当室外温度恢复到 ≤53℃ 时恢复正常，并发送信息到室内机。

3）室外冷凝器高温保护：如果室外盘管温度超过 60℃，历时 3s，则关闭压缩机。该温度降到 48℃ 以下，保护取消，恢复正常运转。

2. 压缩机运行频率信息显示

压缩机运行频率范围为 30～110Hz，分别用 T3、T4、T5、T6、T7 五个逐渐增高的梯形显示方法，见表 12-4。

表 12-4 压缩机运行频率信息显示

（0～44）Hz	点亮 T3（不包括）
（45～61）Hz	点亮 T4
（62～77）Hz	点亮 T5
（78～93）Hz	点亮 T6
（94～110）Hz	点亮 T7

★ 三、控制电路组成

（1）室内机控制电路组成如图 12-7 所示。

（2）室外机控制电路组成如图 12-8 所示。

（3）室内外机控制电路框图如图 12-9 所示。

★ 四、故障代码含义

（1）开关板显示故障和保护代码见表 12-5、表 12-6。

表 12-5 故障显示信息代码（不可恢复的保护）

代码	内　　容
E01	1h 4 次模块保护
E02	（暂无）
E03	1h 3 次排气温度保护

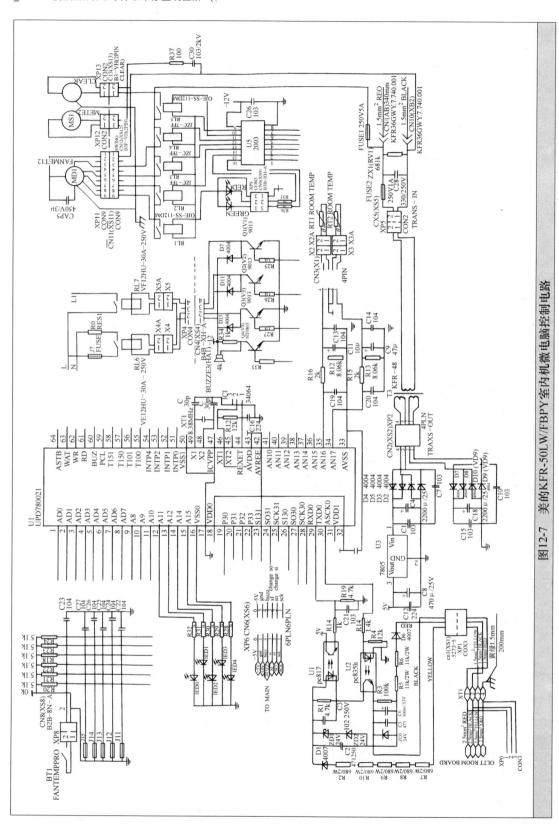

图12-7 美的KFR-50LW/FBPY室内机微电脑控制电路

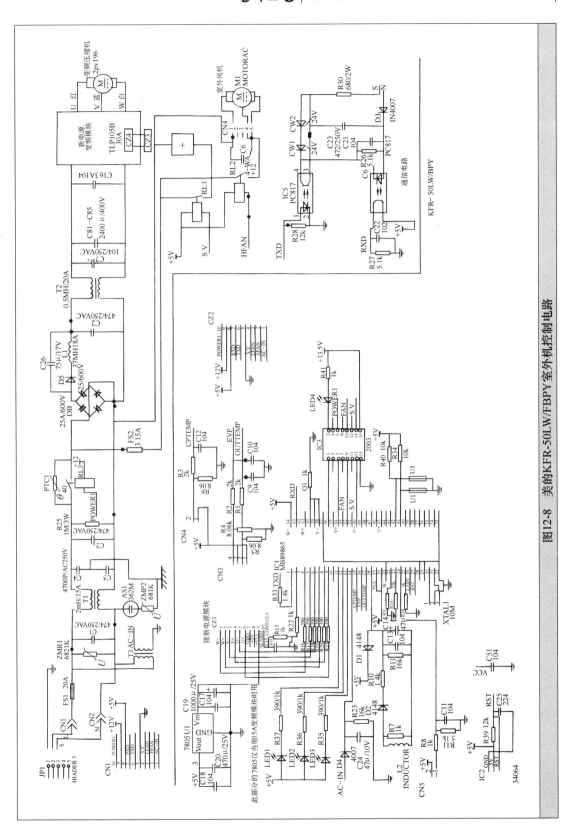

图12-8 美的KFR-50LW/FBPY室外机控制电路

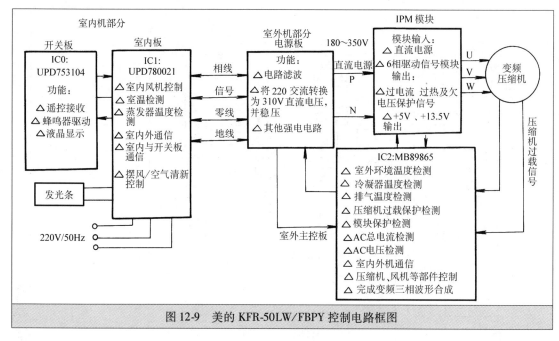

图 12-9　美的 KFR-50LW/FBPY 控制电路框图

表 12-6　开关板显示故障和保护信息代码（可恢复的保护）

代码	内　　　容
P01	室内板与室外板 2min 通信不上保护
P02	IPM 模块保护
P03	高低电压保护
P04	室内温度传感器开路或短路（房间、温度）
P05	室外温度传感器开路或短路（高温或低温）
P06	室内蒸发器温度保护关闭压缩机（高温或低温）
P07	室外冷凝器高温保护关闭压缩机
P08	抽湿模式室内温度过低关闭压缩机
P09	室外排气温度过高关闭压缩机
P10	压缩机顶部温度保护
P11	化霜或防冷风
P12	室内风机温度过热
P13	室内板与开关板 2min 通信不上

（2）室内机故障代码灯含义见表 12-7。

表 12-7　室内机故障 LED 状态显示及其含义

LED4	LED3	LED2	LED1	LED0	LED 状态
※	※	※	⊙	△	模块保护（PRMOD）
※	※	⊙	※	△	压缩机顶部温度保护（PRCOM）

（续）

LED4	LED3	LED2	LED1	LED0	LED 状态
※	⊙	※	※	△	室内温度、管温传感器开路或短路
⊙	※	※	※	△	室外温度传感器开路或短路
※	※	※	※	⊙	正常状态（频率值为0）
※	※	⊙	⊙	△	制冷或制热室外温度过低、过高
※	⊙	※	⊙	△	排气温度过高
⊙	※	※	⊙	△	室内蒸发器高温保护
※	⊙	※	⊙	△	电压过高或过低
⊙	※	⊙	※	△	过电流保护
⊙	⊙	※	※	△	室内蒸发器低温保护
※	⊙	⊙	⊙	△	机型不匹配
⊙	※	⊙	※	△	抽湿模式室内温度过低保护
⊙	⊙	※	⊙	△	室内机和室外机通信保护
⊙	⊙	⊙	※	△	室内机和开关板通信保护
⊙	⊙	⊙	⊙	△	温度熔丝熔断保护
⊙	⊙	※	※	⊙	正常状态（频率值不为0）

注：LED0 为工作指示灯，正常时 LED0 亮，异常时闪烁，表中"⊙"：亮，"※"：灭，"△"：闪。

（3）室外机故障代码灯自我诊断功能含义见表12-8。

表 12-8　室外机故障诊断显示及其含义

L3	L2	L1	故　障　说　明
①	②	③	（LED 指示灯从左到右）
※	※	※	正常运行
⊙	⊙	⊙	正常待机
※	※	⊙	过电流保护
※	※	△	压缩机排气温度传感器故障
※	△	△	环境温度传感器故障
△	※	△	盘管温度传感器故障
⊙	△	⊙	室外电压太高或太低
※	⊙	×	IPM 模块保护
×	⊙	⊙	压缩机顶部温度保护
⊙	※	※	1min 通信故障保护
⊙	※	⊙	1h 4 次电流保护（暂没有）
⊙	○	※	1h 4 次模块保护
※	△	※	预热

注：表中"⊙"：常亮，"△"：闪烁，"※"：常灭。

★ 五、综合故障速修技巧

故障1 开机5min后显示P01

品牌型号	美的 KFR-50LW/FBPY	类 型	柜式变频空调器
故障部位	变频模块故障		

分析与检修： 根据故障信息表查得P01为室内板与室外板2min通信不上保护。首先检查室内机，开关板上频率显示正常。打开室外机上盖板，发现室外主控板上无电源显示。我们知道，室外主控板的电源是由变频模块提供的。测310V直流电正常，却没有13.5V、5V输出。更换IPM，机器正常运行。此故障虽显示是通信故障，但实质为变频模块损坏。

经验与体会： 开机后显示P01故障代码，应按如下检查：

（1）检查室内外机电源连接线的连接是否正确，更正，否则进行下一步。

（2）检查室内机电源线的相线和零线的连接是否正确，若不正确，更正，否则进行下一步。

（3）检查室内机电源线插座的相线和零线的连接电网是否正确，若不正确，更正，否则进行下一步。

（4）换室内电控板，若通信恢复，则维修结束，否则进行下一步。

（5）换室外电源板，若通信恢复，则维修结束，否则进行下一步。

（6）换室外主控板。

注：判断通信成功与否的快捷方法是：转换室内机的运行模式，将制冷模式转换为制热模式，反复两次，听室外机有无四通阀线圈的吸合声，若有，通信成功，否则，存在通信故障。

故障2 开机不制冷，然后转为整机不起动

品牌型号	美的 KFR-50LW/FBPY	类 型	柜式变频空调器
故障部位	制冷系统缺"血液"		

分析与检修： 通电检查开关板显示P09，此代码含义应为室外压缩机排气温度过高所致。用压力表检测管路为0MPa，明显是制冷系统缺制冷剂引起。经过目测，在室外机冷凝器分液管处有油迹。经打压确定漏点、补焊、抽真空、定量加液、试机，正常。

故障3 采用马路旁维修工移机后，维修多次制冷效果仍不理想

品牌型号	美的 KFR-50LW/FBPY	类 型	柜式变频空调器
故障部位	制冷剂充注过多		

分析与检修： 上门用户反映，自马路旁维修工移机后制冷效果不如从前。现场检查压缩机电流偏大，制冷系统的低压压力比正常值也高。判断为制冷剂充注过多的可能性较大，接上压力表，缓慢放出制冷剂，直到压缩机低压压力值为0.5MPa，停止放制冷剂。再检查室内机，制冷效果很好，该机恢复正常。

经验与体会： 此例故障的原因是马路旁移机人员在安装工程中，没有严格按照操作规程造成的。在维修时须要采取逐项排除法，特别是冬天加制冷剂时，若根据电流和压力来判断制冷剂是否加够，往往加不准，最好采用定量加注制冷剂的方法。

故障4 开机不制冷，显示P01

品牌型号	美的 KFR-50LW/FBPY	类 型	柜式变频空调器
故障部位	室外电控板		

分析与检修：现场开机后，室内机四个灯全部闪烁，室外机 L3 常亮，L1、L4、L2 灯闪烁，显示出有故障 P017。该故障为室内机与室外机板 1min 通信不上保护。检查室内机之间的电源连接线正确。检查室内机电源线的 L 线和 N 线的连接正确。检查室内机电源线的插座的相线和零线的连接电网正确。用代替法更换室外电控板后，试机，该故障排除。

经验与体会：判断通信成功与否的快捷方法，先转换室内的运转模式，将制冷模式转换为制热模式，反复 3 次，用耳听室外机有无四通阀线圈的吸合声，若能听到吸合声，则通信成功。

故障 5　机组在制冷过程中有异常噪声

品牌型号	美的 KFR-50LW/FBPY	类　型	柜式变频空调器
故障部位	低压液体阀芯未完全打开		

分析与检修：现场检查，这是新安装的机组，用手摸两根铜管之间温差较小。根据维修经验，怀疑是制冷剂缺少，但新安装的机组缺少制冷剂的可能性很小，用压力表测低压压力值，显示有制冷剂。卸开低压阀帽，发现阀芯竟然未完全打开。将阀芯完全打开后，先前的噪声自动消失，机器运行一切正常。

经验与体会：因安装不当引起空调故障较为常见。维修时应从各安装环节入手，准确找到故障所在。这同样也要求安装工在安装机器时，要按照步骤一步一步地进行，每项工作都要做到位，以减少不必要的麻烦。

故障 6　开机后显示故障代码 P10

品牌型号	美的 KFR-50LW/FBPY	类　型	柜式变频空调器
故障部位	压缩机过载保护器电阻值参数改变		

分析与检修：现场检测电源电压正常。查美的维修手册 P10 为压缩机顶部温度保护。卸下室外机外壳，测量压缩机过载保护器，电阻值参数改变，更换后故障排除。

经验与体会：纵观变频空调器正常工作的全过程，控制电路的正常工作是一个前提，它直接影响着空调器的性能及使用寿命。然而，在使用中控制电路又常因某种原因出现故障，从而影响了空调器的正常工作，所以查找故障点有一定难度。若在检修过程中方法不当，思路不宽，将会出现无从下手的尴尬局面。因空调器控制线路发生故障时表现多样，同一故障现象，其故障点表现出多元化。这是由控制电路的特性所决定的，因此在检修时应分清主次，逐级处理。特别是对初学者来说尤其要引起注意，在此笔者就空调器控制电路的检修方法，浅谈一点看法，供同行者参考。

当确定控制电路有故障时，要理清头绪、分清主次、综合分析、逐一测试、最终找出故障点。具体有以下几个步骤。

1. 查电源

在检修空调器的控制电路时，必须先查电源。这包括供电电源和控制线路电源。关于供电电源，应以电力供电部门的有关技术指标为准。即相电压波动幅度不应大于 ±10%，电源对称程度要合理；电源频率应在（50 ± 0.02）Hz；而且无严重谐波。电源频率的误差偏大及谐波会使电动机出现过热，同时会使芯片产生误动作。这一点对于自备发电机组的单位部门要引起注意。对于部分老工业区还应注意电源供电方式。这些老工业区，当时为缓解电能供需矛盾，供电方式采用四相五线制，即照明线路与动力线路分开，该种供电方式的零线不能做为动力线路的中心线，这点有别于现在的三相四线制。当然，供电线路的线径亦应给予关注。

2. 负载

空调器的主要负载是压缩机电动机、风扇电动机、电加热器、换向四通阀线圈等。检修电气系统的第二步是应该检查负载（所有电器）的好坏。检查负载包括两个方面的内容：

（1）检查所用电器部件本身是否有故障。

（2）若所用电器部件没有故障则再检查电器的送电情况，相线、零线电位是否正常。可用万用表和试电笔测试。

对于单相电容运转式风扇电动机，常用的检查办法是用万用表测量绕组的电阻值。

3. 查信号

空调器的信号大致可分为两类。

一是控制和保护信号。该类信号在空调中有起停信号、温度信号、电流信号、通信信号相序信号、压力信号等。其中起停信号为空调的控制线路的起停信号；电流信号为控制线路的电流检测信号，判断压缩机工作状况；相序信号反映压缩电动机的转动方向。压力信号为保护信号，包括高压、低压保护信号。温度信号有以下几种形式：

（1）防冻、防冷检测信号，它设在换热器的管道上，实现能量控制，俗称管道温度信号检测。

（2）所控区域动作温度检测信号，它常设在换热器的回风口附近，进行能量调节，俗称室内（外）温度检测信号。

（3）防高温排气的温度检测信号，常设在压缩机的排气管上。这类温度信号，在较简单控制电路中不一定齐全，而且可能只设室内温度检测且常采用蒸汽式温控器。然而在功能齐全，集成度较高的芯片控制电路中，上述信号一般都有，其中检测排气温度的热敏电阻，在常温时阻值较大（50kΩ 以上）。其他的热敏电阻一般选用 15kΩ 左右的热敏电阻，它们通过与固定电阻串联分压提供检测信号。通常情况下，这些检测信号不能为极限值，即该热敏电阻不能短路，也不能开路。

二是故障显示信号。随着电子技术的提高，微处理器芯片在控制电路中的运用，在电路中设有自诊功能。通过显示信息来确定故障范围或指出有故障的元器件。获取该方面资料可做到有的放矢，提高故障原因分析能力，缩短检修时间。

4. 分析信号流程，找出故障部位

维修人员可以采取从控制信号倒着查找的方法，分析信号流程，逐一检测，逐步缩小故障范围，找出故障部位，降低维修成本，使用户满意。

注意，在检测电路时，应对某信号进行模拟，例如，用灯泡作为假负载等。

第十三章

海信数字变频、矢量变频空调器电控板控制电路分析与速修技巧

第一节　海信数字直流变频空调器电控板控制电路分析与速修技巧

海信数字直流变频空调器有壁挂式和柜式两大系列：壁挂式有 KFR-23GW/27ZBP、KFR-25GW/27ZBP、KFR-26GW/27ZBP、KFR-28GW/27ZBP、KFR-32GW/27ZBP、KFR-35GW/27ZBP、KFR-36GW/27ZBP、KFR-45GW/27ZBP 等机型；柜式有 KFR-50LW/27ZBP、KFR-60LW/27ZBP、KFR-70LW/27ZBP 等机型。海信数字直流变频空调器具有高效节能、超静音运转、宽电压运行、超低温起动、人机对话、快速制冷制热等优良的性能，市场占有率较高。下面以海信 KFR-35GW/27ZBP 为例，分析其控制电路原理及工作过程，在本节的最后将介绍其综合故障速修技巧。

★ 一、室内机微电脑控制电路分析

1. 室内机控制电路组成

室内机控制电路如图 13-1 所示，图中未标注功率和精度的电阻规格统一为功率 1/4W、精度 5%；未标注耐压值的电容规格统一为耐压值 63V。

2. 解读室内机单元电路

（1）电源保护电路

1）压敏电阻保护：此机的压敏电阻 ZNR1 并联在电源变压器一次绕组两端，同熔丝管组成串联回路，抑制浪涌电压。电压正常情况下，压敏电阻阻值很大，可以达到兆欧级（流过它的电流只有微安级，可以忽略），处于开路状态，对电路工作无影响。但当遇到电源电压超过其设计击穿电压时，其阻值突然减少到几欧甚至零点几欧，瞬间通过的电流可达数千安，压敏电阻立即由截止变为导通，由于它和电源并联，所以很快将电源熔丝管熔断，以防烧坏主电路板。另外，当遇到电网轻微的瞬间浪涌波动（220V±22V）时，压敏电阻则会吸收缓冲这种浪涌杂波，还有遇到雷击、带有变压器等电感性元件的电路进行开关操作时，产生的瞬间过电压作用于压敏电阻，其阻值会突然减小，通过的电流很大，起到引流作用，保护了整个电路，这种作用称为过电压保护。

2）压敏电阻常见的故障维修方法：压敏电阻常见故障现象是爆裂或烧毁而造成电路短路，造成这种现象的原因多为压敏电阻选择不当，电源过电压时间长，电源由于雷击、刮风、闪电而窜入高压，元器件质量不好等。而且，压敏电阻是一次性元件，烧损后应及时同熔丝管一并更换。若不更换压敏电阻，只是更换熔丝管，那么当再次过电压时，就会烧坏电路板上的其他元器件。如果检测压敏阻值很小，则说明压敏电阻已损坏，要立即更换。

（2）电源电路

1）电源电路原理如图 13-2 所示。

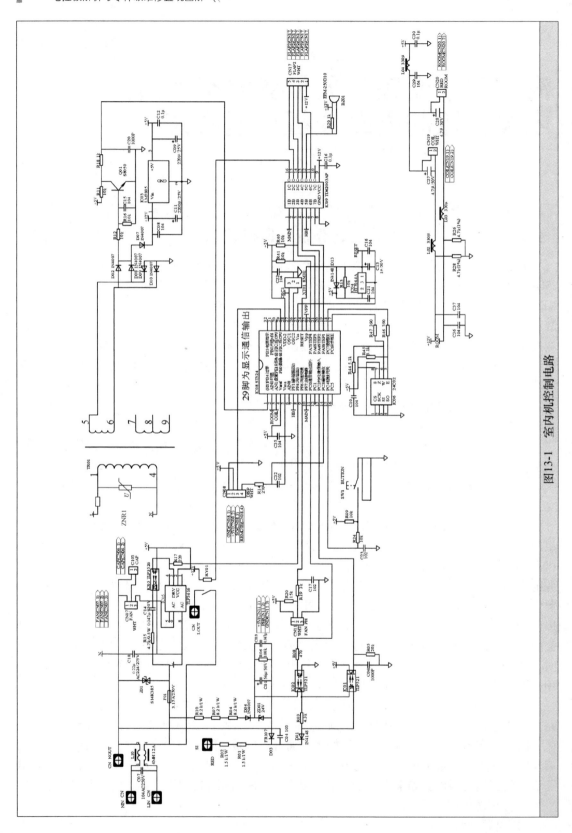

图13-1 室内机控制电路

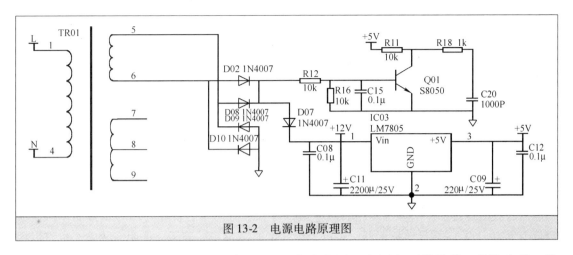

图 13-2 电源电路原理图

2）电源电路原理分析：电源电路是 220V 交流电源经电源变压器的①、④脚和⑤、⑥脚降压输出 AC 12V，经过 D02、D08、D09、D10 二极管桥式整流后，经 D07，通过 C08 高频滤波、电解电容 C11 平滑滤波后得到一个较平滑的直流电压 DC 12V（此电压为 ULN2003 驱动集成电路及蜂鸣器提供工作电源），再经 LM7805 稳压及 C09、C12 滤波后，便得到了一个稳定的 5V 直流电压，为单片机及控制检测电路提供工作电源。

（3）加电复位电路

1）加电复位电路原理如图 13-3 所示。

2）加电复位电路原理分析：5V 电源通过 HT7044A 的②脚输入，其①脚便可输出一个上升沿，触发芯片的复位脚。电解电容 C13 是调节复位延时时间的。

（4）晶体振荡电路

大多数微电脑控制器都在内部设有时钟电路，只需外接简单的时钟元件，一般可采用晶体振荡器稳频。时钟电路采用 RC 作定时元件，也可采用外加时钟源。

1）石英晶体振荡器功能：石英晶体形状呈六角形柱体，它需切割成适当尺寸才能使用，为得到不同振荡频率的石英晶体，加

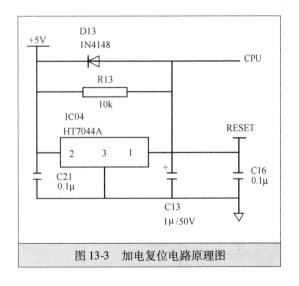

图 13-3 加电复位电路原理图

工时需采用不同的切割方法。将一个切割的石英晶体夹在一对金属片中间就构成了石英晶体振荡器，它具有压电效应，即在晶片两极外加电压，晶体就会产生变形；反之如果外力使晶体变形，则在两极金属片上又会产生电压。若加适当的交变电压，晶体便会产生谐振。

石英晶体振荡器具有体积小、稳定性好等特点，主要用于 CPU 时钟电路。石英晶体正常时电阻为无穷大，如测量时短路，则说明晶体振荡器已损坏。

2）晶体振荡电路原理如图 13-4 所示。

3）晶体振荡电路原理分析：晶体振荡器的①脚和③脚接入主芯片的㉖脚和㉗脚，②脚接地，这样，便可提供一个 8MHz 的时钟频率。

4）石英晶体振荡器检测：①在空调器主控板通电情况下，用万用表测量晶体振荡器输入脚，应有 2～3V 的直流电压，如无此电压，一般多为晶体振荡器已损坏。②用万用表电阻挡测量晶体振荡器两脚阻值，正常时阻值为无穷大，如测量时有一定阻值说明晶体振荡器已损坏。③用示波器测量晶体振荡器输入、输出脚的波形来判断晶体振荡器是否正常，如有波形说明晶体振荡器正常，如无波形说明晶体振荡器可能有故障。

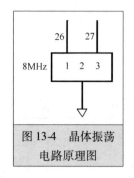

图 13-4　晶体振荡电路原理图

5）晶体振荡器电路故障分析：晶体振荡器电路故障多表现为直流 +5V 和 +12V 正常，但空调无显示、整机不工作，检修时从以下 4 方面入手：①用示波器测振荡波形是否存在。②用万用表测电阻，若有阻值说明已损坏（因为正常晶体振荡器阻值为无穷大）。③测晶体振荡器引脚有无 2～3V 直流电压，若无，说明有故障，也可以用正品替代判断（即采用代换法）。④用数字多用途表可测出晶体振荡器的工作频率。

（5）过零检测电路

1）工作原理：过零检测电路工作原理是通过电源变压器或通过电压互感器采样，检测电源频率，获得一个与电源同频率的方波过零信号，该信号被送入 CPU 主芯片引脚后进行过零控制。当电源过零时控制双向晶闸管触发延迟角，双向晶闸管串联在风机回路里。当 CPU 检测不到过零信号时，将会使室内风机工作不正常，出现整机不工作现象。

另外，当电源过零时触发双向晶闸管可以减少电路噪声干扰，此信号作为 CPU 主芯片计数或时钟之用。

2）过零检测电路原理如图 13-5 所示。

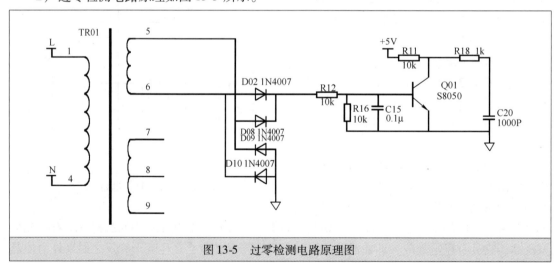

图 13-5　过零检测电路原理图

3）过零检测电路分析：电源变压器输出 AC12V，经 D02、D08、D09、D10 桥式整流输出一个脉动的直流电压，经 R12 和 R16 分压提供给 Q01，当 Q01 的基极电压小于 0.7V 时，Q01 不导通；而当 Q01 的基极电压大于 0.7V 时，Q01 导通，这样便可得到一个过零触发的信号。

（6）室内风机控制电路

1）风机调速检测电路原理：风机调速电路是通过检测风机转速来达到控制调整风机速度的目的，该电路主要用于过零控制的晶闸管驱动电路。

风扇电动机转速检测电路主要由霍尔元件组成：通过霍尔集成电路将风扇转速信号输入主芯片内进行速度自动控制，即电动机转一转输出一个或几个脉冲信号。该信号要经过电阻分压、高频滤波、电容滤波、晶体管放大等。

正常的霍尔元件，其直流电源"＋""－"之间有10Ω左右的电阻，其信号输出与电源"＋"或"－"之间的阻值为无穷大。

霍尔信号消失，风速要么过高，要么过低而失控，要么保护停机。

2）室内风机控制原理如图13-6所示。

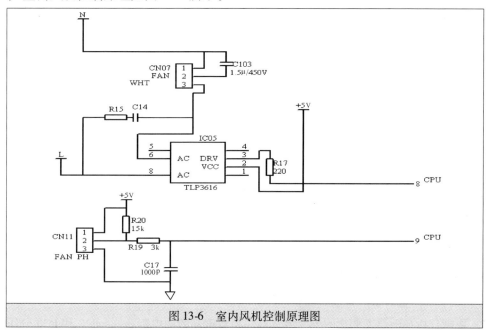

图13-6　室内风机控制原理图

3）室内风机控制电路分析：通过交流电过零点的检测，风机驱动（即芯片的⑧脚）延时输出一个脉冲，延时的长短决定了室内风机的风速。

通过风机转速的反馈（即芯片的⑨脚）检测风机运转的状态，以便准确地控制室内风机的风速。

（7）步进电动机控制电路

1）步进电动机控制电路工作原理：数字直流变频空调器步进电动机有4个绕组，其导通状态分别由单片机CPU根据电动机的正反转要求输出控制信号，其驱动原理同普通电路完全相同，分别由CPU输出控制信号经反相驱动器IC09控制继电器来驱动，当主芯片CPU输出高电平时，经反相驱动器IC09输出低电平，使继电器通电，触头吸合，以控制步进电动机动作。当输出低电平时，则正好相反。

2）步进电动机控制原理如图13-7所示。

3）步进电动机控制电路故障检测方法：该电路是数字直流变频空调器各运转部件和功率部件标准的驱动电路，常见故障多为晶体管损坏或反相驱动器损坏。检测反相驱动器IC09输入输出脚电位是否相同，若相同，则证明反相驱动器IC09有故障。

（8）温度传感器

1）温度传感器原理如图13-8所示。

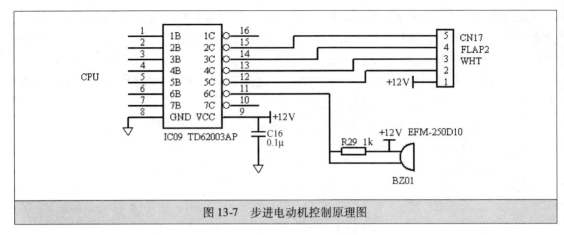

图 13-7　步进电动机控制原理图

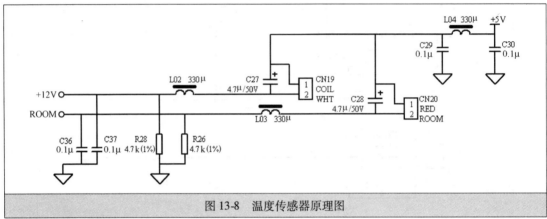

图 13-8　温度传感器原理图

2）原理分析：随温度变化的温度传感器（负温度系数的电阻），经 R28 和 R26 分压采样，提供一个随温度变化的电平值，供芯片检测用。电感 L04 的作用是防止温度传感器电源波动。

（9）E^2PROM 电路

1）E^2PROM 电路原理如图 13-9 所示。

2）原理分析：E^2PROM 通过两条数据线 SI（③脚）和 SO（④脚），一条时钟线 SCK（②脚）与主芯片进行数据交换。

（10）遥控接收电路

工作原理：红外接收器即红外信号接收电路，通过接收头接收遥控器发射的红外信号，并将其转换成电压信号送入单片机实现相应的控制功能。

红外接收器同外围元件限流电阻、滤波电容组成遥控接收电路，接收遥控

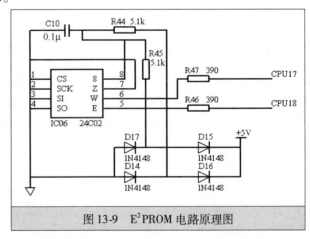

图 13-9　E^2PROM 电路原理图

器发射的脉冲信号，并且将光信号转变为电信号，输入 CPU。

红外接收器自身具有较强的抗干扰能力，该接收器如有故障多表现为虚焊、抗干扰电容

漏电、对地短路致使主芯片 CPU 接收不到遥控信号。由于这种接收器体积小、集成度高，且采用表面贴装电阻、电容，所以故障可能出现在抗干扰滤波电容上。

（11）蜂鸣器电路

1）蜂鸣器功能：蜂鸣器内部装有压电陶瓷片，它用锆、钛、铅氧化物配制后烧结而成，若在蜂鸣器上加入音频信号，就能产生机械振动并发出响声。蜂鸣器的引脚形式有两脚和三脚之分。蜂鸣器在空调器中主要用来提示遥控信号接收有效，同时也可作为故障报警之用。

2）蜂鸣器驱动电路：一般主芯片 CPU 输出 5V 脉冲信号，并经过晶体管放大后驱动蜂鸣器或经反相驱动器来驱动蜂鸣器，其电路一般较为简单。随着主芯片的技术发展，也有 CPU 直接驱动蜂鸣器的（见图 13-7）。

因为蜂鸣驱动电路原理和其他电路一样，只有 CPU 发出的是脉冲信号，所以听见的是"嘟"声。因蜂鸣器有两脚和三脚之分，因此驱动电路也不一样。一种是 CPU 输出脉冲信号（+12V）直接驱动蜂鸣器发声，另一种是 CPU 输出信号经晶体管放大（+12V）驱动蜂鸣器发声，后者一般有外围限流或偏置电阻、滤波电容、驱动晶体管、三脚蜂鸣器等元器件。

3）蜂鸣器检测：蜂鸣器可用万用表 R×10k 挡检测，即两表笔分别与蜂鸣器两引脚接触，正常时，蜂鸣器应发出声响，如蜂鸣器不发出声响，则说明蜂鸣器已损坏。若电路常发生电容漏电故障，则会致使蜂鸣器发声嘶哑，甚至不会鸣叫，检查启振电容更换即可。

★ 二、解读室外机微电脑控制电路

1. 室外机控制电路组成

室外机控制电路如图 13-10 所示。

2. 室外机单元电路分析

海信 KFR-35GW/27ZBP 空调器室外机部分电路单元有开关电源、加电复位电路、晶体振荡电路、电压检测电路、电流检测电路、室外风机四通阀控制电路、温度传感器电路、E^2PROM 和运行指示电路、通信电路等。它分为两块控制板，大板为电源板，提供室外机运行需要的各种电压、传感器量值、电流检测值等。IPM 板为控制板，CPU 在 IPM 板上收集压缩机、传感器、电流、电压等信息从而控制室外机运行。

（1）开关电源电路

1）开关电源原理如图 13-11 所示。

2）开关电源电路原理分析　本电路为反激式开关电源，其稳压方式采用脉宽调制方式，其特点是内置振荡器，固定开关频率为 60Hz，通过改变脉冲宽度来调整占空比。因为开关频率固定，因此为其设计滤波电路相对方便一些，但是受功率开关管最小导通时间限制，对输出电压不能作宽范围调节；另外输出端一般要接预负载，防止空载时输出电压升高。

采用这种反激式开关方式，电网的干扰就不能经开关变压器直接耦合给二次侧，所以具有较好的抗干扰能力。

此外，开关电源电路还有一些保护的电路：由于开关管在关断的时候，高频变压器漏感产生的尖峰电压会叠加在电源上损坏功率开关管，因此在开关变压器一次绕组上增加了钳位保护电路，由稳压二极管 ZD1 和快速二极管 D1 组成了缓冲电路。

（2）加电复位电路

1）加电复位电路原理如图 13-12 所示。

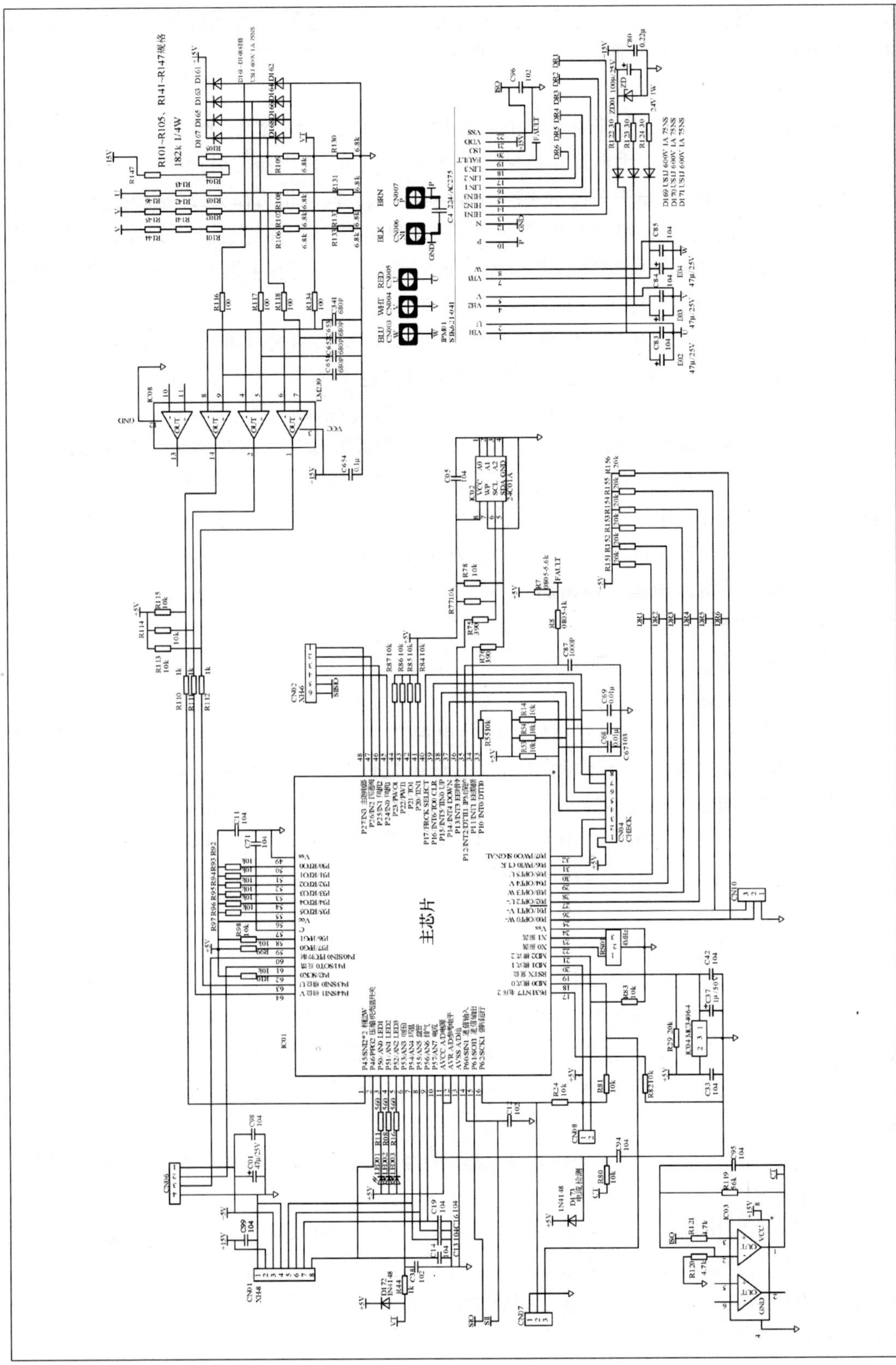

图13-10 室外机控制电路图

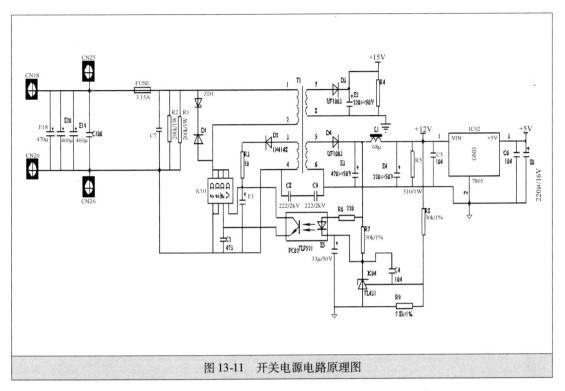

图 13-11　开关电源电路原理图

2）加电复位电路原理分析：5V 电源通过 MC34064 的②脚输入，①脚便可输出一个上升沿，触发芯片的复位脚。电解电容 C37 是调节复位延时时间的。

（3）晶体振荡电路

1）晶体振荡电路原理如图 13-13 所示。

2）晶体振荡电路原理分析：晶体振荡器的①脚和③脚接入主芯片的㉒脚和㉓脚，②脚接地，这样，便可提供一个 4MHz 的时钟频率。

（4）电压检测电路

1）电压检测电路原理如图 13-14 所示。

2）电压检测电路原理分析：室外交流 220V 电压硅桥整流、滤波电路滤波后输出到 IPM 的 P、N 端，电压检测电路从直流母线的 P 端通过电阻进行分压，检测直流电压进而对交流供电电压进行判断，如图 13-14 所示。

（5）电流检测电路

1）电流检测电路原理如图 13-15 所示。

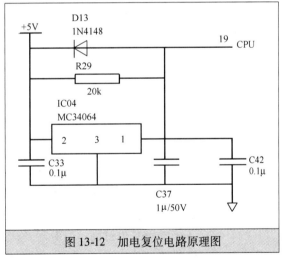

图 13-12　加电复位电路原理图

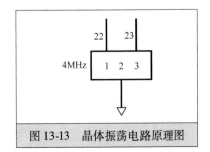

图 13-13　晶体振荡电路原理图

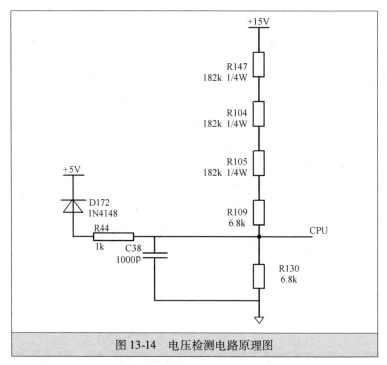

图 13-14   电压检测电路原理图

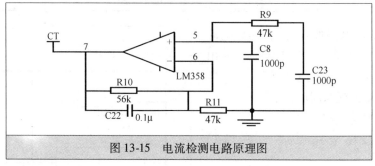

图 13-15   电流检测电路原理图

2）电流检测电路原理分析：通过智能功率模块（IPM）中的采样电阻，将电流信号转换为电压信号，经过放大器将电压信号进行放大，送到 CPU 的 A-D 转换接口进行转换。当压缩机电流正常时，电流互感器输出较小的二次交流电压经整流二极管整流，经电阻分压输入主芯片 CPU 进行过电流控制，当压缩机过载时，互感器二次电压也过高，此时输送到 CPU 的直流电压采样信号也过高，CPU 经比较额定值后发出压缩机停车指令来保护压缩机，并指令显示故障代码。

3）故障分析：该电路出现故障多为元器件虚焊、二极管击穿或桥堆损坏。当互感器损坏或整个电路损坏时，CPU 将得不到过电流信号，这种情况对压缩机来说等于失去了一道重要的保护屏障。

（6）室外风机四通阀控制电路

1）室外风机四通阀原理如图 13-16 所示。

2）室外风机四通阀控制电路原理分析：CPU 输出脚输出高电平，经反相器 IC3（ULN28003）在相应的㊻脚、㊼脚输出低电平触发室外风机、四通阀动作。

（7）温度传感器电路

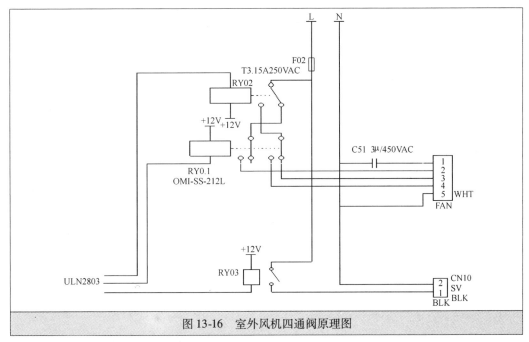

图 13-16 室外风机四通阀原理图

1）温度传感器电路的原理如图 13-17 所示。

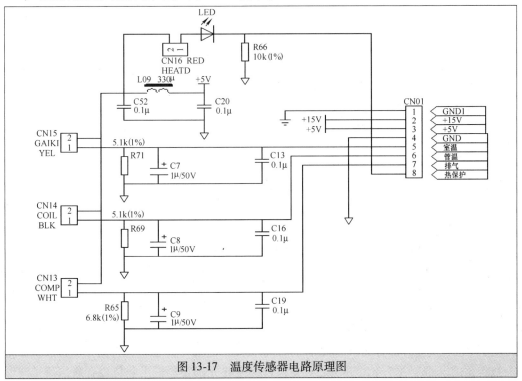

图 13-17 温度传感器电路原理图

2）温度传感器电路原理分析：随温度的变化阻值亦随之变化，经电阻 R71、R69、R65 分压采样，C7、C8、C9 滤波之后输入到芯片相应的引脚，进行 A-D 转换。

（8）PWM 电路

1）PWM 驱动电路接线：由 CPU 的 I/O 口直接连接到 IPM 的控制口。

2）PWM 驱动电路检测方法：用示波器观测每一路信号的波形，正确的波形为 PWM 波形。

（9）通信电路

1）通信电路原理如图 13-18 所示。

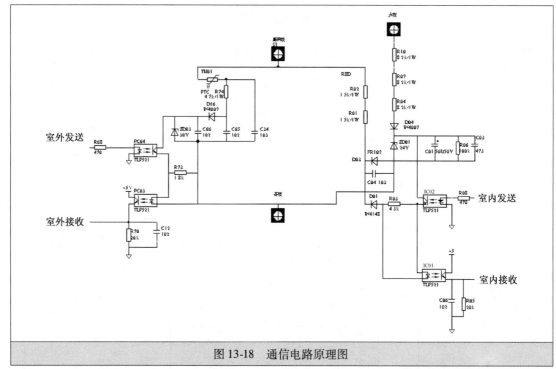

图 13-18　通信电路原理图

2）室内外芯片分别有一个通信输入、输出端口，对应发送、接收通信光耦合器。当室内机向室外机发送信号时，室外机发送光耦合器常导通，室内机发送光耦合器按照通信协议导通、关断，室外机接收光耦合器输出侧得到相应高、低电平通信信号；当室外机向室内机发送信号时，室内机发送光耦合器常导通，室外机发送光耦合器按照通信协议导通、关断，室内机接收光耦合器输出侧得到相应高、低电平通信信号。

3）检测方法：变频空调器通信电路控制方式可分为两种，即单向通信和双向通信。单向通信是指室内主控板向室外发了控制信号后不需室外机反馈控制信号。这类通信故障常见的有信号线开路、短路、继电器损坏等，检查时要检测信号线有无信号输出、电路是否中间开路、继电器线圈和触头吸合是否良好、继电器是否脱焊等。

双向通信电路是需要室外机反馈控制结果、状态的通信回路。一般为串行双向通信电路。该类通信电路目前采用继电器输出信号，检修时可以通过"听"进行故障判断。如开机后室内有继电器吸合声，说明故障在室外；开机后无继电器吸合声，说明故障在室内通信电路上。

判断通信电路是否正常的办法之一是，转换室内机的运行模式，将制冷模式转换为制热模式，反复两次，听室外机有无四通阀的闭合声，若有，通信电路正常，否则存在通信故障。

判断通信电路是否正常的办法之二是，检测接收光耦合器输出侧是否有通信信号波形。

★ 三、系统特点

该机型采用单转子式直流变频压缩机，频率变化范围为 28～110Hz，与大面积的冷凝器、三段式蒸发器相匹配，空调器的能力变化范围较宽，能够实现快速制冷、制热；低频时输出能力可以很小，维持室温恒定。

★ 四、故障代码含义

1. 压缩机运行状态指示

在压缩机运行状态下，室外机控制板上的 3 个 LED 指示出压缩机当前的运行频率受限制的原因，见表 13-1。

表 13-1　压缩机当前的运行频率受限制的原因

序号	LED1	LED2	LED3	压缩机当前的运行频率受限制的原因
1	灯闪	灯闪	灯闪	正常升降频，没有任何限频
2	灯灭	灯灭	灯亮	过电流引起的降频或禁升频
3	灯灭	灯亮	灯亮	制冷防冻结或制热防过载引起的降频或禁升频
4	灯亮	灯灭	灯亮	压缩机排气温度过高引起的降频或禁升频
5	灯灭	灯亮	灯灭	电源电压过低引起的最高运行频率限制
6	灯亮	灯亮	灯亮	测试状态运行
7	灯亮	灯灭	灯灭	室内外通信降频

2. 室外机显示

在压缩机停止运转时，室外的 LED 用于显示故障的内容，见表 13-2。

表 13-2　室外机显示故障内容

序号	LED1	LED2	LED3	故障内容
1	灯灭	灯灭	灯灭	正常
2	灯亮	灯灭	灯灭	压缩机温度传感器短路、开路或相应检测电路故障
3	灯亮	灯灭	灯亮	室外热交换器温度传感器短路、开路或相应检测电路故障
4	灯亮	灯亮	灯灭	室外温度传感器短路、开路或相应检测电路故障
5	灯灭	灯灭	灯闪	信号通信异常（室内-室外）
6	灯灭	灯闪	灯灭	智能功率模块（IPM）保护
7	灯亮	灯闪	灯亮	最大电流保护
8	灯亮	灯闪	灯灭	电流过载保护
9	灯灭	灯闪	灯亮	压缩机排气温度过高
10	灯亮	灯亮	灯闪	过、欠电压保护
11	灯亮	灯闪	灯闪	室外环境温度保护
12	灯灭	灯亮	灯闪	压缩机壳体温度过高
13	灯亮	灯亮	灯亮	室外存储器故障
14	灯闪	灯亮	灯灭	直流压缩机起动失败
15	灯闪	灯灭	灯闪	直流压缩不工作

3. 室内机显示

连续按传感器切换 4 次，显示故障代码见表 13-3。

表 13-3　室内机显示故障代码

代码	含义	代码	含义
0	无故障	15	压缩机壳体温度保护
1	室外盘管温度传感器故障	16	防冻结或防过载
2	压缩机温度传感器故障	18	直流压缩机起动失败
5	IPM 保护	19	直流压缩机不工作
6	过、欠电压保护	33	室内温度传感器故障
8	电流过载保护	34	室内盘管温度传感器故障
9	最大电流保护	36	室内外通信故障
11	室外 E^2PROM 故障	38	室内 E^2PROM 故障
13	压缩机温度过高保护	39	室内风扇电动机运转异常
14	室外环境温度传感器故障	41	过零检测故障

★ 五、技术参数规格

1. 室外风机电动机的技术规格（YDK29-6I）

绕组电阻值（20℃时）见表 13-4。

表 13-4　绕组电阻值

绕组	电阻值/Ω	容许范围
主绕组（白-棕）	178	±15%
副绕组（白-粉）	171	±15%

2. 室内风机（YYW16-4-2041）

绕组电阻值（20℃时）见表 13-5。

表 13-5　绕组电阻值

绕组	电阻值/Ω	容许范围
主绕组（蓝-黄）	359.5	±15%
副绕组（黄-红）	390.0	±15%

3. 变压器（DB-30-06FVII）

变压器电气性能见表 13-6。

表 13-6　变压器电气性能

项　目	内　容
直流电阻	一次绕组：（1000 ±200）Ω　二次绕组：≤3.5Ω
空载特性	一次输入：220V，50Hz，$I_0 \leqslant 15mA$，$U_0 = 13.1V$
负载特性	$U_f = 11.5V$

★ 六、海信 KFR-35GW/27ZBP 数字变频空调器速修技巧

故障 1　海信 KFR-35GW/27ZBP 数字变频空调器制冷时，室内机噪声异常

品牌型号	海信 KFR-35GW/27ZBP	类型	数字变频空调器
故障部位	低压管的 3/4 处变扁		

分析与检修: 在现场观察,试机前3min和送风模式下没有异常声音,当压缩机起动后室内蒸发器出现异常的制冷剂流动声。检查室内蒸发器输出管和冷凝器铜管(连接处不是螺纹铜管),刚好在室内蒸发器连接处,两个低压管的3/4处变扁。更换连接管,制冷剂流动畅通,异常噪声立即消除。

经验与体会: 出现制冷剂无流动声,可确定制冷剂流动不畅,连接管严重弯扁。管道一定要采用原来公司提供的装配管,在弯曲时也要注意均匀用力,逐段弯曲,避免出现硬弯。

故障2 用户使用不当,造成空调器吹出的风有异味

品牌型号	海信 KFR-35GW/27ZBP	类型	数字变频空调器
故障部位	用户新装修的房子		

分析与检修: 现场检查空调器无故障,全面判断造成空调器异味的原因是由用户新装修的房子造成的。

经验与体会: 常引起用户误认为是空调器故障的正常现象有以下几种:

1)有的空调器通电并打开运行开关时,压缩机不能起动,而室内风机已运行,等3min压缩机才能开始起动运行。这不是空调器的故障,是因为有的空调器装有延时起动保护装置,要等空调器风机运转3min后压缩机才能起动。

2)当空调器运行或停止时,有时会听到"啪啪"声。这是由于塑料件在温度发生变化时热胀冷缩而引起的碰擦声,属正常现象。

3)空调器起动或停止时,有时偶尔会听到"咝咝"声。这是制冷剂在蒸发器内的流动声。

4)有时使用空调器时,室内有异味。这是因为空气过滤网已很脏、变味,致使吹出的空气难闻,只要清洗一下空气过滤网就行。如还有异味,可用清新型口味的牙膏涂抹清洗过滤网。

5)热泵型空调器在正常制热运行中,突然间室内、外机停止工作,同时"除霜"指示灯亮。这是正常现象,待除霜结束后,空调器即恢复制热运行。

6)热泵型空调器在除霜时,室外机组中会冒出蒸汽。这是霜在室外换热器上融化蒸发所产生的,不是空调器的故障。

7)在大热天或黄梅天,空调器中有水外溢。这也不是故障,待天气好转,这种现象自然会消失。

故障3 海信 KFR-35GW/27ZBP 数字变频空调器不制冷,电源灯闪烁

品牌型号	海信 KFR-35GW/27ZBP	类型	数字变频空调器
故障部位	用户私自把室内机移到洗浴间内		

分析与检修: 现场检测,发现室内机微电脑板有故障,造成此故障的原因是用户私自把室内机移到洗浴间内。更换微电脑板,并帮助用户把室内机移到洗浴间外,故障排除。

故障4 海信 KFR-35GW/27ZBP 数字变频空调器不制冷

品牌型号	海信 KFR-35GW/27ZBP	类型	数字变频空调器
故障部位	室外机散热翅片已被泥土糊住		

分析与检修: 上门现场检测,发现空调器室外机散热翅片已被泥土糊住。用压缩空气向散热翅片进行气洗,试机,故障排除。

经验与体会: 空调器使用旺季将至,又到空调器使用的高峰时期,在此提醒维修人员在

维修时不要马虎大意，切不可盲目维修而造成不必要的事故。

故障 5 海信 KFR-35GW/27ZBP 数字变频空调器开机工作时制冷效果较差

品牌型号	海信 KFR-35G/27ZBP	类型	数字变频空调器
故障部位	压缩机无吸、排气能力		

分析与检修：上门用遥控器开机，设定制冷状态，室内、外机均转。用压力表测量系统压力为 0.65MPa，放出制冷剂 0.15MPa，使系统压力变为 0.5MPa，但室内机仍不制冷，根据故障现象初步判定故障的原因是压缩机无吸、排气能力。

放出制冷剂，用气焊焊下高、低压管，通电试机，发现压缩机无吸、排气。更换同功率压缩机按常规操作后，故障排除，制冷恢复。

经验与体会：吸、排气阀片的工作频率很高，容易造成金属疲劳，曲轴每转动一周，吸、排气阀片就要开启、关闭各一次，动作非常频繁，平均每秒启闭 60 次左右，所以对阀片有很严格的要求。

吸、排气阀损坏的原因为阀片材质不良，造成在运行工作中变形翘曲与阀座贴合面产生缝隙。阀片在长期使用中，由于过热和磨损不平，使阀座与阀片间出现缝隙，造成压缩机在工作过程中制冷剂气体从缝隙中泄漏，故排气量减小，排气压力降低，制冷、制热效果变差。

在维修过程中，应避免充注过多的制冷剂，否则会产生液击打裂阀片的故障。如装配不正确，上止点间隙过小，也会导致阀片在工作中被打坏。阀片局部断裂、造成弹力不均匀、阀片平面翘曲与阀座不能严密贴合均使被压缩的气体大量返回低压系统，制冷（热）效率降低。

故障 6 海信 KFR-35GW/27ZBP 数字变频空调器不制冷

品牌型号	海信 KFR-35GW/27ZBP	类型	数字变频空调器
故障部位	智能功率模块故障		

分析与检修：现场检测电源电压，良好；测压缩机三相阻值，平衡；测智能功率模块 U、V、W，两相间不等，故初步判定产生该故障的原因是智能功率模块故障。更换智能功率模块后，故障排除。

经验与体会：

（1）智能功率模块的检查方法

1）电压检测法：用万用表交流电压挡检测智能功率模块 U、V、W 的任意两相间，输出电压在 50～200V 且相等，则为正常。

2）电阻检测法：用万用表 R×100 挡在功率模块 U、V、W 两相间，分别互换表笔检测，直流电阻值均应为无穷大。

当万用表红表笔接智能功率模块 P+ 端子，黑表笔分别接 U、V、W 端子时，测得的上臂功率晶体管上并联的续流二极管正向电阻值应约为 500Ω，反向电阻值应为无穷大，即 3 只上臂功率晶体管正常。反之，智能功率模块损坏。

当万用表黑表笔接智能功率模块 N- 端子，红表笔分别接 U、V、W 端子时，测得的下臂功率晶体管上并联的续流二极管正向电阻值应约为 500Ω，反向电阻值应为无穷大，即 3 只下臂功率晶体管正常，反之智能功率模块损坏。用万用表红表笔接 P+，黑表笔接 N-，测得的正向电阻值应约为 1kΩ，反向电阻值应为无穷大。

（2）智能功率模块损坏的原因

1）P+、N-端直流电电压过高或过低，这可能是由于市电电源电压过高或过低引起的；

2）智能功率模块散热不良，通常是由于室外机风机不转或转速太慢、室外机环境温度高、冷凝器太脏造成；

3）整流桥（二极管）开路；

4）直流电源滤波电容量变小；

5）压缩机过载、过电流运行，压缩机绕组短路或卡缸；

6）智能功率模块本身存在质量问题。

故障7 海信 KFR-35GW/27ZBP 数字变频空调器开机 2h 无冷风吹出

品牌型号	海信 KFR-35GW/27ZBP	类型	数字变频空调器
故障部位	压缩机 3 个接线柱阻值不平衡		

分析与检修： 上门检测使用单位电源电压良好，用万用表测量压缩机 3 个接线柱，发现阻值不平衡，更换压缩机后，试机故障排除。

经验与体会： 用绝缘电阻表测量电动机任意一个绕组对地绝缘电阻时，阻值应大于 2MΩ，否则应换上新压缩机。三相压缩机电动机常见的故障有电源断相而烧毁压缩机；三相不平衡使压缩机电动机运行不正常；反相。

注： 在实际维修工作中应特别注意三相涡旋式压缩机的正反转（反转时间不应超过 1min），检测其正反转的方法如下：

1）测：用钳形表测定反转时的运转电流比额定电流要小。

2）听：听室外压缩机的运转声音。如运转不平衡，产生很大的异常噪声，则很可能为反转。

第二节　海信高效全直流180°矢量控制变频空调器电控板控制电路分析与速修技巧

海信矢量直流变频空调器有壁挂式和柜式两大系列。壁挂式有 KFR-23GW/99SZBP、KFR-25GW/99SZBP、KFR-26GW/99SZBP、KFR-28GW/99SZBP、KFR-32GW/99SZBP、KFR-35GW/99SZBP、KFR-36GW/99SZBP、KFR-46GW/99SZBP 等机型。柜式有 KFR-50LW/99SZBP、KFR-60LW/99SZBP、KFR-70LW/99SZBP、KFR-120LW/99SZBP 等机型。海信矢量直流变频空调器具有高效节能、超静音运转、宽电压运行、超低温起动、人机对话、快速制冷制热等优良的性能，市场占有率较高。下面以具有代表性的海信 KFR-25GW/99SZBP、KFR-35GW/99SZBP 高效全直流180°矢量控制变频空调器为例，分析其控制电路原理及工作过程，在本节的最后将介绍其综合故障速修技巧。

★ 一、主要特点

（1）双转子直流压缩机，采用180°矢量控制变频电源供电。在压缩机的直流180°矢量控制中，采用的是压缩机速度和压缩机电流双闭环控制，不存在转差率，对压缩机电流直接进行控制，压缩机驱动电流为正弦波，与直流120°控制方式相比，其转矩脉动小，运转噪声低，更省电，能更进一步提高空调能效比并延长使用寿命。

（2）全直流设计，实现了对室内120°直流电动机和室外180°正弦驱动的直流电动机的驱动，全方位提高能效，降低噪声。

（3）大面积的冷凝器、蒸发器，空调器的能力变化范围较宽；低频时输出能力可以很低，维持室温恒定。

★ 二、主要功能

1. 速冷速热

压缩机变频范围为 20～95Hz，根据温差，空调器刚起动时高输出运转，加上大面积的冷凝器、蒸发器系统，迅速提升或降低房间温度，实现快速制冷制热。

2. 超低噪声

室内机采用大直径斜齿贯流风扇，优化风道设计，安静运转；室外压缩机 180°矢量控制，减小振动，提高声音品质。

3. 健康

健康设计，三重防御，即抗菌材料＋多元光触媒＋负离子。

（1）三重防御有效过滤灰尘，清洁空气。

（2）多元光触媒采用多种催化技术，可强力吸附并催化分解因居室装修过程中使用的各种材料挥发的大量甲醛等有害气体；还可高效去除剩余饭菜味、香烟味、宠物味等异味；多元光触媒在紫外线下除将光能转化为化学能外，还促进有毒物质的分解，保持除味的高效性，并可长期使用，十分有效。

（3）增加绿色防霉过滤网、"羟基负离子＋银离子"清新组件、绿色抗菌风扇健康功能。

★ 三、技术特点

电路方面特点：①室内使用两路输出的开关电源给控制单元和直流风机供电；②室外使用三路输出的开关电源给控制单元、直流风机、IPM 供电；③风机驱动电路全新，与控制部分使用光耦合器隔离，可靠性提高、干扰减小；④主控芯片放在控制板上，驱动芯片与 IPM 在模块板上，使模块板面积减小、布线合理、干扰减小。

★ 四、技术参数

1. KFR-25GW/99SZBP 空调器技术参数（见表 13-7）

表 13-7　KFR-25GW/99SZBP 空调器技术参数

整机型号、名称	KFR-25GW/99SZBP		分体热泵型壁挂式变频房间空调器			
额定电源电压/频率	AC220V/50Hz		电源相数	单相	气候类型	T1
适用电源电压范围	AC187～253V		接线方式	单相三线制	防护等级	IP24
项　　目		单　位		数　据		备　注
制冷	额定制冷量（最小/中间/最大）	kW		2.5（1.0/1.3/3.7）		风门位置优
	额定输入功率（最小/中间/最大）	kW		0.61（0.22/0.27/1.20）		
	额定运行频率（最小/中间/最大）	Hz		45（20/21/80）		
	运行频率范围	Hz		20～80		
	额定输入电流/最大输入电流	A		3.2/8.0		
	SEER/能效等级	W/W		5.49/—		
	除湿量	L/h		0.5		
	循环风量	m³/h		680		
	室内风扇转速（低/中/高）	r/min		950/1100/1250		
	室外风扇转速（低/高）	r/min		540/720		

（续）

项 目	单 位	数 据	备 注
制热 额定制热量（最小/中间/最大）	kW	3.2(0.9/1.6/5.6)	风门位置优
额定输入功率（最小/中间/最大）	kW	0.81(0.19/0.36/1.69)	
额定运行频率（最小/中间/最大）	Hz	64(20/34/100)	
运行频率范围	Hz	20～100	
额定低温制热量/额定低温制热输入量	kW	4.1/1.44	风门位置优
额定输入电流/最大输入电流	A	4.2/9.0	
HSPF	W/W	3.53	
循环风量	m³/h	700	
室内风扇转速（低/中/高）	r/min	950/1100/1250	
室外风扇转速（低/高）	r/min	540/720	
电加热功率	kW	—	
APF	W/W	3.89	
其他 适用温度范围	℃	−7～+43	
主回路熔断电流	A	15	
制冷剂型号/用量	kg	R22/1.15	
室内机噪声（最小/最大）	dB(A)	32/42	
室外机噪声（最小/最大）	dB(A)	50/52	
室内机重量（净重量/毛重量）	kg	11.5/15.5	
室外机重量（净重量/毛重量）	kg	42.0/45.5	
室内机外形尺寸（长×宽×高）	cm	87×23×31	
室外机外形尺寸（长×宽×高）	cm	80×26×57	
室内机外包装尺寸（长×宽×高）	cm	94×38×29	
室外机外包装尺寸（长×宽×高）	cm	94×36×63	
压缩机厂家/型号/结构形式	—	广州三菱/SHB130FHBC/双转子	
连机线（线径×数量）	mm×根	1.5×4	
连接管管径（粗管/细管）	mm	9.52/6.35	
连机配管（随机附件长度/最大允许使用长度）	m	3.0/15	
节流方式	—	毛细管	
连机配件袋号	—	40#	
室外机安装支架组件代号	—	RZA-0-1040-016-XX-0	

2. KFR-35GW/99SZBP 空调器技术参数（见表13-8）

表13-8 KFR-35GW/99SZBP 空调器技术参数

整机型号、名称	KFR-35GW/99SZBP		分体热泵型壁挂式变频房间空调器			
额定电源电压/频率	AC220V/50Hz		电源相数	单相	气候类型	T1
适用电源电压范围	AC187～253V		接线方式	单相三线制	防护等级	IP24

项 目	单 位	数 据	备 注
制冷 额定制冷量（最小/中间/最大）	kW	3.5(1.0/1.7/4.2)	风门位置优
额定输入功率（最小/中间/最大）	kW	0.98(0.22/0.36/1.45)	
额定运行频率（最小/中间/最大）	Hz	67(20/29/95)	
运行频率范围	Hz	20～95	

(续)

项　目	单　位	数　据	备　注
额定输入电流/最大输入电流	A	5.1/8.5	
SEER/能效等级	W/W	5.20/—	
除湿量	L/h	1.0	
循环风量	m³/h	650	
室内风扇转速(低/中/高)	r/min	950/1100/1250	
室外风扇转速(低/高)	r/min	540/720	
额定制热量(最小/中间/最大)	kW	4.5(0.9/2.2/5.8)	风门位置优
额定输入功率(最小/中间/最大)	kW	1.32(0.19/0.50/1.75)	
额定运行频率(最小/中间/最大)	Hz	88(20/45/105)	
运行频率范围	Hz	20～105	
额定低温制热量/额定低温制热输入功率	kW	4.2/1.58	风门位置优
额定输入电流/最大输入电流	A	6.6/9.5	
HSPF	W/W	3.00	
循环风量	m³/h	700	
室内风扇转速(低/中/高)	r/min	950/1100/1250	
室外风扇转速(低/高)	r/min	540/720	
电加热功率	kW	—	
APF	W/W	3.30	
适用温度范围	℃	-7～+43	
主回路熔断电流	A	15	
制冷剂型号/用量	kg	R22/1.25	
室内机噪声(最小/最大)	dB(A)	32/42	
室外机噪声(最小/最大)	dB(A)	50/52	
室内机重量(净重量/毛重量)	kg	11.5/13.5	
室外机重量(净重量/毛重量)	kg	42.0/45.5	
室内机外形尺寸(长×宽×高)	cm	87×23×31	
室外机外形尺寸(长×宽×高)	cm	80×26×57	
室内机外包装尺寸(长×宽×高)	cm	94×38×29	
室外机外包装尺寸(长×宽×高)	cm	94×36×63	
压缩机厂家/型号/结构形式	—	广州三菱/SHB130FHBC	
连机线(线径×数量)	mm×根	1.5×4	
连接管管径(粗管/细管)	mm	12.7/6.35	
连机配管(随机附件长度/最大允许使用长度)	m	3.0/15	
节流方式	—	毛细管	
连机配件袋号	—	32#	
室外机安装支架组件代号	—	RZA-0-1040-016-XX-0	

（左侧纵向分组标注：制冷、制热、其他）

★ 五、解读室内机微电脑控制电路

1. 室内机微电脑控制电路组成

室内机微电脑控制电路组成如图13-19所示。

2. 室内机典型单元电路分析

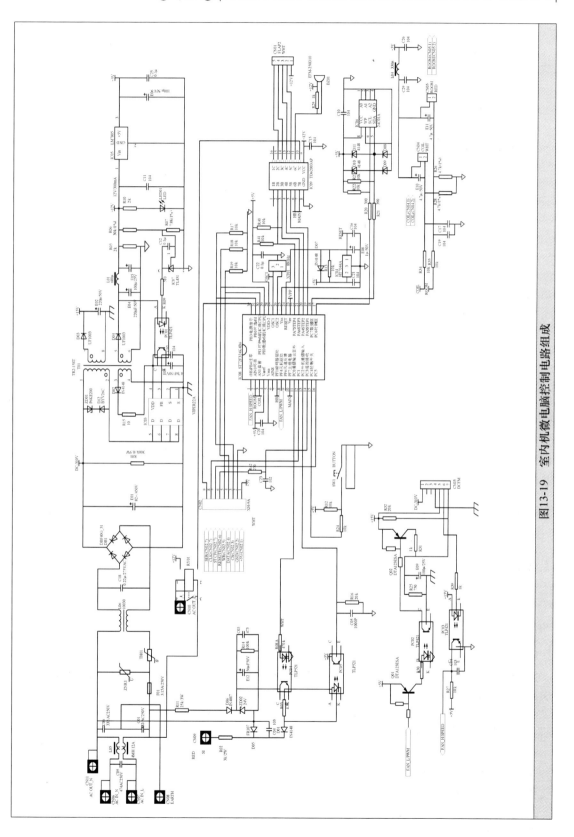

图13-19 室内机微电脑控制电路组成

（1）电源电路

1）开关电源电路原理如图 13-20 所示。

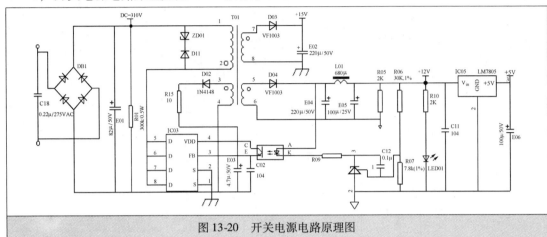

图 13-20　开关电源电路原理图

2）电源电路原理分析：采用这种反激式开关方式，电网的干扰就不能经开关变压器直接耦合给二次侧，所以具有较好的抗干扰能力。

此外，开关电源电路还有一些保护的电路：由于开关管在关断时，高频变压器漏感产生的尖峰电压会叠加在电源上，损坏功率开关管。因此，在开关变压器一次绕组上增加了钳位保护电路，由稳压二极管 ZD01 和快速二极管 D12 组成了吸收电路。

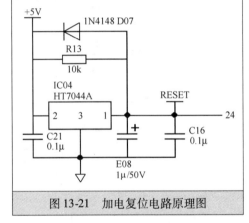

图 13-21　加电复位电路原理图

（2）加电复位电路

1）加电复位电路原理如图 13-21 所示。

2）加电复位电路原理分析：5V 电源通过 HT7044A 的②脚输入，其①脚便可输出一个上升沿，触发芯片的㉔脚（复位端）。电解电容 E08 和电阻 R13 调节复位延时时间。

（3）E^2PROM 电路

1）E^2PROM 电路原理如图 13-22 所示。

2）原理分析：E^2PROM 通过数据线 SDA 和时钟线 SCL 与主芯片进行数据交换。E^2PROM 中存储了设定的风速、制冷制热选择、保护值、显示等信息。

（4）室内单片机引脚定义。室内机微电脑采用型号为 ST72F324K4B6 的 8 位单片机，其引脚定义见表 13-9。

表 13-9　室内单片机引脚定义

引脚号	引脚功能	备　注	引脚号	引脚功能	备　注
1	过零检测	脉冲电压	6	地	
2	室内环境温度传感器	模拟信号	7	蜂鸣器	方波
3	盘管温度检测	模拟信号	8	风机驱动	方波脉冲
4	电源		9	风机反馈	方波脉冲
5	地		10	主继电器控制	

(续)

引脚号	引脚功能	备 注	引脚号	引脚功能	备 注
11、13	通信		25	地	
12	未用		26、27	晶体振荡器	振荡频率 8MHz
14	遥控接收		28	电源	
15	应急开关		29	高效指示灯	
16	未用、上拉		30	定时指示灯	
17、18	E^2PROM		31	运行指示灯	
19~22	步进电动机		32	电源指示灯	
23	V_{PP}				

注：高电平为 4.2~5V 之间，低电平为 0~0.7V 之间。

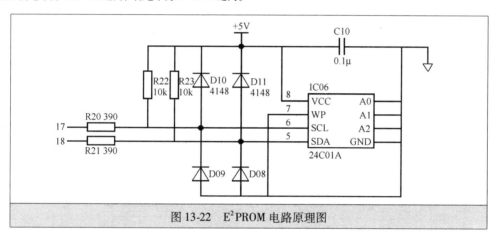

图 13-22　E^2PROM 电路原理图

★ 六、解读室外机微电脑控制电路

1. 室外机微电脑控制电路组成

室外机微电脑控制电路组成如图 13-23 所示。室外机 IPM 基板微电脑控制电路组成如图 13-24 所示。

2. 室外机典型单元电路分析

（1）开关电源电路

1）开关电源原理如图 13-25 所示。

2）电路原理分析：该电路在原理上与室内部分相同，不同之处在于它是三路输出。变压器重新设计，分三路输出，使控制部分、功率模块部分、直流风机部分从控制上完全隔离。这三路输出分别是第一路 12V/300mA，输出的 12V 和 5V 电压作为继电器和主控芯片的电源；第二路 15V/150mA，输出的 15V 和 5V 电压用于智能功率模块和压缩机驱动芯片的电源；第三路 15V/100mA，用于直流风机控制部分的电源。

（2）温度传感器

1）温度传感器采样原理如图 13-26 所示。

2）电路原理分析：采样电路接 5V 电源。CN07、CN08、CN09 分别接排气温度传感器、盘管温度传感器、室外环境温度传感器，经过 R15、R18、R13 分压后输入给芯片。芯片对输入电压进行 A-D 转换，转换值与程序中的温度表进行对应，从而计算出当前的真实温度值。

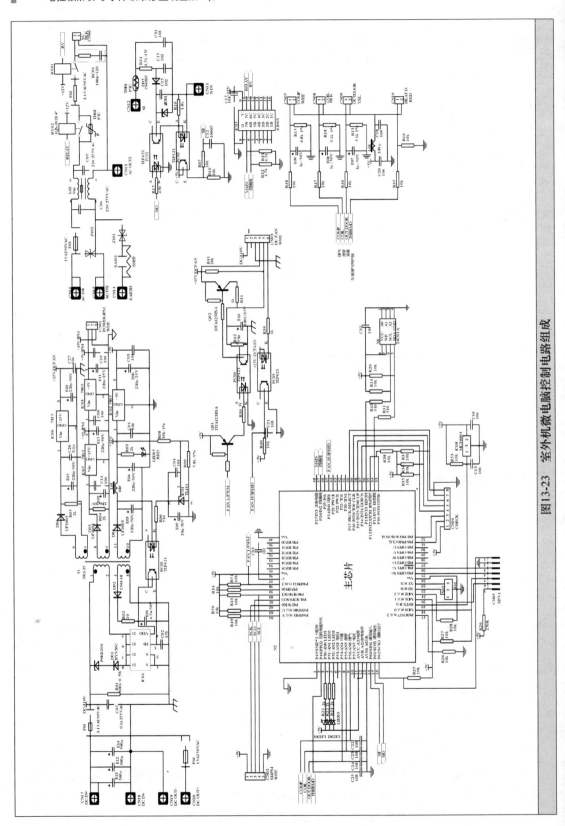

图13-23 室外机微电脑控制电路组成

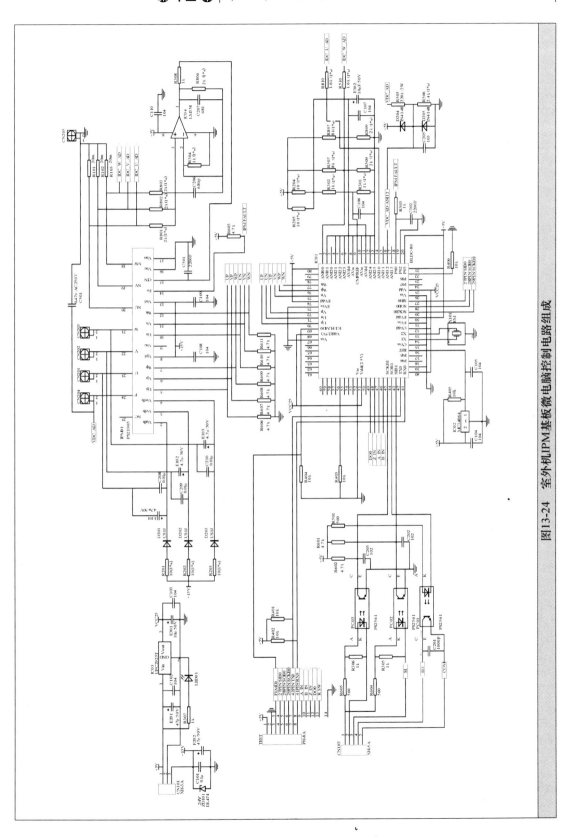

图13-24 室外机IPM基板微电脑控制电路组成

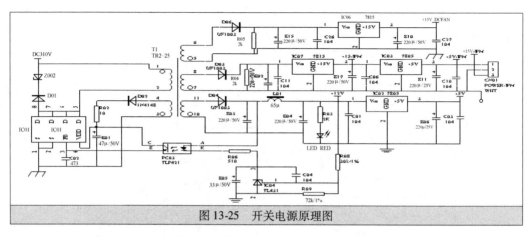

图 13-25　开关电源原理图

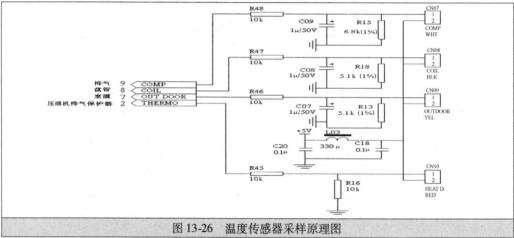

图 13-26　温度传感器采样原理图

　　CN10 接压缩机顶盖排气保护器，是开关量。芯片通过对输入高、低电平进行判断从而决定是否需要停止压缩机。

3. 直流风机驱动电路

1）直流风机驱动电路原理如图 13-27 所示。

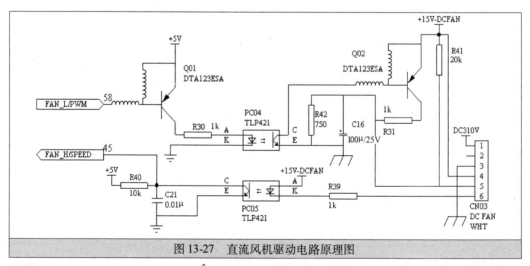

图 13-27　直流风机驱动电路原理图

2）直流风机驱动电路原理分析：芯片58脚是风机驱动脚，输出1kHz的PWM信号，通过改变PWM的占空比来调节光耦合器PC04导通时间，光耦合器二次控制晶体管Q02的开关，则R30（1kΩ）和R42（750Ω）分压后的电压值会叠加到插座CN03的⑤脚，作为转速控制的指令电压来调节风机转速。指令电压范围是0～7.5V。

风机转速脉冲信号通过插座CN03的⑥脚反馈给芯片，这样程序会根据实际转速与目标转速的差值来提高或降低PWM的占空比。风机旋转一转反馈12个脉冲信号。

光耦合器PC04、PC05的作用是使芯片的控制部分和风机的驱动实现隔离，达到减小干扰、保护芯片的目的。

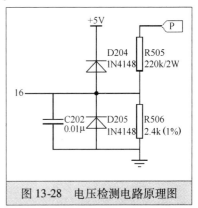

图13-28 电压检测电路原理图

4. 电压检测电路

1）电压检测电路原理如图13-28所示。

2）电压检测电路原理分析：交流220V电压经硅桥整流、滤波电路滤波后输出到智能功率模块的P、N端，电压检测电路从直流母线的P端通过电阻进行分压，检测直流电压进而对交流供电电压进行判断。该电路在模块板上，检测由驱动芯片完成。

5. 室外机主芯片各引脚定义（见表13-10）

表13-10　室外机主芯片各引脚定义

引脚号	引脚功能	备　注
1	空	
2	压缩机过热保护	
3～5	指示灯	
6	电压检测	模拟信号
7	室外温度检测	模拟信号
8	盘管温度	模拟信号
9	排气温度	模拟信号
10	电流检测	
11、12、20、56	电源	
13	压缩机排气保护器	开关信号
14、15	通信	
16	强制起动	
17、18、21、25～30、36、41～44、46、63、64	空	
19	复位	
22、23	晶体振荡器	
24、49	接地	
31、32、37～40	检测工装控制	脉冲电压
33	FO口	
34、35	E²PROM	
45	风机转速反馈	当为直流风机时
47	四通阀	
48	主继电器	
50～55	IPM信号	

（续）

引脚号	引脚功能	备　注
57	接滤波电容	
58	风机转速驱动	当为直流风机时
60	数据收	与驱动芯片通信
61	数据发	与驱动芯片通信
62	时钟	方波与驱动芯片通信

★ 七、故障含义

1. 室外机故障含义

在压缩机停止运转时，室外的 LED 用于显示故障的内容，见表 13-11。

表 13-11　室外机故障内容

序号	LED1	LED2	LED3	故障内容
1	灯灭	灯灭	灯灭	正常
2	灯灭	灯灭	灯亮	室内温度传感器短路、开路或相应检测电路故障
3	灯灭	灯亮	灯灭	室内热交换器温度传感器短路、开路或相应检测电路故障
4	灯亮	灯灭	灯亮	压缩机温度传感器短路、开路或相应检测电路故障
5	灯亮	灯灭	灯亮	室外热交换器温度传感器短路、开路或相应检测电路故障
6	灯亮	灯亮	灯灭	室外环境温度传感器短路、开路或相应检测电路故障
7	灯闪	灯亮	灯灭	CT（互感器绕组）短路、开路或相应检测电路故障
8	灯闪	灯灭	灯亮	室外电压互感器短路、开路或相应检测电路故障
9	灯灭	灯灭	灯闪	信号通信异常（室内↔室外）
10	灯灭	灯灭	灯灭	智能功率模块（IPM）保护
11	灯亮	灯灭	灯亮	最大电流保护
12	灯亮	灯灭	灯闪	电流过载保护
13	灯灭	灯亮	灯亮	压缩机排气温度过高
14	灯亮	灯亮	灯闪	过、欠电压保护
15	灯亮	灯亮	灯闪	室外环境温度保护
16	灯灭	灯闪	灯亮	驱动模块通信故障
17	灯闪	灯闪	灯亮	制冷剂泄漏
18	灯灭	灯亮	灯闪	压缩机壳体温度过高
19	灯亮	灯亮	灯亮	室外存储器故障
20	灯灭	灯闪	灯闪	室内风扇电动机运转异常（仅由室内机显示）
21	灯闪	灯灭	灯灭	室外机 PFC 保护
22	灯闪	灯灭	灯闪	直流压缩机起动失败
23	灯闪	灯灭	灯闪	直流压缩机失步
24	灯闪	灯闪	灯亮	室外直流风机故障

2. 室内机故障含义

如果室内机使用 LCD 或 VFD 显示屏，并能显示数字时，连续按遥控器上的传感器切换键或高效按键（具体由 E^2PROM 数据选择）4 次，有故障则显示相应的故障代码（见表 13-12），否则显示零，显示时间为 10s。

表 13-12　室内机故障代码

代码	故障部位	代码	故障部位
0	无故障	15	压缩机壳体温度保护
1	室外热交换器温度传感器异常	16	防冻结或防过载保护
2	压缩机温度传感器异常	17	室外 PFC 故障
3	电压互感器故障	18	直流压缩机起动失败
4	CT（互感器绕组）异常	19	直流压缩机失步
5	IPM 保护（电流、温度）	20	室外直流风机故障
6	AC 输入电压异常（过、欠电压保护）	33	室内环境温度传感器异常
7	室外通信异常（内~外）	34	室内热交换器温度传感器异常
8	电流过载保护	35	室内排水泵故障
9	最大电流保护	36	室内通信异常（内←→外）
10	四通阀切换异常	37	室内与线控器通信异常
11	室外 E^2PROM 故障	38	室内 E^2PROM 故障
12	室外环境温度过低保护	39	室内风扇电动机运转异常
13	压缩机排气温度过高保护	40	格栅保护状态报警（柜机）
14	室外环境温度传感器异常	41	室内过零检测故障

★ 八、海信 KFR-25GW/99SZBP、KFR-35GW/99SZBP 矢量控制变频空调器速修技巧

故障 1　KFR-25GW/99SZBP 矢量控制变频空调器制冷 2h 后室内、外机均停机

品牌型号	海信 KFR-25GW/99SZBP	类型	矢量控制变频空调器
故障部位	因高压电形成的电磁场		

分析与检修：卸下室内机外壳，检查电控板上各插件牢固，测量各元器件参数均正常，更换一个电控板试机运转 8h 后，重复出现上述故障。再卸下室外机外壳，测电控板各元器件正常，更换室外机电控板后，运转 6h 仍然重复出现上述故障，与海信技术中心联系后，仔细观察室内机的上方屋顶附近有一条高压线，怀疑受这条高压线的影响。高压电形成的电磁场可能使通信线感应噪波电流。把多余的室内机、室外机两组信号线放开，从线的中间对折后并绕成两个线圈，约 6 匝。可把通信线产生的噪波电流正负抵消，最后通电试机，故障排除。

故障 2　海信 KFR-25GW/99SZBP 矢量控制变频空调器室外压缩机不运转

品牌型号	海信 KFR-25GW/99SZBP	类型	矢量控制变频空调器
故障部位	智能功率模块有故障		

分析与检修：卸下室外机外壳，检查微电脑控制板各插件牢固，开机状态下，将万用表转换开关旋到直流电压挡。测量控制板与智能功率模块间的反馈信号线，具体方法是，表笔的一端插在智能功率模块插座对应控制板的零端，另一端测量 ARW，应有 13V 直流电压输出，实测只有 6V 直流电压，说明智能功率模块有故障。换上相同型号的智能功率模块，通电试机，室外压缩机运转，故障排除。

经验与体会：更换智能功率模块时，切不可将新模块接近电磁波或用带静电的物体接触模块，特别是信号端的插口，否则极易引起智能功率模块内部击穿，导致无法使用，希望引起维修人员的注意。

故障3　海信 KFR-25GW/99SZBP 矢量控制变频空调器室外机不工作

品牌型号	海信 KFR-25GW/99SZBP	类型	矢量控制变频空调器
故障部位	智能功率模块损坏		

分析与检修：卸下室外机外壳，测量室外机接线端子板有电压输入，检查电控板各插件牢固，按顺序从易到难继续检查。用尖嘴钳拔下变频器智能功率模块的 V-U-W 的连接导线。测量 UV、VW、WU 之间的电压不等，由此判定变频智能功率模块损坏。与厂家维修部联系，更换相同型号的智能功率模块。通电试机验证，室外机运转，故障排除。

故障4　海信 KFR-25GW/99SZBP 矢量控制变频空调器开机 1min 后停机

品牌型号	海信 KFR-25GW/99SZBP	类型	矢量控制变频空调器
故障部位	压缩机内有空气		

分析与检修：根据故障现象判断主板有故障，更换了一块主控板并加注 R407 制冷剂后试机，故障依旧。开机 1min 后出现停机，一般是主控板或电动机判断电路有故障，开机发现风速不可调。卸开面板检查，发现主控板的插件插错，风板的反馈信号插座与开关板上的插座插错，调换后试机，故障为开机 5min 停 3min。再检查发现感温传感器与管温传感器插错。对换后再试机，制冷效果不佳，蒸发器凝露不足，且开机与停机不正常，判断电压有 215V，怀疑制冷系统有故障，判断压力，发现压力偏高，且指针上下摆动不稳，排放制冷剂到正常压力，制冷效果仍无明显变化，电流明显上升且压缩机发热，就此判断压缩机内有空气。把制冷剂完全放掉，抽空后加制冷剂试机正常。

经验与体会：对别人动手维修过的机组，首先要进行全面检查，特别是供电电路，然后再判断机器的故障，这一点对初学维修的人有很大的好处。

故障5　海信 KFR-25GW/99SZBP 矢量控制变频空调器开机 30min 后指示灯灭

品牌型号	海信 KFR-25GW/99SZBP	类型	矢量控制变频空调器
故障部位	冷凝器已被灰尘糊住		

分析与检修：根据故障灯报警显示内容，确定为压缩机排气管温度过高。卸下室外机外壳，测量压缩机绝缘电阻良好，判断冷凝器已被灰尘糊住。用压缩空气吹净。

经验与体会：在用压缩空气吹净时，建议压力设定在 0.2MPa，以免把翅片吹倒。利用故障灯的闪烁来判断故障非常方便，可使维修少走弯路。

故障6　海信 KFR-25GW/99SZBP 矢量控制变频空调器制冷状态下吹热风

品牌型号	海信 KFR-25GW/99SZBP	类型	矢量控制变频空调器
故障部位	连接线接头处		

分析与检修：用户反映，前几天天晴，空调制冷正常，这几天下过雨后再使用时，空调器变成制冷出热风现象。产生此种故障的原因有三点：一是室内机输出错误的控制信号；二是室外机的控制板出现混乱；三是四通阀的阀体损坏。仔细观察该机组在安装时，曾加长过连接管和连接线，怀疑连接线接头处有问题，找到接头处一看，果然是由于接头未处理好，

导致雨水进入接头内，且接头没按标准规定的方法（一长一短交错）连接，导致接头处绝缘值下降，输送给室外机的信号发生错乱，造成室外机处于制热工作模式。剥开接头，重新按标准的一长一短法连接好，做好绝缘防水措施，试机，空调制冷正常，此种故障是由于安装人员在安装时马虎造成的。

故障7　海信 KFR-35GW/99SZBP 矢量控制变频空调器遥控器失灵

品牌型号	海信 KFR-35GW/99SZBP	类型	矢量控制变频空调器
故障部位	IPM 不良		

分析与检修： 上门试机，发现室内机和室外机工作 2min 左右，开始出现报警显示，由故障代码可知，应为高频干扰和通信回路不良。检查用户电源正常，室内机与室外机连线牢固，各脚电压正常，用户附近又无发电机和无线电设备，排除高频造成的干扰。测量 6 路变频信号正常，IPM 输入有 DC310V 电压，测三相输出发现电压不相等，确认 IPM 不良，更换 IPM 后，试机运行正常。

经验与体会： 遇到此故障应进行如下操作。

1）判断 6 路变频信号输出：用万用表红表笔接电阻引脚，黑表笔接 N 端，测 6 路变频信号输出电阻有无直流电压降。

有：判断 IPM 输出。

无：IPM 不良。IPM 与基板连接线接触不良，室外机板不良。

2）根据 IPM 的 U、V、W 输出电压判断：确认 IPM 的 U、V、W 任意两相间有无 50 ~ 200V 的交流电压输出。

有：判断压缩机绕组电阻值及绕组与壳体绝缘电阻值。

无：IPM 不良。

故障8　海信 KFR-35GW/99SZBP 矢量控制变频空调器移机后不能起动

品牌型号	海信 KFR-35GW/99SZBP	类型	矢量控制变频空调器
故障部位	N、L 线没有对准空调器的 N、L 电源线		

分析与检修： 询问用户装机时试机制冷正常，此故障是在家中装修重新更换电源线后出现的。

接通电源试机，机器没有短路。检查电源插座有 220V 电源。发现 N、L 线没有对准空调的 N、L 电源线，而是误将电源的零线对空调器的 L 线，将电源的相线对空调器的 N 线，所以空调器不起动。把电源插座线对换一下，试机起动运转正常。

经验与体会：

1）检查供电电路导线规格是否符合要求，供电电路是否过长，导线连接点是否较多，供电电路是否老化。若是，则建议用户更换，以免造成较大损失。

2）测量电源电压是否正常，若较低或波动较大，建议用户购买供电功率是空调额定功率 3 倍以上的稳压器。

3）检查主电路中有无漏电保护器，有无零接地现象。若有，应及时更换或更正。

4）当出现变压器、熔丝管烧毁等现象后，换上新件后不应忙于接通电源试机，应先用万用表的交流电压挡检查供电电源，确认电源正常后再开机。

综上所述，在维修时，一定要重视供电电源问题。若在维修过程中能注意电源这根

"弦"，常常能起到事半功倍的效果，这是笔者多年的经验。

故障 9 海信 KFR-35GW/99SZBP 矢量控制变频空调器，移机后室外机起动则漏电保护断路器跳闸

品牌型号	海信 KFR-35GW/99SZBP	类型	矢量控制变频空调器
故障部位	"漏电保护断路器"伪劣		

分析与检修：通电试机运转灯显示正常；室外机刚一起动，立刻断电，用万用表测电源电压，若正常，则询问用户，用户曾在电源端增装"漏电保护断路器"，其额定电流值为20A，拔下电源插座，接于其他大功率电气插座上，试机，正常。更换带有 3C 标志的 20A漏电保护断路器后，故障排除。

经验与体会：空调器的许多故障，有些是由于外因造成的，若不询问用户，则很难找到故障原因。在维修空调器时，还是应该多询问用户。看空调器使用的（低压）断路器电流值表面上是符合要求的，但实际证明额定电流值达不到 30A 的要求。

故障 10 海信 KFR-35GW/99SZBP 矢量控制变频空调器，开机后，指示灯忽明忽暗闪烁，压缩机不起动

品牌型号	海信 KFR-35GW/99SZBP	类型	矢量控制变频空调器
故障部位	零线接触不良		

分析与检修：从故障现象分析，该故障的产生应属电源问题。其具体表现是待机状态时，空调器电源指示灯闪烁，亮度正常，但开机后室内风扇转速很低。检查室内主控板上的继电器不停地吸合，指示灯忽暗；检查电源电压为 220V，采用电源转接插头，在开机时用试电笔测量插座零线，有相线带电显示，说明零线接触不良。检查配电盘，发现该用户（单位）采用保护接地的接地端子为虚接状态，把电源零线插到其他电源插座的零线上，空调器运行正常。

经验与体会：检查电源时，并不是测量到有相线带电显示就不存在电源问题，零线接触不好也同样会影响空调器的正常使用，在检修中需引起高度重视。

故障 11 海信 KFR-35GW/99SZBP 矢量控制变频空调器用遥控法空调器无反应

品牌型号	海信 KFR-35GW/99SZBP	类型	矢量控制变频空调器
故障部位	7812 三端稳压器只有 +8V 电压输出		

分析与检修：上门现场检测电源电压良好，测量制冷系统压力正常，卸下室内机外板，测量变压器一次侧、二次侧输入、输出正常，把万用表的转换开关转换到直流电压挡，测整流有直流电压输出，测量空调电容器电容量良好，经全面检测发现 7812 三端稳压器只有+8V 电压输出，更换 7812 后试机，故障排除。

经验与体会：空调器微电脑板控制元器件的修理是一种技术性极强的工作，要求修理人员要具有丰富的电路知识，而且还必须掌握正确的修理方法。

动手修理之前，必须首先掌握各电子电路的工作原理，从总体上理解电路中各大部分的作用及其工作原理，然后尽可能做到掌握电路中每一个元器件的作用。只有这样，才能在看到故障现象之后迅速地把问题集中在某一个部分，再参照具体的电路图或者实物细致分析，做到心中有数，有的放矢。只有对电路中各部分的工作状态、输入、输出信号形式等都能详

尽地掌握，才能顺藤摸瓜、由表及里，迅速缩小故障范围，再结合电路实际状态的测量，最终判断出故障部位，进而排除故障。

检修中还要掌握故障发生的机制，即故障的根本原因是什么。同一种故障可能有多种表现，掌握故障发生的机制后，才能从表面到实质。根据故障万变不离其宗的特点，以不变应万变，从容应对，这不但帮助人们分析一种故障，更是掌握一类故障，把它们的衍生故障统一对待，最终集中到一点上。知道了故障发生机制以后，修理人员就能做到思路清晰、不焦躁，选定正确的方向去检修。

丰富的实践经验对修理是很重要的，这样不但能够迅速地排除很多故障，更能够通过归纳总结，再加上理性分析，从更深层次上掌握故障，理解电路，提高排除故障的能力。

第三节　海信 KFR-50LW/BP、KF-5001LW/BP、KFR-50LW/ABP 柜式变频空调器电控板控制电路分析与速修技巧

★ 一、室内机控制电路

室内机控制电路主要分为电源电路、上电复位电路、晶体振荡电路、风机控制电路、温度传感器电路、显示驱动电路等。室内机微电脑控制电路如图 13-29 所示，室内机 VFD（荧光屏）控制电路如图 13-30 所示。

1. 室内机控制电路引脚功能

①脚电源端，DC 5V；②、㉑、㉚脚接地，电压为 DC 0V；③脚 DC 5V；④脚蒸发器温度传感器输入端，DC 5V；⑤脚室内温度传感器，DC 5V；⑥～⑫脚未用，接地；⑬、⑮、⑯脚控制室内风扇电动机，高电平有效，风机运转通过驱动块 U02（TD62003AP）驱动放大后，使得继电器 RY02、RY03、RY04 吸合，使得风扇电动机转动；⑭脚 WDOG 输入端，⑰～⑳脚 DC 5V；㉒脚室内与室外串行通信输出口；㉗脚室内与室外串行通信输入口；㉝脚复位电路，低电平有效；㉕脚给室外供电端；㉔脚控制风门电动机，高电平有效，DC 5V；㊲脚遥控信号输入端；㊶脚 SCK 与 U02（BU2879AK）通信请求；㊵、㊴脚与 U02 进行通信输入端口，其中㊵脚是 U01 的串行输出口，㊴脚是 U01 的串行输入口。㊱脚控制蜂鸣器发声，高电平有效。㉟脚过零信号检测输入口；㉞脚接地；㉜、㉛为控制芯片提供基本的工作时钟；㉙脚强制开关输入端；㉘、㉖脚 DC 5V；㉓脚负离子发生器输入口，高电平 DC 5V 有效。

U01（TMP47P840VN 微处理器）各引脚的含义及工作电压见表 13-13。

表 13-13　TMP47P840VN 微处理器各引脚的含义及工作电压

引脚	控制端	工作电压	备注
1	电源端 VCC	DC 5V	
2	模拟接地端 VSS	DC 0V	
3	未用	2V	
4	盘管温度传感器	5V	
5	室内环境温度传感器	5V	
6	未用	1.8V	
7	未用	0.7V	

（续）

引脚	控制端	工作电压	备注
8	未用	0.7V	
9	未用	5V	
10	未用	5V	
11	未用	0V	
12	未用	5V	
13	室内风扇电动机高速	低电平有效，0V	不工作时5V
14	看门狗	5V	
15	室内风扇电动机中速	低电平有效，0V	不工作时3.3V
16	室内风扇电动机低速	低电平有效	不工作时3.3V
17		DC 5V	
18		DC 5V	
19		DC 5V	
20		DC 5V	
21	接地端 GND	DC 0V	
22	串行通信输出口	峰值4.3V	方波脉冲
23	负离子发生器	高电平有效，3.5V	不工作时0V
24	风门电动机	高电平有效，4V	不摆动时0V
25	室外电源控制	高电平有效，4V	
26		DC 5V	
27	串行通信输入口	DC 5V	
28		DC 5V	
29	电源开关	未按下开关时 DC 5V； 按下开关时 DC 0V	
30		DC 0V	
31	振荡器输入端		振荡频率是6MHz
32	振荡器输出端		
33	复位端	低电平有效，0V	正常工作时5V
34		DC 0V	
35	过零信号检测输入端	峰值5V	方波脉冲
36	蜂鸣器	DC 3V	
37	遥控器信号输入	DC 5V	
39	与显示面板 U02⑥通信信号输入口	DC 5V	
40	与显示面板 U02⑤通信信号输出口	峰值5V	方波脉冲
41	与显示面板 U02⑧通信请求	峰值5V	方波脉冲
42	电源端 VCC	DC 5V	

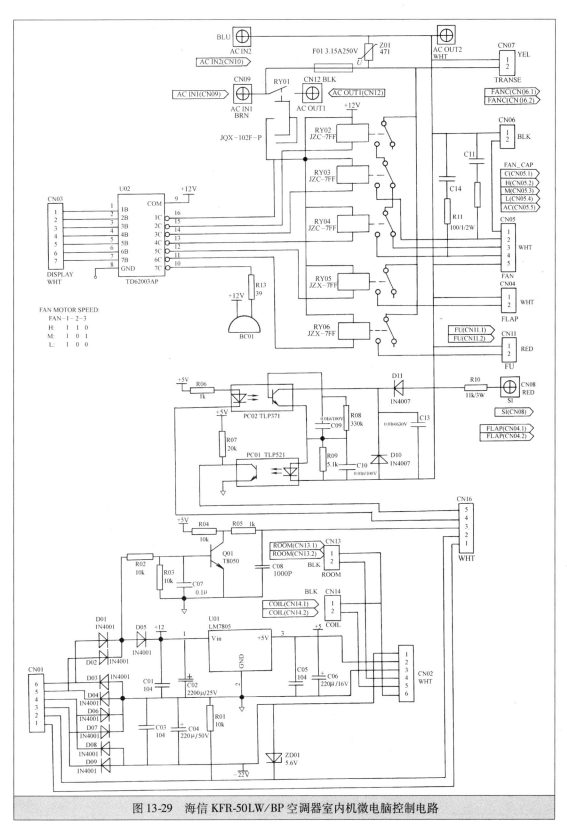

图 13-29 海信 KFR-50LW/BP 空调器室内机微电脑控制电路

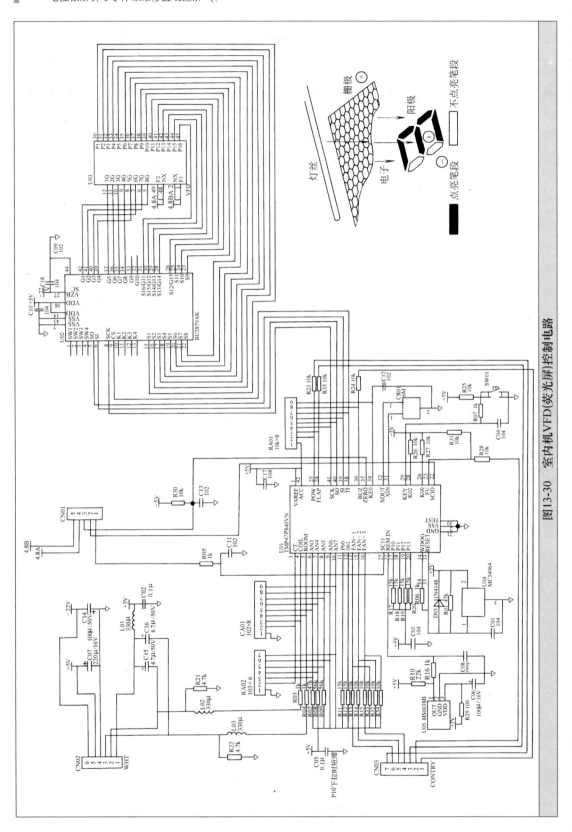

图13-30 室内机VFD(荧光屏)控制电路

2. 控制电路分析及引脚检测点

220V交流电通过室内微电脑控制板CN10、CN09插件，通过熔丝管和压敏电阻的保护送入变压器的一次侧CN07。交流电经过变压器变压出三组交流电压，如图13-31所示，CN01的①、②脚电压为4.8V，③、④脚电压为20V，⑤、⑥脚电压为11.6V。4.9V电压提供给显示基板的VFD的电源。

20V交流电压经过D06、D07、D08、D09整流，C04滤波后获得+22V直流电送入CN02的①脚，DC+22V电压提供给显示面板BU2879AK（见图13-31）的双电源之一。AC 11.5V经过D01、D02、D03、D04整流，C02滤波后获得+12V电压，再经过稳压块U01（LM7805）稳压后输出直流+5V，经过C06滤波后，送入插件CN02的②脚。+5V电给显示基板主芯片TMP47P840VN提供工作电压。

风扇电动机、风门电动机、负离子发生器、蜂鸣器的控制信号经TD62003AP集成驱动块U02提高驱动能力，驱动风门电动机工作。

TD62003AP⑨脚为工作电压DC 12V。

TD62003AP⑩脚为蜂鸣器控制信号。当开机或接收遥控信号时，此脚输出低电平，蜂鸣器响。

TD62003AP⑪脚为负离子发生器控制信号。当接收到遥控信号，需要打开负离子发生器的时候，此脚输出低电平，继电器RY06吸合，负离子发生器工作。

TD62003AP⑫脚为风门电动机控制信号。当此脚为低电平时继电器RY05吸合，风门电动机工作。

TD62003AP⑬~⑮脚为风扇电动机控制信号。其中⑬脚控制风扇电动机的低速，当此脚为低电平时，继电器RY04吸合，风扇电动机低速运转。⑭脚控制风扇电动机的中速，当此脚为低电平时，继电器RY03吸合，风扇电动机中速运转。⑮脚控制风扇电动机的高速，当此脚为低电平时，继电器RY02吸合，风扇电动机高速运转。

TD62003AP⑯脚为控制信号，控制室外机供电的继电器。当⑯脚为低电平时，继电器RL01吸合，给室外板供电，室外机工作。

复位电路：由MC34064集成块、D01、R01和C01组成（见图13-31）。复位信号输入到U01（TMP47P840VN）的㉝脚。当系统刚上电时，电容C01开始充电，TMP47P840VN的㉝脚被强制接地，即被复位。复位时㉝脚为低电平，复位后㉝脚为高电平。

过零触发信号：AC 12V经整流桥整流后，形成脉动的直流电，经R02和R03分压，取得一电压供电Q01使其导通与截止，Q01输出脉冲信号，即过零触发信号。此信号输入到TMP47P840VN的㉟脚，使得室内机与室外机进行同步串行通信。

传感器电路、盘管温度和室内温度的传感器与电阻串联构成分压采样电路。温度的变化转化成电信号，分别由TMP47P840VN的④脚和⑤脚进行采样检测。

工作电压CZ201（1）DC5V；CZ202（1）DC5V。

检测点：CN07 ①、②脚，AC220V。

CN01 ①、②脚，AC4.8V；③、④脚，AC20V；⑤、⑥脚，AC11.5V。

C02，DC12V；C04，DC22V；C06，DC5V。

CN02 ①、③脚，DC22V；②、③脚，DC+5V。

CN16 ①、②脚，4.8V。

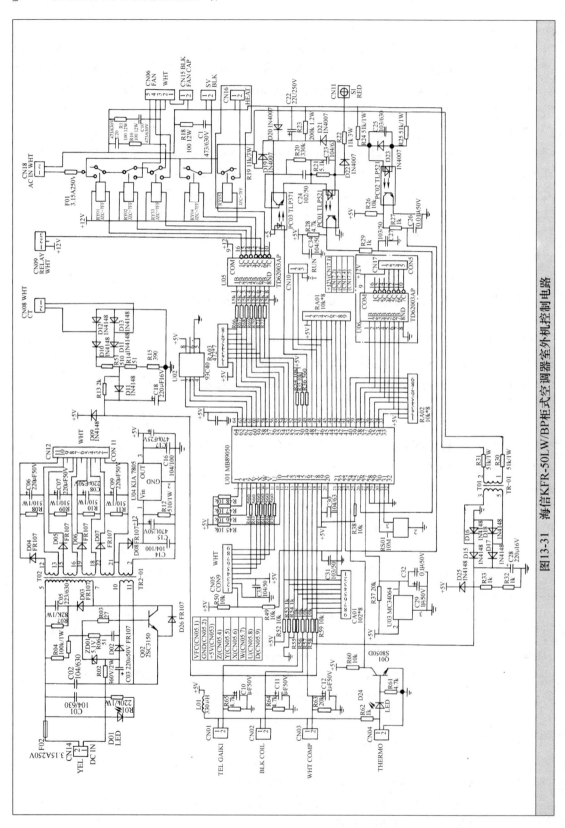

图13-31 海信KFR-50LW/BP柜式空调器室外机控制电路

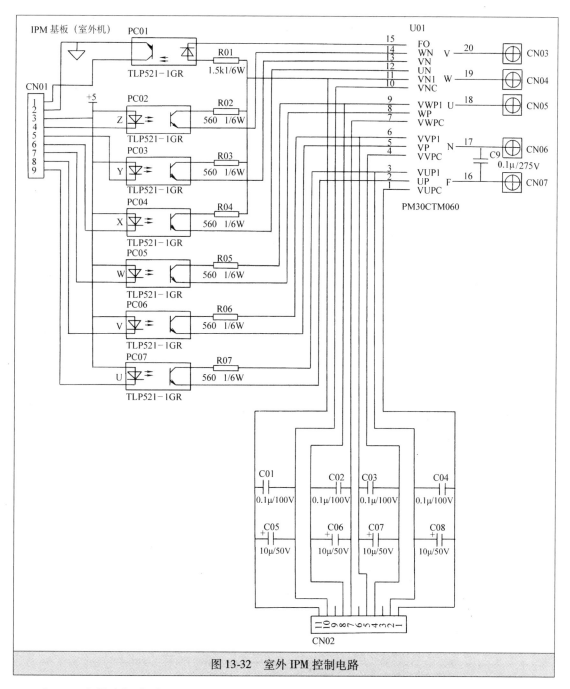

图 13-32　室外 IPM 控制电路

★ 二、室外电源电路

室内机与室外机的连线共有四根控制线，一根是相线、一根是零线、一根是地线、一根是信号线。相线接到滤波电路上，经过交流滤波后接到主控制板的 CN02、CN01 端子上。对 220V 的交流电源进行整流滤波后通过电流互感器 CT1，将检测信号送入主芯片，主芯片根据检测进行过电流保护。同时对输入的交流电源进行过电压和欠电压检测。当空调器室内机接收到开机信号后，并检测工况适合开机时，使室内机主电路继电器吸合。220V 交流电源通过连线到室外机上，而此时室外机主电路上的继电器 RY1 并不吸合，电流通过外接的

PTC 电路供电。该 PTC 具有负温度特性，当其温度较低时，阻值较大，这限制了主电路 2400μF 滤波电容器充电电流，防止了初始充电电流过大。当主电路滤波电容器上的充电电平接近饱和时，继电器 RY01 吸合，功率输出部分开始工作。大电流通过继电器 RY01 提供到外接的大功率整流二极管上，然后经过滤波电路，形成直流高压 280V 供给 IPM 电路。280V 电压还供给开关电源，开关电源是由 T02 和 Q02 组成，输出五路直流电源：一路是 DC 12V，供给继电器使用；另外四路是 DC 16V 电给 IPM 驱动电源。DC 12V 经过 7805 集成稳压电路，输出 DC 5V，供 MB89050 微处理器芯片及其附件工作，除此之外，DC 12V 还给继电器驱动电路供电。控制主控板电路如图 13-31 所示。

室外 IPM 控制电路如图 13-32 所示。

1. 控制电路引脚功能（见表 13-14）

表 13-14　室外机 MB89050 各引脚的含义

引脚	控制端	工作电压	备注
1		DC 5V	
2		DC 5V	
3		DC 5V	
4	控制 IPM 的 Z 相		
5	控制 IPM 的 Y 相		
6	控制 IPM 的 X 相	峰值电压为 5.6V	
7	控制 IPM 的 W 相	频率为 359.7Hz	
8	控制 IPM 的 V 相		
9	控制 IPM 的 U 相		
10		DC 5V	
11		DC 5V	
12		DC 0V	
13		DC 0V	
14	室外气温传感器		
15	冷凝器温度传感器		
16	压缩机排气温度传感器		
17	过电压检测信号输入口		
18	过电流检测信号输入口		
19		DC 5V	
20		DC 5V	
21		DC 0V	
22	IPM 保护输入口		
23	室内与室外串行通信输入		
24	压缩机过载保护	峰值 5.4V	过载保护时，LED24 点亮

（续）

引脚	控制端	工作电压	备注
25		DC 5 V	
26	室内与室外串行通信输出	峰值 5 V	
27	复位端		
28		DC 0 V	
29		DC 0 V	
30	振荡器输入		晶体振荡器频率是 10MHz
31	振荡器输出		
32		DC 0 V	
33 ~ 40			
41 ~ 43			
44		DC 0 V	
46	强制起动端 CN10 插件		短接 CN10 三端，室外机接通电源后可以直接起动，不需要室内机，运行方式为制热，室外低风速，此时拔下短接插头，室外机将转换成制冷
49	室内室外串行通信输出口		
53	电源控制端		
54	四通阀		
55	室外机风扇电动机中速		
56	室外机风扇电动机高速		
57	接地端	DC 0 V	
58	室外机风扇电动机低速		
60 ~ 63	E^2PROM		
64	VCC	DC 5 V	

2. 室外控制电路工作过程

压缩机排气温度、盘管温度、室外气温和压缩机过载保护器的变化，由温度传感器将温度信号转化为电信号，分别传送到 MB89050 的⑯、⑮、⑭、㉔脚。电源的电压检测电路和电流检测电路，送到 MB89050 的⑰、⑱脚。各种信号经 MB89050 电脑芯片综合处理后，发出控制信号，经 TD62003AP 驱动集成块驱动后，控制继电器（RY01、RY02 和 RY03 控制风扇电动机的低、高、中速，RY04 控制四通阀）以实现风扇风速的转换以及实现制冷制热功能的转换。MB89050④~⑨脚发出的控制信号，通过功率模块，实现压缩机以不同的频率运转与关停。其中，IPM 的保护输入到 MB89050 的㉒脚。室外机信号从 MB89050 的㊾脚输出，通过室外通信电路输入到室内机 TMP47P840VN 的㉗脚。

★ 三、故障代码含义（见表 13-15）

表 13-15 故障代码含义

代码	故障显示				故障名称	故障原因
	运行	待机	定时器	高效		
1	⊙				室内温度传感器异常	热敏电阻短路或开路
2		⊙			热交换器温度传感器异常	热敏电阻短路或开路
3	⊙	⊙			热交换器冻结	
4			⊙		热交换器过热	
5	⊙		⊙		通信故障	
8				⊙	室内风机故障	
1	☼				室外环境温度传感器异常	热敏电阻短路或开路
2		☼			室外热交换器温度传感器异常	热敏电阻短路或开路
3	☼	☼			压缩机过热	热敏电阻短路或开路或压缩机过热
4			☼		室外细管 A 温度传感器故障	热敏电阻短路或开路
5	☼		☼		室外细管 B 温度传感器故障	热敏电阻短路或开路
6		☼	☼		过电流	室外机电流过大
7	☼	☼	☼		无负载	没接压缩机或模块损坏
8				☼	供电电压异常	电源电压过高或过低
9	☼			☼	瞬时停电	
12			☼	☼	IPM 模块故障	
13	☼		☼	☼	室外 E^2 PROM 数据错误	
14		☼	☼	☼	室外回气温度传感器故障	

注：显示故障内容与运行指示灯兼用（⊙为闪烁，☼为常亮）。

★ 四、综合故障速修技巧

故障 1 机组并制热状态，室内机不转

品牌型号	海信 KFR-50LW/BP	类型	柜式冷暖型变频空调器
故障部位	室外机光耦合器损坏		

分析与检修：该机组开机制热，室内蒸发器温度很高，但室内风机仍不送风，室外机过一段时间后，压缩机因过载而停止工作，室内液晶板不显示故障代号。

因室内风机不送风，试制冷或送风时，风机工作正常，说明室内风机及其电路没有问题。怀疑室内盘管传感器异常，更换一只后，故障仍未排除，说明不是室内盘管传感器异常引起。更换室内机主控板，故障仍未排除，说明室内机也没有故障。

分析此故障是室外机引起。用万用表直流电压挡。黑表笔接"N"线，红表笔接信号线，通电开机去测信号电压，万用表出现反偏情况（正常时应有 20V 左右的脉冲电压），由

此可判定室外板通信有故障。将室外控制板卸下后测量，两只光耦合器有一只损坏，出现室外机信号只能接收，不能向室内发送的故障。更换光耦合器后试机，故障排除。

故障2 室内机运转正常，室外压缩机不定时停机

品牌型号	海信 KF-5001LW/BP	类型	柜式冷暖型变频空调器
故障部位	室外机散热异常		

分析与检修：该机组制冷运行30min后，室内机运转，压缩机停机，不再起动，无故障代码显示。

空调在一开始能正常运转，说明机器内外控制板应该没有大故障，用万用表测试通信口，将万用表的黑表笔接端子板的“N”端，红表笔接“SI”通信线，测得有24V左右的脉冲电压，由此可判定通信正常。排除通信故障后，测量室外控制信号均正常。

此时分析可能是保护性停机，由于夏天室外温度很高，发现此室外机前面不远距离还有建筑墙堵着，可能使空调的散热不良而导致停机。将此室外机移到别处，试机，运转一切正常。

故障3 室外机开停频繁

品牌型号	海信 KFR-50LW/BP	类型	柜式冷暖型变频空调器
故障部位	制冷管路缺少制冷剂		

分析与检修：现场通电开机，设定制冷状态，室内机工作正常，但室外机开停频繁，且制冷效果不好。

检测重点转移到室外机。首先检查室内机与室外机的连接正常，故障自诊断显示为通信故障。卸开外壳，测室外机DC 310V直流电压正常，功率模块U、V、W三端每3min有一次电压加上，室外机电控板正常。打开室内机一看，发现室内机一继电器开合频繁，测其前级有+12V电压，但2003驱动器控制继电器的①脚无控制信号。更换此驱动器后试机，工作一切正常，恢复制冷。

第四节 海信KFR-25×2GW/BP变频空调器电控板控制电路分析与速修技巧

★ 一、解读室内机微电脑控制电路

室内机控制电路采用东芝公司高性能的8位64引脚微处理器（TMP88CK49N）实现对室内温度、蒸发器温度、环境温度的监测、遥控信号的接收、室内风机的控制、风门电动机的控制、显示面板的控制以及室外机的控制等，控制电路如图13-33所示。

1. 室内机微电脑控制板引脚功能

（1）(55)、(56)脚为供电端，由开关电源板提供+5V的工作电压。㉖、㉜、(54)、(59)脚为接地端。

（2）时钟频率由16MHz的晶体振荡器产生，微处理器的㉚、㉛脚及其内部的分频电路共同完成时钟振荡任务。

（3）复位电路由㉙脚和IC4、R25、E1、E2组成，低电平有效。每次开机时+5V电压由IC4②脚输入，延时后从①脚输出到IC1的㉙脚，使其复位。当机器正常时，复位端为

+5V高电平。

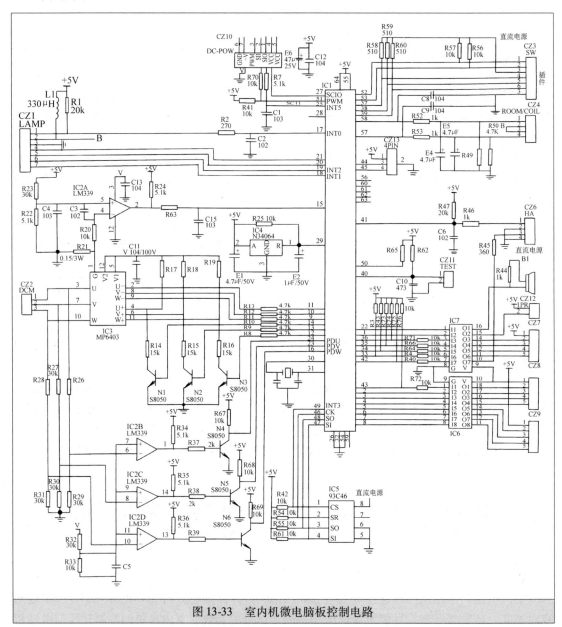

图 13-33　室内机微电脑板控制电路

（4）㉒脚是蜂鸣器接口。接通电源后蜂鸣器响两下，然后每接收到一次用户指令，㉒脚便输出一个高电平，送到反相驱动器 IC7（TDG2003AP）的①脚，IC7 从⑯脚输出一个低电平，蜂鸣器鸣响，以告知用户 MCU 已接收到该项指令。若整机已处于关机状态，遥控器再输出关机指令，蜂鸣器不响。

（5）当接收器接收到红外控制信号后，经⑰脚进入 IC1 内部，MCU 根据接收到的命令和温度采集口采集的数据，经运算处理后发出一个控制命令，室内机进入工作状态。

（6）㊺、㊽脚为温度采集口。其中㊼脚为室内温度传感输入口，㊽脚为室内盘管温度传感器输入口。

（7）⑱~㉑脚为指示灯驱动接口。"运行"指示灯为绿色，"待机"指示灯为红色，"定时器"指示灯为绿色，"高效"指示灯为橙色。

（8）㊸、②、③、④脚为右风门电动机驱动接口，有效时输出高电平，送到反相驱动器IC6（TDG2003AP）①~④脚，IC6从⑱、⑰、⑯、⑮脚输出低电平，使右风门电动机得电工作。

（9）⑤~⑧脚为上下风门电动机驱动接口，有效时输出高电平，送到反相器IC6的⑤~⑧脚，IC6从⑭~⑪输出低电平，使上下风门电动机得电工作。

（10）㊱、㉟、㉝、㊷脚为左风门电动机驱动接口，有效时输出高电平送到反相驱动器IC7的③~⑦脚。IC7从⑭~⑩输出低电平，使左风门电动机得电工作。

（11）㊵脚为"TEST"测试开关。低电平有效，空调器将进入强制制冷运行，运转频率为额定值，可进行压力、电流等的测量。

（12）⑨~⑭脚为室内风扇电动机驱动端。

（13）⑯、㉓、㉔脚为室内风扇电动机转子位置监测端。

（14）⑮脚为室内风扇电动机保护端。

（15）㉕脚为串行通信输入端。

（16）㉗脚是串行通信输出端。

2. 室内机开关电源板控制电路分析

开关电源控制电路如图13-34所示。

由图13-34可知，220V交流电压经C1、L1滤波，整流桥DB1整流，C4滤波，形成平滑的310V直流电压。该电压经开关变压器T1的9~7绕组加到开关管Q1的漏极D。Q1的开关受控于IC1（GH03）⑯脚输出的控制信号。当改变IC1⑯脚的脉冲占空比时，就可以改变Q1的导通和关断的时间，来控制开关电源的输出电压。R1是保险电阻，当电流有效值达到1A时断开，以保护开关管及元件。

Q1工作后，在开关变压器T1的二次④~⑥绕组感应出的高频交流电压，经D3整流、C7、C8滤波后形成平滑的直流30V电压。一路送到CN2的⑦脚，一路送到IC1的取样端⑤端，另一路经限流电阻R9、电感L2加到DC电压变换器IC4（LM2575T—50）的①脚，IC4从2脚输出+5V电压，给MCU、驱动、复位等电路供电。IC4的③、⑤脚为接地端，④脚为5V电压取样输入端。当①脚输入的电压有变化时，②脚输出的脉冲波占空比随之变化（但频率为53kHz固定不变），从而保证C10上的电压固定不变。L3是储能线圈，C10滤波，D4箝位，ZD1是过电压保护。

★ 二、解读室外机微电脑板控制电路

室外机主芯片也采用东芝公司芯片（TMP88CK49），只是在空调器程序的编写过程中，厂家根据实际情况对其每个引脚进行了重新定义。主芯片的作用是根据内部编制好的程序，对输入信号进行比较和判断，然后输出控制信号给驱动执行机构，使空调器按照不同模式工作。控制电路如图13-35所示。

室外机IC301（TMP88CK49）的主要引脚定义如下：

（1）㊺、㊾脚为VCC端，正常时+5V的工作电压。

（2）㉖、㉜、㊾脚为接地端。

（3）㉚、㉛脚为时钟振荡端。外接16MHz的晶体振荡器。

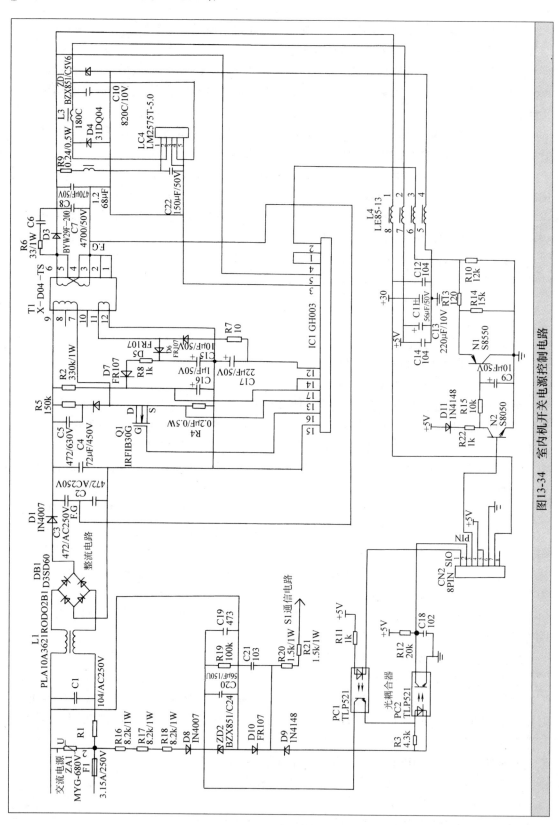

图13-34　室内机开关电源控制电路

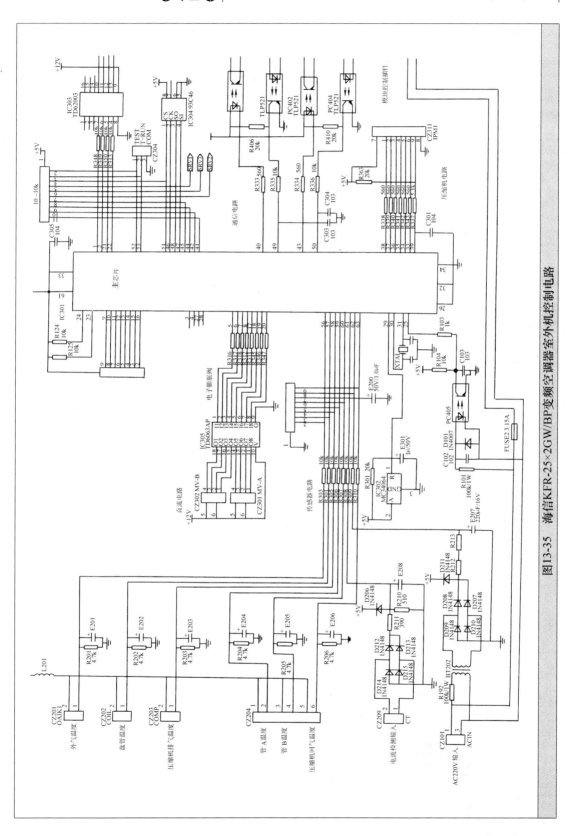

图13-35 海信KFR-25×2GW/BP变频空调器室外机控制电路

（4）㉙脚复位端。复位电路由 IC302 （MC34064）、R301、E301 组成，开机瞬间为低电平，以后升为 +5V 高电平。

（5）传感器输入接口：㊽脚为室外温度传感器输入端，㊼脚是室外热交换器温度输入端，㊾脚是压缩机排气温度传感器输入端，㊿脚是细管 A 温度传感器输入端，⑥脚是细管 B 温度传感器输入端，⑥脚是压缩机回气温度传感器输入端。

（6）外存储器读取及故障指示是㉛、㊻、㊼、㊽脚，并接到存储器 IC304 （93C46） 的①、②、③、④脚，并接有 SRV1、SRV2、SRV3 三个故障指示灯。

（7）电子膨胀阀驱动接口，其中⑤、⑥、⑦、⑧脚为 B 阀驱动端，⑰⑱⑲脚为 A 阀驱动端。

（8）通信接口：㊵脚是 A 机通信输出端，㊾脚是 A 机通信输入端，㊿脚是 B 机通信输入端，㊸脚是 B 机通信输出端。

（9）①、②、㉑、㉒脚是继电器驱动端。其中①、②脚是室外风扇电动机驱动端，工作时①脚输出低电平到反相驱动器 IC303 （TDG62003AP） 的⑦脚，IC303⑩脚输出一低电平，使继电器 RL501 得电吸合，室外风扇电动机工作在中速挡。㉑脚是主继电器驱动端，㉑脚输出高电平到 IC303 的⑤脚上，IC303⑫脚输出低电平，通过插接件 CZ401 使继电器 RY1 得电吸合，短接 PTC 起动器，为功率模块提供大的工作电流。㉒脚为四通阀驱动端，动作时，㉒脚输出高电平至 IC303 的④脚，IC303⑬脚输出低电平，使继电器 RL504 得电吸合，四通阀线圈得电工作。四通阀线圈阻值约为 1400Ω。

（10）㉕脚是 AC 有无检测端。交流电压经 R101 降压，经光耦合器 PC405 耦合到 IC301 的㉕脚，正常为低电平，无 AC 电压时为高电平。

（11）㉝ ~ ㉟脚是功率模块驱动信号输出端。㉝ ~ ㉟脚输出六路脉冲宽度调制波 （PWM），经光耦合器 （在功率模块上） 的隔离，接到厚膜集成电路上，分别控制六个大功率晶体管 （英文简写 BJT 或 GTR） 的通断，输出三路分别相差 120° 的电压可变、频率可变的正弦波，驱动变频压缩机运转。

（12）㊴脚是功率模块保护端，如果功率模块出现过热、过电流、短路等保护，功率模块就会输出一个故障信号给主控芯片的㊴脚，以便进行报警。

（13）⑥脚是电流检测端。CT1 感应出电流信号，经 D212、D213、D214、D215 整流出一直流信号，经 R210、R211 分压，E208 滤波之后，输入到芯片的⑥脚。二极管 D2 作为箝位二极管，将直流电平钳制在 +5V。R308 是限流电阻。

★ **三、室内机故障代码含义**（见表 13-16）

表 13-16 室内机故障代码含义

代码	显示灯				故障部位	故障原因
	运行灯	待机灯	定时灯	高效灯		
1	⊙	※	※	※	室内温度传感器异常	热敏电阻短路或开路
2	※	⊙	※	※	热交换器温度传感器异常	热敏电阻短路或开路
3	⊙	⊙	※	※	热交换器冻结	
4	※	※	⊙	※	热交换器过热	
5	⊙	※	⊙	※	通信故障	
8	※	※	※	⊙	室内风机故障	

（续）

代码	显示灯				故障部位	故障原因
	运行灯	待机灯	定时灯	高效灯		
1	●	※	※	※	室外环境温度传感器异常	热敏电阻短路或开路
2	※	●	※	※	室外热交换器传感器异常	热敏电阻短路或开路
3	●	●	※	※	压缩机过热	热敏电阻短路或开路
4	※	※	●	※	室外细管 A 温度传感器故障	热敏电阻短路或开路
5	※	※	●	※	室外细管 B 温度传感器故障	热敏电阻短路或开路
6	※	●	●	※	过电流	室外机电流过大
7	●	●	●	※	无负载	没接压缩机或模块保护
8	※	※	※	●	供电电压异常	电源电压过高或过低
9	●	※	※	●	瞬时停电	
12	※	※	●	●	IPM 模块保护	
13	●	※	●	●	室外 E^{2}PROM 数据错误	
14	※	●	●	●	室外回气温度传感器故障	

注：⊙：闪烁，●：常亮，※：灭。

当运行出现故障后，空调器将停止运行，然后显示故障内容。

若要重现故障内容可按"传感器切换"，将遥控器设定为"本体控温"，再设为"遥控器控温"状态。

★ 四、室外机故障代码灯含义

室外机故障显示灯为 SRV1、SRV2、SRV3。当压缩机由于故障停止运行时，故障显示灯进行故障报警。当压缩机处于运行状态时，故障显示灯指示限频因素。室外机故障见表13-17。

表13-17 室外机故障代码灯含义

代码	故障显示			故障名称
	SRV3	SRV2	SRV1	
1	●	※	※	室外环境温度传感器异常
2	※	●	※	室外热交换温度传感器异常
3	●	●	※	压缩机过热
4	※	※	●	室外细管 A 温度传感器异常
5	●	※	●	室外细管 B 温度传感器故障
6	※	●	●	过电流
7	●	●	●	无负载
8	⊙	※	※	供电电压异常
9	※	⊙	※	瞬时停电
10	⊙	○	※	制冷室外过载
11	※	※	⊙	正在除霜
12	⊙	※	⊙	IPM 模块故障
13	※	⊙	⊙	室外 E^{2}PROM 故障错误
14	⊙	⊙	⊙	室外回气温度传感器故障

注：⊙：闪烁，●：常亮，※：灭。

★ 五、综合故障速修技巧

故障 1　移机后，运转中漏电保护器跳闸

品牌型号	海信 KFR-25GW/BP	类型	交流变频一拖二
故障部位	制冷系统混入空气		

分析与检修： 现场通电开机，设定制冷状态，室内 A、B 机及室外均能运转，检查漏电保护器符合功率要求，并贴有国际认证的 CCC 标志。检查控制线绝缘良好，检测控制部件风机、压缩机电阻值参数正常，用压力表测压力偏压偏低，指针抖动厉害。由此判定制冷系统含有空气。停机 10min 后，从低压气体锁母处放掉空气，然后补加制冷剂至压力为 0.5MPa，故障排除。

故障 2　室内 A、B 机均不制冷，运行灯、待机灯灭，定时灯、高效灯亮

品牌型号	海信 KFR-25GW×2/BP	类型	一拖二变频空调器
故障部位	开关电源故障		

分析与检修： 现场查海信维修手册为开关电源板故障，更换后故障排除。开关电源控制电路如图 13-36 所示。

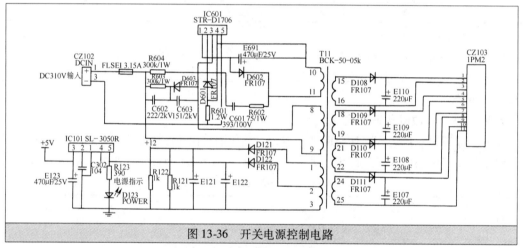

图 13-36　开关电源控制电路

滤波基板送来的 310V 直流电压，经 FLSE1 熔丝和开关变压器 T11（BCK—50—05K）的⑧~⑨绕组加到电源厚膜块 IC601（STR—D1706）的③脚。R604 是启动电阻。启动电压加到 IC601 的②脚，开关变压器 T11 绕组⑩~⑪产生的电压反馈到 IC601 的④脚，调整厚膜块内开关管的开关频率，使输出电压稳定。

开关变压器 T11 绕组①~③脚输出的高频交流电压，经 D121 整流、E121 滤波，形成 +12V 电压，给驱动电路继电器线圈供电。绕组②~③脚电压经 D122 整流、E122 滤波后形成的电压，加到稳压块 IC101（SK—3050R）的⑤脚，经 IC101 稳压后，从③脚输出 +5V 电压，给 MCU、复位等供电。开关变压器 T11 二次绕组⑮~⑯、⑱~⑲、㉑~㉒、㉕~㉖产生的电压，分别经 D108、E110、D109、E109、D110、E108、D111、E107 整流滤波后，给功率模块微电路提供工作电压。

故障 3　室内机安装水平正常，却不断有漏水

品牌型号	海信 KFR-25GW×2/BP	类型	一拖二变频空调器
故障部位	接水槽与接水槽连接处有微量水渗出		

分析与检修： 用水平仪测量室内机较水平，排水管无折扁处。卸开室内机罩壳观察，接

水槽无破损，无过量积水，排水也正常。开机制冷仔细观察，发现接水槽与后接水槽连接处有微量水沿海棉渗出，时间一长汇集成水滴滴下。用密封胶将前后水槽接触封住，并在期间插一塑料片，引导后水槽的水准确流入前水槽。经试机再无漏水现象。

经验与体会：双水槽机型发现漏水故障。估计是因后水槽导水片长度不够和间隙密封不严造成。在安装室内机时一定要保持水平，且不要正对下面的家电及贵重物品，以免因空调漏水造成不必要损失。

故障 4 用户反映自移机后开双机正常，开单机不制冷，且未开的一台室内机出现结冰

品牌型号	海信 KFR-25GW×2/BP	类型	一拖二变频空调器
故障部位	A、B 机信号线接错		

分析与检修：该机组刚安装不久，用户反映开双机正常，开单机不制冷，且未开的一台室内机出现结冰。出现此故障一般为信号线接错，造成开 A 机时 B 机系统电磁阀开启，冷媒进入 B 机系统循环。由于 B 室内机未开，造成冷风无法散出导致蒸发器冻结。A 室内机因电磁阀未开，无冷煤循环不制冷，经对调 A、B 机信号线后试机正常。

经验与体会：因安装时信号线接错导致故障的例子不少，一拖二空调器安装移机后应开单机 A 试机，正常后再试 B 机。若发现上述故障，对调 A、B 机信号线试机，若对调后故障仍不能排除，则应查 A、B 电磁阀阀体是否装反，电磁阀线圈引线是否 A、B 接反。若接反，对调即可排除故障。

故障 5 室内 A、B 机冷热均不制

品牌型号	海信 KFR-25×2GW/BP	类型	一拖二变频空调器
故障部位	四通阀串气		

分析与检修：上门用户反映机组使用 3 年制冷效果一直较好，数天前更换压缩机后不制冷，现场通电用遥控器开机，设定制冷状态，手摸低压液体管、气体管无温差，用耳听四通阀气流声较大。初步判定四通阀窜气。更换四通阀后试机，故障排除。

经验与体会：空调器冷热均不制的故障原因较多，判定方法见表 13-18。

表 13-18 空调器冷热均不制的故障判定方法

故障现象	故障原因	故障部件	现象及判断方法	排除方法
不制冷、不制热	漏制冷剂	内外机接口	漏点处有油污，测压力为零，充氮或充制冷剂检漏，确认具体漏点	紧固或重新扩口
		焊接接口		重新焊接接口处
		管道或系统部件有沙眼、裂纹		更换部分管道或重新焊接沙眼、裂缝处
	系统脏堵冰堵	毛细管堵	制冷剂无法流动，无节流声，测低压压力逐步降低为零直到负值，冷凝器温度升高	1. 焊开所堵位置，用高压氮气吹污，四氯化碳清洗 2. 更换
		换热器、单向阀等其部件油堵脏堵		
		干燥过滤器脏堵		1. 更换管道或重新切割、焊接 2. 更换蒸发器、冷凝器
		管道折瘪，冷凝器、蒸发器焊堵		
	四通阀坏	四通阀窜气	制冷剂直接通过四通阀从高压回到低压，气流声大，四通阀进、出口温差小	更换四通阀
	压缩机故障	压缩机不工作	绕组断路、短路，不运转	更换压缩机
		完全窜气	压缩机无吸排气温度，高低压力接近平衡值	

故障6 炎夏空调器室内 A、B 机均出热风

品牌型号	海信 KFR-25×2GW/BP	类型	一拖二变频空调器
故障部位	四通换向阀内部滑块变形		

分析与检修： 现场开机检查四通阀线圈良好，测量控制四通阀继电器吸合良好，测系统压力正常。经全面检测判定四通阀内滑块变形。更换同型号四通换向阀后，故障排除。

经验与体会： 四通阀是热泵型空调器特有部件，当制冷剂有杂质或冷冻油变质产生的碳化物将毛细管堵塞时，会使四通阀中尼龙滑块移动困难，空调器制冷、制热状态即无法转换。

排除四通阀堵塞的方法是：用一个电源插座，将 220V 交流市电引到室外机上方。拔下空调器电源插头和四通阀的两根端子引线，用手拿住引线的绝缘部分，将引线端直接插进电源插座对四通阀加电，强迫四通阀电磁线圈吸动滑块。这样反复通断电 4~5 次，当听到"嗒、嗒"的声音时，说明滑块能够正常移动。检修时，如果引入 220V 电源有困难，也可以利用室外机接线端子上的电源。用遥控器开机，设定制冷状态，3min 后室外机接线端子上有电，可以用端子板上 220V 电压直接对四通阀加电试验。

如果四通阀直接加电后，阀内滑块仍卡在制冷状态不能移动，在征得用户同意后，也可以采用舍弃四通阀的应急办法。用气焊焊下四通阀上下 4 根铜管，用两个 U 形管分别将排气管和冷凝管相连，蒸发器的出口管和压缩机的吸气管相连。经过打压、检漏、抽空、充氟，空调器即可恢复制冷。管路改动后，空调器制冷量不受影响，但失去了制热功能。这种办法也适用于修理价值不大的空调器。四通阀制冷、制热工作原理如图 13-37 所示。

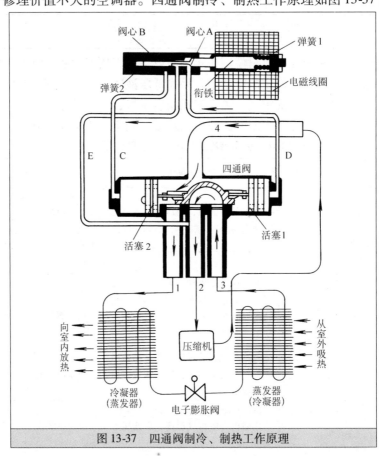

图 13-37 四通阀制冷、制热工作原理

第五节　海信 KFR-26GW／A8V810N-A3、KFR-35GW／A8V810N-A3 变频空调器电控板控制电路分析与速修技巧

★ 一、产品技术特点

海信 KFR-26GW/A8V810N-A3 室内机采用 G1V 箱体，电控采用成熟瑞萨方案，使用交流电动机，室内显示全新设计，其余同 KFR-26G/81FZBp-2；室外机采用 W1N 箱体，单板有源方案，节流为电磁膨胀阀，使用交流电动机，单排冷凝器。

海信 KFR-35GW/A8V810N-A3 室内机采用 G1V 箱体，电控采用成熟瑞萨方案，使用直流电动机，室内显示同 KFR-26G/A8V810N-A3；室外机采用 W1N 箱体，节流为电磁膨胀阀，使用交流电动机，双排冷凝器。

★ 二、室内机电控技术特点

（1）此机型室内控制板采用开关电源供电方式。

（2）室内风扇电动机为 PG 风机。

★ 三、室外机电控技术特点

（1）压缩机驱动采用单电源低成本 IPM 模块驱动方案，提高了系统集成度和可靠性。

（2）采用正弦波驱动方案，在拓宽系统能力范围的同时提高了系统的震动和噪声性能以及能源利用效率。室外风扇采用交流电动机。

★ 四、KFR-26GW/A8V810N-A3、KFR-35GW/A8V810N-A3 室内机电控板外观实物图分析

海信 KFR-26GW/A8V810N-A3 室内机电控板外观实物检测点见图 13-38（见本书彩插）所示。

海信 KFR-35GW/A8V810N-A3 室内机电控板外观实物检测点见图 13-39（见本书彩插）所示。

★ 五、室内机电控板控制电路解析

1. 电源输入电路

功能：（1）电源输入，为控制板提供交流市电。

　　　（2）保险熔丝管起短路保护的作用。

检测：（1）检测电源是否有电。

　　　（2）保险熔丝管、应该连通，不应断路。

2. 室外供电电路

功能：向室外机供电，提供电源。

检测：（1）系统开机后，继电器应能够可靠吸合向室外供电。

　　　（2）检测继电器的绕组是否断路。

3. 风扇电动机驱动电路

功能：驱动室内风扇电动机运转。

检测：交流机

　　　（1）电源是否正常；交流 220V 是否正常。

　　　（2）接口端子接触是否良好。

检测：直流机

　　　（1）直流端供电电压 DC310V、DC15V 是否正常。

　　　（2）接口端子接触是否良好。

4. 通信电路

功能：室内、外机通过此电路进行通信，传递数据。

检测：（1）检测通信线与零线之间有无变化的直流电。电压变化范围：DC 0~24V。

（2）检测两个光电耦合器是否良好。

（3）检测整流二极管和稳压二极管是否良好。

5. 电源电路

功能：将交流强电转化为弱电 12V、5V，为控制板提供工作电源。

检测：在有电源的情况下检测开关电源次级输出二极管至后端电解电容两端是否有直流电压。其中 KFR-26 机次级输出为 15V、12V、5V；KFR-35 机次级输出为 15V、12V、5V。

6. 步进电动机电路

功能：为步进电动机提供驱动脉冲电源。

检测：（1）检测 +12V 电源是否正常。

（2）检测反向驱动器是否正常，前极为高电平，后极为低电平。

（3）检测接口是否接触良好。

7. 存储器电路

功能：存储整机运行时的关键参数。

检测：检测电源 +5V 是否正常。

8. 传感器电路

功能：检测环境温度和盘管温度。

检测：（1）检测接口连接是否良好。

（2）检测电源 +5V 是否正常。

9. 显示接口电路

功能：连接显示板，为显示板提供 +5V 电源，使显示板与控制板建立起通信连接。

检测：（1）检测 +5V 电源是否正常。

（2）检测连接线是否连接良好。

★ 六、海信室外机电控板元件外观示意图解析

海信 KFR-26GW/A8V810N-A3、KFR-35GW/A8V810N-A3 室外机主控板元件外观实物检测点见图 13-40（见本书彩插）所示。

★ 七、海信 KFR-26GW/A8V810N-A3、KFR-35GW/A8V810N-A3 室外机主控板元件解析

1. 电源滤波电路

功能：对开关电源前的交流电压进行滤波。

检测：（1）滤波前后电压应该相同。

（2）熔断器应该连通，不应断路。

2. 开关电源电路

功能：提供室外的控制电源 5V、12V 与 15V。

检测：（1）电源输入应该在 DC140V 以上。输出电压为 5V、12V 与 15V。

（2）7815 输出应为 15V。

3. EE 电路

功能：数据存储。

检测：EE 芯片的 1、8 脚应为 5V。

4. 通信电路

功能：室内外数据通信。

检测：通信线上电压应为 0V-15V-24V 变换。

5. 风机控制

功能：室外交流风机控制。

检测：交流风机端子电压以及风机控制继电器的输入信号。

6. 四通阀控制

功能：四通阀控制。

检测：四通阀继电器吸合时，其输出与零线之间电压应为交流输入电压值。

7. 压敏电阻

功能：交流电压过压保护。

检测：（1）表面不应爆裂。

　　　　（2）上电后，压敏电阻引脚两端电压为交流输入电压值。

8. 热敏电阻

功能：电解电容充电限流保护。

检测：常温下，其两端电阻应为47Ω左右。

9. 电子膨胀阀

功能：电子膨胀阀驱动控制。

检测：（1）电子膨胀阀电源应为DC12V。

　　　　（2）室外上电后，电子膨胀阀有动作的声音。

10. 传感器检测电路

功能：温度检测电路。

检测：输入到芯片电压值应为传感器电阻与对应下拉电阻分压值。

11. 压缩机过热保护检测电路

功能：压缩机过热保护检测电路

检测：压缩机不热保护时，输入到芯片口电压应为5V；压缩机过热保护时，输入到芯片口电压应为0V。

12. 相电流采样电路

功能：检测压缩机电流。

检测：不便于现场检测，需借助示波器。有故障会报驱动故障。

13. 交流电流检测

功能：检测室外机交流输入电流。

检测：不便于现场检测，需借助示波器。

14. IPM驱动模块

功能：为压缩机提供电源。

检测：将万用表打到二极管挡，将红色表笔放在模块N引脚上，再用黑色表笔分别接触模块U、V、W三个端子看电压是否在0.35~0.7V之间，如果不正常，则模块可能已经损坏。如果正常，再将万用表的红色表笔放在模块P引脚上，用黑色表笔分别接触模块U、V、W三个端子看电压是否在0.35~0.7V之间，如果电压不正常，则可能模块已经损坏。

第六节　海信KFR-72LW柜式变频空调器电控板控制电路分析与速修技巧

★一、海信KFR-72LW柜式变频空调器室内机技术解析

1. 室内机电控技术特点

（1）海信KFR-72LW柜式变频空调器室内控制板采用开关电源供电方式。

（2）室内风扇电动机为直流电动机。

（3）室内显示和室内电源电路分开，提高了工作的可靠性。

（4）专用的显示通信电路，提高了抗干扰能力。

2. 室外机电控技术特点

（1）室外采用单板倒装的方式，将主控、驱动、大电解、滤波电路都集中到一块控制板上。

（2）压缩机驱动采用180°直流变频驱动方案，IPM模块采用无光耦非隔离驱动方案。

（3）室外采用单芯片的控制方式，减少了室外主控和驱动的通信，提高了效率。

（4）采用主动升压式PFC控制方案，可有效降低电源系统的谐波和提高能源利用效率。

（5）室外弱电电源为开关电源供电，主要为控制芯片、交直流风机驱动电路、PFC控制电路和模块驱动电路提供电源。电源分为三路，分别为5V、12V、15V，采用热地设计。

3. 海信KFR-72LW柜式变频空调器室内机电控板接线方法

海信KFR-72LW柜式变频空调器室内机接线方法见图13-41所示。

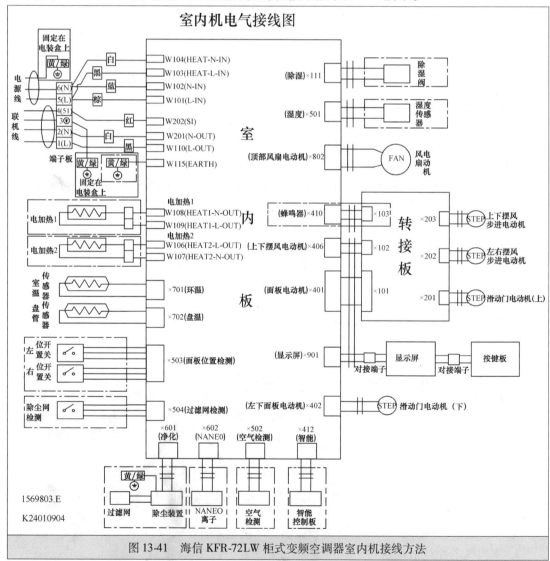

图13-41　海信KFR-72LW柜式变频空调器室内机接线方法

4. 室内机电控板外观实物图解析

海信 KFR-72LW 柜式变频空调器室内机电控板外观实物见图 13-42（见本书彩插）所示。

★ 二、海信 KFR-72LW 柜式变频空调器室内机电控板主要硬件检测解析

1. 电源输入电路

功能：电源输入，为控制板提供交流市电。

检测：（1）检测电源是否有电。

（2）保险熔丝管应该连通，不应断路。

2. 室外供电电路

功能：向室外机供电，提供电源。

检测：（1）系统开机后，继电器应能够可靠吸合向室外供电。

（2）检测继电器的绕组是否断路。

3. 通信电路

功能：室内、外机通过此电路进行通信，传递数据。

检测：（1）检测通信线与零线之间有无变化的直流电。电压变化范围：DC 0~24V。

（2）检测两个光电耦合器是否良好。

（3）检测整流二极管和稳压二极管是否良好。

4. 电加热驱动电路

功能：驱动电加热器工作。

检测：（1）检测电源是否正常。

（2）检测继电器的绕组是否断路。

（3）检测熔断器是否连通，不应断路。

5. 开关电源电路

功能：将交流强电转化为弱电 12V（13V）和 15V，为控制板后端提供工作电源。

检测：（1）在有电源的情况下检测电解电容两端是否有直流电压。

（2）检测 7812 的输出电压 12V 和 7805 输出电压（+5V）是否正常。

（3）检测 15V 是否正常。

注意，15V 的电源地为强电地（ACGND）。

6. 7805 稳压器

功能：将直流 12V（13V）转为 5V，为控制板提供工作电源。

检测：检测 7805 的输入电压 12V（13V）和输出电压（+5V）是否正常。

7. 风扇电动机驱动电路

功能：88 系列机器仅一个顶部的风扇电动机，插接在红色端子上。

检测：（1）电源是否正常；直流 310V 是否正常，+15V 是否正常；启动时 Vsp 是否有 0~6.5V 之间的电压。

（2）接口端子接触是否良好。

8. 步进电动机驱动电路

功能：为面板步进电动机和风摆步进电动机提供驱动脉冲电源；X402 为下部面板驱动步进电动机；X401 为上部的面板驱动步进电动机和左右摆风驱动步进电动机；X406 为上下摆风驱动步进电动机。

检测：（1）检测 12V（13V）电源是否正常。

（2）检测反向驱动器是否正常，前极为高电平，后极为低电平。

（3）检测各步进电动机接口是否插装良好。

（4）检测室内控制板到上部转接板的连接线（18 芯连接线）是否连通，插头插装是否可靠。

9. 存储器电路

功能：存储整机运行时的关键参数。

检测：检测电源 +5V 是否正常。确认 EE 插装方向是否正常。

10. 显示接口电路

功能：连接显示板，为显示板提供 12V（13V）电源，使显示板与控制板建立起通信连接。X901-1 为 12V（13V）电源；X901-2 为按键电平采集（KEY）；X901-3 为遥控接收口（RMT）；X901-4 为显示通信接口（DISPLAY）；X901-5 为电源地（GND）。

检测：（1）检测 12V（13V）电源是否正常。

（2）检测显示板到室内控制板之间的五芯连接线是否连接良好。

（3）检测三芯连接线是否连接良好。

11. 除尘网检测电路

功能：检测除尘网位置，为除尘功能正常运行提供信号；当除尘网装入正常位置后。位置检测光电开关输出低电平。启动除尘功能后，控制板会为除尘网提供高压电。当除尘网被抽出后，光电开关输出高电平，控制板会立即将电压切断，当除尘网被再次装入后，控制板会延时供电。

检测：（1）检测接口连接是否良好。

（2）检测电源 +5V 是否正常。

12. 面板位置检测电路

功能：检测滑动面板运转的位置，为滑动面板正常运转提供信号。当光电开关被遮挡后输出低电平，无遮挡输出高电平。X503-1 为电源引脚（约 5V）；X503-2 为 GND；X503-3 为左侧面板位置信号；X503-4 为电源引脚（约 5V）；X503-5 为 GND；X503-6 为右侧面板位置信号。

检测：（1）检测接口连接是否良好。

（2）检测 X503 的电源 +5V 是否正常。

（3）检测 X503 到左右侧光电开关的六芯连接线是否连通。

13. 粉尘检测电路

功能：连接粉尘检测传感器，将当前空气的洁净度发给主控芯片。

检测：（1）X502-1 引脚为信号；X502-2 引脚为电源（约 5V）；X502-3 引脚为 GND。

（2）检测 X502-2 引脚电源是否正常。

（3）检测 X502 到粉尘传感器的三芯连接线是否连通。

14. 传感器电路

功能：检测环境温度和盘管温度。

检测：（1）检测接口连接是否良好。

（2）检测电源 +5V 是否正常。

15. 蜂鸣器驱动电路

功能：驱动蜂鸣器发出声音。

注意，前期产品将蜂鸣器安装在室内控制板上，后为了改善蜂鸣器声音将蜂鸣器安装在机器顶部的转接板上。室内控制板上增加 X410 插座，在转接板上增加 X103 插座，通过连接线进行转接。

检测：（1）检测接口连接是否良好。

（2）检测 X412 到智能板连接线是否连通。

16. 除尘驱动电路

功能：为除尘装置提供 12V（13V）电源。

检测：检测 12V（13V）电源是否正常。

★ 三、海信 KFR-72LW 柜式变频空调器室内机显示板主要硬件检测解析

海信 KFR-72LW 柜式变频空调器室内机显示板外观实物见图 13-43 所示。

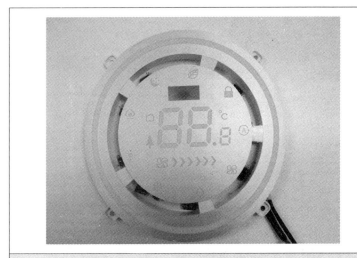

图 13-43 海信 KFR-72LW 柜式变频空调器室内机显示板

1. 显示接口解析

功能：连接主控板，使显示板与控制板建立起通信连接。X302-1 为 12V（13V）电源；X302-2 为按键电平采集（KEY）；X302-3 为遥控接收口（RMT）；X302-4 为显示通信接口（DISPLAY）；X302-5 为电源地（GND）。

检测：（1）检测 12V（13V）电源是否正常。

（2）检测显示板到室内控制板之间的五芯连接线是否连接良好。

2. 按键接口解析

功能：连接显示板，使显示板与按键板建立起通信连接。X301-1 为 5V 电源；X301-2 为按键电平采集（KEY）；X301-3 为电源地（GND）。

检测：（1）检测 +5V 电源是否正常。

（2）检测显示板到室内控制板之间的三芯连接线是否连接良好。

3. 电源输入电路解析

功能：为显示板提供直流电，由室内 +12V 通过稳压器件分出三路 +5V。

检测：（1）检测 12V（13V）电源是否正常。

（2）检测 +5V 电源是否正常。

★ 四、海信 **KFR-72LW** 柜式变频空调器室内机按键板解析

海信 KFR-72LW 柜式变频空调器室内机按键板见图 13-44 所示。

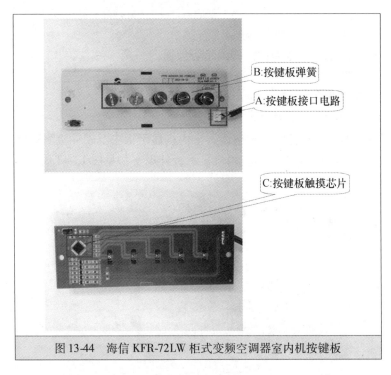

图 13-44　海信 KFR-72LW 柜式变频空调器室内机按键板

下面进行按键接口解析。

功能：连接显示板，使显示板与按键板建立起通信连接。CN1-1 为 5V 电源；CN1-2 为按键电平采集（KEY）；CN1-3 为电源地（GND）。

检测：（1）检测 +5V 电源是否正常。

（2）检测显示板到室内控制板之间的三芯连接线是否连接良好。

★ 五、海信 **KFR-72LW** 柜式变频空调器室外机控制板解析

海信 KFR-72LW 柜式变频空调器室外机电控板外观实物见图 13-45（见本书彩插）所示。

★ 六、海信 **KFR-72LW** 柜式变频空调器室外机电控板主要硬件检测解析

1. 压敏电阻

功能：交流电压过电压保护。

检测：（1）表面不应爆裂。

（2）上电后，压敏电阻引脚两端电压为交流输入电压值。

2. 电源滤波电路

功能：对进入控制板的交流电进行滤波，抑制干扰。

检测：（1）滤波电路前后电压应相同。

（2）滤波电路前后的 L-L 应连通，N-N 应连通，应短路；L-N 间应断路。

3. 热敏电阻

功能：电解电容充电限流保护。

检测：常温下，其两端电阻应为 47Ω 左右。

4. 主继电器

功能：室外交流电上电控制。

检测：主继电器吸合时，其输出与零线之间电压应为交流输入电压值且旁边的热敏电阻不发烫。

5. 保险管

功能：控制板电流过大时，切断主回路，起保护作用。

检测：测量保险熔丝管两端，应为通路。

6. 电源电路

功能：提供室外主控板的控制电源 5V、12V、15V。

检测：（1）电源输入应该在 DC140V 以上。

（2）控制板上对应输出电压应为 5V、12V、15V。

7. 通信电路

功能：室内外数据通信。

检测：通信线上电压应为 0V-15V-24V 变换。

8. 直流风机控制

功能：直流电动机接口，驱动直流电动机运行。

检测：（1）接口电压是否正确。引脚定义依次为 DC310V、空脚、GND、DC15V、VSP 与 FG。

（2）接口端子是否良好。

9. 四通阀控制

功能：四通阀控制。

检测：四通阀继电器吸合时，其输出与零线之间电压应为交流输入电压值。

10. 控制芯片

功能：控制室外机的整体功能，和室内、驱动通信，协调进行整机的运行。同时为 IPM 及 PFC 电路提供驱动控制及故障保护。

检测：不便于现场检测，故障检测需借助示波器。有故障会报具体故障。

11. 电子膨胀阀

功能：电子膨胀阀驱动控制。

检测：（1）电子膨胀阀电源应为 DC12V。

（2）室外上电后，电子膨胀阀有动作的声音。

12. 传感器检测电路

功能：温度检测电路。

检测：输入到芯片电压值应为传感器电阻与对应下拉电阻分压值。

13. 压缩机热保护检测电路

功能：压缩机热保护检测电路。

检测：压缩机不热保护时，输入到芯片口电压应为 5V；压缩机热保护时，输入到芯片口电压应为 0V。

14. EE 电路

功能：数据存储。

检测点：EE 芯片的 1、8 脚应为 5V。

15. 7815 电路

功能：为控制板提供稳定的 15V 电源。

检测点：7815 的输入应在 18V 左右，输出应为 15V。

16. 压缩机相电流采样电路

功能：检测压缩机相电流。

检测：需借助示波器才能检测，相关故障可通过驱动故障显示。

17. 压缩机连接线

功能：为压缩机提供主控板到压缩机的电气连接。

检测：测量每根线的两端是否通路，若有一根不通，则连接线损坏。

18. IPM 模块

功能：根据控制信号，驱动压缩机运转。

检测：将万用表打到二极管挡，将红色表笔放在模块 N 引脚上，再用黑色表笔分别接触模块 U、V、W 三个端子看电压是否在 0.35～0.7V 之间，如果不正常，则模块可能已经损坏。如果正常，再将万用表的红色表笔放在模块 P 引脚上，用黑色表笔分别接触模块 U、V、W 三个端子看电压是否在 0.35～0.7V 之间，如果电压不正常，则可能模块已经损坏。

19. 二极管

功能：PFC 电路重要元器件之一，IGBT 导通时，阻止后级电流流经 IGBT，IGBT 关断时，为电抗器续流功能。

检测：常见故障模式为击穿短路，可通过万用表或示波器量取两极间的电压，阻值为零则认为元器件已经损坏。

20. IGBT

功能：PFC 电路重要元器件之一，通过其通断开关，控制整机电流波形。

检测：常见故障模式为短路，可通过三个引脚之间进行两两阻值测试，如果阻值接近于零，则说明该器件短路，需要更换。

21. 硅桥

功能：提供室外交流电流到直流电流的转换。

检测：注意硅桥在散热器上的装配是否可靠。

22. 电抗器连接线

功能：为电抗器提供主控板到电抗器的电气连接。

检测：测量每根线的两端是否通路，若有一根不通，则连接线损坏。

23. 整机电流检测

功能：检测室外经过整流硅桥的总直流电流大小。

检测：需借助示波器才能检测，该部分电路出现故障后，可通过驱动故障显示。

★ 七、维修时注意事项

（1）在控制板的 IGBT 与二极管下各有一陶瓷垫片，更换新控制板时，确认两个垫片都在对应塑料框内，且无破裂。

（2）更换新控制板时，功率器件 IPM、IGBT、二极管、硅桥的 5 个固定螺钉都要固定紧，缺一不可。

（3）因为电源采用热地设计，弱电地和强电地连接在一起，故弱电也是不安全的。因此控制板带电维修时，切不可用手触碰控制板的弱电端。

★ 八、维修变频空调器电控板现场用

变频空调器中的电控板一般都是低压供电，检修电控板控制系统的故障时，首先检测变压器的输出电压是否正常，而后开机观察其控制是否按规定程序进行。检测的原则一般是先室内，后室外；先两头，后中央；先风机，后压缩机。检测前应认真听取和询问用户故障产生原因，并结合随机电路图、控制原理图，做出准确的分析，切忌盲目拆卸电控部分，以免把故障扩大。

在检测室内机的电控板时，为了防止在不能确定故障部位的情况下损坏压缩机，最好先将室外机连接线切断，用万用表检测控制板上低压电源值是否正常。如果正常，可利用遥控器使空调器工作在通风状态并切换风速，看风机运转是否正常，听继电器是否有切换时的"嘀嗒"声。

若能听到切换声，则说明控制电路工作正常；若风机不转，则应检测风扇电动机的有关连线是否正确，启动电容器是否漏电等。若听不到继电器动作声音，则应检查控制部分。风机运转正常后，将空调器转为制冷运行，并不断改变设定温度，观察压缩机继电器是否正常。若正常，可接上室外机看压缩机是否启动运行。

（1）线路连接引起故障：可能发生连接线松脱、不牢或接插件接触不良，电路控制板上元器件脱焊、虚焊等，造成空调器工作不正常或部件不正常。

（2）元器件质量差引起故障：电路控制板上个别元器件性能可能不好，参数达不到性能要求，造成空调器不能正常工作。

（3）干扰故障：使用环境不当，如果安装位置不正确，电网电压波动较大，电压偏低、偏高，以及有外界电磁干扰等，均可造成空调器工作不正常。应按顺序检测并分别排除。

附　　录

附录A　制冷空调中级职称论文（国家题库题目）

变频空调多面观

提要： 变频空调器与传统的空调器（或称定速空调器）最主要的区别是前者增加了变频器。变频空调器的微电脑随时收集室内环境温度的有关参数，和内部的设定值相比较，经运算处理输出控制信号。变频空调器有交流变频和直流变频两种。

交流变频空调器的工作原理是把工频市电转换为直流电源，再经逆变并把它送到功率模块（晶体管开关等组合）；同时模块受微电脑送来的控制信号控制，输出频率可变的电源（合成波形近似正弦波），使压缩机电动机的转速随电源频率的变化而做相应的改变，从而控制压缩机的排气量，调节制冷量和制热量。

直流变频空调器同样是把工频市电转换为直流电源，并送至功率模块，模块同样受微电脑送来的控制信号控制，所不同的是模块输出的是电压可变的直流电源（这里没有逆变过程），此直流电源送至压缩机的直流电动机，控制压缩机排量。由于压缩机使用了直流电动机，使空调器更节电，噪声更小；同时，可看出这种空调器严格地讲，不应该称"直流变频空调器"，而应该称"全直流变速空调器"。

关键词： 变频空调器特点、优点、节电、维修安全注意事项

★ **一、变频空调器的主要特点**

（1）变频器能使压缩机电动机的转速变化达到连续的容量控制，而压缩机电动机的转速是根据室内空调负载而成比例变化的。

当室内需要急速降温（或急速升温）、室内空调负载加大时，压缩机转速就加快，制冷量（或制热量）就按比例增加；当到达设定温度时，随即处于低速运转，维持室温基本不变。

（2）变频空调器的节流是运用电子膨胀阀控制流量的方式，它能使变频压缩机的优点得到充分发挥。电子膨胀阀节流的变频空调，它的室外微处理器可以根据设在膨胀阀进出口、压缩机吸气管多处的温度传感器收集的信息，来控制阀门的开启度，随时改变制冷剂的流量。压缩机的转数与膨胀阀的开度相对应，使压缩机的输送量与通过阀的供液量相适应，使蒸发器的能力得到最大限度的发挥，从而实现制冷系统的高效率的最佳控制。

（3）采用电子膨胀阀作为节流元件的另一突出优点是，化霜时不停机，利用压缩机排气的热量先向室内供热，余下的热量输送到室外，将换热器翅片上的霜融化。

★ **二、变频空调器优点**

（1）优异的变频特性：变频空调器运用变频技术与模糊控制技术，具有先进的记忆判断功能，变频压缩机能在频率为 $12 \sim 150\text{Hz}$ 范围内连续变化，调制范围大，容易控制，反应快，体积

小。高速运转，能迅速制冷、制热。温度改变 10℃ 所需时间仅为定速空调器的1/3,约 3~5min。

（2）高效节能：变频空调器采用先进的控制技术，功率可在较大范围内调整。开机时，能很快从低速转入高速运行，从而迅速使室内达到所需要的设定温度，随即在较长时间内处于低速节能运转，维持室温基本不变，避免了定速空调器中压缩机的频繁起动，节省了额外的起动电流消耗，节约了能源，比定速机节约20%~30%的用电量。

（3）舒适度高：变频空调器从启动到设定温度的时间约为传统定速空调器的一半。由于在室温接近设定温度时，降低频率进行控制，室温波动小且较为平稳。定速空调器的温度波动大于1.5℃，而变频机仅为±0.5℃，所以人体没有感到忽冷忽热的感觉。

（4）运行电压宽：在市电 160~250V ［国标规定（198~242V）］的范围内可靠地工作。

（5）两套传感器：室内机和遥控器均设有传感器，结合自动风向调节和精确地控制，可实现人体周围环境的最佳调节。

（6）噪音低：由于避免了定速空调器频繁起动，压缩机噪声大大减小。

（7）超低温运行：传统空调器在环境温度低于 0℃ 时，制热效果会变得较差。但变频空调器室外温度在-10~-15℃时，仍能正常工作，适应性强。

（8）不停机除霜：变频机可实现不停机除霜，避免了定速空调器逆循环除霜时室温下降的情况。

（9）具有较好的独立除湿功能：变频式空调器可以用合理的循环风量除湿，达到耗电少，而又不会改变室温的除湿效果。

日本各大公司如大金、日立、松下、三菱、三洋、夏普、东芝等空调企业，早在 20 世纪 80 年代初已相继将变频技术应用在家用空调器上，1985 年在分体式空调器的销售额中已有 25% 是变频式，到了 20 世纪 90 年代其占有量已达95%以上。另外，变频技术已从交流式向直流式方向进化，控制技术由 PWM(脉冲宽度调制)发展为 PAM(脉冲振幅调制)。根据空调发展趋势，由于采用 PWM 控制方式的压缩机转速受到上限转速限制，一般不超过 7000r/min(转/分)，而采用 PAM 控制方式的压缩机转速可提高 1.5 倍左右，这大大提高了制冷和低温下的制热能力，所以采用 PAM 控制方式的变频空调器是 2000 年国内外空调器的发展主流，上海日立公司首先将直流技术应用在家用空调上，并称为完全直流变转速空调器（专利）。

★ 三、变频压缩机的性能

（1）变频空调器压缩机的转速反映了调节（范围）性能，变频系统对压缩机的机械性能提出了更高的要求。目前，单转子旋转式变频压缩机价格低廉、性能稳定、市场上最多见，能消除轴向离心力的双转子和无间隙容积的涡旋式变频压缩机，已开始应用了家用空调器中。

（2）变频压缩机对电源的要求。在脉冲宽度调制（PWM）技术中，制约压缩机转速的另一个因素是电源电压，采用 PWM 技术的最大幅值受到电源电压制约，目前将脉冲幅度进行调整的技术也开始应用于变频空调器中。

★ 四、变频空调器的使用与节电因素

1. 变频空调器的选购与使用

变频式空调器是近几年来空调器家族中的佼佼者，不少消费者对购买变频式空调器能否节电，还处在观望和不信任的态度，下面简要介绍变频式空调器的选购与使用经验。

（1）在选购时，应根据房间的面积来确定所选变频空调器匹数的大小，一般一匹机用在不大于16m² 左右的房间，尽量避免在超面积情况下使用。不要将温度设置过低，使用时最好设置在"自动"档，既舒适又节电。

（2）选购时不要用变频空调器的最大制冷量来作为选用标准。因为变频空调器并不能长期在最大制冷量状态，它的最大制冷量仅限于该空调器在特定面积的房间里，短时间可以运行在最大制冷量。

2. 节电因素分析

（1）变频空调器的压缩机处于高速、满负载运行状态时间较短，而长时间地处于低频、低转速、轻负载状态工作。在此状态下，压缩机的制冷量变得很小，而室内换热器与室外换热器的换热面积并不改变，因此室内吸热（放热）效率和室外散热（吸热）效率都大大提高，整机运行效率大大提高。此时的 EER（能效比）值较高，达到 2.8/3.3 左右，这与开机时间长，开停频繁的定速空调相比，节电效果十分显著。

（2）定速空调器由 50Hz 交流电网直接供电、起动电流较大，约 5 倍以上的额定电流，变频空调器是软起动，起动时压缩机以低速小电流起动，起动时功耗小。

（3）变频空调器在制冷系统中采用了电子膨胀阀节流，随时调节供液量，使空调器工作在高效的制冷工况下，提高制冷（制热）量，达到节电目的。

（4）在直流变频器中，压缩机的电动机采用无刷直流电动机。定子为四极三相结构，转子为四极磁化的永磁体，直流变频压缩机比交流变频压缩机耗电更省。

（5）变频空调器采用效率较高的开关电源。室内风扇电动机采用永磁多极转子式无刷直流电动机。采用 PMW（脉冲宽度调制）调节方式，速度分为 7 级，功率由普通空调的 30W 左右降至 15～8W，直流变频空调器没有逆变环节，这方面比交流变频更省电。

（6）定速空调器在化霜时要换向，使空调器的工作由制热状态转换到制冷状态。化霜结束后，又要回到制热状态，在转换过程中要多耗电能，而变频空调器没有这方面的能耗。

3. 节电效果计算实例

某用户购买了一台变频空调器（KFR-32GW/BP），为了验证广告上所称比普通定速空调器节电 30%，他在一周内每天开机约 4h，并记录下用电量，每天平均用电 6kW·h（空调器实际用电）。与隔壁邻居相同的功率、开机时间相同的定速空调器每天平均用电 9kW·h 相比，每天节电 3kW·h。

当然在使用变频空调器时，如果每次使用时间很短，例如数十分钟，那么节电就不明显。假如房间面积大而制冷量小（例如 16～18m² 的房间，选用一匹的变频机）或者在制冷时设置温度过低，就可能使变频机一直处于重负载下工作，这样就难以达到理想的节电目的。

★ 五、变频空调器的维修技巧

变频空调器在家电族中是一个新产品，还没有到维修期，但也偶然遇见此类空调器出现故障，在此提醒和告诫大家，在维修中应注意下列几点：

（1）在充加制冷剂时，控制开关要放在试运行（即强制运行方式）状态，或者通过调节设定温度的方式，使变频压缩机工作于 50Hz 状态下，此时按量加入制冷剂，低压侧的正确压力与普通空调器相近。如果变频空调器工作高速或低速状态加制冷剂，低压侧的压力不易正确掌握。

（2）变频空调器中的温度传感器起着非常重要的作用。室内机有空气温度传感器和蒸发器温度传感器；室外机空气温度传感器，高压管路传感器和低压管路传感器。

（3）有的传感器在长期使用后发生阻值变化，使控制特性改变（如室内机空气温度传感器阻值变大后，会引起变频器输出频率偏低）。为了保证控制精度及其相同的工作特性，确定传感器有故障后，应换用原型号的产品。

（4）在空调器出现故障时，如果要鉴别整个控制系统是否有故障，可将室内机控制器上的开关放在"试运行"挡上，这时微处理器会向变频器发出一个频率为50Hz的信号。

如果这时空调器能运转，而且保持该频率不变工作，一般认为整个控制系统无大问题，可着重检查各传感器是否完好。

假如这时空调器无法运行，则可能整个控制系统有故障。检测方法如下：

1）通信电路。在检测通信故障时，用万用表交流电压250V挡测试，在零线与信号线间如果有电压来回变化且室内机通信指示灯持续闪烁，则表明通信正常，否则通信电路有故障。

2）功率模块。在检测功率模块故障时，①用万用表二极管挡测量功率模块，"＋"极（黑表笔）与U、V、W极（红表笔）间或U、V、W与"-"极间正向电阻应约为380～450Ω且反向不导通，否则功率模块有故障。②用万用表交流电压挡测量功率模块驱动直流压缩机的电压，其任意两相间的电压应在0～160V之间并且相等，否则功率模块损坏。

注意，更换功率模块时，切不可将新模块接近磁性物体或用带静电的物体接触模块，特别是接触信号端子的插口，否则极易引起模块内部击穿，导致无法使用，造成经济损失的是自己。

3）电抗器。在检测电抗器时，用万用表R×1挡进行测量，其绕组电阻值约为1Ω。

4）PTC。在检测PTC时，用万用表的电阻挡，在环境温度25℃时，测量其电阻值约为35～55Ω。

5）压缩机。在检测变频压缩机时，用钳子先拔下U、W、V的导线。测量三相间电压，若三相的电压相同，说明压缩机绕组良好，否则压缩机绕组有短路故障。

电解电容放电方法如附图1所示。

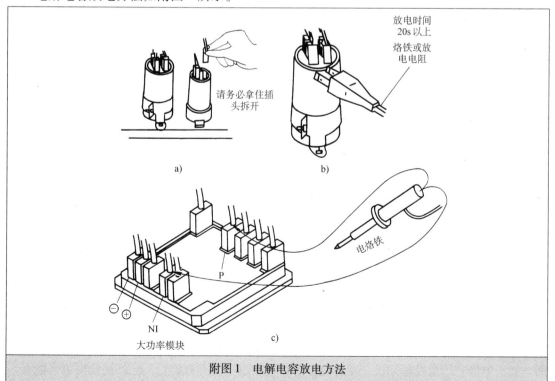

附图1　电解电容放电方法
注：如使用带有变压器的电烙铁时，可能会使变压器内部的熔丝烧断，因此请勿使用。

6）电解电容。变频空调器中，大容量的电解电容，最大为 2000～4500μF，即使切断电源仍然会残留有充电电荷，所以对电解电容要先用烙铁、插头等物体充分释放残留电荷，放电方法如附图 1a、b 所示。电荷放净后，用指针式万用表 R×10k 挡检测，指针应先是指到 0，然后又慢慢退到 ∞，否则电解电容损坏。

7）传感器。如果空调器出现频率无法升降与保护性关机等故障，应首先考虑检查传感器。大多数传感器可从插座上拔下，从外表上即可判断是否损坏、断裂、脱胶。用手或温水加热，用万用表 R×100 挡测其阻值，看它的阻值是否变化，无变化则判定传感器损坏。

结束语：以上是变频空调器的特点、优点、节电方法及维修技巧，希望各位老师考评委提出宝贵建议。

附录 B 《制冷设备维修工》《制冷工》技师论文（国家题库题目）

用好空调度炎夏

提要： 空调器俗名叫空气调节器，用来调节室内温度，制冷或制热，降低或增加空气温度，使我们在单位工作时或在家里休息有一个舒适的环境温度。在炎夏来临之际，我想把空调器的正确使用方法，节电技巧，变频空调集尘器正确的维护、保养方法告诉大家，希望您用好空调器，健康愉快的过好夏天。

关键词： 温度设定、异味、节电、技巧

★ 一、整体式空调器的正确使用方法

整体式空调器（就是俗称的"窗机"）控制简单，大部分为机械式控制。在使用前，应先把室内过滤网用自来水清洗干净，有条件的用户家庭可把窗机拆下来，把前板用螺钉旋具打开，抽出内机芯，用自来水清洗蒸发器上的尘土。注意别把水溅到电气部位上，因冷凝器的翅片是薄铝合金的，清洗时不要碰倒，以免影响散热。空调器清洗干净后安装好，前边应有向后 5°角的倾斜。整体式空调器温度控制器选择的数字越大，温度越低，消耗的电能越多。空调器制冷运行 2h 后应将新风门打开，也可以开门通风 10min，以补充新鲜空气。新鲜空气进入房间内会消耗一部分空调器的有效制冷量，但对人的健康有利，以防止空调病的发生。空调器停机时应先关温控器调整钮，把空调器内的冷量全部吹出后再关风机，然后再切断电源。压缩机从停止运转到再次开机，必须待 5min 后，否则将会出现电容击穿，起动绕组断路，甚至出现烧毁压缩机的故障。

★ 二、分体式（变频）空调器的正确使用方法

我们现在家庭使用的分体式空调器。一是老式线控，二是中式遥控定速，三是新式遥控变速，尽管空调器厂家很多，样式各异，但其使用方法基本相同。使用前，应先清洗室内过滤网，用软布把外壳擦洗干净。然后，把风吹日晒一冬天的冷凝器用气体吹洗。用气体吹洗时，压力不能过大，应在 0.2MPa 左右为好，否则将把翅片吹倒影响散热。空调器清洗干净后，插上电源，用遥控器开机，发射信号时，接收器不能有遮挡物，红外接收窗口不能有污物和其他信号干扰，（如电磁波手机信号）。空调器制冷运行有太阳辐射窗户时，最好拉上

窗帘，以免冷量损耗，电耗增加。空调器连续运转 4h，应通风 1 次，以防室内温度较低，室内氧气减少，尘埃、细菌、陈浮在室内，对您的身体健康不利。在使用时，不要让空调器制冷气流对人直吹，特别是儿童、老人或病人，更不可对着睡着的人吹，以免受风寒。空调器在使用中，室内机蒸发器的凝结水往外流不出，把水流到屋内时，说明室内机尘埃、污物把流水道堵死。可以用反吹出水管的方法，把脏物和尘埃吹出，即可排除漏水故障。您在外出时，最好把空调器关上，切勿把空调器设为自动，窗户大敞一走了之。以免因空调器长时间运转造成空调器短路，烧毁电动机及火灾事故的发生。当您准备停止使用空调器时，最好先让空调器的压缩机提前 30min 停止运转，让室内贯流风扇电动机转一段时间，再关空调器按 OFF 键，并打开窗让您的身体进行环境适应，这样不但可有效地利用制出的冷量，而且还可以把制冷时出现的凝结水全部吹出挥发，把机内残留的水分吹干净，使机内部干燥，以免凝结水，在高温下产生蒸发挥发，损坏电气部件。只要您科学使用，可延长空调器的寿命 3 年以上。

★ 三、空调器温度的正确设定

空调器的温度设定一要让人感觉到很舒适，二要有利于身体健康，三要节省电能。它主要与环境温度，相对湿度，人体附近的空气流速，物体表面温度因素有关，还与每个人的生活习惯，活动强度，衣着情况及年龄，胖瘦健康有关。可是有很多人在使用空调器温度设定在 18℃，制冷高速挡，误认为制冷量越大越好，温度愈低愈好，这种使用方法是错误的。正确的设定空调器房间内的温度，应按人的生理特点参照室外环境温度，也就是说，室内的温度设定，应随室外环境温度的变化而相应改变。室内外温差设定过大，对人们的健康不利，特别是对老人和儿童及病人及易患空调综合症的人，而且还会使您家的耗电量增加。如室外环境温度在 35℃ 以上，室内温度应选择在 28℃，其温差 7℃ 为宜，这是根据人体的生理零度确定的，人的生理零度一般为 28℃ 左右，所以空调器房间内温度的设定应尽量接近人的生理零度。假若室外环境温度在 38℃ 以上，您把房间内空调器的遥控器温度设定在 20℃，其温差为 18℃，当您突然离开空调器房间，到闷热的室外去，就会感觉头晕、难受。根据人体的生理零度特点，当周围环境温度大于人体表面温度 7℃ 时，对流换热量将传向人体，使人体余热难以散发，而造成"蓄热"，环境温度超过人体 7℃，是人体和生理零度活动由正常转向燥热的开始，特别是在炎热的高温下，若室外温度过高，而房间内温度过低，室内空气阻滞、细菌含量多，二氧化碳等有害气体增多，而对人有益的氧气和负离子密度减少，从而使人的免疫功能下降，皮肤的呼吸作用降低，增加肺、心脏及神经系统的负担，对儿童和身体较弱的老年人健康不利。所以要正确合理的调节空调器房间内的温度，注意自我保护，并及时通风换新鲜空气，改善房间空气质量，做到每小时要引入 $20 \sim 30 m^3$ 的新鲜空气，最好的办法是空调器每运行 4h 通风一次。

★ 四、空调器的保养

空调器的保养是确保空调器可靠运行必不可少的条件，在保养空调器之前，务必关掉电源开关，或将电源插头从插座上拔下，然后再清洗。清洗室内机过滤网，用自来水冲洗干净，再用棉布擦干，按上后即可使用。清洗室内机外壳污脏时，可用毛巾和肥皂水擦洗其表面，以保持清洁卫生，不要用化学处理的除污洗涤剂，稀释剂、松节油，光粉和挥发性溶剂或硬毛刷清洗，这些溶剂可能会导致室内机外壳塑料表面老化，变形或开裂。清洗室外机冷凝器有条件的话，可用气体吹洗冷凝器的尘土，也可用一个大可口可乐瓶，装满水往冷凝器上冲洗。注意别把水溅到电气部分，以免短路，这样保养有利于冷凝器散热，可提高空调器制冷量的20%，压缩机也可延长使用寿命。当您空调器长期不使用时，在停止使用前应让室内贯流风机起动运转3h，使其内部吹干，然后，按遥控器停止键，并拔下电源插头，从遥控器中取出电池，以免电池液外溢在遥控器内氧化腐蚀"＋""－"极片触头。

★ 五、变频空调器电子集尘器吸尘除异味方法

电子集尘器是部分变频空调器厂为净化房间内空气中的甲醛和有害物质新开发生产的。它安装在室内机外壳内，采用二段式电子吸尘。首先是室内贯流风机把空气中尘埃吸入第一段集尘器内部，通过高压发生器在金属离子线的作用下，使尘埃带上正电荷，在通过第二段集尘器时，就可以牢牢地吸附在电极上，这种除臭过滤器必须定期清洗所吸附的灰尘。电离器和电离集尘器最好每6个月清洗一次，清除的方法是：将除尘器放入40~45℃的温水，10~15min，上下左右摇动或用海绵轻擦表面后用水冲洗，甩干后，放在阴凉处干燥或用电风扇吹干，不能使用漂白剂，不能用硬毛刷，取下除尘器后，不能将其分解、拆开，电离器污脏太多，如不及时清理，将起不到除尘作用。同时，空调器在运行时，室内机还会出现叽、叽响的声音。电子集尘器工作时，空气清新灯亮，故障时，空气清新灯闪烁，灯闪烁一是磁性开关损坏，二是电子集尘器太脏。

★ 六、空调器使用节电技巧

（1）空调器在炎夏制冷运转时，比预定温度设定高1℃，制热时比预定设定温度低2℃，都可省电10%以上，根据生理零度，人体几乎觉察不到温度的差别。

（2）灰尘若堵塞过滤网和室外机冷凝器，会出现制冷量下降，一个月应清洗一次，可节省电能15%以上。

（3）定速空调器开机时，设置急冷/急热键，以最快的时间达到目的温度，当温度适宜时，应改低速风制冷，可节约电能5%。

（4）空调器冷气流比空气重，易下沉，暖气流相反，所以制冷时将出风口调向上。制热时，调向下，效率则大大提高。

（5）分体式空调器停止使用时，应拔掉电源插头，否则电源变压器和线路也会消耗一定的电能。

（6）空调器制冷时，太阳辐射窗户，应拉下窗帘，可减少耗冷量，并能节约电能。

（7）空调器制冷时，房间内如有热源，如（电饭煲、热汤、刚炒出热菜），都会增加冷量损失，电耗增加。

★ 七、空调器在使用中出现的假性故障

在炎夏有的用户对空调器使用调节不当，从而导致空调器不运行或不能正常运行，当用户请来技术人员把电源插好，打开遥控器设定开关，空调器运行良好，制冷正常，用户都觉得奇怪，这种现象并非偶然。一般有如下原因：

（1）电网停电，电源断路器跳闸，漏电保护器动作，定时器尚未进入开机状态，此时电源不通，空调器不能运行。

（2）环境温度过高或过低造成空调器不运行。夏天制冷时，环境温度超过43℃，冷凝

压力剧增，引起压缩机超载，或不能起动，或过载保护器动作，使空调器不能运行。

（3）遥控发射器电池耗尽，电池接反，信号发射不出去，造成空调器不能运行。

（4）温度设定不当或温度设定过高，也会造成空调器不运行。

总之，空调器在使用中出现故障时，要认真加以分析，如果是假性故障，就不必去请技术人员，只要有针对性地调整，使用方法就行了。

★ 八、空调器简单故障检查技巧

（1）插上电源插头，室内机电源指示灯亮，如无电源指示，说明您家的电源有故障或指示灯损坏。

（2）有电源指示，用遥控器按操作键，信号发射不出去。首先，检查遥控器内的电池是否有电，然后，检查电池的正负极片触头有无氧化腐蚀，若上述正常，检查遥控器内部电路板是否损坏，可将遥控器靠近一台调幅收音机，按遥控器键进行干扰试验，听收音机是否发出有"嘟嘟"声，有声说明遥控器无故障。

（3）当您的遥控器确定无故障，信号还是发射不出去，可用室内机强制运行开关验证，强制运行时，室内贯流风机和室外压缩机若运转正常，制冷效果良好，则证明空调器室内机红外接收部位有故障。另外，格力空调器遥控器上设有时钟键，初开空调器时，时钟键必须和您的开机时间对应，否则遥控器发射不出信号。中意牌空调器遥控器设定制冷状态后，必须在 15s 内按下（TRANSMIT）传输键，把信号发送到接收器，否则室外压缩机间隔工作。

（4）当您使用的遥控器装上新电池使用不到一个月就不显示时，可将遥控器的后盖打开，用 95% 的酒精清洗一下电路板和按键触头面导电胶片，干燥后，即可排出漏电故障，遥控器液晶显示缺字，也可以采用此方法。

结束语：

以上是空调器在使用时的正确方法，温度设定方法，节电技巧和空调器简单故障，判断检修技巧的点滴知识。如您对空调器感兴趣，也可以自己试着修理，但一定要注意安全，自己修理的原则是：修好空调器更好，修不好也别把故障扩大，可减少请人修理的麻烦，自己增长知识，还能节约费用，总之，希望您用好空调器愉快的过好今年夏天。

附录 C　制冷空调高级职称论文（国家题库题目）

海尔 KFR-36GW /DBPF "新超人" 数字直流变频空调器

摘要：空调器的功耗主要由压缩机、电动机决定，本文通过对直流无刷电动机的原理分析以及交流感应电动机的对比，对直流变频空调器的控制原理和实施效果进行简要介绍，说明采用直流变频压缩机是空调器节能的重要手段。

关键词：直流无刷电动机、感应电压、位置检测

1. 前言

海尔空调器有限总公司 1998 年推出的"新超人"数字直流变频空调器，采用数字式双转子无刷直流压缩机和无刷直流风机，实现了比定速空调器省电 48% 的节能效果。下面就直流无刷电动机的原理、控制方法、节能等进行说明。

2. 工作原理

（1）定速直流电刷电动机的构造

附图2显示了普通直流电刷电动机的基本构造。由永久磁铁、转子线圈、电刷、电极组成。

电流经电刷从电极通到线圈，电流在垂直磁场中流动，会产生作用力，带动线圈转动。

（2）电极与电刷的作用

附图3显示了线圈、电极转动时的状态，在附图3a中，线圈中电流运动方向相对于纸面来说靠磁铁N极一侧是自内向外，靠S极一侧是自外向内。此时，力按图上箭头方向产生作用，线圈转动。附图3b显示线圈接近垂直前电流方向不变。附图3c中线圈越过垂直位置后因电刷接触的电极改变，电流方向发生变化；但线圈中的

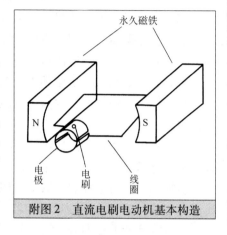

附图2　直流电刷电动机基本构造

电流的维持着靠N极一侧自内向外、靠S极一侧自外向内的关系，线圈继续同方向旋转。从这种运转可知，电极和电刷发挥着以下作用：

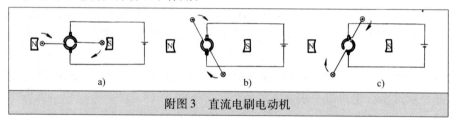

附图3　直流电刷电动机

电极——用机械方式测出线圈位置。

电刷——通过和电极之间进行转换改变电流方向。

这种作用以接触方式进行，有磨损及产生火花等问题。因此如把"测出位置"及"转换"用电子方式进行，就能产生没有电刷这一接触部分（无刷）的电动机。

（3）直流无刷电动机的基本构成

在定速电刷电动机中，永久磁铁是定子，线圈是转子，因此要使用电刷换向。在直流无刷电动机中，线圈是定子，永久磁铁是转子，可以通过功率管改变线圈中电流的方向，实现无刷换向。

转子（永久磁铁）的位置检测利用感应电压。所谓感应电压和发电动机原理相同，就是如果磁铁在线圈中转动，线圈里产生电压。由于此电压的相位和磁石的位置有一定关系，测出它就知道了转子的位置。

3. 直流无刷电动机的工作

（1）通电波形

如上述工作原理所说，在直流无刷电动机中由于迅速切换线圈中的电流方向，线圈端所加的电压波形不像通常的交流电动机是正弦波，而是矩形波的波形。另外，为测出感应电压，线圈中还设计了不产生电压的无通电压的通电区间。三相变频与直流无刷电动机的连接时，使变频器的各元件（开关）处于附图4a所示ON/OFF状态，各线圈中产生的基本电压就会如附图4b所示波形。但实际电压波形通过PWM调制（脉宽调制：通过ON/OFF以更

高频率调整方波来控制电压）产生，电压波形和线圈中产生的感应电压附图4c虚线部分重合，就会看到附图4c中的实线波形。

序号	1	2	3	4	5	6
S1	ON	ON	OFF	OFF	OFF	OFF
S2	OFF	OFF	ON	ON	OFF	OFF
S3	OFF	OFF	OFF	OFF	ON	ON
S4	OFF	OFF	OFF	ON	ON	OFF
S5	ON	ON	OFF	OFF	OFF	OFF
S6	OFF	OFF	ON	ON	OFF	OFF

a)

附图4　直流无刷电动机通电波形

（2）测出位置

要测出位置，就要测出感应电压的零交叉点，附图4c中所示虚线波形即感应电压。这是利用端子电压中出现的部分，测出基准电位交叉的时刻。从附图4a、c的关系可知，这个差值是由进行控制的微电脑的计时器完成调节的，用这种方式，可高精度地测出位置，实现高效率地驱动电动机。

（3）起动

直流无刷电动机利用感应电压测出位置，由于感应电压只在电动机运转时产生，在起动时从停止状态开始转动，就不能够检测到转子位置，这时需要强制性输出驱动波形，到电动机开始运转到某种程度，可以靠感应电压测出转子位置，再切换为边测出位置边输出波形的驱动方式。

（4）频率，电压控制

下面与交流变频感应电动机比较来说明交、直流变频控制的不同。在交流变频控制中，输出频率和电动机负载，电压过高或过低都会降低效率，并且电压高时可能产生过电流过大，太低时会有电动机停止运转的情况，为防止其发生，有时用控制功率来调整 V/F。另外交流变频控制中，电动机转速与控制频率不同步，电动机实际转速要稍低。

直流无刷电动机靠位置检测电路测出电动机的转子位置并相应输出波形，为闭环控制方式，电动机的转速是靠 PWM 来调制改变输出电压来控制的。附图5所示是电动机的转矩特性。

施加给电动机的电压一定时，电动机的输出转矩与转速成反比，电动机以能产生和负载转矩相平衡的转矩的转速运转。

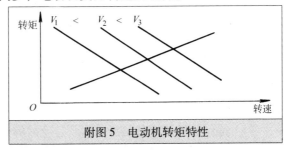

附图5　电动机转矩特性

如升高电压，则具有同样的转速会产生更大的转矩，和负载转矩相平衡转速也增加，相反，如果降低电压，转数就会下降，微电脑控制系统随时测出转速，调整控制电压以达到希望的转速，因为没有像交流变频那样的频率下滑率，电动机的转速与变频器输出频率相同，不过这是在2极的情况下，由于压缩机所用的无刷电动机是4极，所以变频器频率正好是发动机转速的2倍。

4. 效率

（1）效率高的原因

交流变频感应电动机和直流无刷电动机，均是靠电动机内部形成的磁力线和绕组中的电流间作用的产生的力的运转。绕组中的电流在两者的电动机中都是从外部流入，但内部磁束的形成方式却不同。交流变频感应电动机的内部磁束也是由外部进入的电流形成的，这就必须有进入绕组与形成磁束的两部分电流，而电流流动必定会因电阻等产生损耗，这就是效率低的原因。直流无刷电动机是由永久磁石生成内部磁束的，因此不需要外部能量供给，不会产生这一部分的损耗，因此效率高。

（2）低转速时高效率

在负载轻即房间足够冷（暖），只需维持温度进行低功率运行时，直流无刷电动机具有效率更高的特性。附图6是交流变频感应电动机和直流无刷电动机相同转矩时必需的电流比较。

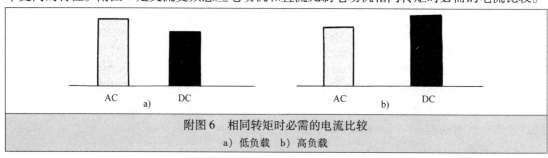

附图6　相同转矩时必需的电流比较
a）低负载　b）高负载

不管低负载还是高负载，交流变频感应电动机为形成磁束所必需的电流大致不变，而直流无刷电动机因不需要这部分电流，因此，在低负载时直流无刷电动机比交流变频感应电动机节能优势更加明显。

结束语：以上是海尔 KFR-36GW/DBPF "新超人" 数字直流变频空调器直流无刷电动机的介绍，希望各位老师、考评委提出宝贵建议，海尔空调器将努力送上使用户满意的产品。

附录 D　干扰变频空调器工作的六个问题

1. 电源质量问题

目前我们使用的变频空调器，正常情况下，交流电源为 50Hz 的平滑正弦波，如在电网区域内有雷达、其他信号发射塔或晶闸管整流稳压器、晶闸管调光台灯和大型的晶闸管整流设备等干扰源存在，则会造成电源质量下降，干扰空调器的正常运转。

（1）晶闸管整流设备是经晶闸管整流后的电压波形为不完整的正弦波，由于变压器的互感特性。此电压波形又会反射回供电电网，影响整个电网的供电质量。

（2）雷达，其他信号发射塔将其信号叠加到交流电的正弦波形上，造成波形出现畸变现象。

2. 高频干扰问题

变频空调附近其他设备所产生的高频信号，使变频空调器停止正常运转，出现经常性"停机"现象。其干扰源及解决办法有：

（1）节能灯（电子整流器）干扰：发现是节能灯问题，则更换其他无干扰灯具。

（2）电视塔、手机、传呼网络干扰：通过在电源线处加磁环，并更换抗干扰性强的接收装置，并保证良好的接地，可解决问题。

3. 电磁干扰问题

瞬间的电压变化所产生的电磁场，干扰变频空调的正常运行，使其保护停机。

荧光灯（LC 电路）干扰：检查时可断开日光灯电源，单独测试空调器运行或在空调运行过程中，频繁开关荧光灯检查出干扰源来。

4. 红外线干扰问题

各种电器的红外发射出编码与空调的遥控红外线编码一致或接近倍频时，可能会干扰空调的运行状态。干扰源可能为：电视机或其他电器遥控器或附近的红外设备。处理方法为：将干扰源遥控器或空调主控板的晶体振荡器做稍微的改动，错开其相互间的频点，解决干扰现象（但改动晶体振荡器后，时间误差比较大）。

5. 雷电干扰问题

当天空打雷时，大气放电的同时会产生一种电磁场，可增加空间的接地避雷措施，提高空调的抗干扰能力来解决。

6. 其他干扰问题

手机与遥控器同时发射信号时，瞬间会影响变频空调器的接收。

编著图书推荐表

姓名		出生年月		职称/职务		专业	
单位				E-mail			
通讯地址					邮政编码		
联系电话			研究方向及教学科目				

个人简历（毕业院校、专业、从事过的以及正在从事的项目、发表过的论文）

您近期的写作计划有：

您推荐的国外原版图书有：

您认为目前市场上最缺乏的图书及类型有：

地址：北京市西城区百万庄大街 22 号　机械工业出版社电工电子分社

邮编：100037　网址：www.cmpbook.com

联系人：张俊红　电话：13520543780　010–68326336（传真）

E-mail：buptzjh@163.com（可来信索取本表电子版）